高等职业院校通识教育
"十二五"规划教材

计算机基础项目教程
（Windows 7+Office 2010）

University Computer Foundation Project tutorial

左伟志 曾涛 主编
罗玮 肖莉贞 唐永军 副主编

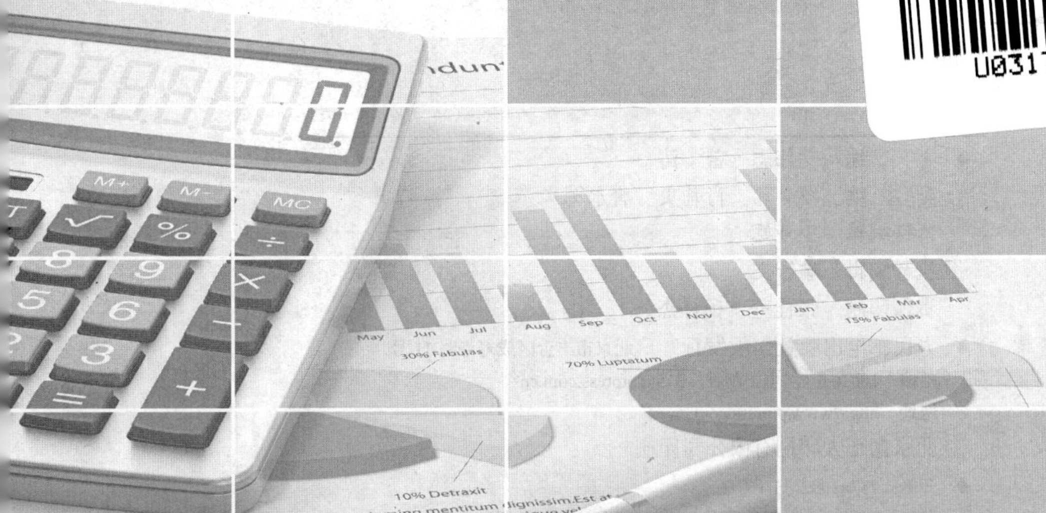

人民邮电出版社
北京

图书在版编目（CIP）数据

计算机基础项目教程 ：Windows 7+Office 2010 / 左伟志，曾涛主编. -- 北京 ：人民邮电出版社，2014.9（2017.2重印）
高等职业院校通识教育“十二五”规划教材
ISBN 978-7-115-34815-9

Ⅰ. ①计… Ⅱ. ①左… ②曾… Ⅲ. ①Windows操作系统－高等职业教育－教材②办公自动化－应用软件－高等职业教育－教材 Ⅳ. ①TP316.7②TP317.1

中国版本图书馆CIP数据核字(2014)第056556号

内 容 提 要

本书是根据教育部最新制定的《高职高专教育计算机公共基础课程教学基本要求》和教育部全国计算机等级考试中心制定的《计算机应用水平等级考试大纲（2013年）》文件精神，结合高职高专院校在校学生的学习特点编写而成。

本书按照“理论知识够用、突出实践操作”的原则，以项目为线索组织教学，每个项目通过几个典型工作任务组织实施，强调工作场景、工作过程、职业道德等，并注重构建一个完整的知识结构体系。本书是高职院校优秀精品课程的研究成果，其内容、结构、体系经过了多年的教学实践检验。

本书系统介绍了认识计算机、Windows 7操作系统、Internet应用、Word 2010文字处理、Excel 2010电子表格、PowerPoint 2010演示文稿以及计算机网络知识7个项目单元，其中的各个工作任务都是经过精心挑选和组织的，具有很强的针对性、实用性和可操作性。

本书可作为培养高职高专院校技术技能型人才的计算机公共课“计算机应用基础”教材，也可供参加全国计算机等级考试（一级）的计算机爱好者自学和参考。

◆ 主　　编　左伟志　曾　涛
副 主 编　罗　玮　肖莉贞　唐永军
责任编辑　王亚娜
执行编辑　喻智文
责任印制　张佳莹　杨林杰

◆ 人民邮电出版社出版发行　　北京市丰台区成寿寺路11号
邮编　100164　　电子邮件　315@ptpress.com.cn
网址　http://www.ptpress.com.cn
北京鑫正大印刷有限公司印刷

◆ 开本：787×1092　1/16
印张：18.25　　2014年9月第1版
字数：457千字　　2017年2月北京第5次印刷

定价：39.00元

读者服务热线：(010)81055256　印装质量热线：(010)81055316
反盗版热线：(010)81055315

前　言

现代计算机技术已经渗透到人类社会的各个领域，改变了人们的工作、学习和娱乐方式，计算机应用能力已是人们谋生过程中一种最基本的能力，各类职业资格考试对计算机应用水平都有考核要求。因此提高学生的计算机知识水平和操作能力，已成为高等职业教育的重要任务之一。

本书作为高职院校优秀精品课程的研究成果，内容、体系经过了多年的教学实践检验。我们坚持“理论知识够用、突出实践操作”的原则组织教材内容，重视学生在校学习与将来实际工作的一致性。全书以项目为线索组织编写，每个项目通过几个典型工作任务组织实施，强调工作场景、工作过程、职业道德等内容，并注重构建一个完整的知识结构体系，力求理论与实践相统一，典型工作任务与教学目标相一致，课程学习与计算机考证相衔接。

本书内容紧跟时代步伐，介绍了目前流行的微软 Windows 7 操作系统和 Office 2010 办公软件的操作方法和应用技巧。全书采用工作任务的方式开展教学，尤其注重提升学生的实践操作技能。全书包括认识计算机、Windows 7 操作系统、Internet 应用、Word 2010 文字处理、Excel 2010 电子表格、PowerPoint 2010 演示文稿，以及计算机网络知识 7 个项目单元，其中的各个工作任务都是经过精心挑选和组织的，具有很强的针对性、实用性和可操作性。

本书的任务采用了“任务描述—技术分析—任务实施—知识链接—能力拓展—项目训练”的结构进行组织，将课程考核目标完全融入到精心设计的典型工作任务当中，使学生可以边实践、边学习、边思考、边总结，增强学生处理类似问题的能力，帮助学生积累工作经验，养成良好的工作习惯。任务描述至任务实施部分设计典型工作任务并提供完整、清晰的解决方案；知识链接部分是对任务中所涉及知识点的说明、归纳与总结，以求构建知识的体系性与完整性；能力拓展部分对任务进行了扩展和补充，使学有余力者可以进一步掌握软件的应用技巧，引导学生逐步建立自主学习、终身学习的意识；通过课后的项目训练，学生能够巩固所学的知识与技能，对学习成果予以评价，并为后续学习做好必要的准备。

本书是在邹国富、陈春泉两位先生的指导下，由左伟志、曾涛主编，罗玮、唐永军、肖莉贞担任副主编，最后由戴旻、赵琼审订。具体执笔编写的分工是：项目一（左伟志）、项目二（陈晓雯）、项目三（肖莉贞）、项目四（唐永军、彭之澍）、项目五（罗玮）、项目六（周扬帆）、项目七（曾涛）。参与编写的同志都是“计算机应用基础”精品课程的建设者，有着丰富的教学实践经验，且多年来一直致力于计算机基础教学研究与教改实践。此外，本书在编写过程中借鉴了许多专家编写优秀教材的成功经验，吸收了大量计算机专业教师的建议，也听取了其他专业教师以及信息处理行家的宝贵意见，在此一并表示感谢。

为了便于教学与学习，本书配有电子 PPT 教案和教学素材等内容，读者如有需要，可与编者联系（E-mail：hycgyxgx@126.com）。

虽然我们希望为读者提供全面、准确、最新的计算机应用技术知识，但限于编者水平，加之计算机应用技术发展迅速，书中难免存在疏漏和不足之处，恳请读者批评指正。

编　者

2014 年 3 月

目　录

项目一

认识计算机

教学目标

- 了解计算机发展简史、分类及应用有关基础知识。
- 了解计算机的发展、分类、应用及性能指标。
- 了解计算机系统的组成。
- 认识微型计算机常用设备及其基本操作方法。
- 掌握计算机中的数制及数据在计算机中的表示方法。
- 了解信息安全相关知识、病毒知识及其防范措施。

教学内容

- 简述计算机发展简史、分类及应用有关基础知识。
- 讲解计算机系统组成的基础知识。
- 介绍微型计算机常用外设的功能及使用方法。
- 详述计算机的基本操作方法。
- 讲解计算机中数据的表示方法。
- 简介信息安全知识、计算机病毒知识及其防范措施。

世界上第一台通用电子数字计算机 ENIAC 诞生于 1946 年 2 月，经过几十年的快速发展，计算机技术的应用已渗透到社会的各个领域，正在改变着人们传统的工作、学习和生活方式。

计算机应用能力已是人们谋生过程中一种最基本的能力，各类职业资格考试对计算机应用水平都有考核要求。因此掌握计算机基础知识及基本操作技能已成为国民生产各行业对广大从业者的基本素质要求之一。

任务1 了解计算机

【任务描述】

小牛即将学习使用计算机，虽然很期待，但也很迷茫，急需了解有关计算机的基础常识。

本任务主要帮助小牛了解计算机的发展、特点、分类、应用领域及性能指标，掌握计算机常用的名词概念。

【任务实施】

1. 了解计算机的发展简史

1946年2月，世界上第一台电子数字计算机ENIAC在美国宾夕法尼亚大学诞生，开创了计算机科学的新纪元。

在计算机发展史上，美籍匈牙利数学家冯·诺依曼提出了“存储程序、程序控制”的计算机解决方案，今天的计算机基本结构仍采用冯·诺依曼提出的原理和思想，因此人们称符合这种设计的计算机为冯·诺依曼计算机。

根据计算机使用的电子元器件不同，电子计算机的发展大致可分为4代（见表1-1）。

表1-1 计算机发展的四个阶段

分代	时间	主要电子元件	技术特点与应用领域
一	1946～1958年	电子管	体积大，速度低，耗电量大，存储容量小，使用机器语言和汇编语言；主要应用于科学和工程计算
二	1958～1964年	晶体管	体积减小，耗电量较少，运算速度提高，价格下降，使用高级语言；除科学计算外，还应用于数据处理、实时控制等领域
三	1964～1970年	中小规模集成电路	体积、功耗进一步减少，可靠性进一步提高；应用范围扩大到企业管理和辅助设计等领域
四	1971年至今	大规模、超大规模集成电路	性能大幅度提高，价格大幅度下降；广泛应用于社会生活的各个领域

我国从1956年开始研制计算机，1958年第一台电子管计算机103机研制成功，多年来在计算机领域不断取得重大成功。尤其是最近几年，我国的计算机发展更是日新月异：2008年8月我国自主研发制造的百万亿次超级计算机“曙光5000”获得成功，其以峰值速度230万亿次、Linpack值180万亿次的成绩跻身当时世界超级计算机前十名；2010年9月，我国首台千万亿次超级计算机“天河一号”开始进行系统调试与测试；2013年6月17日，由国防科技大学研制的“天河二号”超级计算机（见图1-1），其以峰值计算速度每秒54 902.4万亿次、持续计算速度每秒33 862.7万亿次双精度浮点运算的优异成绩，获得世界超级计算机TOP500的榜首，比第二名美国的泰坦快了一倍。这一系列辉煌成就标志着我国综合国力的增强，也标志着我国巨型机的研制已经达到国际先进水平。

从目前的研究情况来看，未来计算机的发展将更加多元代，将来还会有量子计算机、光子计算机、生物计算机、纳米计算机等新型计算机出现，给人们的工作和生活带来更大的便利。

小知识	世界上第一台计算机ENIAC占地170平方米，重达30多吨，耗电量每小时150千瓦，使用了18 800多个电子管，每秒运行5 000次。尽管它体积庞大，耗电量大，只能完成数值计算，且操作过程复杂，但它使过去借助机械的分析机需要10~20个小时才能完成一条弹道轨迹计算的工作时间缩短到30秒，使科学家们从奴隶般的计算事务中解放出来。

2. 了解计算机的特点、分类及应用领域

（1）计算机的特点

图1-1 “天河二号”超算中心

计算机是一种能快速、高效地对各种信息进行存储和处理的电子设备。它按照人们事先编写的程序对输入的原始数据进行加工处理、存储或传送，以获得预期的输出结果，并利用这些信息来提高社会生产率和改善人们的生活质量，计算机主要具有以下几个特点。

① 运算速度快。运算速度是衡量计算机性能的重要指标之一。目前的微机运算速度大约在每秒百万次、千万次级，大型机在每秒千亿次、万亿次级，甚至更高。我国自主研制的超级计算机“天河一号”的峰值速度可达每秒1 206万亿次，中国成为继美国之后世界上第二个能够自主研制千万亿次超级计算机的国家。

② 计算精度高，可靠性强。现代计算机可以满足对各种计算精度的要求，从几十位有效数字到精确到小数点后几百万位。

③ 具有记忆能力和逻辑判断能力。计算机具有记忆功能，可以存储大量的信息；计算机还具有逻辑运算功能，能对信息进行识别、比较和判断。

④ 能自动执行命令。计算机是自动化电子设备，在工作过程中不需人工干预，能自动执行存放在存储器中的程序。

⑤ 网络与通信功能。计算机网络功能的重要意义是：改变了人类交流的方式和住处获取的途径。

（2）计算机的常见分类

计算机的种类很多，通常可按操作对象、规模和用途进行分类。

① 按计算机的处理对象分类

计算机按信号处理方式不同可以分为模拟计算机和数字计算机两大类。

- 模拟计算机

模拟计算机是以模拟变量（如电压、电流、温度、长度等）为操作对象，优点是运算速度很快，但运算精度稍差，目前模拟计算机已基本被淘汰。

- 数字计算机

数字计算机是以数字和逻辑变量作为操作对象，它具有运算速度快、运算精度高的特点，通常所称的计算机是指数字计算机。

② 按计算机的用途分类

计算机按其用途可分为通用计算机和专用计算机两大类。

- 通用计算机

通用计算机适用于解决一般信息处理和数据运算问题，它能够存储程序，程序可根据解决问题的需要加以修改。该类计算机使用领域广泛，通用性较强，在科学计算、数据处理、信息管理等方面都适用。

● 专用计算机

专用计算机是专门为解决某一类特殊问题而设计的，配有为解决某问题的专门软件和硬件，其结构较通用计算机简单、体积小、价格便宜，主要用于作业控制、过程控制、军事等专用设备。

③ 按计算机的性能指标分类

计算机按性能指标可划分为巨型机（超级计算机）、大中型机、小型机、微型机、工作站和服务器等，它们在性能和成本上存在较大的区别。

通常我们使用的计算机是指微型机（又称微型计算机、个人计算机、PC 机），它由微处理器（CPU）、存储器、接口电路、输入和输出设备（如键盘、显示器、打印机、硬盘）构成，一般具有体积小、功耗低、可靠性强、价格便宜等特点。

（3）了解计算机的应用领域

早期的计算机应用主要在科学计算、数据处理等方面。随着计算机技术的发展，计算机的应用领域已渗透到社会的各行各业，正在改变着人们传统的工作、学习和生活方式，推动着社会的发展。概括起来计算机的主要应用领域如下。

① 科学计算

科学计算是指利用计算机来完成科学研究和工程技术中提出的数学问题的计算机。在现代科学技术工作中，科学计算问题是大量的和复杂的。利用计算机的高速计算、大存储容量和连续运算的能力，可以实现人工无法解决的各种科学计算问题。比如大范围中长期天气预报、飞行器轨道计算机、大型工程计算与工作结构分析等任务，都需要高速度、大容量、高精度的计算机才能在允许的时间内及时完成。

② 数据处理（又称信息处理）

数据处理是对各种数据进行收集、存储、整理、分类、统计、加工、利用、传播等一系列活动的统称。据统计，80%以上的计算机主要用于数据处理，这类工作量大面宽，决定了计算机应用的主导方向。数据处理从简单到复杂，经历了电子数据处理、管理信息系统和决策支持系统 3 个发展阶段。

目前，数据处理已广泛地应用于办公自动化、企事业计算机辅助管理与决策、情报检索、图书管理、电影电视动画设计、会计电算化等各行各业，多媒体技术使信息展现在人们面前的不仅是数字和文字，还有声情并茂的声音和图像信息。

③ 计算机辅助

计算机辅助技术包括计算机辅助设计（CAD）、计算机辅助制造（CAM）和计算机辅助教学（CAI）等。

● 计算机辅助设计（CAD）

计算机辅助设计是利用计算机系统辅助设计人员进行工程或产品设计，以实现最佳设计效果的一种技术。它已广泛应用于飞机、汽车、机械、电子、建筑和轻工等领域。例如，在建筑设计过程中，可以利用 CAD 技术进行力学计算、结构计算、绘制建筑图纸等，这不但提高了设计速度，而且可以大大提高设计质量。

● 计算机辅助制造（CAM）

计算机辅助制造是利用计算机系统进行生产设备的管理、控制和操作的过程。例如，在产品的制造过程中，用计算机控制机器的运行，处理生产过程中所需的数据，控制和处理材料的流动，以及对产品进行检测等。使用 CAM 技术可以提高产品质量，降低成本，缩短生产周期，提高生产率和改善劳动条件。

将 CAD 和 CAM 技术集成，实现设计生产自动化，这种技术被称为计算机集成制造系统（CAMS），它的实现将真正做到无人化工厂。

- 计算机辅助教学（CAI）

计算机辅助教学是利用计算机系统使用课件进行教学。课件可以用制作工具高级语言来开发制作，它能引导学生循环渐进地学习，使学生轻松自如地从课件中学到所需要的知识。CAI 的主要特色是交互教育、个别指导和因人施教。

④ 实时控制（又称过程控制）

实时控制也称过程控制，是利用计算机及时采集检测数据，按最优值迅速地对控制对象进行自动调节或自动控制。采用计算机进行过程控制，不仅可以大大提高控制的自动化水平，而且可以提高控制的及时性和准确性，从而改善劳动条件、提高产品质量及合格率。因此，计算机过程控制已在机械、冶金、石油、化工、纺织、水电、航天等部门得到广泛的应用。例如，在汽车工业方面，利用计算机控制整个装配流水线，不仅可以实现精度要求高、形状复杂的零件加工自动化，而且可以使整个车间或工厂实现自动化。

⑤ 人工智能

人工智能是计算机模拟人类的智能活动，如感知、判断、理解、学习、问题求解和图像识别等。现在人工智能的研究已取得不少成果，有些已开始走向实用阶段。例如，能模拟高水平医学专家进行疾病诊疗的专家系统、具有一定思维能力的智能机器人等。

⑥ 网络应用

计算机技术与现代通信技术的结合构成了计算机网络。计算机网络的建立不仅解决了一个单位、一个地区、一个国家中的计算机与计算机之间的通信、各种软硬件资料的共享，也大大促进了国家间的文字、图像、视频和声音等各类数据的传输与处理。

⑦ 多媒体技术

多媒体技术是利用计算机对文本、图形、图像、声音、动画、视频等多种信息进行综合处理，建立逻辑关系，并实现人机交互的技术。目前多媒体技术在知识学习、电子图书、视频会议等方面都得到了极大推广。

⑧ 嵌入式系统

并不是所有计算机都是通用的。有许多特殊的计算机用于不同的设备中，包括大量的消费电子产品和工业制造系统，都是把处理器芯片嵌入其中，完成特定的处理任务。这些系统称为嵌入式系统。如数码相机、数码摄像机以及高档电动玩具等都使用了不同功能的处理器。

3. 掌握计算机常见名词解析

（1）数据单位

计算机内部使用二进制数据，一个二进制位只能表示 2 种状态（0 与 1）。

- 位（bit）

即一个二进制位，也称“比特”，是计算机内信息的最小单位。

- 字节（Byte）

字节又简记为 B，一字节等于 8 个二进制位，即 1B=8bit。

- 字和字长

计算机处理数据时，一次存取、加工和传送的数据称为机器字。一个字通常由一个或若干字节组成。

目前微型计算机的字长有 8 位、16 位、32 位和 64 位几种。例如，IBMPC/XT 字长 16 位，称为 16 位机。目前高档微型计算机的字长已达到 64 位。

（2）存储容量

计算机存储容量大小以字节数来度量，经常使用 B、KB、MB、GB、TB 等度量单位。其中 K 代表“千”，M 代表“兆”（百万），G 代表“吉”（十亿），B 是字节的意思。

小知识	读者对字节应该有不少接触，我们买手机（尤其是智能机）时就比较关心手机容量的大小。普通手机的容量一般为几百 MB ~ 几 GB，智能手机的容量一般为几 GB ~ 几十 GB。 计算机存储器分内存与外存（硬盘），通常主流计算机的内存容量一般为 1 ~ 16GB，硬盘容量一般为几百 GB ~ 几 TB。

（3）运算速度

- CPU 时钟频率

计算机的操作在时钟信号的控制下分步执行，每个时钟信号周期完成一步操作，时钟频率的高低在很大程度上反映了 CPU 速度的快慢。如以目前 Pentium CPU 的微型计算机为例，其主频一般有 1.7GHz，2GHz，2.4GHz，3GHz……档次。

- 每秒平均执行指令数（i/s）

通常用 1s 内能执行的定点加减运算指令的条数作为 i/s 的值。目前，高档微机每秒平均执行指令数可达数亿条，而大规模并行处理系统 MPP 的 i/s 的值已能达到几十亿条。

由于 i/s 单位太小，使用不便，实际中常用 MIPS（Million Instruction Per Second)，即每秒执行百万条指令作为 CPU 的速度指标。

4. 了解计算机的性能指标

计算机功能的强弱或性能的好坏，不是由某项指标决定的，而是由它的系统结构、指令系统、硬件组成、软件配置等多方面的因素综合决定的。对于大多数普通用户来说，可以从以下几个指标来大体评价计算机的性能。

（1）运算速度

运算速度是衡量计算机性能的一项重要指标。通常所说的计算机运算速度（平均运算速度），是指每秒钟所能执行的指令条数，一般用“百万条指令 / 秒”（mips，Million Instruction Per Second）来描述。同一台计算机，执行不同的运算所需时间可能不同，因而对运算速度的描述常采用不同的方法。常用的有 CPU 时钟频率（主频）、每秒平均执行指令数（ips)等。微型计算机一般采用主频来描述运算速度，例如，Pentium/133 的主频为 133 MHz，PentiumⅢ/800 的主频为 800 MHz，Pentium 4 1.5G 的主频为 1.5 GHz。一般说来，主频越高，运算速度就越快。

（2）字长

计算机在同一时间内处理的一组二进制数称为一个计算机的“字”，而这组二进制数的位数就是“字长”。在其他指标相同时，字长越大，计算机处理数据的速度就越快。早期的微型计算机的字长一般是 8 位和 16 位。目前 586（Pentium，Pentium Pro，PentiumⅡ，PentiumⅢ，Pentium 4）大多是 32 位，现在的大多数人都装 64 位的了。

（3）内存储器的容量

内存储器，也简称主存，是 CPU 可以直接访问的存储器，需要执行的程序与需要处理的数据就是存放在主存中的。内存储器容量的大小反映了计算机即时存储信息的能力。随着操作系统的升级，应用软件的不断丰富，及其功能的不断扩展，人们对计算机内存容量的需求也不断提高。目前，运行 Windows XP 需要 128 MB 以上的内存容量；运行 Windows 7 需要 512 MB 以上的内存容量。内存容量越大，系统功能就越强大，能处理的数据量就越庞大。

（4）外存储器的容量

外存储器容量通常是指硬盘容量（包括内置硬盘和移动硬盘）。外存储器容量越大，可存储的信息就越多，可安装的应用软件就越丰富。目前，硬盘容量一般为 10 GB 至 60 GB，有的甚至已达到 120 GB。

除了上述这些主要性能指标外，微型计算机还有其他一些指标，例如，所配置外围设备的性能指标以及所配置系统软件的情况等。另外，各项指标之间也不是彼此孤立的，在实际应用时，应该把它们综合起来考虑。

任务 2 认识计算机

【任务描述】

本任务是以一台计算机为例，帮助小牛对计算机有一个完整认识，学会操作常用的计算机设备。通过深入学习，还可以初步了解计算机系统组成，并掌握计算机硬件系统和软件系统。

【任务实施】

1. 初识计算机主要设备

现代人们生活中，计算机的使用已经非常普及了。大多数人都有过使用计算机的经历，对计算机也并不陌生，图 1-2 所示为一台普通台式计算机。

虽然现实生活中使用的计算机外观并不完全相同，但基本结构大同小异。图 1-2 中间的大箱子即通常我们所说的计算机主机，它是计算机的核心设备，里面安装有计算机的重要部件，并配有各种接口，如 CPU、主板等，主机外面的所有设备统称为计算机的外设。外设通过电缆线与主机连接，主要完成信息的输入、输出以及存储等功能。外设的种类非常多，可根据需要进行选购。一台计算机最基本的外设有显示器、键盘、鼠标等。为了方便，通常还配置有摄像头、麦克风、音箱、打印机、扫描仪等各种设备，这些设备的使用通常都非常简单，一般经过极短时间训练即可熟练掌握。

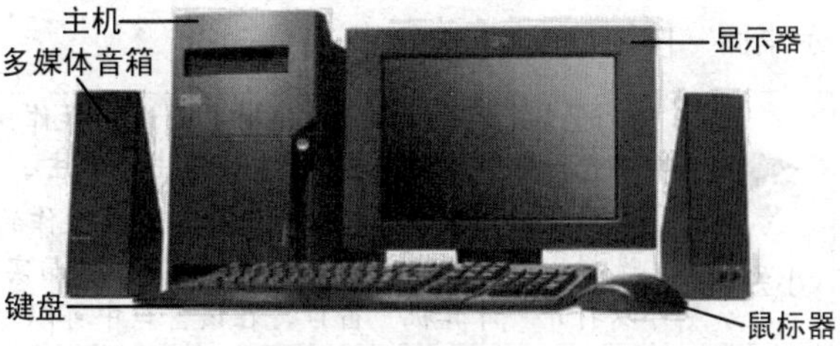

图 1-2 台式计算机

2. 体验计算机基本操作

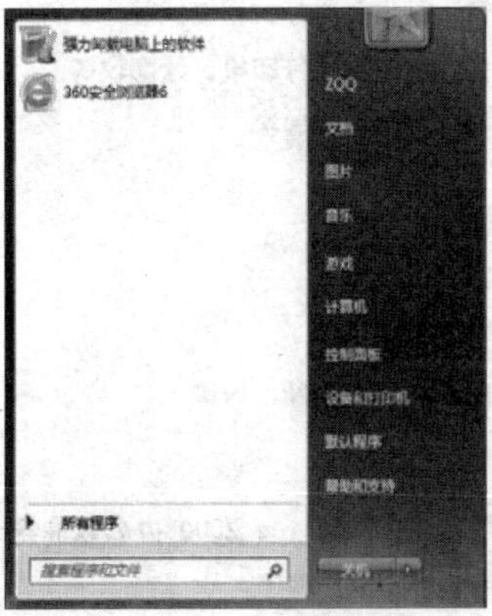

图 1-3 “开始” 菜单

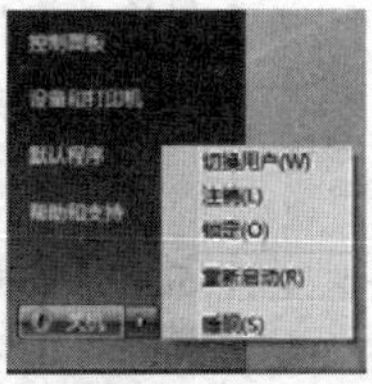

图 1-4 “关机” 菜单

通常计算机硬件设备完好，已按需要安装了相关软件，启动计算机后就可以使用计算机开始工作了。现在流行的计算机系统软件基本都是 Windows 系列产品，本节我们以 Windows 7 为例介绍计算机系统启动与关闭的基本操作方法，Windows 系列其他产品操作方法基本相似。

（1）启动计算机方法

- 冷启动

在计算机电源处于关闭时，按下主机

电源（Power）开关来启动计算机的方法称为冷启动。

● 热启动

在计算机电源已经打开时，即在不关闭电源的情况下重新启动计算机系统的过程称为热启动。

热启动的方法是：选择屏幕左下角“开始”菜单按钮，即可显示“开始”菜单，如图 1-3 所示，单击“关机”右侧的按钮，在弹出的“关机”菜单中选择“重新启动”命令，如图 1-4 所示，即可启动计算机，这种方法称为热启动。

小知识	为了避免因打开或关闭大功率外部设备而引起的电流冲击对主机造成损害，必须按正确的步骤进行开机和关机。开机时必须遵循先开启外部设备电源开关（如显示器），最后开启主机电源开关；而关机时必须先关闭主机电源开关，再关闭外部设备电源开关。

两种方式启动计算机时，系统都将登录 Windows7，登录过程用以确认用户身份，启动成功后进入 Windows7 桌面，如图 1-5 所示，主要包括桌面图标、桌面背景和任务栏。

图 1-5　Windows 7 桌面

桌面图标主要包括系统图标和快捷图标，如“计算机”、“回收站”等；桌面背景可以根据用户的喜好进行设置；任务栏有很多变化，主要由“开始”按钮、快速启动区、语言栏、系统提示区与“显示桌面”按钮组成。

小知识	通过鼠标可以很方便地对桌面进行操作，鼠标的常用操作包括指向（移动指针）、选择、单击（一般指左键单击）、右键单击、双击、拖曳等。 操作时，首先将鼠标指针指向需要操作的对象，然后根据需要对所指向的对象进行操作（选择、或单击、或双击、或拖曳），从而实现所需要的操作效果。如双击“计算机”图标可以打开“计算机”窗口，在该窗口中可以对计算机资源进行管理操作。

（2）关闭计算机方法

选择屏幕左下角“开始”菜单按钮，单击“关机”按钮，如图 1-4 所示，即可正常退出 Windows7，关闭计算机系统。通常关机前应先关闭并保存所有已经打开的文件，否则可能会丢失数据，造成损失。

【知识链接】

1. 计算机系统组成

尽管各种计算机在性能、用途和规模上有所不同，但其基本结构都遵循冯·诺依曼提出的原理和思想。一个完整的计算机系统由硬件

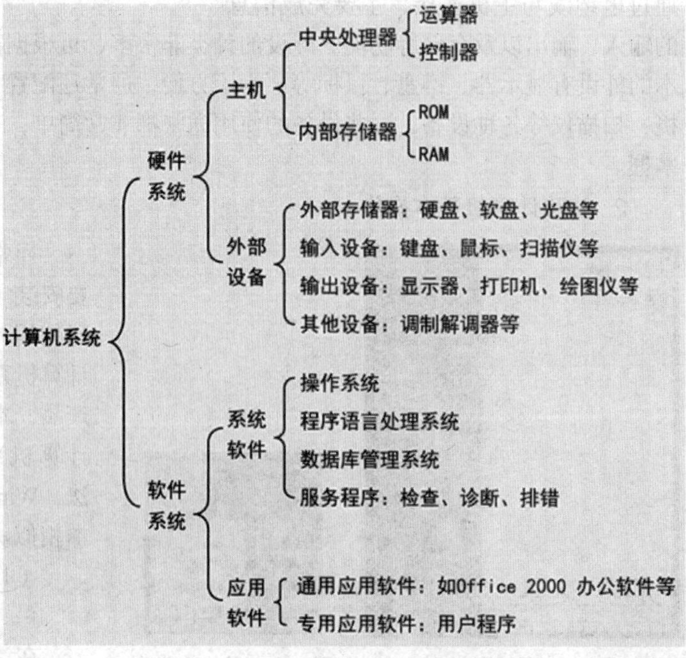

图 1-6　计算机系统组成

系统和软件系统两部分组成，如图 1-6 所示。

硬件系统是构成计算机系统的各种物理设备的总称，是有形的、看得见摸得着的设备，它是计算机系统的物质基础。冯 · 诺依曼提出的计算机解决方案中将计算机硬件系统分为五大组成部分，即运算器、控制器、存储器、输入设备和输出设备，其中运算器和控制器合称中央处理器（CPU），是 计算机硬件的核心部件。

软件系统是运行、管理和维护计算机的各类程序和文档的总称，是计算机系统的灵魂。它是无形的，看不见摸不着，是信息的集合。通常将计算机软件系统分为系统软件和应用软件两大类。

计算机硬件系统中，运算器也称算术逻辑单元（ALU），是计算机进行算术运算和逻辑运算的部件；控制器主要用来控制程序和数据的输入/输出，以及各个部件之间的协调运行。存储器的主要功能是存放运行中的程序和数据；输入设备的功能是用来将现实世界中的数据输入到计算机，如输入数字、文字、图形、电信号等，常见的输入设备有：键盘、鼠标、数码相机等；输出设备将计算机处理的结果转换成为用户熟悉的形式输出，如数字、文字、图形、声音、视频等，常见的输出设备有：显示器、打印机等。

在现代计算机中，往往将运算器和控制器制造在一个集成电路芯片内，这个芯片称为中央控制单元（简称 CPU），它是计算机硬件的核心部件。CPU 性能的高低，往往决定了一台计算机性能的高低。

2. 微型计算机硬件系统

微机是计算机中应用最为广泛的一种，一个完整的微型计算机也是硬件系统和软件系统组成的。在组成的微型的硬件中，通常将 CPU 和内存储器合称为微机的主机，将输入设备、输出设备以及外存储器等称为微机的外设，即微机硬件分为主机和外设两部分。常用的外设主要有显示器、键盘、鼠标、音箱等设备。主机是微机的核心部件，通常分立式和卧式两种，性能上没有差别，价格也相差不大，目前较为流行的是立式机箱。图 1-7（a）所示是一台普通立式微型计算机的实物外观图，图 1-7（b）所示为微机主机内部实物图，图 1-7（c）所示为微机计算机硬件组成。

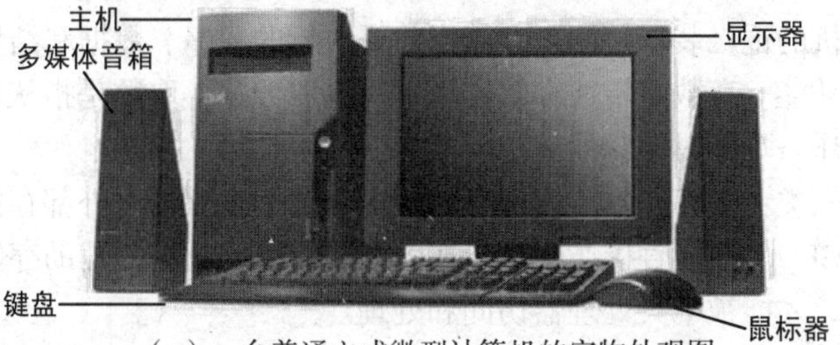

（a）一台普通立式微型计算机的实物外观图

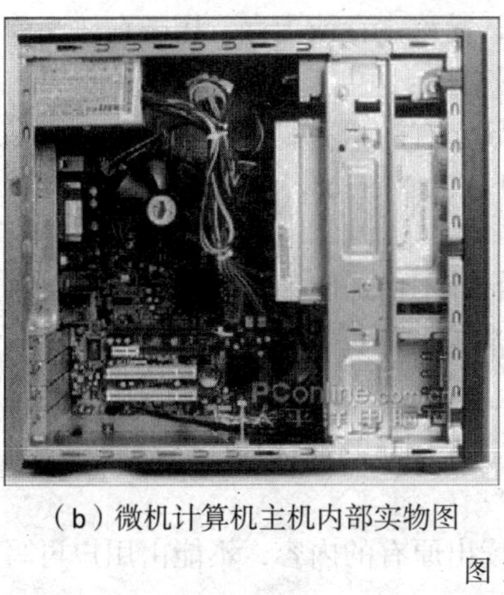

（b）微机计算机主机内部实物图

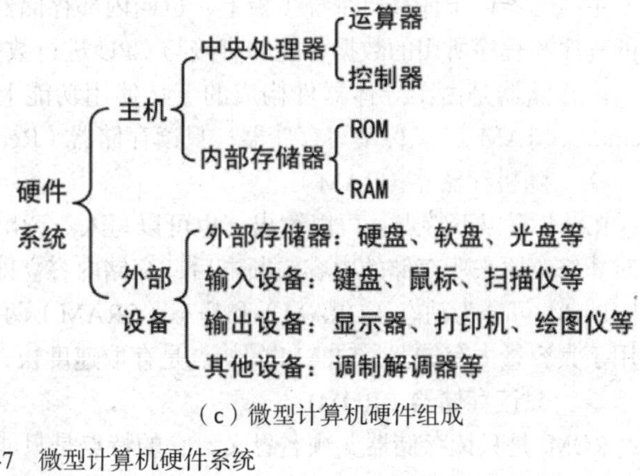

（c）微型计算机硬件组成

图 1-7　微型计算机硬件系统

微型计算机硬件系统通常也是由“五大件”组成：运算器、控制器、存储器、输入设备和输出设备。

（1）运算器

运算器是完成各种算术运算和逻辑运算的装置，能进行加、减、乘、除等算术运算，也能做比较、判断、查找等逻辑运算等。

（2）控制器

控制器是计算机指挥和控制其他各部分工作的中心，其工作过程和人的大脑指挥和控制人的各器官一样。

控制器是计算机的指挥中心，负责决定执行程序的顺序，给出执行指令时机器各部件需要的操作控制命令。由程序计数器、指令寄存器、指令译码器、时序产生器和操作控制器组成，它是发布命令的“决策机构”，即完成协调和指挥整个计算机系统的操作。

主要功能如下所述。

- 从内存中取出一条指令，并指出下一条指令在内存中的位置。
- 对指令进行译码或测试，并产生相应的操作控制信号，以便启动规定的动作。
- 指挥并控制 CPU、内存和输入/输出设备之间数据流动的方向。
- 控制器根据事先给定的命令发出控制信息，使整个计算机指令执行过程一步一步地进行，是计算机的神经中枢。

小知识	中央处理器（CPU）由运算器与控制器组成，是计算机系统中最重要的一个部件。CPU 是整个计算机系统的控制中心，它严格按照规定的脉冲频率工作，一般来说，工作频率越高，CPU 工作速度越快，功能也就越强。在 CPU 技术和市场上，英特尔（Intel）公司一直是技术领头人，其次是 AMD 公司的系列 CPU。近年我国自主研制的“龙芯”系列 CPU 取得重大突破，发展迅速，现已投入生产，市场反应良好。

（3）存储器

存储器主计算机的记忆装置，用来存储当前要执行的程序、数据和结果。所以存储器应该具备存数和取数功能。存数是指往存储器里“写入”数据；取数是指从存储器里“读取”数据，统称读写操作，均是对存储器的访问操作。

存储器分为两大类：主存储器（内部存储器）和辅助存储器（外部存储器）。

中央处理器（CPU）只能直接访问存储在主存储器中的数据，辅助存储器中的数据只有先调入主存储器后，才能被中央处理器访问和处理。

① 主存储器（内部存储器，简称内存）

主存储器位于计算机系统主板上，也叫内部存储器，简称主存或内存，用于存放当前运行的程序和程序所用的数据，能够直接与 CPU 进行数据交换。

内存储器是由半导体器件构成的。从使用功能上分，有随机存储器（Random Access Memory，RAM），又称读写存储器；只读存储器（Read Only Memory，ROM）。

- 随机存储器（RAM）

RAM 有以下特点：可以读出，也可以写入。读出时并不损坏原来存储的内容，只有写入时才修改原来所存储的内容。断电后，存储内容立即消失，即具有易失性。

RAM 可分为动态（DRAM）和静态（SRAM）两大类。DRAM 的特点是集成度高，主要用于大容量内存储器；SRAM 的特点是存取速度快，主要用于高速缓冲存储器。

- 只读存储器（ROM)

ROM 是只读存储器。顾名思义，它的特点是只能读出原有的内容，不能由用户再写入新内容。原来存储的内容是采用掩膜技术由厂家一次性写入的，并永久保存下来。它一般用来存放专用的固定的程序和数据。不会因断电而丢失。

存储器是用来存储计算机内的信息的，从内存中读一个字或向内存写入一个字所需的时间为读写时间。两次独立的读写操作之间所需的最短时间称为存取周期。这个指标反映了内存的存取速度，早期内存存取周期为 100ns（纳秒），目前内存为 2 ~ 8ns。

内存的特点是运行速度较快，存储容量相对较小，其中 RAM 在系统断电后所存信息将全部丢失，但 ROM 中所存信息不会丢失。

② 辅助存储器（外部存储器，简称外存）

辅助存储器也叫外部存储器（简称外存或辅存），一般安装在主机箱中，通过数据线连接在主板上，它与 CPU 的数据交换必须通过内存和接口电路进行。与内存相比，外存的特点是存储容量大，价格低，存取速度相对内存要慢得多，但存储的数据很稳定，系统断电后数据不会丢失。

常用的外存有：硬盘、光盘、软盘、优盘等。

- 硬盘

硬盘是最常用的磁盘存储器，它由一组盘片组成，有一个可移动的磁头，盘片组固定安装在驱动器中。由于它存储容量大，数据存取方便，价格便宜等优点，目前已经成为保存用户数据重要的外部存储设备，但硬盘一般固定在主机箱内部，不便携带。现阶段硬盘的容量通常为几百 GB 到几 TB 之间。

- 软盘和软盘驱动器

软盘是早期计算机常用的外存，由一张盘片和外部保护套组成，其中盘片两面涂有磁性物质，由软盘驱动器完成读写操作。软件通常有 5.25 寸和 3.5 寸两种，常用的 5.25 寸软盘的容量为 1.2MB，3.5 寸软盘的容量为 1.44MB。由于容量小，数据读写速度慢，且易于损坏，在 PC2000 计算机设计规范中已经建议取消，目前市场产品也趋于淘汰。

- 光盘和光盘驱动器

光盘用于记录数据，光驱用于读取数据。光盘的特点是记录数据密度高，存储容量大，数据保存时间长。现阶段光盘的容量通常为几百 GB。

- 优盘

优盘（U 盘）又名“闪存盘”，是一种采用快闪存储器（Flash Memory）为存储介质，通过 USB 接口与计算机交换数据的可移动存储设备。优盘具有即插即用的功能，使用者只需将它插入 USB 接口，计算机就可以自动检测到优盘设备。优盘在读写、复制及删除数据等操作上非常方便。现阶段优盘的容量通常为 1GB 到 16B 之间。

由于优盘具有外观小巧、携带方便、抗震、容量大等优点，因此，受到微机用户的普遍欢迎。

- 移动硬盘

移动硬盘与采用台式机 IDE 接口硬盘不同，它采用 USB 接口或 IEE 1394 接口。移动硬盘一般由 2.5 英寸的硬盘加上带有 USB 或 IEE1394 接口的硬盘盒构成。

> **小知识**
>
> 关于高速缓冲存储器（Cache）
>
> 为了提高运算速度，通常在 CPU 内部增设一级、二级、三级高速静态存储器，它们称为高速缓冲存储器（Cache）。Cache 大大缓解了高速 CPU 与相对低速内存之间的速度匹配问题，它可以与 CPU 运算单元同步执行。

③ 存储器的容量

存储器是用来存储计算机内信息的，相当于一个仓库。在存储器中有大量的存储单元，每个存储单元可存放 1 位二进制数据，8 个存储单元称为一字节（Byte，通常用 B 表示）。

存储器容量的基本单位为字节（B），通常使用的存储容量单位还有 KB、MB、GB、TB 等。它们之间的换算关系是：

$1KB=2^{10}B=1024B$

$1MB=2^{10}KB=1024KB$

$1GB=2^{10}MB=1024MB$

$1TB=2^{10}GB=1024GB$

当前微型计算机内配置的内存容量一般为 1GB、2GB、4GB、8GB 等；硬盘容量大小一般为几百个 GB 到几个 TB，如 160GB、250GB、500GB、1TGB 等；移动硬盘容量大小一般为几百 GB，如 160GB、250GB、500GB 等；优盘容量大小一般为几 GB 到几十 GB，如 2GB、4GB、8GB、16GB 等。用户可以根据需要为计算机配置适当容量内存和外存设备。

（4）输入设备

输入设备是将数据、程序、文字符号、图像、声音等信息输送到计算机中。常用的输入设备有键盘、鼠标、触摸屏、扫描仪等。

① 键盘（Keyboard）

键盘是向计算机输入数据的主要设备，如图 1-8 所示，通过键盘，可以将英文字母、数字、标点符号等输入到计算机中，从而向计算机发出命令、输入数据等。

> **小知识**
>
> 键盘操作的基本要求是要掌握正确姿势和指法，终极目标是实现"盲打"，即不用看键盘即可熟练地操作键盘。对于初学者，开始不应追求录入速度，而是要掌握正确的操作方法，这样做可以收到事半功倍的效果。通常经过几天的练习都可以实现"盲打"，关键是指法一定要正确，并养成良好的习惯。现在练习指法的软件非常多，常用的有金山打字通练习软件，不仅可以练习指法，还可以练习中英文录入(下载地址：http://www.51dzt.com)。

② 鼠标（Mouse）

鼠标也是一个输入设备，如图 1-8 所示，广泛用于图形用户界面环境，因形似老鼠而得名（中国大陆用语，港台叫滑鼠）。它用来控制显示器所显示的指针光标（pointer）。鼠标的使用是为了使计算机的操作更加简便，来代替键盘那烦琐的指令。鼠标的工作原理是：当移动鼠标时，它把移动距离及方向的信息转换成脉冲信号送入计算机，计算机再将脉冲信号转变为光标的坐标数据，从而达到指示位置的目的。目前常用鼠标为光电式鼠标，上面一般有 2～3 个按键。对鼠标的操作有移动、单击、双击、拖曳等。

图 1-8　键盘及鼠标

③ 触摸屏（Touch Screen）

触摸屏是一种覆盖了一层塑料的特殊显示屏，在塑料层后是互相交叉不可见的红外线光束。用户通过手指触摸显示屏来选择菜单项。触摸屏的特点是容易使用。例如自动柜员机（Automated Teller Machine，简记为 ATM）、信息中心、饭店、百货商场等场合均可看到触摸屏的使用。

除此之外的输入设备，还有游戏杆、光笔、数码相机、数字摄像机、图像扫描仪、传真机、条形码阅读器、语音输入设备等。

（5）输出设备

输出设备将计算机的运算结果或者中间结果打印或显示出来。常用的输出设备有：显示器、打印机、绘图仪和传真机等。

① 显示器（Display）

显示器是计算机必备的输出设备，如图 1-9 所示，用于显示输入的程序、数据或程序的运行结果，能以数字、字符、图形和图像等形式显示运行结果或信息的编辑状态。

在微机系统中，主要有两种类型的显示器，一种是传统的 CRT（阴极射线管）显示器，如图 1-9 所示。尺寸有 10～21 英寸几种，目前大部分用户配置 17 英寸（显示器对角线长度）的显示器。一些显示器采用单键调节方式，当按下屏幕调节键时，将显示屏幕调节菜单，旋转调节键可以调整屏幕的亮度及变形。CRT 显示器采用模拟显示方式，因此显示效果好，色彩比较亮丽。CRT 显示器采用 VGA 显示接口，显示器电源开关一般在显示器下部或后部。CRT 显示器价格比液晶显示器低很多，使用寿命也很长，但是它外观尺寸较大，不便于移动办公，它主要用于台式微机。

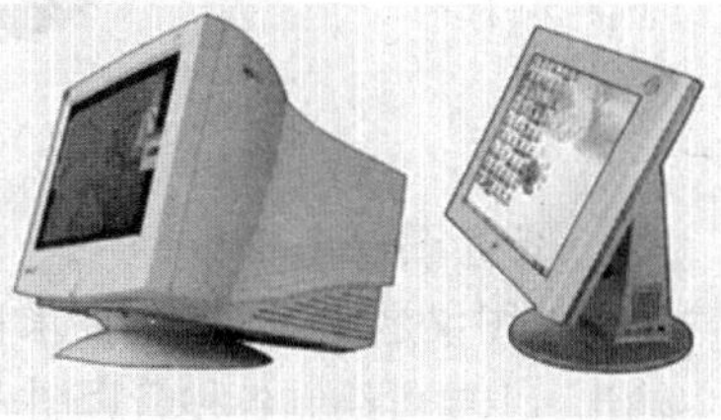

图 1-9　CRT 显示器与 LCD 显示器

另外一种显示器是 LCD（液晶）显示器，显示器尺寸有 10～24 英寸等规格，由于价格较高，台式微机大部分采用 15～24 英寸产品，而笔记本微机则采用 10～15 英寸居多。LCD 显示器采用数字显示方式，显示效果比 CRT 稍差。LCD 显示器采用 DVI（数字视频接口）显示接口，也有些 LCD 显示器采用 VGA 显示接口，在 LCD 内部进行数模转换。LCD 显示器外观尺寸较小，适应于移动办公，它主要用于笔记本微机、平板微机等，它是今后微机显示器的发展方向。

显示器的主要技术参数如下。

- 屏幕尺寸

显示器屏幕对角线的长度，以英寸为单位，表示显示屏幕的大小，主要有 10～24 英寸几种规格。

- 点距

点距是屏幕上荧光点间的距离，它决定像素的大小，以及屏幕能达到的最高显示分辨率，点距越小越好，现有的点距规格有 0.20、0.25、0.26、0.28（mm）等规格。

- 显示分辨率

显示分辨率是指屏幕像素的点阵。通常写成（水平像素点）×（垂直像素点）的形式。常用的有 640×480 像素、800×600 像素、1024×768 像素、1024×1024 像素、1600×1200 像素等，目前 1024×768 像素较普及，更高的分辨率多用于大屏幕图像显示。

- 刷新频率

每分钟内屏幕画面更新的次数称为刷新频率。刷新频率越高，画面闪烁越小。一般为 60～140Hz。

② 打印机（Printer）

打印机是计算机最基本的输出设备之一，它是将输出结果打印在纸张上的一种输出设备。从打印机原理上来说，市场上常见的打印机大致分为喷墨打印机、激光打印机和针式打印机。按打印颜色有单色、彩色之分。按工作方式分为击打式打印机和非击打式打印机。击打式打印机常为针式打印机，这种打印机正在从商务办公领域淡出。非击打式打印机常为喷墨打印机和激光打印机，如图 1-10 所示。

点阵式打印机打印速度慢，噪声大，主要耗材为色带，价格便宜。激光打印机打印速度快，噪声小，主要耗材为硒鼓，价格贵但耐用。喷墨打印机噪声小，打印速度次于激光打印机，主要耗材为墨盒。

图 1-10 针式、喷墨和激光打印机

③ 绘图仪（Plotter）

绘图仪是能按照人们要求自动绘制图形的设备。它可将计算机的输出信息以图形的形式输出。主要可绘制各种管理图表和统计图、大地测量图、建筑设计图、电路布线图、各种机械图与计算机辅助设计图等。

3. 微型计算机软件系统

软件系统是为运行、管理和维护计算机而编制的各种程序、数据和文档的总称。

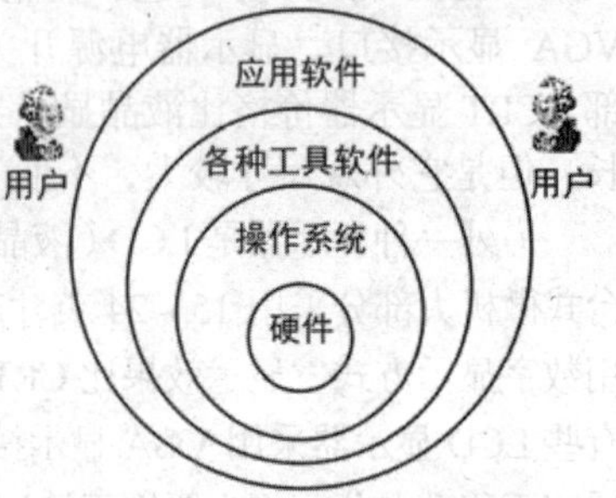

图 1-11 计算机系统层结构

没有安装任何软件的计算机（只有硬件系统）称为裸机，没有安装软件系统的计算机（裸机）是无法工作的，通常用户使用的计算机都已经安装了必要的软件系统，称这种计算机为虚拟机。安装了软件计算机的功能不仅仅取决于硬件系统，在更大程序上是由所安装的软件系统决定的。硬件系统和软件系统相互依赖，不可分割。图 1-11 所示为计算机系统的层次结构，由图可以得知：硬件处于内层，用户在最外层，软件则是硬件与用户之间的接口，用户通过软件使用计算机。

计算机软件系统可以分为系统软件和应用软件，如图 1-12 所示，系统软件的种类相对较小，其他绝大部分软件是应用软件。软件也可以分为商业软件与共享软件。商业软件功能强大，软件收费也高，软件售后服务较好。共享软件大部分是免费或少量收费的，一般来说不提供软件售后服务。

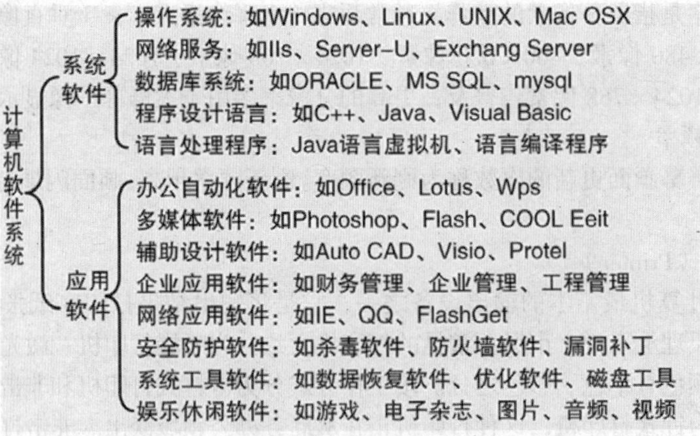

图 1-12 软件系统分类

（1）系统软件

系统软件位于计算机系统中最靠近硬件的一层。其他软件一般都通过系统软件发挥作用，系统软件是用于计算机管理、监控、维护和运行的软件。通常包括操作系统、网络服务、数据库系统、程序设计语言等各种程序。

① 操作系统（Operating System，OS）

没有操作系统的帮助，使用计算机是非常困难的事情。对绝大多数计算机用户来说，操作系统是接触最多的软件，因为用户使用计算机都是通过操作系统进行的。操作系统是对计算机硬件资源和软件资源进行控制和管理的大型程序。它是最基本的系统软件，其他软件必须在操作系统的支持下才能运行。

操作系统的功能主要是管理，即管理计算机的所有软、硬件资源。操作系统是计算机硬件与用户之间的接口，它使得用户能够方便地操作计算机。

常用的操作系统有以下几种。

- DOS 操作系统

DOS（Disk Operating System）是 Microsoft 公司研制的配置在 PC 机上的单用户命令行界面操作系统。它曾经广泛地应用在 PC 机上，对于早期的计算机的应用和普及起了重要的作用。DOS 操作系统的特点是简单易学，硬件要求低，但存储管理功能有限。

- Windows 操作系统

Windows 是基于图形用户界面的操作系统。1983 年 Microsoft 公司推出了 Windows1.1，此时 Windows 还是一个 DOS 系统下的一个应用程序。经过 Windows 3.X、Windows95、Windows98 和 Windows NT4.0 的发展，Windows 已经成为一个独立的操作系统，并且 DOS 成为了 Windows 系统下的一个应用程序。2001 年 Microsoft 公司推出了 WindowsXP 操作系统，2009 年 10 月微软于美国正式发布 Windows 7。当前微机系统中应用最为广泛的操作系统软件是 Windows XP 和 Windows 7，本书将详细介绍 Windows 7 的操作方法。

- UNIX 操作系统

UNIX 是一种发展较早的操作系统，一直占有操作系统市场较大的份额。UNIX 操作系统的优点是具有较好的可移植性，可运行于许多不同类型的计算机上，具有较好的可移植性和安全性，支持多任务、多处理、用户、网络管理和网络应用，多用于一些计算机中心和计算机站。

- Linux 操作系统

Linux 是一种源代码开放的操作系统。用户可以通过 Internet 免费获取 Linux 操作系统及其生成工作的源代码，然后进行修改，建立一个自动的 Linux 开发平台，开发 Linux 软件。

Linux 操作系统实际上是从 UNIX 操作系统发展起来的，与 UNIX 操作系统兼容，能够运行大多数的 UNIX 工具软件、应用软件和网络协议。Linux 操作系统继承了 UNIX 操作系统以网络为核心的设计思想，是一个性能稳定的多用户网络操作系统。

② 语言处理系统（翻译程序）

在日常生活中，人与人之间交流思想一般是通过语言进行的，人类所使用的语言一般称为自然语言。而人与计算机之间的“沟通”，或者说人们让计算机完成某项任务，也需要用一种语言，这就是计算机语言，即程序设计语言。

计算机语言通常分为机器语言、汇编语言和计算机高级语言三类。

- 机器语言

在计算机中，指挥计算机完成某个基本操作的命令称为指令，全部指令集合称为指令系统。指令一般包括操作码和操作数两部分，操作码确定指令功能，操作数指明指令操作对象。直接用二进制代码表示指令系统的语言称为机器语言，它是计算机唯一能直接识别和执行的语言，其优点是占用内存少、执行速度快，缺点是难编写、难阅读、难修改、难移植。

- 汇编语言

机器语言使用的二进制代码，虽然不需要“翻译”，计算机就能够直接执行，但如果直接用机器语言来编写程序，程序员可就苦不堪言了。为了方便用户编写程序，人们想到是否能用一些符号（如大家比较熟悉的英文字母、数字等）来代替难读、难懂、难记忆的机器语言，因此出现了汇编语言。

汇编语言是将机器语言的二进制代码指令，用便于记忆的符号形式表示出来的一种语言，所以它又称为符号语言。汇编语言的指令和机器语言的指令基本上一一对应，机器语言直接用二进制代码，而汇编语言使用助记符，这些助记符一般使用容易记忆和理解的英文单词缩写。如用 ADD 来表示加法指令，MOV 表示传送指令等。汇编语言与机器语言程序比较，汇编语言更容易理解，更便于记忆。

对机器（计算机）来讲，汇编语言是无法直接执行的。所以必须将用汇编语言编写的程序翻译成机器语言程序，机器才能执行。用汇编语言编写的程序称为汇编语言源程序，翻译后的机器语言程序一般称为目标程序，将汇编语言程序翻译成目标程序的软件称为汇编程序，用汇编程序将汇编语言源程序翻译成目标程序的过程称为“汇编”。

- 计算机高级语言

虽然汇编语言比机器语言前进了一步，但使用起来仍然很不方便，编程仍然是一种极其烦琐的事情，而且汇编语言的通用性差，经过不断探索，产生计算机高级语言。

高级语言又称算法语言，具有严格的语法规则和语义规则，没有二义性。在语言表示和语义描述上，它更接近于人类的自然语言和数学语言。比如 Pascal 语言中用 read 和 write 来表示输入和输出，直接采用算术运算符号+、-、*和/来表示加、减、乘和除，计算机高级语言的种类很多，目前常用的有：Pascal、C、C++、Visual C、Visual Basic、Java 等，如表 1-2 所示。

表 1-2　常用高级语言

语言名称	应用领域	语言特点
Pascal	科学计算、数据处理	结构化突出，但功能有限，常用于小型程序设计
C	科学计算、数据处理	简单易学，但功能有限，常用于小型程序设计
C++	大型系统程序设计	功能非常强大，但过于复杂
Java	网络、通信编程	程序可以跨软件或硬件平台应用，但较为复杂
Visual Basic	面向对象程序开发	简单易学，但程序运行效率较低

计算机高级语言编写的程序称为源程序，很显然，如果要在计算机上运行高级语言源程序就必须配备程序语言翻译程序（下简称翻译程序）。翻译程序本身是一组程序，不同的高级语言都有相应的翻译程序。翻译的方法有以下两种。

- “解释”方式

早期 BASIC 源程序的执行都采用这种方式。它调用机器配备的 BASIC“解释程序”，在运行 BASIC 源程序时，逐条对 BASIC 的源程序语句进行解释和执行。它不保留目标程序代码，即不产生可执行文件。这种方式速度较慢，每次运行都要经过“解释”，边解释边执行。

- “编译”方式

它调用相应语言的编译程序，把源程序变成目标程序（以.OBJ 为扩展名），再用连接程序，把目标程序与库文件相连接形成可执行文件。尽管编译的过程复杂一些，但它形成的可执行文件（以.exe 为扩展名）可以反复执行，速度较快。运行程序时只要键入可执行程序的文件名，再按【Enter】键即可。

对源程序进行解释和编译任务的程序，分别称为编译程序和解释程序，图 1-13 所示分别为解释方式和编译方式。通常使用解释方式的高级语言有 BASIC 和 LISP，使用编译方式的高级语言有 FORTRAN、COBOL、PASCAL、C 语言等。

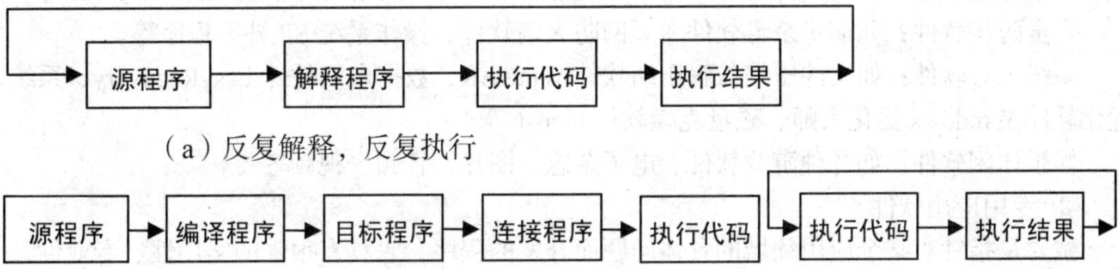

（a）反复解释，反复执行

（b）一次编译，反复执行

图 1-13　高级语言程序的翻译过程

③ 服务程序

服务程序能够提供一些常用的服务性功能，它们为用户开发程序和使用计算机提供了方便，像微机上经常使用的诊断程序、调试程序、编辑程序均属此类。

④ 数据库管理系统

数据库是指按照一定联系存储的数据集合，可为多种应用共享。数据库管理系统（Data Base Management System，DBMS）则是能够对数据库进行加工、管理的系统软件。其主要功能是建立、消除、维护数据库，及对库中数据进行各种操作。数据库系统主要由数据库（DB）、数据库管理系统（DBMS）以及相应的应用程序组成。数据库系统不但能够存放大量的数据，更重要的是能迅速、自动地对数据进行检索、修改、统计、排序、合并等操作，以得到所需的信息。这一点是传统的文件柜无法做到的。

数据库技术是计算机技术中发展最快、应用最广的一个分支，数据库管理系统是建立信息管理系统（如财务管理、企业管理等）的主要软件工具。可以说，在今后的计算机应用开发中大都离不开数据库，因此，了解数据库技术尤其是微机环境下的数据库应用是非常必要的。常用的数据库软件有 ORACLE、MS SQL Server、Mysql 等。

（2）应用软件

应用软件是计算机各种应用程序的总称，凡是用户利用计算机的硬件和系统软件所编制的解决各类实际问题的程序，都可以称为应用软件。它主要解决一个实际问题或完成一项具体工作，一般由软件人员或计算机用户针对具体工作编制。

① 通用应用软件

一般是由一些大型专业软件公司开发的通用型应用软件，这些软件功能非常强大，适用性非常好，应用也非常广泛。由于使用人员较多，也便于相互交换文档。这类应用软件的缺点是专用性不强，对于某些有特殊要求的用户不适用。

常用的通用应用软件有以下几类。

办公自动化软件：应用较为广泛的有微软公司开发的 MS Office 软件，它由几个软件组成，如字处理软件 Word、电子表格软件 Excel 等。国内优秀的办公自动化软件有 WPS 等。IBM 公司的 Lotus 也是一套非常优秀的办公自动化软件。

多媒体应用软件：有图像处理软件 Photoshop、动画设计软件 Flash、音频处理软件 Audition、视频处理软件 Premiere、多媒体创作软件 Authorware 等。

辅助设计软件：如机械、建筑辅助设计软件 Auto CAD、网络拓扑设计软件 Visio、电子电路辅助设计软件 Protel 等。

企业应用软件：如用友财务管理软件、SPSS 统计分析软件等。

网络应用软件：如浏览器软件 IE、即时通信软件 QQ、网络文件下载软件 FlashGet 等。

安全防护软件：如瑞星杀毒软件、天网防火墙软件、操作系统 SP 补丁程序等。

系统工具软件：如文件压缩与解压缩软件 WinRAR、数据恢复软件 EasyRecovery、系统优化软件 Windows 优化大师、磁盘克隆软件 Ghost 等。

娱乐休闲软件：如各种游戏软件、电子杂志、图片、音频、视频等。

② 专用应用软件

主要是指针对某个应用领域的具体问题而开发的程序，它具有很强的实用性、专业性。这些软件可以由计算机专业公司开发，也可以由企业人员自行开发。正是由于这些专用软件的应用，使得计算机日益渗透到社会的各行各业。但是，这类应用软件使用范围小，导致了开发成本过高，通用性不强，软件的升级和维护有很大的依赖性。

任务 3 认识计算机中的数据

自然界的信息是丰富多彩的，有数值、文字、声音、图形、图像、视频等。虽然计算机能极快地进行运算，但其内部并不能使用人们熟悉的十进制，而是使用只包含 0 和 1 两个数码的二进制。因此进入计算机中的各种信息都要转换成二进制数，计算机才能进行传递、存储、运算和处理；同样，从计算机中输出的数据也要进行逆向转换，才能被用户理解识别，当然这都由操作系统自动完成。

【任务描述】

本任务主要是帮助小牛掌握二进制数据的有关知识，了解生活中常见的信息（数据）在计算机内部是如何进行传递、存储以及处理的，从而更好地理解计算机的有关概念。

【任务实施】

1. 认识计算机中常用的数制

（1）数制的概念

数制是指计数的方法，是用一组固定的符号和统一的规则来表示数值的方法，通常采用进位计数制，如“逢十进一”则称为十进制，“逢二进一”则称二进制，“逢 R 进一”则称为 R 进制（R 为某特定整数）。计算机科学中常采用二进制来表示数据。

（2）数制的基本要素

一般将数码、基数和位权称为数制的三要素。

① 数码

某数制中用来表示或写书数据时使用的字符符号。例如，十进制有 10 个数码，分别是 0、1、2、3、4、5、6、7、8、9；二进制只有两个数码，即 0 与 1。

② 基数

某数制使用的所有数码的个数称为该数制的基数。例如，二进制的基数为 2；十进制的基数为 10，R 进制的基数为 R。

③ 位权

数制中特定位上的数码所表示数值的大小（所处位置的价值）。例如，十进制 123 中，数码 1 对应的位权是 100，数码 2 对应的位权是 10，数码 3 对应的位权是 1。

（3）计算机科学中常用的数制

日常生活中，我们使用的数据一般是十进制，而计算机中所有的数据都是使用二进制，二进制虽然简单，但读写和记忆都不方便，通常书写二进制数据时采用八进制或十六进制形式表示,表 1-3 给出了计算机中常用的几种进位计数制。

在表 1-3 中，十六进制的数码符号中除了十进制中的 10 个数字符号以外，还使用了 6 个英文字母：A、B、C、D、E、F，它们分别表示十进制数值 10、11、12、13、14、15。

表 1-3　计算机中常用的几种进位计数制表示

进位制	基数	数码	第 n 位权	名称后缀
二进制	2	0，1	2^{n-1}	B
八进制	8	0，1，2，3，4，5，6，7	8^{n-1}	O
十进制	10	0，1，2，3，4，5，6，7，8，9	10^{n-1}	D
十六进制	16	0，1，2，3，4，5，6，7，8，9，A，B，C，D，E，F	16^{n-1}	H

（4）不同数制的数据表示方法

为了区别不同的数制，规定书写时在相应数后添加相应的后缀，通常有两种表示方法:

① 基数后缀表示法

如：二进制数据 10110，通常表示为：（10110）2

八进制数据 10510，通常表示为：（10510）8

十六进制数据 1A7，通常表示为：（1A7）16

② 名称后缀表示法

如表 1-3 表示，通常二进制数后缀为 B，八进制数后缀为 O，十六进制数后缀为 H，十进制数后缀为 D。如：二进制数据 10110，通常表示为：（10110）B，八进制数据 10510，通常表示为：（10510）O， 十六进制数据 1A7，通常表示为：（1A7）H。

2. 掌握不同数制之间的转换

同一个数据可以用不同的进位计数制来表示，它们的表示方法不同，但数值大小是相等的。

（1）将十进制转换成 R 进制

一般需分为整数部分和小数部分分别进行转换，再拼接起来即可。

① 整数部分

方法：将一个十进制整数转换成 R 进制采用“除 R 取余”法，具体操作步骤如下。

第一步将要转换的整数作为被除数，除以 R 进制的基数 R，把余数作为 R 进制数最低位的数码。

第二步把上一步得到的商作为本次的被除数，再除以基数 R，把余数作为 R 进制数次低位的数码。

第三步继续上一步，直到最后的商为零，这时的余数就是 R 进制最高位的数码。

即将十进制整数连续地除以 R 取余数，直到商为 0，余数从右到左排列，首次取得的余数排在最右边。

② 小数部分

方法：将一个十进制小数转换成 R 进制采用“乘 R 取整”法，具体步骤如下。

第一步把要转换的小数作为被乘数，乘以 R 进制的基数 R，把积的整数部分作为 R 进制小数部分最高位的数码。

第二步把上一步得到积的小数部分作为本次的被乘数，再乘以基数 R，把积的整数部分作为 R 进制小数部分次高位的数码。

第三步继续上一步，直到积的小数部分为零为止（或者达到预定的精度要求也可以），此时得到的积的整数部分作为 R 进制小数部分最低位的数码。

即将十进制小数不断乘以 R 取整数，直到积的小数部分为 0（或者达到预定的精度），所得的整数从小数点自左往右排列，首次取得的整数排在最左边。

[例 1] 将十进制数（43.625）D 转化为二进制数。

① 求整数部分：将 43 除以 2 取余数，得结果为(43)D=(101011)B，计算机过程如下。

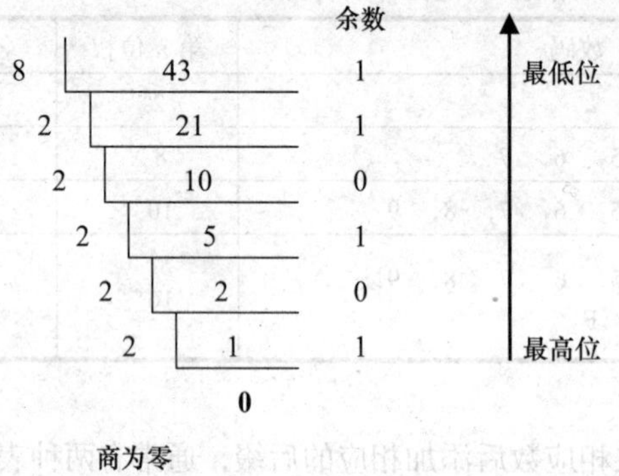

② 求小数部分，得结果为(0.625)D=(0.101)B，计算机过程如下。

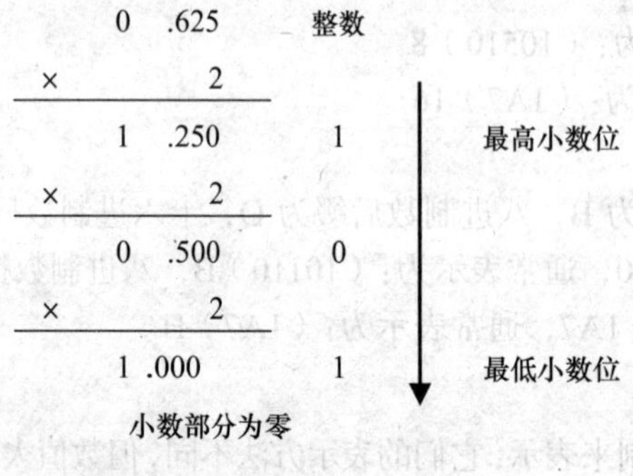

③ 所以（43.625）D=（101011.101）B

（2）将 R 进制转换为十进制

在十进制数中，(1234）D 还可以表示成如下的多项式。

$(1234)D=1\times10^3+2\times10^2+3\times10^1+4\times10^0$

上式中的 10^3、10^2、10^1、10^0 分别是相应位的位权，可以看出，个位、十位、百位、千位上的数码只有乘以它们的权值，才能真正表示它的实际数据。

基数为 R 的 R 进制数转换为十进制的方法是：将 R 进制按位权展开，每项数码乘以相应位的位权,然后各项按十进制运算规则求和，即得到其对应的十进制数。

[例 2] 将二进制数（10110.101）B 转换为十进制数。

① 按位权展开：$1\times2^4+0\times2^3+1\times2^2+1\times2^1+0\times2^0+1\times2^{-1}+0\times2^{-2}+1\times2^{-3}$

② 各项相加：16+0+4+2+0+0.5+0+0.125=22.625

③ 所以（10110.101）B=（22.625）D

[例 3] 将八进制数（234.24）O 转换为十进制数。

（234.24）O $=2\times8^{2}+3\times8^{1}+4\times8^{0}+2\times8^{-1}+4\times8^{-2}$

$= 128 + 24 + 4 + 0.25 + 0.0625$

=（156.3125）D

（3）二进制与八进制、十六进制的相互转换

二进制非常适合计算机内部数据的表示和运算，但书写起来位数比较长，比如(1024)D 表示成二进制为（10000000000）B，需要 11 位，读写和记忆都不方便，也不直观。而八进制或十六进制数比等值的二进制数的长度短得多，而且它们之间的转换非常方便。因此在书写程序和数据用到二进制数的地方，往往采用八进制或十六进制数的形式。

由于二进制、八进制、十六进制数之间存在特殊关系：$8=2^3$、$16=2^4$，即 1 位八进制数可表示成 3 位二进制数，1 位十六进制数可表示为 4 位二进制数，因此转换比较容易（见表 1-4）。

表 1-4　二进制、八进制和十六进制之间的关系

二进制	八进制	二进制	十六进制	二进制	十六进制
000	0	0000	0	1000	8
001	1	0001	1	1001	9
010	2	0010	2	1010	A
011	3	0011	3	1011	B
100	4	0100	4	1100	C
101	5	0101	5	1101	D
110	6	0110	6	1110	E
111	7	0111	7	1111	F

根据这种对应关系，将二进制数转换成八进制（或十六进制）数时，以小数点为中心，向左右两边分组，每 3（或 4）位为一组，两头不足 3（或 4）位补 0，然后把每组二进制数转换成 1 位八进制（或十六进制）数码，最后将所得的八进制（或十六进制）数码顺序拼接起来即可。

同样，将八进制（或十六进制）数转换成二进制数时，只要将每 1 位的八进制（或十六进制）数码直接转换为 3（或 4）位二进制数，最后顺序拼接即可。

[例 4] 将八进制数（425.6）O 转换为二进制数。

∵(4)O=(100)B　　(2)O=(010)B　　(5)O=(101)B　　(6)O=(110)B

∴（425.6）O=（100 010 101.110）B

4　2　5　6

[例 5] 将十六进制数（C19.5）H 转换为二进制数。

∵(C)H=(1100)B　　(1)H=(0001)B　　(9)H=(1001)B　　(5)H=(0101)B

∴（C19.5）H=（1100 0001 1001.0101）B

C　1　9　5

[例 6] 将（10101011.110101）B 分别转换成八进制和十六进制。

1 转换成八进制：

（010 101 011.110 101）B=（253.65）O

2　5　3　6　5

2 转换成十六进制：

（<u>1010</u> <u>1011</u>.<u>1101</u> <u>0100</u>）B=（AB.D4）H

A　B　D　4

3. 了解二进制数的运算规则

（1）算术运算

二进制数算术运算规则与我们熟悉的十进制数运算规则完全相同，只是运算过程中的进位规则是“逢二进一”或“借一当二”，而十进制数运算时是“逢十进一”或“借一当十”。

如：二进制数加法 1101+11=10000，二进制数减法 1101−11=1010 。

说明：以上所有数均表示为二进制数，故未添加后缀。

（2）逻辑运算

二进制数的逻辑是按位进行运算，相邻位之间不存在借位或进位关系。逻辑运算通常有与、或、非、异或等运算类型，其运算规则如下。

①与运算（∧）：参与运算的两个二进制数的数码都为 1 时结果才为 1，否则为 0；

②或运算（∨）：参与运算的两个二进制数的数码都为 0 时结果才为 0，否则为 1；

③ 非运算（ˉ）：单目运算符，逐位取反，即 1 变 0，0 变 1；

④ 异或运算（⊻）：参与运算的两个二进制数码相同，则结果为 0，相异则为 1。

如：10110∨11000＝11110

10110∧11000＝10000

4. 理解计算机中常用的单位

（1）位（bit）

位是度量数据的最小单位，在数字电路和计算机技术中采用二进制，数码只有 0 和 1，其中无论数码是 0 还是 1，在 CPU 中都是占 1 位。

（2）字节(Byte)

一个字节由八位二进制位组成(1Byte=8bit)，常用英文字母 B 表示。字节是信息组织和存储的基本单位，也是计算机体系结构的基本单位。

为了便于衡量存储器的大小，统一以字节为单位，其他常用的单位还有：KB、MB、GB、TB 等。它们之间的关系是：

$1KB=2^{10}B=1024B$

$1MB=2^{10}KB=1024KB$

$1GB=2^{10}MB=1024MB$

$1TB=2^{10}GB=1024GB$

5. 了解数值数据的编码

由于计算机只能直接识别二进制数，选择数值数据表示方法时考虑的主要因素是要方便计算机运算器电路的设计。

（1）机器数与真值

数值数据既有大小（数码），又有符号（正数或负数）。数值数据在计算机中的表示形式称为机器数，主要特征是将数值数据的符号位连同数值位一同用二进制表示。通常机器数中最高二进制位用来表示数值的符号位，0 表示正，1 表示负，其余数位表示数值的大小。同时，机器数真正表示的数值称为这个机器数的真值。

- 机器数通常具有下面几个特点。
- 机器数据表示的数的范围受计算机字长的限制。

- 机器数的符号位被数值化。
- 机器数的小数点处于约定的位置。
- 机器数通常有原码、反码、补码等多种方法，现代计算机主要选择补码表示方法。

（2）定点数与浮点数

根据机器数中小数点位置约定方式的不同，机器数通常可分为定点数和浮点数两种。

- 定点数

小数点位置约定在一个固定的位置，通常约定在机器数中数值位的最高位或最低位，因此定点表示形式又可以分为定点小数表示和定点整数表示，如图 1-14 和图 1-15 所示。

符号位	数值位

↑小数点位置

图 1-14　定点整数的表示法

符号位	数值位

↑小数点位置

图 1-15　定点小数的表示法

- 浮点数

浮点数表示方法允许小数点位置浮动。浮点数由阶码和尾数两部分组成，通常阶码用定点整数表示，尾数用定点小数表示，如图 1-16 所示。

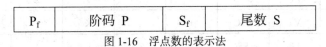

P_f	阶码 P	S_f	尾数 S

图 1-16　浮点数的表示法

（3）BCD 码

为了使数据操作尽可能简单，人们又提出 BCD（Binary Coded Decimal Number）编码，BCD 码以 4 位二进制数直接表示 1 位十进制数。

常用的 BCD 码有 8421 码，例如：（123）D=（0001 0010 0011）$_{BCD}$

1　2　3

6. 掌握字符数据的编码

字符是计算机中使用最多的信息形式之一，是人与计算机进行通信、交互的重要媒介。在计算机中，要为每个字符指定一个确定的编码，作为识别与使用这些字符的依据，该编码称为字符编码。计算机中的信息都是用固定长度的二进制编码表示的，如 ASCII 编码一般使用 8 位二进制数编码，汉字内码一般使用 16 位二进制数编码。

常用的字符数据包括西文字符（字母、数字、各种符号）和汉字字符。

（1）ASCII 码

使用得最多、最普遍的是 ASCII（AmericanStandardCodeforInformationInterchange）字符编码，即美国信息交换标准代码，国际标准化组织指定它为国际标准编码，如表 1-5 所示。

① 利用 ASCII 代码表确定字符的编码

ASCII 码的每个字符用 7 位二进制表示，其排列次序为 $d_6d_5d_4d_3d_2d_1d_0$，d_6 为高位，d_0 为低位。而一个字符在计算机内实际是用 8 位表示。正常情况下，最高一位 d_7 为“0”。在需要奇偶校验时，这一位可用于存放奇偶校验的值，此时称这一位为校验位。

要确定某个字符的 ASCII 码，在表中可先查到它的位置，然后确定它所在位置的相应列和行，最后根据列确定高位码（$d_6d_5d_4$），根据行确定低位码（$d_3d_2d_1d_0$），把高位码与低位码合在一起就是该字符的 ACSII 码。例如，字母“L”的 ASCII 码 1001100；字符“%”的 ASCII 码是 0100101 等。

表 1-5 七位 ASCII 代码表

<table>
<tr><th rowspan="2">$d_3d_2d_1d_0$位</th><th colspan="8">$d_6d_5d_4$位</th></tr>
<tr><th>000</th><th>001</th><th>010</th><th>011</th><th>100</th><th>101</th><th>110</th><th>111</th></tr>
<tr><td>0000</td><td>NUL</td><td>DLE</td><td>SP</td><td>0</td><td>@</td><td>P</td><td>`</td><td>p</td></tr>
<tr><td>0001</td><td>SOH</td><td>DC1</td><td>!</td><td>1</td><td>A</td><td>Q</td><td>a</td><td>q</td></tr>
<tr><td>0010</td><td>STX</td><td>DC2</td><td>"</td><td>2</td><td>B</td><td>R</td><td>b</td><td>r</td></tr>
<tr><td>0011</td><td>ETX</td><td>DC3</td><td>#</td><td>3</td><td>C</td><td>S</td><td>c</td><td>s</td></tr>
<tr><td>0100</td><td>EOT</td><td>DC4</td><td>$</td><td>4</td><td>D</td><td>T</td><td>d</td><td>t</td></tr>
<tr><td>0101</td><td>ENQ</td><td>NAK</td><td>%</td><td>5</td><td>E</td><td>U</td><td>e</td><td>u</td></tr>
<tr><td>0110</td><td>ACK</td><td>SYN</td><td>&</td><td>6</td><td>F</td><td>V</td><td>f</td><td>v</td></tr>
<tr><td>0111</td><td>BEL</td><td>ETB</td><td>'</td><td>7</td><td>G</td><td>W</td><td>g</td><td>w</td></tr>
<tr><td>1000</td><td>BS</td><td>CAN</td><td>(</td><td>8</td><td>H</td><td>X</td><td>h</td><td>x</td></tr>
<tr><td>1001</td><td>HT</td><td>EM</td><td>)</td><td>9</td><td>I</td><td>Y</td><td>i</td><td>y</td></tr>
<tr><td>1010</td><td>LF</td><td>SUB</td><td>*</td><td>:</td><td>J</td><td>Z</td><td>j</td><td>z</td></tr>
<tr><td>1011</td><td>VT</td><td>ESC</td><td>+</td><td>;</td><td>K</td><td>[</td><td>k</td><td>{</td></tr>
<tr><td>1100</td><td>FF</td><td>FS</td><td>,</td><td><</td><td>L</td><td>\</td><td>l</td><td>|</td></tr>
<tr><td>1101</td><td>CR</td><td>GS</td><td>-</td><td>=</td><td>M</td><td>]</td><td>m</td><td>}</td></tr>
<tr><td>1110</td><td>SO</td><td>RS</td><td>.</td><td>></td><td>N</td><td>^</td><td>n</td><td>~</td></tr>
<tr><td>1111</td><td>SI</td><td>US</td><td>/</td><td>?</td><td>O</td><td>_</td><td>o</td><td>DEL</td></tr>
</table>

② ASCII 码字符分类

ASCII 码是 128 个字符组成的字符集。其中编码值 0 ~ 31（0000000 ~ 0011111）不对应任何可印刷字符，通常被称为控制符，用于计算机通信中的通信控制或对计算机设备的功能控制。编码值位 32（0100000）是空格字符 SP。编码值为 127（1111111）是删除控制 DEL 码，其余 94 个字符称为可印刷字符。

③ 数字字符的编码特点

字符 0 ~ 9 这 10 个数字字符的高 3 位编码（$d_6d_5d_4$）为 011，低 4 位为 0000~1001。当去掉高 3 位的值时，低 4 位正好是二进制形式的 0 ~ 9。这既满足正常的排序关系，又有利于完成 ASCII 码与二进制码之间的转换。

④ 字母字符的编码特点

英文字母的编码值满足正常的字母排序，且大、小写英文字母编码的对应关系相当简便，差别仅表现在 D5 位的值为 0 或 1，有利于大、小写字母之间的编码转换。

⑤ 字符的大小比较

计算机在进行字符大小比较运算时，往往是以字符的编码作为运算对象进行比较。

（2）EBCDIC 码

这种字符编码主要用在 IBM 公司的计算机中。EBCDIC 代码，即 Extended Binary- Coded Decimal Interchange Code（扩展的二-十进制交换码）。EBCDIC 码采用 8 位二进制表示，有 256 个编码状态，但只选用其中的一部分。

（3）Unicode 编码

它最初是由 Apple 公司发起制定的通用多文字集，后来被 Unicode 协会开发为能表示几乎世界上所有书写语言的字符编码标准。Unicode 字符清单有多种表示形式。包括 UTF-8、UTF-16 和 UTF-32，分别用 8 位、16 位或 32 位表示字符。如英文版 Windows 使用的是 8 位 ASCII 码或 Unicode-8，而中文版 Windows 使用的是支持汉字系统的 Unicode-16 等。

（4）汉字编码

① 国家汉字编码标准 GB2312-80 的特点

ASCII 码只对英文字母、数字和标点符号做了编码。为了使计算机能够处理、显示、打印、交换汉字字符等，同样需对汉字进行编码。我国于 1980 年发布了国家汉字编码标准 2312-80，全称是《信息交换用汉字编码字符集——基本集》（简称 GB 码），收集编码了常用的 6763 个汉字和 682 个符号。根据统计，把最常用的 6763 个汉字分成两级：一级汉字有 3755 个，按汉字拼音排列；二级汉字有 3008 个，按偏旁部首排列。由于一字节只能表示 256 种编码，所以一个 GB 码必须用两字节来表示。为避开 ASCII 表中的编码，只选取了 94 个编码位置，所以代码表分 94 个区和 94 个位。由区号和位号（区中的位置）构成了区位号。

② 汉字国标码与汉字国标机内码的关系

GB2312-80 标准规定：一个汉字用两字节表示，每字节只用低 7 位，最高位为 0。由于国标码每字节的最高位也为“0”，因此与国际通用的 ASCII 码无法区分。因此，在计算机内部，汉字编码全部采用机内码表示，机内码就是将国标码两字节的最高位设定为“1”。这样就解决了与 ASCII 码的冲突，保持了中英文良好的兼容性。

③ 常用的汉字编码标准

世界上使用汉字的地区除中国内地外，还有中国台湾及港澳地区、日本和韩国等，这些地区和国家使用了与中国内地不同的汉字字符集。GB2312-80 在大陆及海外使用简体中文的地区（如新加坡等）是强制使用的中文编码。中国台湾、香港等地区使用的汉字是繁体字即 BIG5 码。1972 年通过的国际标准 ISO 10646，定义了一个用于世界范围各种文字及各种语言的书面形式的图形字符集，基本上收全了上面国家和地区使用的汉字。前面所述的 Unicode 编码标准，对汉字集的处理与 ISO 10646 相似。

GB 2312-80 中因有许多汉字没有包括在内，为此有了 GBK 编码（扩展汉字编码），它是对 GB2312-80 的扩展，共收录了 21003 个汉字，支持国际标准 ISO 10646 中的全部中日韩汉字，也包含了 BIG5（台港澳）编码中的所有汉字。GBK 编码于 1995 年 12 月发布。Windows95 以上的版本都支持 GBK 编码，只要计算机安装了多语言支持功能，几乎不需任何操作就可以在不同的汉字系统之间自由变换。“微软拼音”、“全拼”、“紫光”等几种输入法都支持 GBK 字符集。2001 年我国发布了 GB18030 编码标准，它是 GBK 的升级，GB18030 编码空间约为 160 万码字，目前已经纳入编码的汉字约为 2.6 万个。

（5）汉字的处理过程

用计算机处理汉字时，必须先将汉字代码化，即对汉字进行编码。无论是西方的拼音文字还是汉字这种象形文字，它们的“意”都寓于它们的“形”和“音”上。前面介绍过，直接向计算机输入文字的字形和语音虽然可以实现，但还不够理想。在计算机内部直接处理、存储文字的字形和语音就更困难了，所以用计算机处理字符，尤其是处理汉字字符，一定要把字符代码化。西文是拼音文字，基本符号比较少，编码较容易，而且在一个计算机系统中，输入、内部处理、存储和输出都可以使用一个码。汉字种类繁多，编码比拼音文字困难，而且在一个汉字处理系统中，输入、内部处理、输出对汉字代码的要求不近相同。汉字信息处理系统在处理汉字和词语时，要进行一系列的汉字代码转换。下面介绍主要的汉字代码。

① 汉字输入码

中文的字数繁多，字形复杂，字音多变，常用汉字就有 7000 个左右。在计算机系统中使用汉字，首先遇到的问题就是如何把汉字输入到计算机内。为了能直接使用西文标准键盘进行输入，必须为汉字设计相应的编码方法。汉字编码方法主要分为四类：顺序码、拼音码、字形码和音形码。

- 顺序码

数字编码就是用数字串代表一个汉字的输入，常用的是国标区位码。国标区位码将国家标准局公布的 6763 个两级汉字分成 94 个区，每个区分 94 位，实际上是把汉字表示成二维数组，区码和位码各两个十进制数字，因此，输入一个汉字需要按键四次。例如，"中"字位于第 54 区 48 位，区位码为 5448。

汉字在区位码表的排列是有规律的。在 94 个分区中，1～15 区用来表示字母、数字和符号，16～87 区为一级和二级汉字。一级汉字以汉语拼音为序排列，二级汉字以偏旁部首进行排列。使用区位码方法输入汉字时，必须先在表中查找汉字并找出对应的代码，才能输入。数字编码输入的优点是无重码，而且输入码和内部码的转换比较方便，但是每个编码都是等长的数字串，代码难记。

- 拼音码

拼音码是以汉语读音为基础的输入方法。由于汉字同音字太多，输入重码率很高，因此，按拼音输入后还必须进行同音字选择，影响了输入速度。

- 字形编码

字形编码是以汉字的形状确定的编码。汉字总数虽多，但都是由一笔一画组成，全部汉字的部件和笔画是有限的。因此，把汉字的笔画部件用字母或数字进行编码，按笔画书写的顺序依次输入，就能表示一个汉字，五笔字形、表形码等便是这种编码法。五笔字形编码是最有影响的编码方法。

- 音形码

音形码是以汉字的读音和字形综合来确定的编码方法，如自然码。

现在使用语音和手写等方法也可输入汉字，此外还可以使用扫描输入等。

② 汉字机内码

- 国标码的汉字机内码

汉字内部码是汉字在设备或信息处理系统内部最基本的表达形式，是在设备和信息处理系统内部存储、处理、传输汉字用的代码。在西文计算机中，没有交换码和内部码之分。目前，世界各大计算机公司一般均以 ASCII 码为内部码来设计计算机系统。汉字数量多，用一字节无法区分，一般用两字节来存放汉字的内码。现在我国的汉字信息系统一般都采用这种与 ASCII 码相容的 8 位码方案：用两个 8 位码字符构成一个汉字内部码。另外，汉字字符必须和英文字符能相互区别开，以免造成混淆。英文字符的机内代码是 7 位 ASCII 码，最高位为"0"（即 d7=0），汉字机内代码中两个最高位均为"1"。即将国家标准局 GB2312-80 中规定的汉字国标码的每字节的最高位均设为"1"，作为汉字机内码。以汉字"大"为例，国标码为 3473H，机内码为 B4F3H。

GB2312 国标码只能表示和处理 6763 个汉字，为了统一地表示世界各国、各地区的文字，便于全球范围的信息交流，各级组织公布了各种其他汉字内码。

- GBK 内码

GBK 是我国制定的，能对多达 2 万余的简、繁体汉字进行编码，是 GB 码的扩充。这种内码仍以 2 字节表示一个汉字，第一字节为 81H ~ FEH，第二字节为 40H ~ FEH。虽然第二字节的最高位不一定是“1”，但因为汉字内码总是 2 字节连续出现的，所以即使与 ASCII 码混合在一起，计算机也能够加以正确地识别区分。简体版本的中文 Windows 95/98/2000/XP 使用的都是 GBK 内码。

- UCS 码

为了统一地表示世界各国的文字，1993 年国际标准化组织公布了“通用多八位编码字符集”的国际标准 ISO/IEC10646，简称 UCS(Universal Code Set)。UCS 包含了中、日、韩等国的文字，这一标准为包括汉字在内的各种正在使用的文字规定了统一的编码方案。该标准是用 4 个 8 位码（四字节）来表示每一个字符，并相应地指定组号、平面号、行号和字位号。即用一个 8 位二进制来编码组，(最高位不用，剩下 7 位)，能表示 128 个组。用一个 8 位二进制来编码平面，能表示 256 个平面，即每一组包含 256 个平面。用一个 8 位二进制来编码行，能表示 256 字位，即每一行包含 256 字位。一个字符就被安排在这个编码空间的一字位上。四个 8 位码 32 位足以包容世界上所有的字符，同时也符合现代处理系统的体系结构。

第一个平面（00 组中的 00 平面）称为基本多文种平面。它包含字母文字、音节文字及表意文字等。它分成下面四个区。

A 区：代码位置 0000H ~ 4DFFH（19903 个字位）用于字母文字、音节文字及各种符号。

I 区：代码位置 4E00H ~ 9FFFH（20992 个字位）用于中、日、韩（CJK）统一的表意文字。

O 区：代码位置 A000H ~ DFFFH（16384 个字位）留于未来标准化用。

R 区：代码位置 E000H ~ FFFDH（8190 个字位）作为基本多文种平面的限制使用区，它包括专用字符、兼容字符等。

例如：

ASCII 字符“A”，它的 ASCII 码为 41H。它在 UCS 中的编码为 00000041H，即在 00 组，00 面，00 行，第 41H 字位上。

汉字“大”，它在 GB2312 中的编码为 3473H，它在 UCS 中的编码为 00005927H，即在 00 组，00 面，59H 行，第 27H 字位上。

我国相应的国家标准为 GB13000。详细内容请查阅网址：http://www.unicode.org。

- Unicode 码

Unicode 码是另一个国际编码标准，采用双字节编码统一地表示世界上的主要文字，其字符集内容与 UCS 的 BMP 相同。目前，在网络、Windows 系统和很多大型软件中得到应用。

- BIG5 码

BIG5 码是目前中国台湾、香港地区使用的一种繁体汉字的编码标准。繁体版中文 Windows95/98/2000/XP 使用的是 BIG5 内码。

③ 汉字字形码

- 汉字字形码的编码方法

汉字字形码是表示汉字字形的字模数据，通常用点阵、矢量函数等方法表示。用点阵表示字形时，汉字字形码指的就是这个汉字字形点阵的代码。字形码也称字模码，是用点阵表示的汉字字形代码，它是汉字的输出形式，根据输出汉字的要求不同，点阵的多少也不同。简易型汉字为 16 × 16 点阵，提高型汉字为 24 × 24 点阵、32 × 32 点阵、48 × 48 点阵，等等。

- 汉字字形码的存储特点

一个 16 × 16 的网格中用点描出一个汉字，如“次”字，整个网格分为 16 行 16 列，每个小格用 1 位二进制数编码表示，有点的用“1”表示，没有点的用“0”表示，这样，从上到下，每行需要 16 个二进制位，占两字节。整个汉字需 16 行，故描述整个汉字的字型需要 32 字节的存储空间。汉字的点阵字型编码仅用于构造汉字的字库，一般对应不同的字体（如宋体、楷体、黑体等）有不同的字库，字库中存储了所有汉字的点阵代码。

字模点阵的信息量是很大的，所占存储空间也很大，以 16×16 点阵为例，每个汉字就不能用于机内存储。字模点阵只能用来构成“字库”，而不能用于机内存储。字库中存储了每个汉字的点阵代码，当显示输出时才检索字库，输出字模点阵得到字形。

④ 各种代码之间的关系

从汉字代码转换的角度，一般可以把汉字信息处理系统抽象为一个结构模型，如图 1-17 所示。

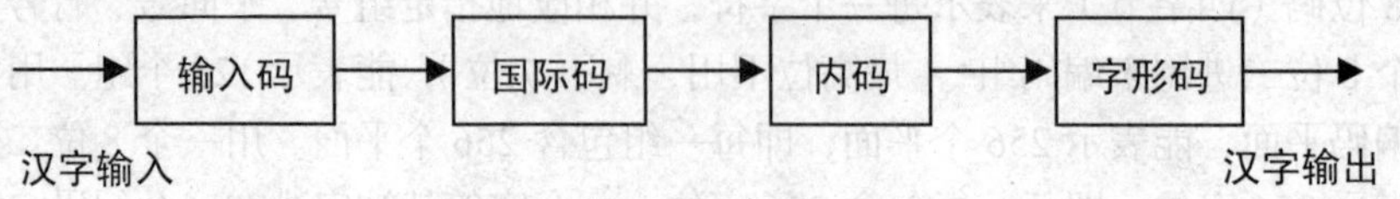

图 1-17 汉字信息处理系统的模型

【能力拓展】

1. 下列每个小题有且仅有一个正确选项，请将其正确选项写在下画线上

（1）在一个非零无符号二进制整数之后去掉一个 0，则此数的值为原数的______倍。

A）4　B）2　C）1/2　D）1/4

（2）与十进制数 291 等值的十六进制数为______。

A）123　B）321　C）231　D）132

（3）二进制数 1001001 转换成十进制数是______。

A）72　B）71　C）75　D）73

（4）下列各种进制的数中，最小的数是______。

A）(101001) B　B）(52) O　C）(43) D　D）(2C) H

（5）下列无符号十进制整数中，能用 8 位二进制位表示的是______。

A）257　B）201　C）313　D）296

（6）下列字符中，ASCII 码值最小的是______。

A）a　B）A　C）x　D）Y

（7）已知字符 B 的 ASCII 码的二进制数是 1000010，字符 F 对应的 ASCII 码是______。

A）1000011　B）1000100　C）1000101　D）1000110

（8）要放置 10 个 24×24 点阵的汉字字模，需要的存储空间是______。

A）72B　B）320B　C）720B　D）72KB

（9）“国标”中的“国”字的十六进制编码为 397A，则它对应的机内码是______。

A）B9FA　B）BB3H7　C）A8B2　D）C9HA

（10）若某汉字机内码十六进制编码为 C9EA，则其对应的国标码的十六进制编码为______。

A）496A　B）EAC9　C）AE9C　D）A694

分析

（1）知识点：计算机数据的进制及运算。

评　析：非零无符号二进制整数之后添加一个 0，相当于小数点向左移动了一位，也就是扩大了原来数的 2 倍；在一个非零无符号二进制整数之后去掉一个 0，相当于小数点向右移动一位，也就是变为原数的 1/2。

提　示：大家对于十进制数比较熟悉(基数为 10)，在一个十进制数之后添加一个 0，相当于扩大了原来数的 10 倍；在一个十进制数之后去掉一个 0，相当于变为原来数的 1/10。那么对于基数为 R 的 R 进制数，也存在着相似的规律，将一个 R 进制数的小数点左（右）移一位，相当于将该数除以（乘以）R 。

本小题选择 C。

（2）知识点：计算机中数据的进制转换。

评　析：十进制转换成十六进制，通常要先将十进制转换成二进制（用除 2 取余法），再由二进制转化成十六进制（只需从低位开始，每四位分成一组，然后用一个十六进制的相应数码表示)。也可以直接将十进制转换成十六进制（用除 16 取余法）。

本小题选择 A。

（3）知识点：计算机中数据的进制转换。

评　析：二进制转换成十进制可以将它展开成 2 次幂的形式来完成：

$$(1001001)B=1\times 2^6+1\times 2^3+1\times 2^0=(73)D。$$

本小题选择 D。

（4）知识点：计算机中数据的进制转换。

评　析：不同进制形式的数之间不能直接比较大小，一般首先需将这些不同形式的数转换成同一种数制的数（一般习惯统一转换成十进制），而同一种数制形式的数之间可以很容易地进行大小比较。

本小题选择 A。

（5）知识点：固定位数（长度）数的表示范围。

评　析：机器中数的长度是固定的，一般为 8 位(或 16 位、或 32 位)。对于 n 位无符号二进制数，其最小值是 0，最大值是(2^n-1)，当 $n=8$ 时，其范围是[0，255]；对于 n 位符号二进制数(区分正负数)，其最小值是$-(2^{n-1})$，最大值是$(2^{n-1}-1)$，当 $n=8$ 时，其范围是[−128,+127]。不管是无符号数，还是符号数，其能表示不同数的数目都是一样的，都是 2^n 个。

本小题选择 B。

（6）知识点：ASCII 码表中字符的编码规律。

评　析：ASCII 码表的字符大小是通过比较其对应的 ASCII 编码(二进制数)的大小来确定的。通过分析 ASCII 码表中字符的排列可以看出：任意一个小写字母的编码都大于大写字母的编码，任意一个大写字母的编码都大于数字字符的编码，而数字之间、小(大)写字母之间的编码都是按自然顺序连续编码的。

本小题选择 B。

（7）知识点：ASCII 码表中字符的编码规律。

评　析：通过分析 ASCII 码表中字符的排列可以看出：数字之间、小(大)写字母之间的编码都是按自然顺序连续编码的。只要知道任意一个数字（或大写字母、或小写字母）的 ASCII 编码的大小，可以通过递增或递减来计算出其他任意一个数字（或大写字母、或小写字母）的 ASCII 编码的大小。字符 F 比字符 B 大 4(按排列位置计算)，因为(4)D=(100)B，所以(1000010)B+(100)B=(1000110)B。

本小题选择 D。

（8）知识点：字节的概念以及点阵字库的存储特点。

评　析：一个 24×24 点阵的汉字字模中共有 24×24 个点信息，存储每个点信息需要一个二进制位，而 8 位二进制位即为一字节，所以 10×24×24/8=720 字节。

本小题选择 C。

（9）知识点：汉字的国标码与机内码的转换。

评析：GB2312-80 标准规定：一个汉字用两字节表示，每字节只用低 7 位，最高位为 0。而国际通用的 ASCII 码只用一字节表示，每字节只用低 7 位，最高位为 0。若直接用 GB2312-80 码存储汉字，则两者无法直接区分。因此，在计算机内部，汉字编码全部采用机内码表示，机内码就是将国标码两字节的最高位设定为“1”（从计算的角度来看，相当于国标码的每字节加上 80H）。这样就解决了与 ASCII 码的冲突，保持了中英文的良好兼容性。以汉字“国”为例，国标码为 397AH，则 397AH+8080H=B9FAH，所以其机内码为 B9FAH。

本小题选择 A。

(10) 知识点：汉字的国标码与机内码的转换。

评　析：由（9）可知，国标码就是将机内码两字节的最高位还原为“0”，从计算的角度来看，相当于国标码每字节减去 80H。C9EAH-8080H=496AH，所以其国标码为 496AH。

本小题选择 A。

2. 思考题

（1）请指出键盘的主键区有哪些字符符号，并说出正确使用键盘的方法？

（2）你能讲述至少 3 种常用输入设备的功能及其使用方法吗？

（3）你能讲述至少 3 种常用输出设备的功能及其使用方法吗？

（4）16 位二进制编码表示的无符号整数中，有多少个不同的数？其表示数的范围是多少？

任务 4　了解信息安全及计算机防护知识

【任务描述】

小牛经常听人们在使用计算机和网络中谈到黑客、木马、病毒等对计算机带来的危害，非常关心计算机中信息的安全。本任务主要是帮助小牛了解信息安全的相关概念，明确计算机病毒的危害及其防范措施。

【任务实施】

1. 了解计算机安全的相关概念

（1）信息

信息泛指人类社会传播的一切内容。人们通过获得、识别自然界和社会的不同信息来区别不同事物，得以认识和改造世界。至今为止，信息的概念仍然仁者见仁智者见智。一般而言，信息是指以适合于通信、存储或处理的形式来表示的知识或消息。信息具有可感知、可存储、可加工和可再生等属性。

（2）信息技术

信息技术(Information Technology，IT)是以微电子和光电技术为基础，以计算机和通信技术为支撑，以信息的采集（获取）、加工、存储、传输和应用等处理技术为主要研究方向的技术系统的总称。一般来说，信息技术包括信息基础技术、信息系统技术和信息应用技术 3 个层次的内容，具有数字化、多媒体化、网络化、智能化4个特点。

信息应用技术包括计算机硬件和软件、网络和通信技术、应用软件开发工具等。从计算机和互联网普及以来，人们日益普遍地使用计算机来生产、处理、交换和传播各种形式的信息。

（3）信息处理

信息处理是指对大量信息进行存储、加工、分类、统计、查询和报表等操作，通常用于办公自动化、企业管理、物资管理、信息情报检索和报表统计等领域。媒体是信息表示和传播的载体，多媒体技术就是利用计算机技术交互式处理数字、文字、图形、图像、声音、视频等多媒体信息，使之建立逻辑连接，然后对它们进行组织、加工，并以友好的形式提供给用户使用。

目前，多媒体技术的应用领域十分广泛，包括信息管理、商业应用、教育与培训、演示系统、影视制作、网络应用以及电子出版物等。

（4）信息化社会

进入21世纪，世界各国都在加速进行信息化建设，而信息化建设又推进了计算机科学技术的发展。

所谓社会信息化，是以计算机信息处理技术和传播手段的广泛应用为基础和标志的新技术革命，影响和改进社会生活方式和管理方式的过程。社会信息化的主要表现为：信息成为社会活动的战略资源和重要财富，信息技术成为推动社会的主导技术，信息人员成为领导社会变革的中坚力量。

信息化社会是指以信息技术为基础，以信息产业为支柱，以信息价值的生产为中心，以信息产品为标志的社会。信息化社会的主要特征是信息化、网络化、全球化和虚拟化。

（5）信息安全

信息安全包括信息本身的安全（即数据的安全）和信息系统的安全两个方面。信息安全的实质就是要保护信息系统或信息网络中的信息资源免受各种类型的威胁、干扰和破坏，即保证信息的安全性，是任何国家、政府、部门、行业都必须十分重视的问题。

① 信息安全目标

- 真实性：对信息的来源进行判断，能对伪造来源的信息予以鉴别。
- 保密性：保证机密信息不被窃听，或窃听者不能了解信息的真实含义。
- 完整性：保证数据的一致性，防止数据被非法用户篡改。
- 可用性：保证合法用户对信息和资源的使用不会被不正当地拒绝。
- 不可抵赖性：建立有效的责任机制，防止用户否认其行为，这一点在电子商务中是极其重要的。
- 可控制性：对信息的传播及内容具有控制能力。
- 可审查性：对出现的网络安全问题提供调查的依据和手段。

② 信息安全的主要威胁

- 信息泄露：信息被泄露或透露给某个非授权的实体。
- 破坏信息的完整性：数据被非授权地进行增删、修改或破坏而受到损失。
- 拒绝服务：对信息或其他资源的合法访问被无条件地阻止。
- 非法使用（非授权访问）：某一资源被某个非授权的人，或以非授权的方式使用。
- 窃听：用各种可能的合法或非法的手段窃取系统中的信息资源和敏感信息。例如对通信线路中传输的信号搭线监听，或者利用通信设备在工作过程中产生的电磁泄露截取有用信息等。
- 业务流分析：通过对系统进行长期监听，利用统计分析方法对诸如通信频度、通信的信息流向、通信总量的变化等参数进行研究，从中发现有价值的信息和规律。

- 假冒：通过欺骗通信系统（或用户）达到非法用户冒充成为合法用户，或者特权小的用户冒充成为特权大的用户的目的。黑客大多是采用假冒攻击。
- 旁路控制：攻击者利用系统的安全缺陷或安全性上的脆弱之处获得非授权的权利或特权。例如，攻击者通过各种攻击手段发现原本应保密，但是又暴露出来的一些系统“特性”，利用这些“特性”，攻击者可以绕过防线守卫者侵入系统的内部。
- 授权侵犯：被授权以某一目的使用某一系统或资源的某个人，却将此权限用于其他非授权的目的，也称作“内部攻击”。
- 特洛伊木马：软件中含有一个觉察不出的有害的程序段，当它被执行时，会破坏用户的安全。这种应用程序称为特洛伊木马(Trojan Horse)。
- 陷阱门：在某个系统或某个部件中设置的“机关”，使得在特定的数据输入时，允许违反安全策略。
- 抵赖：这是一种来自用户的攻击，比如：否认自己曾经发布过的某条消息、伪造一份对方来信等。
- 重放：出于非法目的，将所截获的某次合法的通信数据进行拷贝，而重新发送。
- 计算机病毒：一种在计算机系统运行过程中能够实现传染和侵害功能的程序。
- 人员不慎：一个授权的人为了某种利益，或由于粗心，将信息泄露给一个非授权的人。
- 媒体废弃：信息被从废弃的磁碟或打印过的存储介质中获得。
- 物理侵入：侵入者绕过物理控制而获得对系统的访问。
- 窃取：重要的安全物品，如令牌或身份卡被盗。
- 业务欺骗：某一伪系统或系统部件欺骗合法的用户或系统自愿地放弃敏感信息等。

③ 威胁信息安全的主要来源

- 自然灾害、意外事故。
- 人为错误，比如使用不当，安全意识差等。
- 计算机犯罪。
- “黑客”行为。
- 内部泄密，或外部泄密。
- 网络协议自身缺陷，例如 TCP/IP 的安全问题等。
- 其他，如信息战。

④ 信息安全策略

信息安全策略是指为保证提供一定级别的安全保护所必须遵守的规则。实现信息安全，不但靠先进的技术，也得靠严格的安全管理、法律约束和安全教育，如下所述。

- 文档加密。能够智能识别计算机所运行的涉密数据，并自动强制对所有涉密数据进行加密操作，从根源解决信息泄密。
- 先进的信息安全技术是网络安全的根本保证。用户对自身面临的威胁进行风险评估，决定其所需要的安全服务种类，选择相应的安全机制，然后集成先进的安全技术，形成一个全方位的安全系统。
- 严格的安全管理。各计算机网络使用机构、企业和单位应建立相应的网络安全管理办法，加强内部管理，建立合适的网络安全管理系统，加强用户管理和授权管理，建立安全审计和跟踪体系，提高整体网络安全意识。
- 制定严格的法律、法规。计算机网络是一种新生事物。它的许多行为无法可依，无章可循，导致网络上计算机犯罪处于无序状态。面对日趋严重的网络上犯罪，必须建立与网络安全相关的法律、法规，使非法分子慑于法律，不敢轻举妄动。

⑤ 常见的信息安全事故

- 设备或信息遭破坏、篡改、丢失或泄露，设置被更改。
- 大面积感染计算机病毒。
- 来自外部的对本单位信息系统的扫描、入侵、攻击。
- 服务器、用户终端被植入木马、系统崩溃。
- 内部计算机向外发送大量垃圾邮件。
- 内部越权非法访问重要的数据和文件。
- 来自内部的对本单位信息系统的扫描、入侵、攻击、散布计算机病毒。

⑥ 信息安全事故处置

一旦发生信息安全事故，信息安全管理人员应及时向上级汇报，根据问题性质的严重性请示启动信息安全应急处置预案，按照预案组织力量和设备，并按照预案处置流程进行各项处置工作。一旦本单位无法解决信息安全事故，应立即上报上级主管单位，直至公安部门。

- 向领导和上级部门报告。
- 各单位信息安全责任人迅速做出判断，在经过一定的程序后，及时启动本单位应急处置预案，快速反应，控制事态。
- 善后处理。如应急处置预案的再评估和完善，系统备份、病毒检测、后门检测、清除病毒或后门、隔离、系统恢复、调查与追踪、入侵者取证等一系列操作。

2. 认识计算机病毒及其防治

（1）计算机病毒的概念

编制者在计算机程序中插入的破坏计算机功能或者破坏数据，影响计算机使用并且能够自我复制的一组计算机指令或者程序代码被称为计算机病毒。

与医学上的“病毒”不同，计算机病毒不是天然存在的，是某些人利用计算机软件和硬件所固有的脆弱性编制的一组指令集或程序代码。它能通过某种途径潜伏在计算机的存储介质（或程序）里，当达到某种条件时即被激活，通过修改其他程序的方法将自己的精确拷贝或者可能演化的形式放入其他程序中，从而感染其他程序，对计算机资源进行破坏，对其他用户的危害性很大。

（2）计算机病毒的特点

① 繁殖性。计算机病毒可以像生物病毒一样进行繁殖，当正常程序运行的时候，它也进行运行，自身复制，是否具有繁殖、感染的特征是判断某段程序为计算机病毒的首要条件。

② 破坏性。计算机中毒后，可能会导致正常的程序无法运行，使计算机内的文件删除或受到不同程度的损坏。通常表现为：增、删、改、移。

③ 传染性。计算机病毒不但本身具有破坏性，更有害的是具有传染性，一旦病毒被复制或产生变种，其速度之快令人难以预防。

④ 潜伏性。有些病毒像定时炸弹一样，让它什么时间发作是预先设计好的。比如黑色星期五病毒，不到预定时间一点都觉察不出来，等到条件具备的时候一下子就爆炸开来，对系统进行破坏。一个编制精巧的计算机病毒程序，进入系统之后一般不会马上发作，因此病毒可以静静地躲在磁盘或磁带里待上几天，甚至几年，一旦时机成熟，得到运行机会，就又要四处繁殖、扩散，继续危害。潜伏性的第二种表现是指，计算机病毒的内部往往有一种触发机制，不满足触发条件时，计算机病毒除了传染外不做什么破坏。触发条件一旦得到满足，有的在屏幕上显示信息、图形或特殊标识，有的则执行破坏系统的操作，如格式化磁盘、删

除磁盘文件、对数据文件做加密、封锁键盘以及使系统死锁等。

⑤ 隐蔽性。计算机病毒具有很强的隐蔽性，有的可以通过病毒软件检查出来，有的根本就查不出来，有的时隐时现、变化无常，这类病毒处理起来通常很困难。

⑥ 可触发性。病毒因某个事件或数值的出现，诱使病毒实施感染或进行攻击的特性称为可触发性。为了隐蔽自己，病毒必须潜伏，少做动作。如果完全不动，一直潜伏的话，病毒既不能感染也不能进行破坏，便失去了杀伤力。病毒既要隐蔽又要维持杀伤力，它必须具有可触发性。病毒的触发机制就是用来控制感染和破坏动作的频率的。病毒具有预定的触发条件，这些条件可能是时间、日期、文件类型或某些特定数据等。病毒运行时，触发机制检查预定条件是否满足，如果满足，启动感染或破坏动作，使病毒进行感染或攻击；如果不满足，使病毒继续潜伏。

（3）计算机病毒的分类

目前计算机病毒种类繁多，其分类方法也有多种，如下所述。

① 按照存在的媒体不同可分为：网络病毒、文件病毒、引导型病毒以及这 3 种的混合型。

② 按照其传染的方法可分为：驻留型病毒和非驻留型病毒。驻留型病毒感染计算机后，把自身的内存驻留部分放在内存中，处于激活状态，直到关机或重新启动。非驻留型病毒在得到机会激活时并不会感染计算机内存。

③ 根据病毒的破坏能力可分为：微害型病毒、无危险型病毒、危险型病毒和非常危险型病毒。

④ 根据病毒的算法可分为：伴随型病毒、“蠕虫”型病毒、寄生型病毒、诡秘型病毒、变型病毒等。

（4）计算机病毒的工作过程

① 传染源。计算机病毒总是依附于某些存储介质中，如闪存、移动硬盘等都可以构成病毒的重要传染源。

② 传染介质。计算机病毒的媒介是由其工作环境而定的，它可能是计算机网络，也可能是可移动的存储介质。

③ 病毒表现。它感染病毒后的结果，病毒的表现形式多种多样，有时会在屏幕上直接显示出来，有时则表现为系统数据的破坏等。

④ 病毒传染。在病毒传染的过程中，病毒会复制一个自身的副本到传染对象中去，这是病毒的一个重要特点。

⑤ 病毒触发。病毒驻入内在后，会设置触发条件。其中，触发的条件是多样化的，可以是内部时钟、系统日期等，一旦触发条件成熟，病毒就开始作用，即自我复制到传染对象中，进行各种破坏活动。

（5）计算机病毒的防治

对于计算机病毒的预防，首先要在思想上给予足够的重视，加强管理，防止病毒的入侵。预防计算机病毒要注意以下环节。

① 对重要资料进行备份。

② 尽量避免在防毒软件的计算机上使用可移动存储介质（如闪盘、可移动硬盘等）。

③ 安装杀毒软件，定期查杀病毒，并注意及时升级。

④ 对外来的存储介质必须先杀毒再使用。程序要使用查毒软件进行检查，未经检查的可执行文件不能拷入硬盘，更不能使用。

⑤ 安装病毒防火墙或防护卡。

⑥ 不要在互联网上随意下载软件，不要打开来历不明的邮件及其附件。

⑦ 不使用盗版或来历不明的软件。

⑧ 准备一张干净的系统引导盘，并将常用的工具软件拷贝到该盘上，然后妥善保存。此后一旦系统受到病毒侵犯，我们就可以使用该盘引导系统，进行检查、杀毒等操作。

及早发现计算机病毒，是有效控制病毒危害的关键。检查计算机有无病毒主要有两种途径：一种是利用杀病毒软件进行检测，另一种是观察计算机出现的异常现象。

一旦怀疑计算机感染了病毒，就应该立即使用专用杀毒软件进行清除。目前，国内常用的杀毒软件有 360 杀毒、瑞星杀毒软件、金山毒霸、诺顿防毒软件、卡巴斯基杀毒软件等。

一旦计算机感染了计算机病毒，计算机系统通常会出现一些异常情况，其症状通常表现为如下形式。

- 计算机系统运行速度减慢。
- 计算机系统经常无故发生死机。
- 计算机系统中的文件长度发生变化。
- 计算机存储的容量异常减少。
- 系统引导速度减慢。
- 丢失文件或件损坏。
- 计算机屏幕上出现异常显示。
- 计算机系统的蜂鸣器出现异常声响。
- 磁盘卷标发生变化。
- 系统不识别硬盘。
- 对存储系统异常访问。
- 键盘输入异常。
- 文件的日期、时间、属性等发生变化。
- 文件无法正确读取、复制或打开。
- 命令执行出现错误。
- 虚假报警。
- 换当前盘。有些病毒会将当前盘切换到 C 盘。
- 时钟倒转。有些病毒会命名系统时间倒转，逆向计时。
- Windows 操作系统无故频繁出现错误。
- 系统异常重新启动。
- 一些外部设备工作异常。
- 异常要求用户输入密码。
- Word 或 Excel 提示执行“宏”。
- 使不应驻留内存的程序驻留内存。
- 自动链接到一些陌生的网站。

（6）个人计算机使用规范

使用计算机应形成良好的习惯，要努力提高信息安全素质，培养良好的信息安全意识，养成好的计算机使用习惯。

① 保持键盘、鼠标、显示器等常用设备的清洁，防止茶水等液体进入键盘、显示器等外设造成设备短路损毁。

② 暂时离开时要锁定计算机，或使用计算机屏幕保护程序并设置口令。

③ 妥善管理计算机各种用户名（账号）与口令。

④ 使用软件前，阅读软件说明书，熟悉软件的特性及使用方式。

⑤ 未经许可不得擅自使用他人的办公计算机。

⑥ 严禁擅自将外网计算机接入内网，接入内网的计算机必须确认没有病毒。

⑦ 重要文件按规定随时备份。

⑧ 外出或下班时应关闭办公计算机、显示器等终端的电源。

3. 了解网络社会责任

随着计算机网络的普及，Internet 的应用已经遍布世界的每个角落。由于 Internet 的开放性、自由性和隐蔽性，导致一些不负责任的网站在网络上发布虚假信息，甚至传播不健康的色情信息，严重危害了未成年人的健康成长。因此，需要在发展 Internet 的过程中加以规范，加强网络道德的宣传与教育，使之更好地为大众服务。

（1）知识产权保护

知识产权是指人类智力劳动产生的智力劳动成果所有权。它是依照各国法律赋予符合条件的著作者、发明者或成果拥有者在一定期限内享有的独占权利。按照智力活动成果的不同，知识产权可分为著作权、商标权、专利权、发明权、发现权等，知识产权的特征包括地域性和时间性。

知识产权保护在我国还处于发展中阶段，我国的知识产权研究开始得比较晚，因而在知识产权保护方面显得有些薄弱，国民对知识产权保护的意识比较淡薄。对知识产权的保护，归根结底还是需要全民意识的提高。

（2）计算机安全的防范

加强计算机安全管理，保证工作的正常开展，应重点注意以下事项。

① 使用符合国家标准的电源。

② 正确开关计算机。

③ 要注意计算机的使用环境，注意室内的温度、湿度和环境卫生。

④ 经常备份重要数据，防止丢失和被破坏。

⑤ 定期查杀计算机病毒，使用合法的正版软件。

（3）网络道德

所谓网络道德，是指以善恶为标准，通过社会舆论、内心信念和传统习惯来评价人们的上网行为，调节网络时空中人与人之间以及个人与社会之间关系的行为规范。网络道德的基本原则包括诚信、安全、公开、公平、公正、互助。具体而言，需要注意以下几点。

① 不使用他人的计算机资源，除非你得到了许可或授权。

② 不得私自使用他人计算机，窥探别人隐私，不得蓄意破译别人的口令。

③ 不得私自阅读他人的通信文件（如电子邮件），不得私自复制不属于自己的软件资源。

④ 不得利用互联网络作为工具，破坏他人的计算机，或非法获取他人信息。

⑤ 不得利用互联网络作为工具，诈骗他人，或传播不健康的信息。

⑥ 对网络上获取的信息要有甄别能力，特别是不信谣，不传谣。

项目训练

1. 单选题

（1）美国宾夕法尼亚大学 1946 年研制成功了世界上第一台大型通用数字电子计算机______。

A）ENIAC　　B）Z3　　C）IBM PC　　D）Pentium

（2）第四代计算机采用大规模和超大规模______作为主要电子元件。

A）微处理器　　B）集成电路　　C）存储器　　D）晶体管

（3）计算机中最重要的核心部件是______。

A）CPU　　B）DRAM　　C）CD-ROM　　D）CRT

（4）冯·诺依曼计算机由：输入设备、输出设备、存储器、控制器、______五大组成部分。

A）处理器　　B）运算器　　C）显示器　　D）模拟器

（5）一条指令通常由______和操作数两个部分组成。

A）程序　　B）操作码　　C）机器码　　D）二进制数

（6）计算机的内存储器是指______。

A）RAM 和 C 磁盘　　B）ROM　　C）ROM 和 RAM　　D）硬盘和光盘

（7）我国自主研发制造的计算机"天河二号"属于______。

A）超级计算机　　B）大型计算机　　C）小型计算机　　D）微型计算机

（8）能够直接与 CPU 进行数据交换的存储器称为______。

A）外存　　B）内存　　C）光盘　　D）闪存

（9）______是微机中各种部件之间共享的一组公共数据传输线路。

A）数据总线　　B）地址总线　　C）控制总线　　D）总线

（10）程序翻译有解释和______两种方式。

A）英译中　　B）中译英　　C）说明　　D）编译

（11）在计算机内部对汉字进行存储、处理和传输的汉字代码是______。

A）汉字国标码　　B）汉字输入码　　C）汉字机内码　　D）汉字字形码

（12）下列不是汉字输入码的是______。

A）五笔字型码　　B）全拼音码　　C）智能 ABC 码　　D）字形码

（13）早期的计算机是用来进行______的。

A）科学计算　　B）系统仿真　　C）自动控制　　D）动画设计

（14）将计算机应用于办公自动化属于计算机应用领域中的______。

A）科学计算　　B）信息处理　　C）过程控制　　D）计算机辅助

（15）计算机辅助设计简称______。

A）CAT　　B）CAM　　C）CAI　　D）CAD

（16）下列各种编码中，每字节最高位均是"1"的是______。

A）汉字国标码　　B）汉字机内码　　C）外码　　D）ASCII

（17）计算机之所以能够实现连贯运行，是由于采用了______工作原理。

A）布尔逻辑　　B）存储程序　　C）数字电路　　D）集成电路

（18）微型计算机主机的主要组成部分有______。

A）运算器和控制器　　B）CPU 和键盘　　C）CPU 和显示器　　D）CPU 和内存储器

（19）微型计算机中运算器的主要功能是进行______。

A）算术运算　　B）逻辑运算　　C）初等函数运算　　D）算术运算和逻辑运算

（20）CPU、存储器和 I/O 设备是通过______连接起来的。

A）接口　　B）内部总线　　C）系统总线　　D）控制总线

（21）8 位字长的计算机可以表示的无符号整数的最大值是______。

A）8　　B）16　　C）255　　D）256

（22）二进制数 110000 转换为十六进制数是______。

A）77　B）D7　C）60　D）30

（23）将十进制数 100 转换成二进制数是______。

A）01100100　B）01100101　C）00100110　D）01100110

（24）下列各种进制的数中，最小的数是______。

A）（101001）B　B）（52）O　C）（43）D　D）（2C）H

（25）下列无符号十进制整数中，能用 8 位二进制位表示的是______。

A）257　B）201　C）313　D）296

（26）下列字符中，ASCII 码值最小的是______。

A）a　B）A　C）x　D）Y

（27）要放置 10 个 24×24 点阵的汉字字模，需要的存储空间是______。

A）72B　B）320B　C）720B　D）72KB

（28）若某汉字机内码十六进制编码为 C9EA，则其对应的国标码的十六进制编码为______。

A）496A　B）EAC9　C）AE9C　D）A694

（29）“国标”中的“国”字的十六进制编码为 397A，则它对应的机内码是______。

A）B9FA　B）BB3H7　C）A8B2　D）C9HA

（30）已知字符 B 的 ASCII 码的二进制数是 1000010，字符 F 对应的 ASCII 码是______。

A）1000011　B）1000100　C）1000101　D）1000110

2. 计算题

（1）请将下列二进制数分别转换成十进制、八进制和十六进制。

① 11010110　② 111011.11　③ 1001001.01　④ 11101011.1

（2）请将下列十进制数分别转换成二进制、八进制和十六进制。

① 62.625　② 192.5　③ 168.25　④ 58

（3）完成下列二进制数的计算。

① 11100101＋10001111

② 10111010－10011011

③ 1011101.101＋0110110.011

④ 10011101∧10111010

⑤ 11001000∨01010011

3. 简答题

（1）电子计算机的发展经历了哪几个阶段？它们的划分依据是什么？

（2）简述电子计算机的特点。

（3）简述汉字的国标码与机内码之间的转换过程。

项目二

Windows 7 操作系统

教学目标

- ✍ 掌握窗口的构成和基本操作方法。
- ✍ 掌握文件及文件夹的的操作方法。
- ✍ 熟悉控制面板中常用项的设置。
- ✍ 了解附件内容并熟悉重要附件的操作。
- ✍ 掌握磁盘的优化和系统优化处理。

教学内容

- ✍ Windows 7 桌面组成、窗口组成、菜单操作。
- ✍ 文件/文件夹概念、类型、命名规则。
- ✍ 文件/文件夹的打开、新建、复制、删除、搜索、属性。
- ✍ 应用程序的管理。
- ✍ 控制面板的开启、浏览，常用项设置。
- ✍ 附件中常用程序的使用。
- ✍ 磁盘的属性、优化，系统还原、优化。

Windows 7操作系统是微软公司在2009年第三季度推出的新一代具有革命性变化的客户端操作系统，是当前主流的微机操作系统之一。与以往版本的 Windows 系统相比，Windows7 在性能、易用性、安全性等方面都有了非常明显的提高，旨在让我们的日常计算机操作更加简单、快捷。本单元通过 3 个典型任务，介绍了 Windows 7 中文版的基本操作，包括文件管理、程序管理、对工作环境的定制和计算机管理等内容。

任务 1 启动和退出 Windows 7 系统

【任务描述】

小牛最近换了台新计算机，计算机公司为他安装了相关配置的 Windows 7 系统，如今的计算机制造得更加精美，不管是显示器还是机箱，既美观又轻巧。小牛爱不释手，将计算机的连接线检查一遍，插上电源，迫不及待地体验他的新机器和新系统。打开显示器和主机箱电源，接着进入到尚不熟悉的 Windows 7 系统登录界面，摸索着登录到系统桌面后，观察新的桌面图标，打开最主要的“计算机”资源管理器窗口，删除桌面上不需要的广告图标，最后试着锁定、切换用户、注销、重启、关闭计算机。

【技术分析】

- 观察计算机的外观，认识常见计算机设备，了解计算机设备之间的连接情况。
- 观察计算机各个设备的电源开关位置。
- 计算机启动后，观察计算机桌面组成情况。

【任务实施】

1. 启动 Windows 7

第一步检查显示器、主机箱电源连接状态。

第二步检查鼠标、键盘连接状态。

第三步先按显示器的电源按钮⏻（通常在显示器的右下角），再按主机箱面板的电源按钮⏻，如图 2-1 和图 2-2 所示。

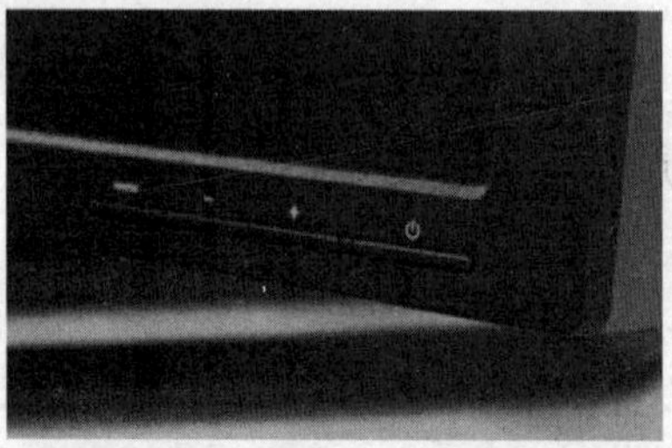

图 2-1 显示器电源按钮

图 2-2 主机箱电源按钮

注意	由于品牌的不同，显示器、主机箱款式不同，电源按钮的位置也不一样，只需要找到带有⏻符号的按键即可开启电源。

第四步计算机进行自检并载入 Windows 7 操作系统，如图 2-3 所示。

第五步在登录界面中选择需要的用户，若出现输入登录密码，则输入正确密码后单击“登录”按钮，等待片刻即进入 Windows 7 操作系统桌面，如图 2-4 所示。

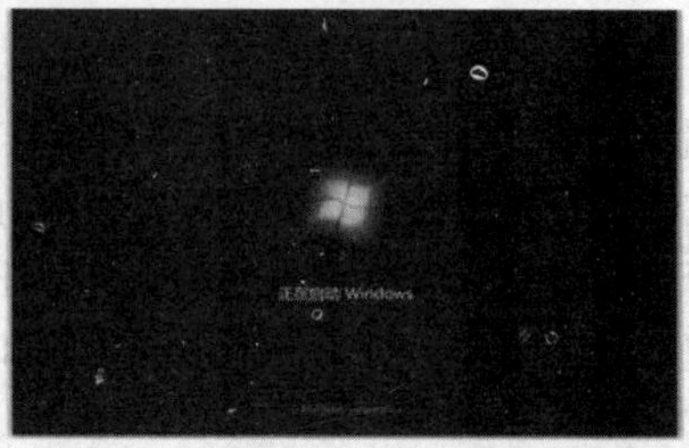

图 2-3 Windows 7 自检界面

图 2-4　系统登录界面

2. 锁定、切换用户、注销计算机

第一步进入 Windows 7 桌面后，单击“开始”菜单按钮，在打开的菜单中单击“关机”右侧的三角按钮▶，从弹出的列表中可根据需要选择相应的项目，如图 2-5 所示。

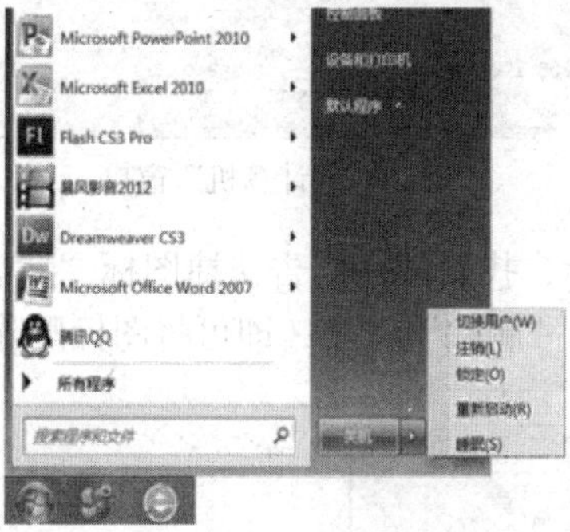

图 2-5　“开始”菜单

第二步如需锁定计算机，则单击菜单中的“锁定”选项，则出现相应的锁定账户界面，如图 2-6 所示，单击账户图标，如需输入登录密码，正确输入后则可重新返回到 Windows 7 操作系统桌面。

第三步其他如要注销、切换用户，同第二步。注销、切换用户后出现的界面与初次登录界面一致，如图 2-4 所示。

图 2-6　系统锁定界面

3. 重启计算机

进入 Windows 操作系统后，单击“开始”菜单按钮，在打开的菜单中单击“关机”右侧的三角按钮▶，从弹出的列表中选择“重新启动”按钮重新启动计算机。

4. 关闭计算机

进入 Windows 操作系统后，单击“开始”菜单按钮，在打开的菜单上单击“关机”按钮关闭计算机；最后关闭显示器电源。

5. 鼠标双击、右键单击操作

第一步观察 Windows 7 系统桌面，找到“计算机”图标，如图 2-7 所示。使用鼠标左键对准图标连续单击两次（双击），即可打开“计算机”窗口，如图 2-8 所示。

图 2-7　“计算机”图标

第二步在窗口右上角找到关闭按钮，使用鼠标左键单击关闭窗口，如图 2-8 所示。

图 2-8 “计算机”窗口

第三步仍然观察桌面图标，找到某一广告快捷图标“武魂”，使用鼠标右键对准图标单击，从弹出的快捷菜单中选择“删除”选项，即可将图标删除，如图 2-9 和图 2-10 所示。

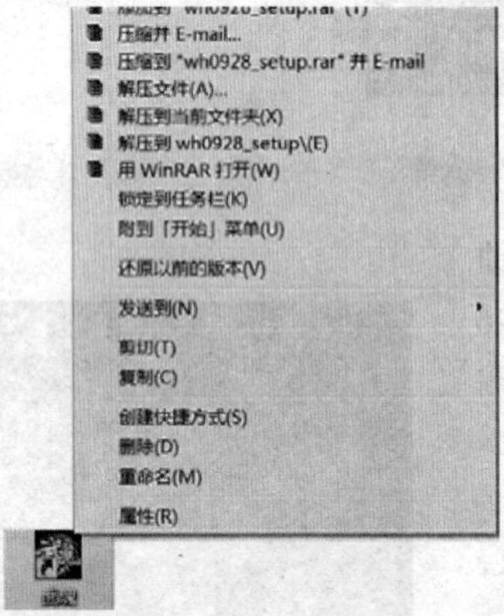

图 2-9 右键快捷菜单

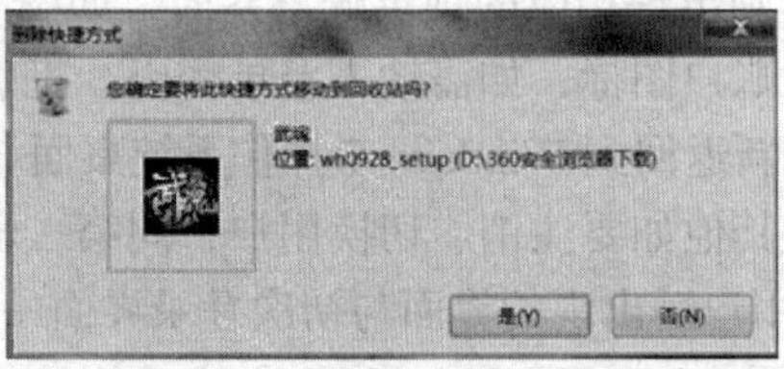

图 2-10 删除确认对话框

【知识链接】

1. 计算机及 Windows 7 系统的启动和退出

（1）正确启动、关闭计算机的顺序

正确的开关机顺序就是为了避免主机受到外部设备引起的大的电流冲击。因此开机时必须遵循先开启外部设备（常用显示器），再开启主机；而关机时必须先关闭主机，再关闭外部设备（常用显示器）。

（2）计算机及 Windows 7 系统启动的方法

① 开机启动计算机，在计算机关闭的状态下，通过按下主机电源（Power）进行启动。

② 重新启动计算机，可通过冷启动和热启动进行，如下所述。

- 冷启动：直接通过按下主机箱的 Reset 按钮。
- 热启动：进入 Windows 操作系统后，单击“开始”菜单中“关机”右侧的三角按钮，从弹出的列表中选择“重新启动”选项即可。

说明

重新启动计算机时应尽量使用热启动（即通过重新启动系统的方式），否则可能会丢失系统文件，也可能会损害到计算机的硬件，正确的操作可以保护好你的计算机。

（3）Windows 7 的锁定、注销、切换用户

进入 Windows 操作系统后，单击“开始”菜单中“关机”右侧的三角按钮，选择相应的选项进行操作。

（4）计算机及 Windows 7 系统关闭的方法

① 通过按主机箱上的 Power 按钮直接关闭电源。

② 通过单击“开始”菜单→“关机”选项关闭计算机。

注意

同样，关闭计算机与重新启动计算机时一样，应尽量通过关闭系统的方式关闭计算机；尽量不要短时间内频繁连续进行开\关机操作。

2. 鼠标及键盘的操作

对于 Windows 系统，鼠标和键盘都是重要的输入设备。鼠标有着极其重要的作用，它能使操作简单、方便、快捷，本书约定鼠标操作为右手习惯。

（1）鼠标执行操作时光标的形态

在 Windows 7 系统中，随着将要执行操作的不同，鼠标光标的形状也不相同。总地说来，鼠标的光标有以下形状。

标准选择、帮助选择、后台运行、等待、精度选择、文字选择、手写光标、禁止光标、链接选择、调整大小光标、移动光标。

（2）鼠标的使用

指向、选择、单击、右单击、双击、移动、拖曳。

（3）键盘的使用

键盘除了可以进行中英文的文本录入，Windows 还为键盘定义了许多快捷键，因此，利用键盘也可以完成窗口的切换、菜单的操作、对话框的操作、应用程序的启动等。下面介绍一些常用的键盘操作，见表 2-1。

表 2-1　键盘常用功能键操作方法

键位	功能	键位	功能
Enter	确认	Tab	在对话框中切换到下一项
Esc	取消	Shift+Tab	在对话框中切换到上一项
Delete	删除	PrintScreen	将屏幕画面放入剪贴板
Alt+F4	关闭当前窗口	Alt+PrintScreen	将当前窗口画面放入剪贴板
Ctrl+Esc	打开“开始”菜单	Ctrl+C	复制
Ctrl+X	剪切	Ctrl+V	粘贴
Ctrl+Space	中英文输入法切换	Ctrl+·	中英文标点切换
Ctrl+Shift	各种输入法切换	Shift+Space	半角 / 全角切换
Ctrl+Alt+Del	启动任务管理器	Alt+菜单项字母	打开窗口菜单

另外，利用光标移动键，可以选择窗口下拉式菜单中的选项，再按回车键，可以执行菜单选项。

任务 2 管理文件资源

【任务描述】

计算机公司将小牛以前计算机中的资料一并转移到了新计算机当中。对于习惯了 Windows XP 系统的小牛，这下必须花些时间熟悉新系统，还得将转移的资料好好地整理一下，他打算先整理整理自己的娱乐资料，有歌曲、电影、照片、图片和一些歌名、电影名等目录文件。小牛准备将已经全部放在 E 盘的这些文件重新放置到新的文件夹当中并归类，以便于自己快速查找使用，文件夹大体归类结构图如图 2-11 所示。

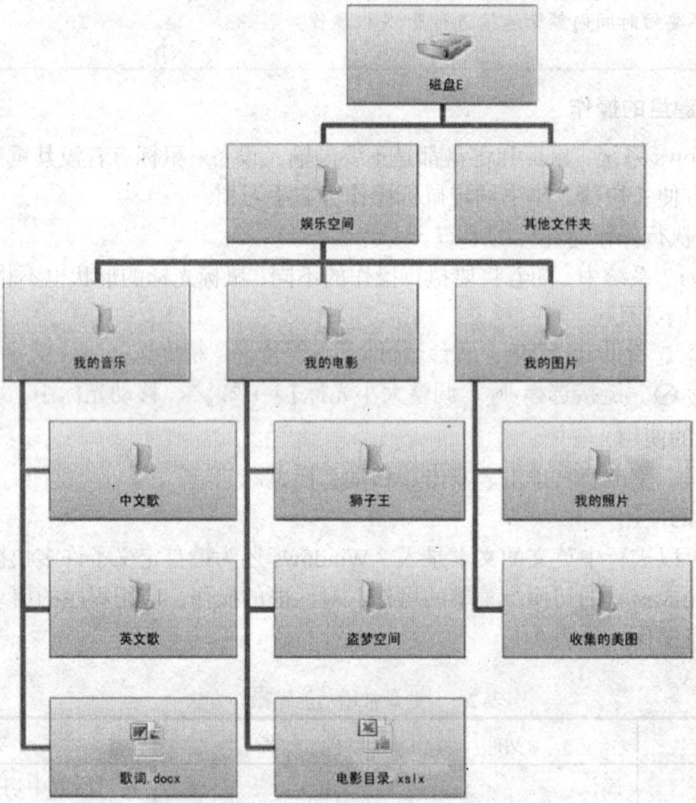

图 2-11 “娱乐空间”文件夹结构图

【技术分析】

在 Windows 7 系统中打开“计算机”资源管理器窗口，找到磁盘 E 可完成以下操作。

通过“新建文件夹”可以新建需要的分类文件夹。

通过新建“××文件”可以创建不同类别的各种文件，如新建“Microsoft Word 文档”。

通过“重命名”对文件夹或文件进行更改名称。

通过“剪切”、“复制”、“粘贴”等命令对文件进行归类整理。

通过“删除”对文件进行移除。

【任务实施】

1. 熟悉 Windows 7 系统的资源管理器窗口

第一步打开“计算机”，可以看到这样的窗口。后面的操作任务请注意地址栏的变化，如图 2-12 所示。

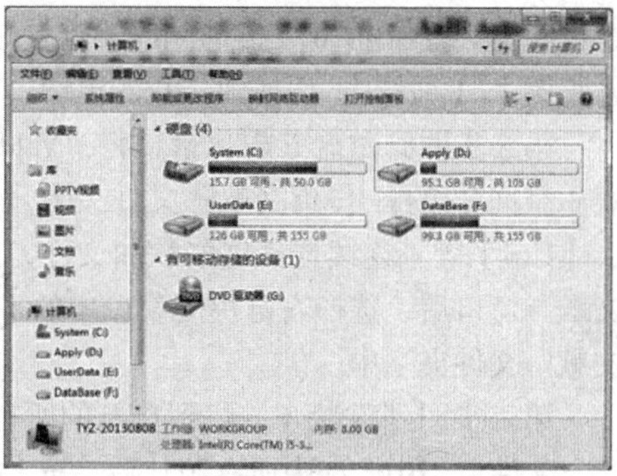

图 2-12 “计算机”活动窗口

第二步双击进入到磁盘 E，观察窗口地址栏的变化。与 WindowsXP 系统相比，Windows 7 地址栏的最左边有“前进”、“后退”按钮；而地址栏却以按钮的方式代替了传统的纯文本方式，可以对地址栏当中的文字进行单击，其左右还有▸按钮，单击可以展开下级目录的所有文件夹目录菜单。

2. 新建文件夹及文件

图 2-13 文件夹窗口

第一步在“磁盘 E”中创建一个文件夹：“娱乐空间”，结果如图 2-13 所示。

可以选择以下方法之一进行操作。

选择【文件】菜单/【新建】/【文件夹】命令，输入新名称按“ENTER”键确认，或用鼠标单击空白处确认即可。

在右边窗口空白处单击鼠标右键，弹出一个快捷菜单，选择【新建】/【文件夹】命令，其他操作同上。

Windows 7 还为我们提供了快速创建文件夹的方法，在菜单栏下方的工具栏中有“新建文件夹”按钮，单击新建后其他操作同上。

第二步双击打开“娱乐空间”文件夹，在当中创建文件夹“我的音乐”、“我的电影”、“我的图片”，操作方法同第一步。

第三步在“我的音乐”下新建“中文歌”、“英文歌”文件夹；在“我的图片”下新建“我的照片”、“收集的美图”文件夹；方法同第一步。

第四步回到“我的音乐”文件夹中，选择【文件】菜单/【新建】/【Microsoft Word 文档】命令，修改文件名为“歌词.docx”。

第五步回到“我的电影”文件夹中，用鼠标右键单击窗口空白处，弹出快捷菜单，选择【新建】/【Microsoft Excel 工作表】命令，修改文件名为“电影目录.xlsx”。

说明	要重命名文件或文件夹名，除了使用窗口菜单 “文件” / “重命名” 外，还可以使用其他方法：不连续单击文件或文件夹，当名字出现蓝色阴影时便可修改；在右键快捷菜单“重命名”可以对选择的文件和文件名进行修改；选中文件或文件夹后按【F2】键也可以修改名称。

注意	在修改文件或文件夹名称时，一般不要更改扩展名，否则将导致文件无法正常打开。 Windows 7 系统设计更人性化些，当执行重命名文件时，蓝色阴影区域（可修改）不会将扩展名包括，这样便不会误改扩展名。

3. 对已有文件进行管理

第一步回到磁盘 E 根目录，将“狮子王”、“盗梦空间”这两个文件夹移动到“我的电影”文件夹下。按住【Ctrl】键的同时不连续选择“狮子王”和“盗梦空间”，选择窗口菜单命令：【编辑】/【剪切】，切换到“我的电影”窗口后，选择窗口菜单命令：【编辑】/【粘贴】。

第二步回到磁盘 E 根目录，将“Valder Fields.mp3”、“Angle.mp3”等英文歌移动到“E:\娱乐空间\我的音乐\英文歌”文件夹下。按住【Shift】键的同时连续选择这些歌曲文件，配合【Ctrl】键不连续选择这些歌曲文件，选择右键快捷菜单中的【剪切】命令，切换到“英文歌”窗口后，选择右键快捷菜单中的【粘贴】命令。用同样的方法将所有中文歌放到“中文歌”文件夹当中。

第三步回到磁盘 E，找到自己的所有照片，移动到“E:\娱乐空间\我的图片”\“我的照片”文件夹当中，选中所有照片后，按【Ctrl+x】快捷键（剪切），切换到“我的照片”窗口，按【Ctrl+V】快捷键（粘贴）；将剩下的所有图片移动到“E:\我的图片\我收集的美图”文件夹当中，操作方法同上。

说明	复制的方法跟剪切的方法一样，先复制后粘贴。其中键盘组合键【Ctrl+C】为复制。

第四步打开“收集的美图”文件夹，选择“panda.jpg”、“flower.bmp”、“11356.gif”3 个图片文件，选择窗口菜单命令：【文件】/【删除】，出现“删除多个项目”的对话框，如图 2-14 和图 2-15 所示。

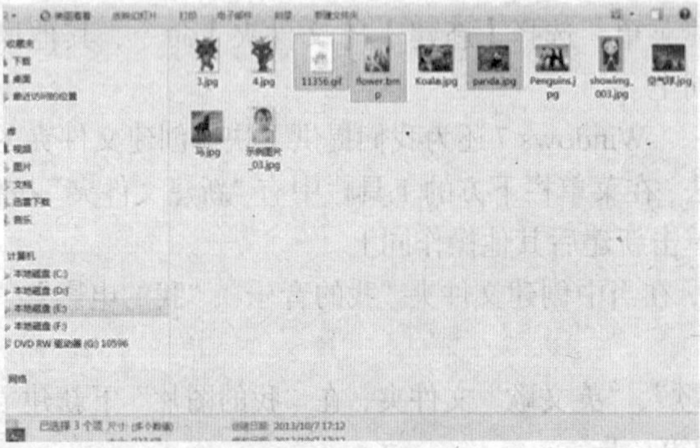

图 2-14 不连续选择对象

图 2-15 “删除”对话框

单击“是”按钮，文件就会在“收集的美图”中消失了。被删除的文件或文件夹在一段时间内会保存在回收站中，如果我们发觉错删了一个文件，而该文件还存放于回收站中，还可以恢复回来。

第五步双击打开桌面的回收站，如图 2-16 所示。

单击选中“panda.jpg”文件，菜单栏下的工具栏【还原此项目】；另外，从【编辑】菜单中选择【撤销删除】选项也可以还原删除的对象；还可以对回收站里的任一对象，通过单击鼠标右键进行【还原】、【剪切】、【删除】、【查看“属性”】等操作。

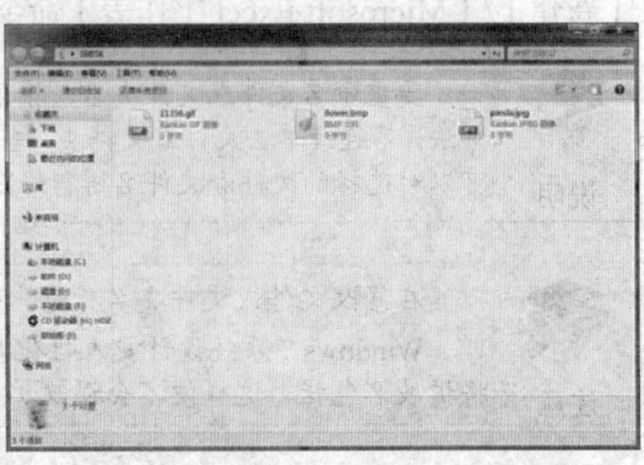

图 2-16 “回收站”窗口

小技巧：仅刚刚删除的文件被发现误删除时，可以按组合键【Ctrl+Z】直接撤销删除。

【知识链接】

1. 体验 Windows 7 的全新窗口

在 Windows 操作系统中，窗口操作是最频繁的操作，不管是打开任意程序还是文件或文件夹，这便是打开了一个窗口。因此，深入了解窗口、菜单和对话框的特点，组成和操作显得非常重要。

（1）窗口的布局

Windows 7 的窗口有两种类型：文件夹窗口和应用程序窗口。当多个窗口打开时，默认情况下，当前操作的窗口呈高亮色显示为活动窗口，其他窗口呈暗浅色显示为非活动窗口。图 2-17 所示为一个典型的 Windows 7 窗口，下面通过该图“本地磁盘(E:)”来认识窗口的结构和组成。

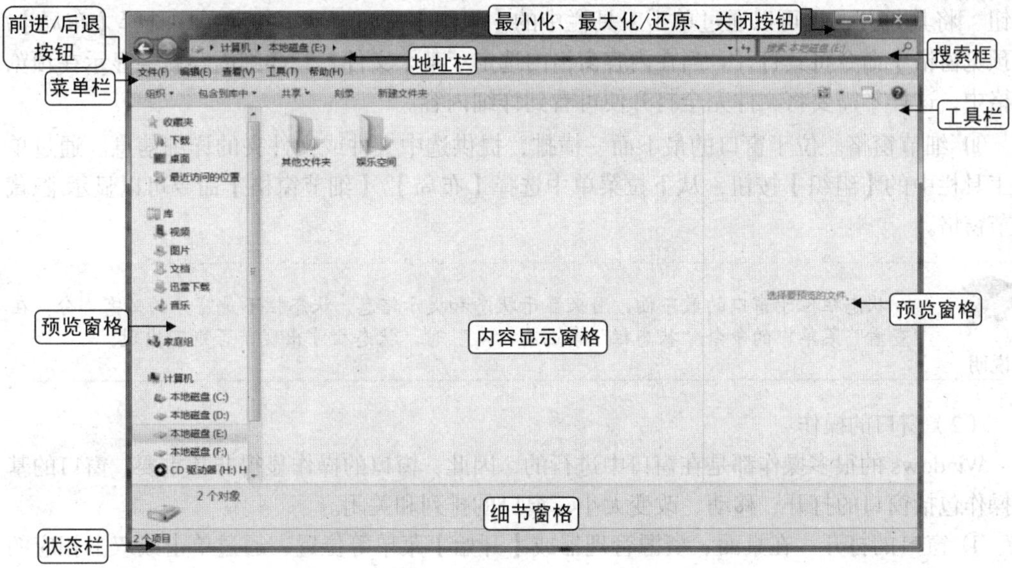

图 2-17　文件夹活动窗口

① 前进/后退按钮。位于地址栏左边部分，用以快速访问上一次和下一次浏览过的位置，单击“前进”按钮右侧的小箭头后，可以显示浏览列表，实现目录的快速跳转操作。

② 最小化、最大化/还原、关闭按钮。

③ 地址栏。地址栏表示对象所在的地址。利用地址栏可以浏览本地资源，查找磁盘、文件夹，启动一个可执行程序，或打开一个文档等。与以往操作系统相比，Windows 7 的地址栏以按钮的方式替代了传统的纯文本方式，每个文件名称都可以单击，在文件名节点处还有可以单击的▸按钮，该按钮将展开当前文件夹下级目录的所有文件夹。

> **注意**
>
> 若要复制地址栏当中的路径，则需要在地址栏的空白处单击，使地址栏处于传统的纯文本方式，这时将可以选择复制需要的路径。

④ 搜索框。在搜索框中输入关键字，搜索结果与关键字相匹配的部分会以黄色高亮显示，能更容易地找到需要的结果。具体的详细操作将在后面说明。

⑤ 菜单栏。菜单栏位于地址栏的下面，菜单栏中有多个菜单项，单击菜单项，会展开其所属的下拉菜单，列出了与文件、文件夹操作有关的命令。通过单击工具栏中的【组织】

按钮，从下拉菜单中选择【布局】/【菜单栏】命令，可以显示/隐藏菜单栏。

⑥ 工具栏。工具栏中包括一些常用的功能按钮，使用时直接单击即可执行。Windows 7 工具栏与以往不同，当打开不同类型的窗口或选中不同类型的文件时，工具栏中的按钮会随之发生变化，但【组织】、【更改您的视图】按钮及【显示/隐藏预览窗格】按钮始终不会变。

⑦ 导航窗格。位于窗口的最左边部分，以树形结构显示，可合并/展开目录节点，可供快速单击跳转到相应的目录。通过单击工具栏中的【组织】按钮，从下拉菜单中选择【布局】/【导航窗格】命令可以显示/隐藏导航窗格。

⑧ 内容显示窗格。显示磁盘、文件及文件夹信息。可以通过视图按钮更改显示视图方式，如：超大图标、大图标、列表、详细信息等。

⑨ 预览窗格。该元素默认是隐藏的，可通过单击窗口工具栏右边的“显示预览窗格”按钮将其打开；也可以通过单击工具栏中的【组织】按钮，从下拉菜单中选择【布局】/【预览窗格】命令将其打开。当在内容窗格内选定了某个文件，其详细内容就会显示在预览窗格中，这样不需要将文件完全打开便可看到详细内容。

⑩ 细节窗格。位于窗口的最下面一横排，提供选中文件或文件夹的详细信息。通过单击工具栏中的【组织】按钮，从下拉菜单中选择【布局】/【细节窗格】命令可以显示/隐藏细节窗格。

说明	状态栏位于窗口的最下面，用来显示状态和提示信息。状态栏不是窗口的必需部分，在“查看”菜单中的命令“状态栏”前面有“√”时，状态栏才出现，否则不出现。

（2）窗口的操作

Windows 的很多操作都是在窗口中进行的，因此，窗口的操作显得非常重要。窗口的基本操作包括窗口的打开、移动、改变大小，窗口的排列和关闭。

① 窗口的打开。在桌面、资源管理器或【开始】菜单等位置，通过单击或双击相应的命令或文件夹，都可以打开该对象对应的窗口。打开窗口的具体操作有以下几种方法。

- 双击图标，可以打开窗口。
- 选择一个图标，按回车键，可以打开窗口。
- 用右键单击一个图标，弹出快捷菜单，在该菜单中选择【打开】命令也可以打开窗口。
- 如果图标在某一个窗口中，选中图标后，选择窗口中的【文件】/【打开】命令也可以打开一个窗口。

② 窗口的移动。在 Windows 操作中有时需要移动窗口，但是只有在窗口没有达到最大化时才能移动。移动窗口的一种方法是将鼠标的光标移到窗口标题栏上，按住左键将窗口拖动到新的位置后释放。另一种方法是打开窗口控制菜单按钮，选择【移动】命令，鼠标的光标自动跳到窗口的标题栏上，且变成✥形状，将窗口拖曳到需要的位置后，释放鼠标左键。

③ 窗口大小的改变。当窗口没有达到最大化时，一是将鼠标的光标指向窗口的边框或角落，光标变成大小光标，按住鼠标左键拖动窗口边框或角落，可以改变窗口的大小；二是打开窗口控制菜单，选择【大小】命令，光标变成✥形状，按住左键拖动改变窗口到所需大小后，释放鼠标左键。

注意

改变窗口大小时，当拖动边框时只能改变窗口的高度或宽度，而拖动窗口的角落，可以同时改变窗口的高度和宽度。

④ 窗口的最大化、还原、最小化。可以使用窗口标题栏右边“最大化 / 向下还原”按钮；双击标题栏可最大化/还原窗口；还可以利用窗口的控制菜单操作窗口的最大化、还原、最小化。

Windows 7 特有的方法：通过 Aero 晃动，当只需使用某个窗口，而将其他所有打开的窗口都隐藏或最小化时，可以在该窗口的标题栏上按住鼠标左键不放，然后左右晃动鼠标若干次，其他窗口就全被隐藏起来；要将窗口布局恢复到原来的状态，只要再次按下鼠标左键不放，然后左右晃动鼠标即可。

说明

Aero 是指 Windows 7 的一种界面，是 authentic（真实）、energetic（动感）、reflective（具反射性）、open（开阔）的缩略词。

Windows 7 特有的最大化窗口方法：拖住窗口的侧边栏往桌面顶端靠紧，当鼠标指针与屏幕边缘碰撞出现全屏阴影时，松开鼠标，窗口最大化。

⑤ 窗口的排列。窗口的排列方式有 3 种：层叠、横向平铺和纵向平铺。用右键单击任务栏的空白处，弹出快捷菜单选择命令。

Windows 7 新的并排显示窗口的方法：用鼠标将窗口拖动到屏幕左侧，当鼠标指针与屏幕边缘碰撞出现全屏阴影时，松开鼠标，窗口以 50%尺寸排列，用同样的方法可将另一个窗口拖动到屏幕右侧，即可实现两个窗口的并排排列。

⑥ 窗口的切换。在 Windows 中用户可以同时打开多个窗口，但一次只能对一个窗口进行操作。当前可操作的窗口称为活动窗口。如果要操作某个窗口，就必须将该窗口切换为当前的活动窗口。具体操作方法有如下 4 种。

- 单击窗口可见区域便可切换为当前活动窗口。
- 按住【Alt+Tab】组合键调出切换面板，同时按住【Alt】键不放，每单击一次【Tab】键，活动窗口按次序轮换；或按住【Alt】键不放，使用鼠标在切换面板中单击也可实现。
- 指向任务栏上的应用程序图标，可单击切换活动窗口。
- 3D 效果窗口切换，按住【Win+Tab】组合键，所有窗口以 3D 层叠效果显示，反复按【Tab】键，可实现窗口切换。

⑦ 窗口的关闭。关闭 Windows 窗口有多种方法，如下所述。

- 选择【文件】/【关闭】命令，可以关闭窗口。
- 按【Alt+F4】组合键，可以关闭活动窗口。
- 单击窗口右上角的【关闭】按钮，可以关闭窗口。
- 用左键或右键单击窗口标题栏，出现快捷菜单，在菜单中选择【关闭】命令；或双击标题栏，可以关闭窗口。
- 在任务栏上用右键单击窗口在任务栏上的按钮，在快捷菜单中选择【关闭窗口】命令或【关闭所有窗口】命令。

（3）对话框窗口的组成及其操作

在 Windows 中对话框是一类特殊的窗口，当某个下拉式菜单的选项后面有“…”符号，表示选择该命令后会弹出相应的对话框。此外，当 Windows 要警告、确认或提醒的时候，也会弹出对话框，如图 2-18、图 2-19 所示。

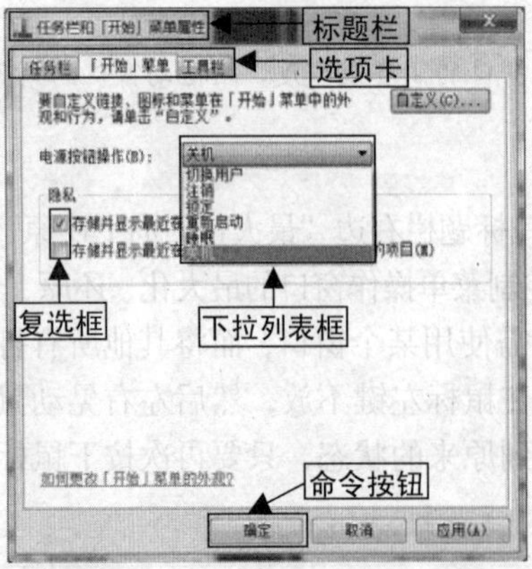

图 2-18 “任务栏属性”对话框

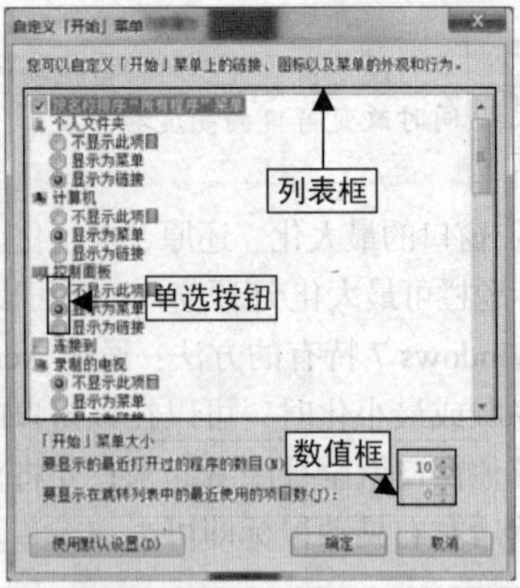

图 2-19 “自定义[开始]菜单”对话框

总体上看，对话框包括的项目主要有以下各项。

① 标题栏。标题栏左边是对话框的名称，右边为?和×按钮。单击?鼠标的光标变成?，利用这种光标单击需要提供帮助的对象，系统会提供帮助信息，单击×按钮，关闭对话框。

② 命令按钮。大多数对话框有“确定”、“取消”、“应用”按钮，这些按钮常常出现在对话框的右边或下边。选择“确定”按钮，系统会立即执行对话框的设置，同时关闭对话框：选择“取消”按钮，对话框的设置就会被取消，关闭对话框。有的对话框有“应用”按钮，单击“应用”按钮，执行对话框的设置，但不关闭对话框(在 Windows 中如此)。

③ 文本框。在文本框中，可输入文字或执行命令所需信息。当对话框打开时，文本框可能是空白或包含文本。

④ 列表框。列表框中含有一列可供选择的项目，如果一列放不下，会出现滚动条，利用滚动条可以浏览全部项目，单击要选择的项目来选择它。

⑤ 下拉式列表框。下拉式列表框中含有一系列可供选择的项目，要想看到全部可选项，必须先单击它右边的按钮，打开下拉式列表框，单击要选择的项目来选择它。

⑥ 单选按钮。单选按钮是一系列功能互斥的圆按钮，同一时间只能选取一项，并且必须选择一项。如要选择，可以直接单击，圆按钮里面出现“●”，表示选中。

⑦ 复选框。复选框具有打开和关闭功能。方框里有“√”，表示该功能已选；如果是空的，表示没有设置该功能。改变功能的方法是，单击复选项。如果有一组复选项，可以全选，或全不选，也可择其中的一个或几个。

⑧ 数字增减框。数字增减框中可以输入数字，也可以单击其右边的数字增减器改变框内数字的大小。

⑨ 滑动杆。用鼠标的左键拖动，可以改变滑动杆在标尺上的位置。

⑩ 选项卡。一个选项卡对应一个主题信息，单击选项卡标题，可以切换选项卡。

2. 认识 Windows 7 菜单

菜单用于放置对当前窗口或程序进行各种操作的命令，由各种菜单项组成，单击菜单项可以展开其下拉菜单，显示其中相关的命令。如 Windows 窗口的菜单栏由各菜单组成，例如【文件】、【编辑】、【查看】、【工具】、【帮助】等；每个菜单又有不同的菜单项，如文件菜单当中有【打开】、【新建】、【关闭】等选项。

（1）菜单的类型

菜单分为功能菜单和快捷菜单两类，如图 2-20、图 2-21 所示。

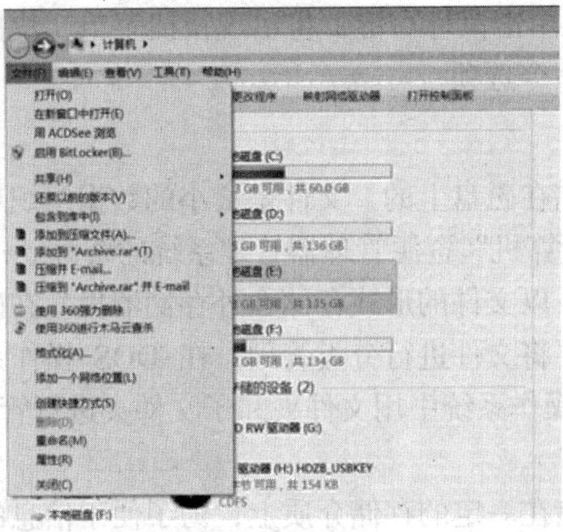

图 2-20　功能菜单

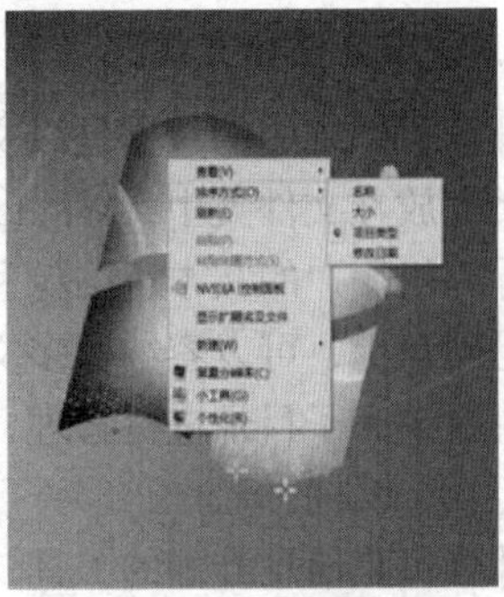

图 2-21　快捷菜单

（2）菜单的组成

① 正常的命令与灰色的命令。黑色的命令是正常的命令，选择它们，会立即执行。灰色的命令是当前情况下不可选用的。

② 菜单的分组线。下拉菜单的命令之间一般会有横线将其分隔开来，各项按功能组合。这种分组是按照命令选项的功能而组合的。

③ 右边有“…”的命令。有的命令右边有“…”，表示选择它以后会弹出一个对话框，要求用户进行一些设置、输入某些参数，或完成更多的操作。

④ 右边有黑三角“▸”的命令。右边有黑三角“▸”的命令，表示它还有级联菜单，当鼠标指针指向它的时候，会弹出它的级联菜单。

⑤ 前面有“√”的命令。有“√”的命令，用户可以在两种情况之间进行选择。例如在“计算机”窗口中的【查看】/【状态栏】命令，如果前面有“√”，状态栏就显示，否则状态栏就不显示。另外，命令前有“√”的，对于同一组的命令是可以复选的。

⑥ 前面有“●”的命令。前面有“●”的命令，一般成组出现，一组中只有一个，必定有一个被选中。当选择另一个时，原来的一个自动无效。

⑦ 命令右侧的组合键 。有的命令右侧有组合键，这是快捷键，用户在不打开菜单的情况下，按下该组合键，相应的命令就会执行。例如，在菜单项的名称右边有一个带下画线的字母，在按住【Alt】键的同时按下菜单名右边的字母，会打开相应的菜单,如按【Alt】键的同时按【F】键，会打开【文件】菜单，按【Alt】键的同时按【E】键，会打开【编辑】菜单。

⑧ 智能菜单。有些菜单中的命令不是固定不变的，可以智能地根据具体情况而变化。例如“我的计算机”中的【文件】菜单，当没有选择对象时出现某些命令选项，而选择了对象之后，出现另外一些命令选项，如图 2-22 和图 2-23 所示。

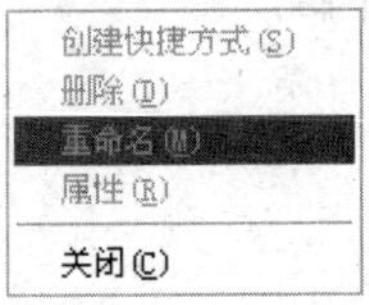

图 2-22　快捷菜单 I

图 2-23　快捷菜单 II

⑨ 快捷菜单。在选择的对象上或空白处单击鼠标右键，将出现快捷菜单。快捷菜单的菜单项将根据对象的不同，出现不同的操作命令选项。

3. 管理文件和文件夹

计算机系统中的数据是以文件的形式存储在磁盘上的，文件是最小的数据组织单位，文件分类存放在文件夹中，Windows 7 利用“计算机”资源管理器管理系统的资源。

计算机用户的文本、图像和声音等信息，以文件的形式存储在外存储器里。在磁盘上，尤其是硬盘上，可以容纳很多文件，这就需要将文件进行分类管理。在 DOS 操作系统中对文件用目录和子目录进行管理，在 Windows 操作系统中用文件夹和子文件夹进行管理。

（1）文件的概念

计算机是信息处理的工具，它把信息存储在一定的存储介质上，为了便于信息的存储、提取和使用，以文件的方式来管理这些信息。

所谓文件，就是相关信息的集合，这些信息可以是程序、图形、图像、文字、声音等。文件的范围很广，具有一定独立功能的程序模块或者数据都可以作为文件。

（2）文件的命名

在计算机系统中，通过文件的名称对信息进行管理，计算机的文件管理系统使信息按名称存取成为可能。

典型的文件名由主文件名<简称文件名)和文件扩展名(类型名)组成，在文件名和文件扩展名之间加一个点“.”，下面详细介绍 Windows 7 操作系统中文件的命名规则。

① 文件或文件夹可以使用长文件名，名称最多可以有 255 个字符。

② 使用字母可以保留指定的大小写格式，但不能用大小写区分文件名，例如，ABC.DOCX 和 abc.docx 被认为是同一个文件。

③ 文件名中可以使用汉字和空格，但空格作为文件名的开头字符或单独作为文件名不起作用。

④ 文件的扩展名可以使用多个字符，可以使用多间隔符，但只有最后一个分隔符后的部分能作为文件的扩展名。

⑤ 使用的字符有\ /：* ? ″ <>|。

⑥ 同一磁盘的同一文件夹中不能有同名的文件和文件夹。

⑦ 文件名的通配符。文件名的通配符代表一组文件,通配符有两种：“*”，和“？”。“*”通配符可以代表所在位置的多个字符。例如，*.*，可能代表所有的文件夹和文件；*.TXT 代表文件名任意、扩展名是 TXT 的所有文件；A*.*，代表文件名中第一个字符是“A”的所有文件。“？”通配符代表所在位置的一个任意字符。例如，ABC？.DOC,表示以 ABC 开关，第四个字符任意，扩展名是 DOC 的所有文件。

（3）文件类型和类型图标

文件根据它所含的信息的类型进行分类，文件有很多类型。在 Windows 中除了以扩展名(类型名)表示文件的类型以外，还可以用不同的图标表示不同的文件类型，见表 2-2。

如在文件类型中，扩展名为 exe 的文件是程序文件，扩展名是 txt 的文件为文本文件，扩展名是 bmp 的文件是位图文件等，用户在学习中会逐渐了解。

表 2-2　常见文件类型一览表

文件图标	扩展名	文件类型
	.exe	程序文件
	.com	MS-DOS 应用程序
	.bat	批处理文件
	.txt	文本文件
	.ini	Windows 系统配置文件
	.bmp	位图文件
	.gif	GIF 图像文件
	.png	PNG 图像文件
	.wmf	图文元件
	.jpg	JPG 图像文件
	.wav	音频波形文件
	.mp3	MP3 音频文件
	.mp4	视频文件剪辑
	.wmv	Windows Media Player 视频文件
	.mpg	MPEG 视频文件
	.doc	97-2003Word 文档文件
	.xls	97-2003Excel 电子表格文件
	.ppt	97-2003 演示文稿文件
	.docx	2007 及以上 Word 文档文件
	.xlsx	2007 及以上 Excel 电子表格文件
	.pptx	2007 及以上演示文稿文件
	.psd	PS 文件
	.pdf	PDF 电子文档
	.rar	压缩文件
	.htm	网页文件
	.swf	FLASH 动画发布文件

（4）文件和文件夹属性

文件和文件夹的属性涉及查看文件与文件夹信息、显示文件扩展名及隐藏文件与文件夹等方面，有助于进一步获取文件信息、有效管理文件与文件夹。如要查看文件或文件夹的详细信息时，右键单击文件或文件夹图标，从弹出的快捷菜单中选择【属性】命令，这时便打开了文件或文件夹属性对话框，从中可以看到更详细的信息，如图 2-24 和图 2-25 所示。

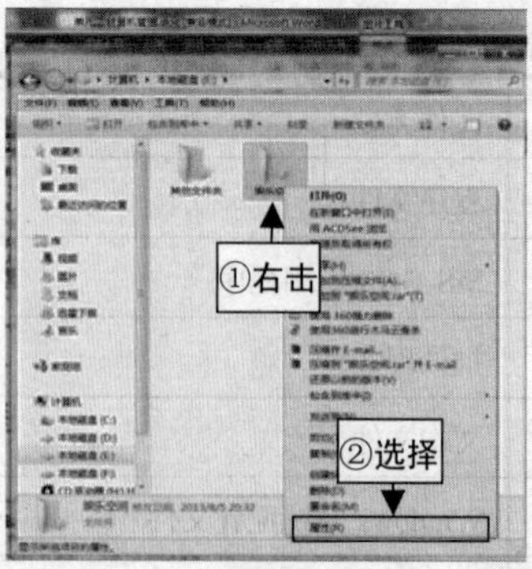

图 2-24　右键快捷菜单

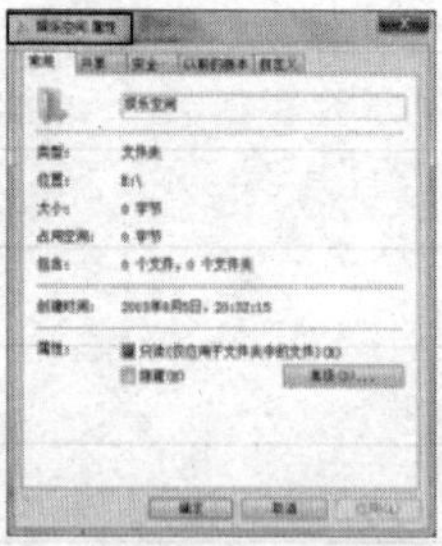

图 2-25　文件夹属性

（5）文件夹（目录）的概念

Windows 系统将浩大的数据按照一定规则分类存放在不同的文件夹中，有效地管理文件。文件夹图标为一个黄色的文件夹样式。Windows 7 系统中，根据视图方式不同，文件夹的显示会根据所存内容的不同而显示得不同，例如，在大图模式下，空文件夹图标和存放了文件的文件夹图标，如图 2-26 所示。

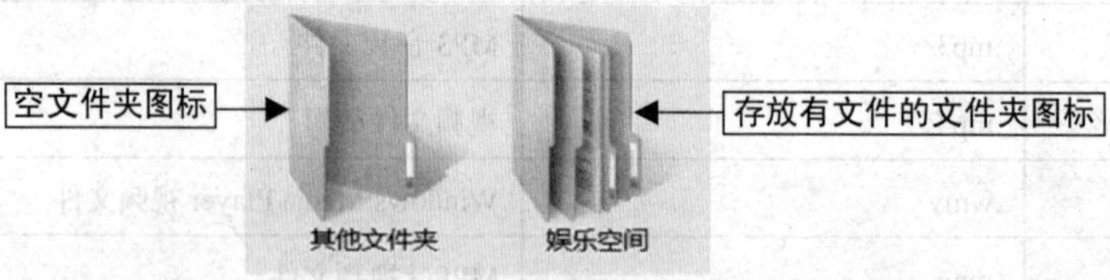

图 2-26　文件夹图标

在 Windows 系统下，利用文件夹树来管理文件和文件夹也叫作文件夹和子文件夹。每张磁盘在格式化的时候，系统自己建立一个存储其所有文件和文件夹（目录）的文件夹（目录），叫根文件夹（根目录），用“\”表示。在根文件夹（根目录）下，可以直接存储文件和子文件夹（子目录），每个子文件夹（子目录）中又可以存储文件和建立下一级子文件夹（子目录）。所有文件夹（目录）组成的结构就像一棵倒立的树，因此称为文件夹树（目录树）。

说明	根文件夹（根目录）是在磁盘格式化的时候由系统建立起来的，Wndows XP 的子文件夹是由窗口菜单或快捷菜单建立起来的。 子文件夹（子目录）的命名规则和文件命名规则一样，可以有扩展名，但一般不用。 同一文件夹（目录）下不能有相同的子文件夹名（子目录名）和相同的文件名。

（6）路径

路径用来说明一个文件或者一个子文件夹（子目录）在文件夹树（目录树）中的位置，表示一个文件的位置有相对路径和绝对路径两种方式。

- 绝对路径：从根文件夹（根目录）写起，一直写到文件所在的文件夹（目录）。
- 相对路径：从当前文件夹（目录）写起，一直写到文件所在的文件夹（目录）。当前文件夹（目录）用“.”表示，当前文件夹（目录）的上一级用“..”表示，当前文件夹（目录）的下级，直接写子文件夹（目录）名。
- 当前文件夹（目录）：系统当前正在工作的文件夹（目录）。

如写出文件的绝对和相对路径，如图 2-27 所示。

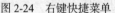

在图 2-27 中，如果相对的文件在当前文件夹（目录）Word 中，那么，写 CXW.DOCX 的路径有以下几种方式。

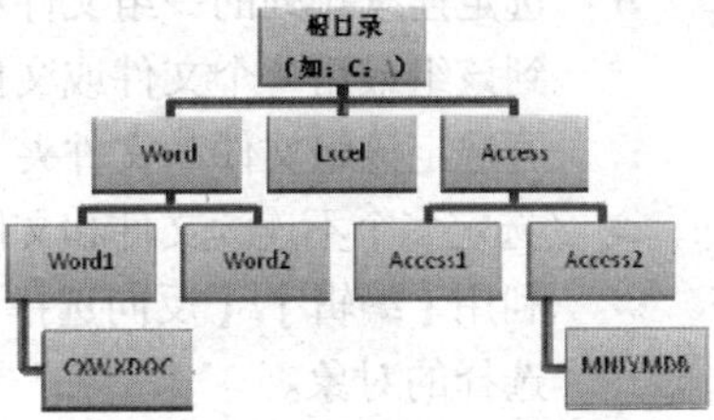

图 2-27　文件及文件夹结构

绝对路径：C:\Word\Wordl\CXW.DOCX。

相对路径：Wordl\CXW.DOCX 或\Wordl\CXW.DOCX。

（7）文件完整的标识名

由上面的概念可以看出，要完整地标识一个文件，应有文件所在的磁盘、文件夹（目录）、文件的名称和扩展名等信息。完整的文件说明是：

[驱动器][路径 1][路径 2][<文件名>][.<扩展名>]

说明　驱动器以盘符加冒号表示，例如，A 盘用“A:”表示；C 盘用“C:”表示。图 2-27 中文件 XSQK.MDB 的标识名为“C:\Access\Access2\MNLY.MDB”。

（8）“计算机”和“资源管理器”

这是对计算机的资源进行管理的实用程序，利用它可以对所有的资源进行管理，包括磁盘管理、文件及文件夹管理等，Windows 7 系统多增加了一个“库”的文件组织功能。

①“计算机”及“资源管理器”的启动。

在桌面上双击“计算机”图标，便可打开图 2-28 所示的窗口。

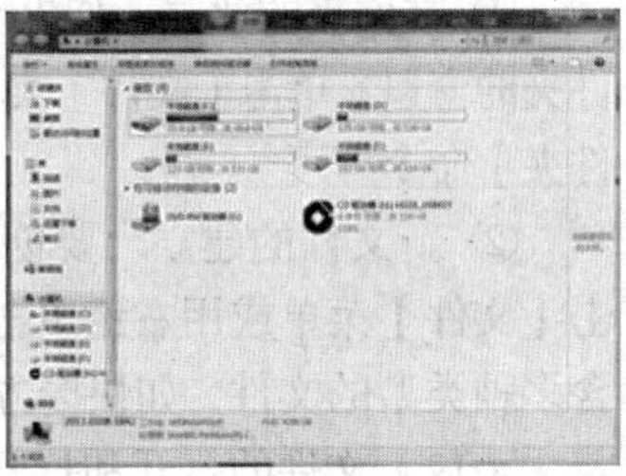
图 2-28　“计算机”窗口

用右键单击“开始’菜单，启动“资源管理器”，如图 2-29 所示。

② 库。Windows 7 系统提供了一个全新的方法，使用户可以采用虚拟视图的方式管理自己的文件，即“库”功能。库在某些方面类似于文件夹，用户可以收集存储在多个位置的文件中，并通过它访问这些内容。

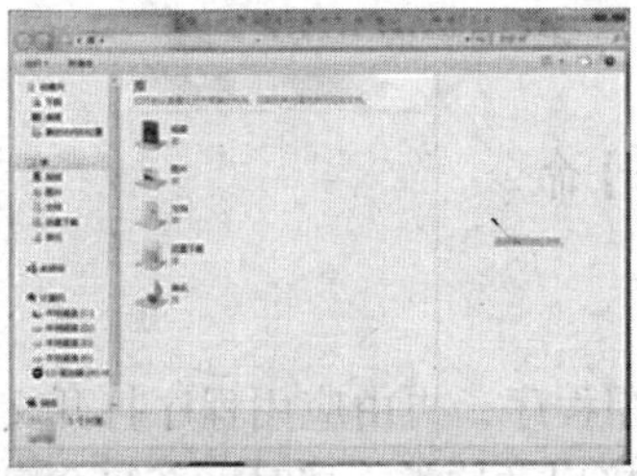
图 2-29　“库”窗口

（9）文件和文件夹的浏览。

浏览文件和文件夹可以利用“计算机”的【查看】菜单或工具栏右边的【更改您的视图】按钮，通过“超大图标”，“大图标”、“中等图标”、“小图标”、“平铺”、“内容”、“列表”和“详细信息”来改变浏览文件及文件夹的显示方式，如图 2-30 所示。

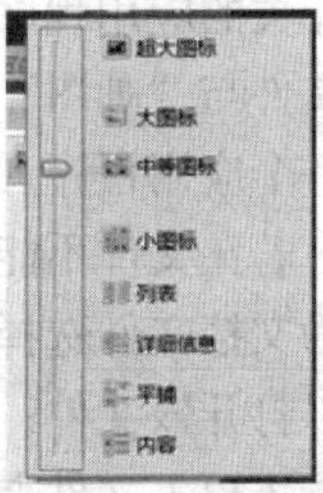

图 2-30　更改视图菜单

（10）文件或文件夹的选定

在 Windows XP 系统中，对文件或文件夹进行操作，应先选中它们。操作原则是先选择，后操作。可以选中单一的文件或文件夹，也可以同时选中几个对象，被选定的文件或文件夹以反像显示。

① 选定单一文件或文件夹，在驱动器或文件夹窗口中，直接单击要选择的文件或文件夹。

② 同时选定多个文件或文件夹。

- 同时选定窗口中的全部文件和文件夹：选择窗口中的【编辑】/【全部选定】命令，

或按快捷键【Ctrl+A】。

- 选定连续排列的一组文件和文件夹：单击该组的第一个文件或文件夹，再将光标移到该组最后一个文件或文件夹上，按住【Shift】键，同时单击该文件或文件夹，即可选定该组文件和文件夹。
- 选定多个不连续文件和文件夹：按住【Ctrl】键后，单击要选定的各个文件和文件夹。
- 利用【编辑】/【反向选择】命令，可以选择全区域内没有选择的对象，而取消已经选择的对象。
- 用鼠标单击该组文件左上角的空白处，按住鼠标并拖动，会出现虚框，凡是被框住的文件或文件夹，都处于被选中状态。
- 利用键盘选择全部文件。按组合键【Alt+E】，打开【编辑】菜单，用光标移动键将选择光带移动到【全部选定】命令上，按回车键，或直接按【Ctrl+A】组合键。

③ 取消选定的文件或文件夹。

- 如果已经选定了一组文件和文件夹，要取消其中的一个或几个，可以按住【Ctrl】键，在要取消的文件或文件夹上单击。
- 要取消全部选定的文件，可单击窗口的空白处。

（11）文件夹和文件的创建

新建的文件和文件夹都是空白的，新建的文件夹可以存放文件和其子文件夹，新建的空白文件打开后可以进行编辑。

① 文件夹的建立。如果要创建新的文件夹，应先打开要建立的文件夹所在的驱动器或文件夹的窗口，单击【文件】菜单或用右键单击窗口的空白处出现快捷菜单，选择【新建】/【文件夹】命令即可。

② 新文件的建立。要创建新的文件，应先打开要创建文件的驱动器或文件夹窗口，单击【文件】菜单或用右键单击窗口的空白处出现快捷菜单，选择【新建】命令的子命令（包含多种类型的文件，如快捷方式、文本文件、Word 文件、Excel 工作表等）完成文件的新建。

（12）文件的打开和打开方式

① 文件的打开，打开文件可以有多种方法，如下所述。

- 选中要打开的文件后，选择【文件】/【打开】命令。
- 用右键单击要打开的文件，在快捷菜单中选择【打开】命令。
- 直接双击要打开的文件。
- 选择文件后，按回车键。

② 在编辑某个文档文件时，一般情况下总是要先启动应用程序，再由应用程序打开文档进行编辑。打开方式是使应用程序与某文档产生关联，在直接启动这类文档时，系统会启动相关的应用程序，例如，扩展名为“.txt”的文件与“记事本”应用程序关联，扩展名为“.bmp”的文件与“画图”应用程序关联。一个应用程序可以关联多个扩展名，但一个扩展名只能关联一个应用程序。

若在文件不能打开的情况下，需要用户使用“打开方式”打开，并在弹出的程序列表框中为文档文件选择打开的应用程序，如果选择的应用程序正确，即与应用程序建立的关联便可以打开该文件；如果选择的不正确，没有与应用程序建立关联，该文件就不能正确打开。

（13）文件夹或文件的复制和发送

在文件管理过程中，经常要复制文件和文件夹。复制文件或文件夹的方法很多，下面分别进行介绍。

① 文件或文件夹的复制。

- 利用菜单、工具栏或快捷菜单复制文件或文件夹。
- 利用鼠标左键拖动的方法复制文件或文件夹。
- 当在不同的驱动器之间复制时，直接拖动选定的文件或文件夹到目标驱动器或文件夹窗口中；当在同一驱动器的不同文件夹之间复制时，按住【Ctrl】键后用鼠标左键拖曳选定的文件或文件夹到目标文件夹窗口中，就可以完成复制。
- 利用鼠标右键拖动的方法复制文件或文件夹。
- 利用工具栏中的【复制到】按钮或信息区的选项。
- 利用快捷键复制文件或文件夹。

选定要移动的文件或文件夹，利用【Ctrl+C】快捷键将要复制的对象放到“剪贴板”，打开目标驱动器或文件夹窗口，执行【Ctrl+V】快捷键就可以完成复制。

② 文件或文件夹的发送。

在有些情况下，利用“复制”的方法“拷贝”文件不够方便，系统提供了更方便的拷贝文件的方法。利用“发送到”命令，将文件和文件夹复制到需要的地方。

（14）文件或文件夹的移动

在文件管理过程中，与复制文件和文件夹一样，移动文件和文件夹也是需要经常进行的操作。移动文件或文件夹的方法很多，下面进行介绍。

① 利用菜单、工具栏或快捷菜单移动文件或文件夹。

② 利用鼠标左键拖动的方法移动文件或文件夹。当在不同的驱动器之间移动时，按住【Shift】键拖动选定的文件或文件夹到目标驱动器或文件夹窗口中；当在同一驱动器的不同文件夹之间移动时，直接用鼠标的左键拖曳选定的文件或文件夹到目标文件夹窗口中，就可以完成移动。

③ 利用鼠标右键拖动的方法移动文件或文件夹。在源驱动器或文件夹窗口中选定要移动的文件或文件夹，按住鼠标右键将其拖动到目标驱动器或文件夹窗口，拖曳过程如图 2-31 所示，释放后弹出图 2-32 所示的快捷菜单，在菜单中选择“移动到当前位置”命令就可以完成移动。

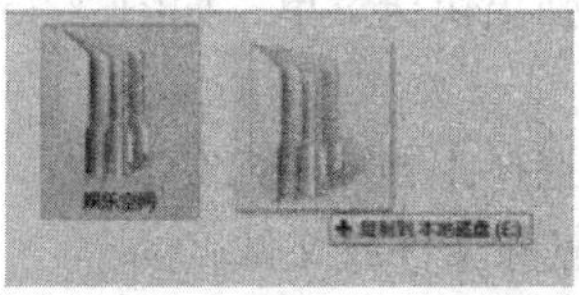

图 2-31 “拖曳”操作

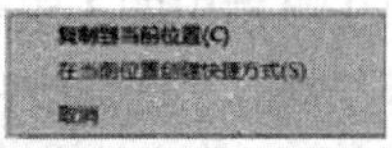

图 2-32 快捷菜单

④ 利用工具栏的“移至”按钮或信息区的选项。

⑤ 利用快捷键移动文件或文件夹。选定要移动的文件或文件夹，执行【Ctrl+X】快捷键将要移动的对象放到“剪贴板”，打开目标驱动器或文件夹窗口，执行【Ctrl+V】快捷键就可以完成移动。

（15）文件或文件夹的搜索

Windows 7 为用户提供了多种查找文件或文件夹的途径。

① 用【开始】菜单的搜索框，如图 2-33 所示。

② 在打开的文件夹或库窗口中使用搜索框。打开要进行查找的目标文件夹或库窗口，在窗口工具栏右上角的搜索框中输入要查找的文件或文件夹的名称或关键字，以筛选文件夹或库窗口中的内容。

③ Windows 7 系统的搜索框内有“修改日期”和”大小”

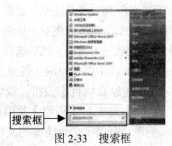

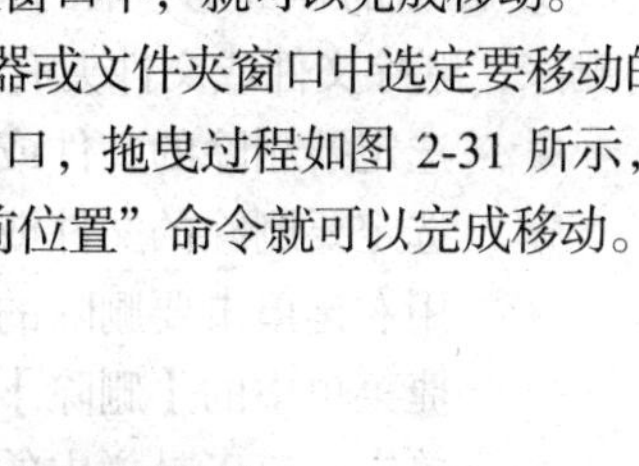

图 2-33 搜索框

搜索筛选器。输入要搜索的文件名后，可选择“修改日期”筛选器，设置要查找的日期或日期范围；单击“大小”筛选器，可以设置要查找的大小范围。

如打开 E 磁盘窗口，在搜索框中输入文字“狮子王”后，结果如图 2-34 所示。

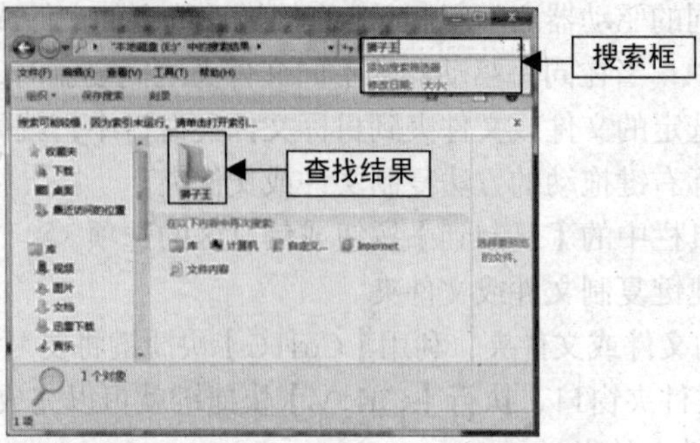

图 2-34 搜索文件显示

（16）文件或文件夹的重命名

为文件或文件夹重新命名，可以有多种方法，如下所述。

① 选中文件或文件夹，选择【文件】菜单/【重命名】命令。

② 在要改名的文件或文件夹上单击右键，弹出快捷菜单，如图 2-35 所示，选择【重命名】命令。

③ 选中文件或文件夹，然后单击其名称，可以在方框中直接改名。

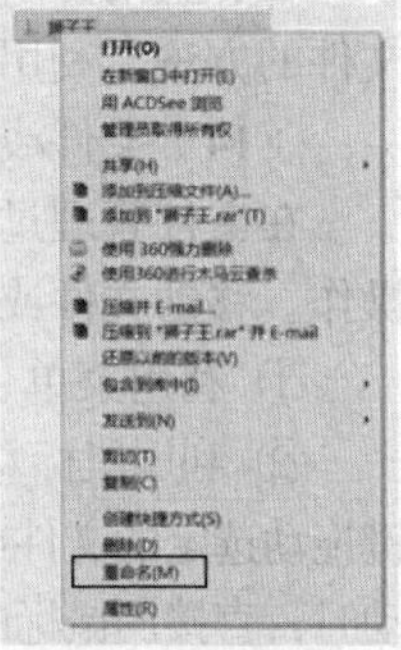

图 2-35 快捷菜单

（17）文件或文件夹的删除/恢复

① 磁盘的容量是有限的，一些没有存在必要的文件和文件夹要及时删除，删除文件或文件夹有多种方法。

- 选定要删除的文件或文件夹，然后选择【文件】/【删除】命令。
- 选定要删除的文件或文件夹，然后按【Delete】键。
- 用右键单击要删除的文件或文件夹，弹出快捷菜单，如图 2-35 所示，然后选择快捷菜单中的【删除】命令。
- 单击窗口工具栏中的【组织】按钮，选择【删除】命令。

通过以上操作，单击“是”按钮，就可以删除文件或文件夹。

另外，用鼠标直接拖曳选中的文件或文件夹到“回收站”，文件或文件夹也可以被删除。

注意	在执行以上操作时，若按住【Shift】键的同时进行操作，要删除的文件或文件夹将不进入“回收站”，而是直接被彻底删除。

② 恢复文件或文件夹。

当用户发现误删了某些文件或文件夹时，可以通过“回收站”窗口将其还原。如果要从“回收站”中恢复文件或文件夹，则应首先双击桌面上的“回收站”图标，再打开“回收站”窗口，然后选择下列方法之一进行操作。

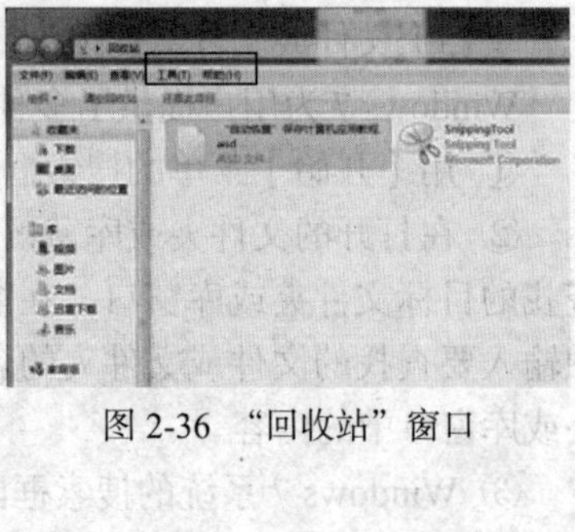

图 2-36 “回收站”窗口

- 选中要还原的文件或文件夹，单击工具栏中的【还原此项目】按钮，或者按【Alt】键，然后选择【文件】/【还原】菜单命令，如图 2-36 所示。
- 右键单击要还原的文件或文件夹，从快捷菜单中选择【还原】命令，或者选择【属性】命令，在打开的属性对话框中单击【还原】按钮，如图 2-37 所示。

- 还原所有的文件或文件夹，单击工具栏中的【还原所有项目】按钮，打开“回收站”对话框，提示“您确定要从回收站还原所有项目吗”，如图 2-38 和图 2-39 所示。单击“是”按钮，还原“回收站”中的所有项目。

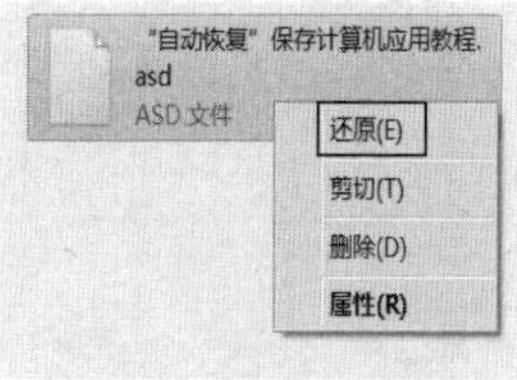

图 2-37　快捷菜单

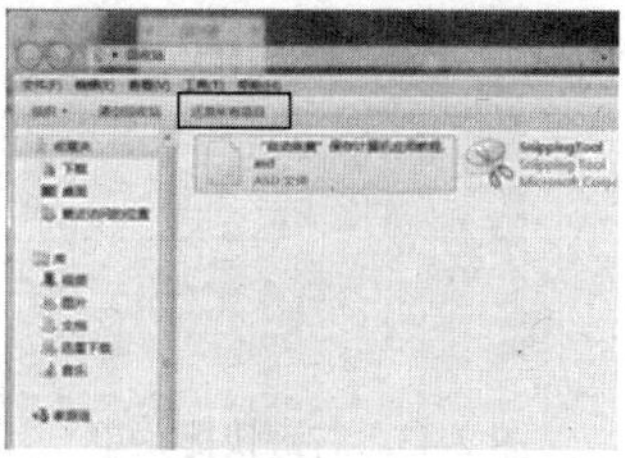
图 2-38　“回收站”窗口

图 2-39　“还原”确认对话框

（18）设置文件夹选项

通过设置“文件夹选项”对话框，可以更改文件或文件夹执行的方式以及在计算机上的显示方式。如果要打开“文件夹选项”对话框，则可以选择下列方法之一进行操作。

① 在文件夹或库窗口中单击“组织”按钮，选择“文件夹和搜索选项”命令；或者按【Alt】键，选择【工具】/【文件夹选项】菜单命令，打开“文件夹选项”对话框，如图 2-40 所示。

② 在【开始】菜单的搜索框中输入“文件夹选项”，单击搜索结果中的“文件夹选项”链接。

③单击【开始】按钮，选择【开始】/【控制面板】菜单命令，打开“控制面板”窗口。选择“文件夹选项”图标，单击打开。

在“文件夹选项”对话框中，通过“常规”选项卡（见图 2-40），可以设置浏览文件夹和打开文件夹项目的方式；通过“查看”选项卡（见图 2-41），可以将当前文件夹正在使用的视图应用到所有同种类型的文件夹中，并且可以设置文件或文件夹的高级选项；通过“搜索”选项卡（见图 2-42），可以设置搜索内容、搜索方式等。

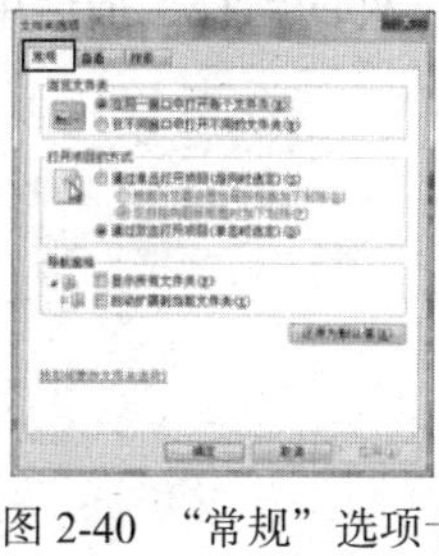
图 2-40　“常规”选项卡

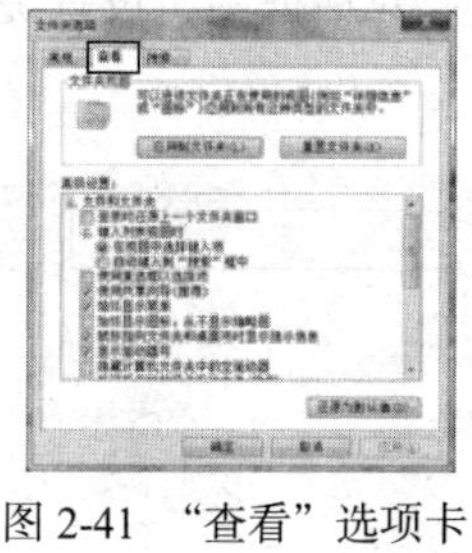
图 2-41　“查看”选项卡

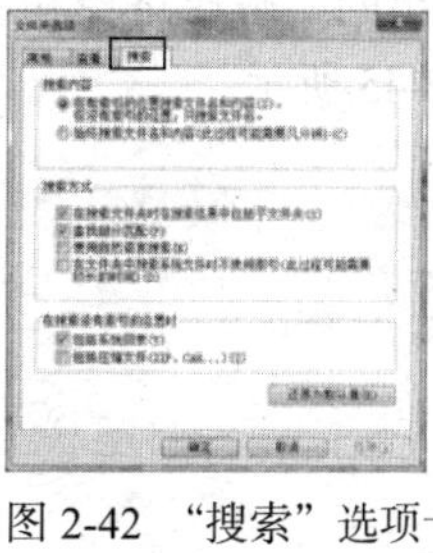
图 2-42　“搜索”选项卡

【能力拓展】

1. Windows7 系统压缩与解压缩文件和文件夹

压缩文件是比较常用的文件操作，压缩文件可以减少文件的大小，以便快速地将文件传输给其他用户。

（1）压缩

在 Windows 7 系统中，无序安装第三方工具便可对文件与文件夹进行压缩。方法如下所述。

① 右键单击需要压缩的文件或文件夹。

② 在弹出的快捷菜单中选择【发送到】命令。

③ 选择“压缩（Zipped）文件夹”命令，如图 2-43 所示。

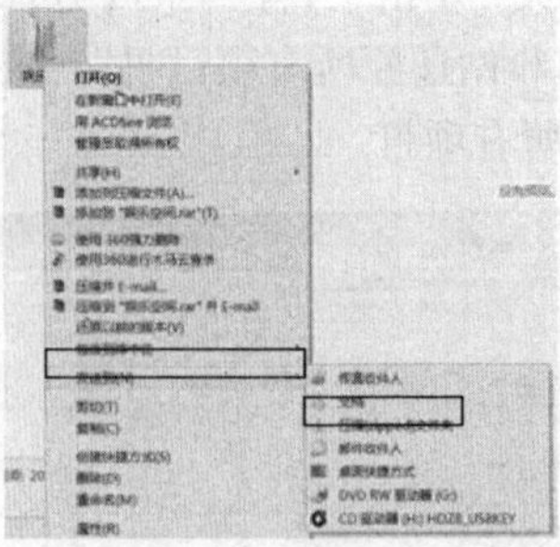

图 2-43　右键快捷菜单

（2）解压

要使用压缩文件，需要先将其解压。方法如下。

①右键单击需要提取的文件或文件夹。

②从弹出的快捷菜单中选择【解压文件】命令，如图 2-44 所示。

图 2-44　“解压”快捷菜单

③ 在弹出的“解压路径和选项”对话框中，设置提取文件的路径，最后单击“确定”按钮，如图 2-45 所示。

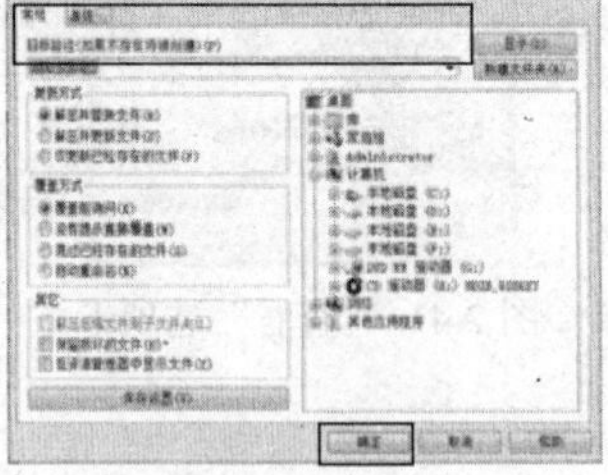

图 2-45　“解压”对话框

2. 第三方软件压缩与解压缩文件和文件夹

压缩软件是利用算法将文件进行有损或无损的处理，以达到保留最多文件信息且又使文件体积变小的目的的应用软件。压缩软件一般同时具有解压缩功能。WinRAR 是目前流行和通用的无损压缩软件，它全面支持 ZIP 和 RAR 压缩包，可以创建固定压缩、分卷压缩、自释放压缩等多种方式的压缩文件，其界面友好、使用方便，是一款共享软件，很多网站都提供它的下载。其操作方法类似于 Windows 7 系统的压缩/解压缩功能方法。

任务 3 定制工作环境

【任务描述】

通过一段时间的使用，小牛对 Windows 7 操作系统更熟悉，发现 Windows 7 系统更加人性化，操作起来更加得心应手。该整理的资料也一一整理完毕，这下应该好好对自己的计算机“打扮”一下了，主要是对系统的工作环境进行个性化设置，最终效果如图 2-46 所示。

图 2-46 个性化桌面效果

更改 Aero 主题为“风景”，更改桌面背景为“apple.jpg”，窗口颜色为“淡紫”，保存自定义桌面主题为“I like”。

定制屏幕保护程序，系统等待 30 分钟后，自动启动“三维文字”屏幕保护程序。

自定义桌面图标，在桌面显示“控制面板”，显示“日历”小工具。

设置屏幕显示文本大小为 125%。

更改个人用户账户图标为“海星”，创建公共账户供客人使用。

【技术分析】

可通过右键单击桌面快捷菜单【个性化设置/小工具】，或打开控制面板窗口找到“个性化”、“桌面小工具”、“用户账户”图标，打开后完成相关的内容设置。

通过“个性化”对话框找到相应的选项：“我的主题”、“桌面背景”、“窗口颜色”、“屏幕保护程序”、“桌面图标”、“更改桌面图标”、“更改账户图片”、“显示-文本大小 125%”。

通过“小工具”，选中“日历”双击添加或右键单击添加。

通过控制面板找到“用户账户”进行添加新用户。

【任务实施】

1. 定制桌面

（1）更改桌面主题及窗口颜色

① 右键单击桌面的空白处，从快捷菜单中选择打开【个性化】命令，打开“个性化”窗口，如图 2-47 所示。

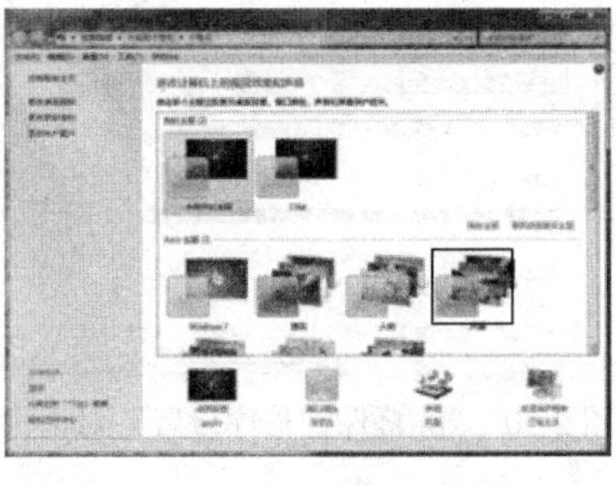

图 2-47 “个性化”窗口

② 在“个性化”窗口中，单击列表框中“Aero 主题”栏下的“风景”主题。

③ 单击“桌面背景”链接，打开“桌面背景”窗口，将图片更改为“apple.jpg”，如图

2-48 所示，单击“保存修改”按钮，返回“个性化”窗口。

图 2-48 “选择桌面背景”窗口

④ 单击“窗口颜色”链接，打开“窗口颜色和外观”窗口，选择“淡紫色”色块，如图 2-49 所示。单击“保存修改”按钮，返回“个性化”窗口。

⑤ 在“我的主题”列表框中单击“保存主题”选项，弹出“将主题另存为”对话框，输入主题名为“I like”，保存。

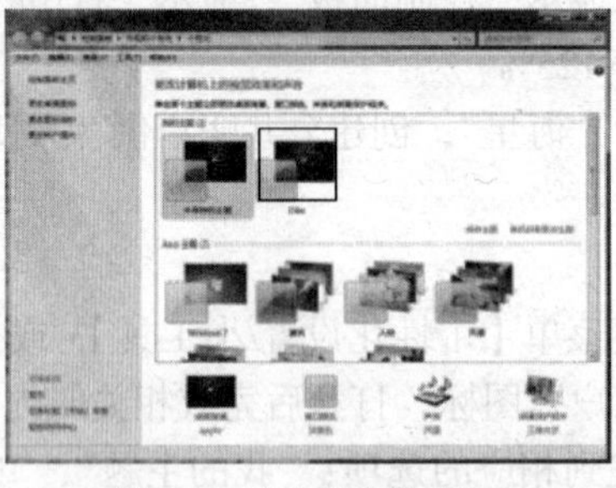

图 2-49 “个性化”窗口

（2）设置屏幕保护程序

① 在“个性化”窗口中，单击“屏幕保护程序”链接，打开“屏幕保护程序设置”对话框，如图 2-50 所示。

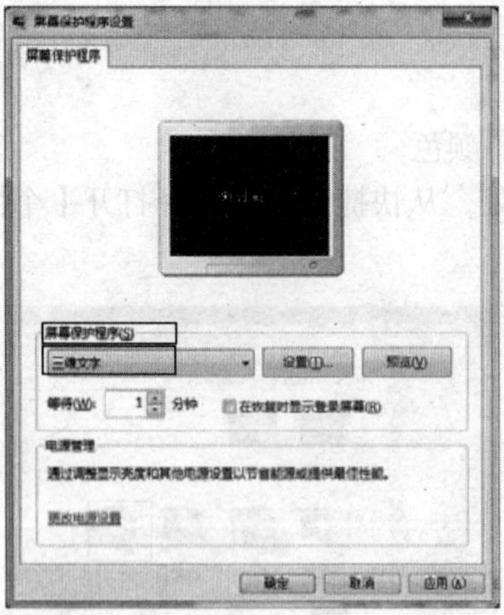

图 2-50 “屏幕保护程序设置”对话框

② 将“屏幕保持程序”栏中的下拉列表框设置为“三维文字”选项。

③ 单击“设置”按钮，打开“三维文字设置”对话框，在“自定义文字”单选按钮右侧的文本框中输入“休息一会儿”，如图 2-51 所示。单击“确定”按钮，返回“屏幕保护程

序设置”对话框。

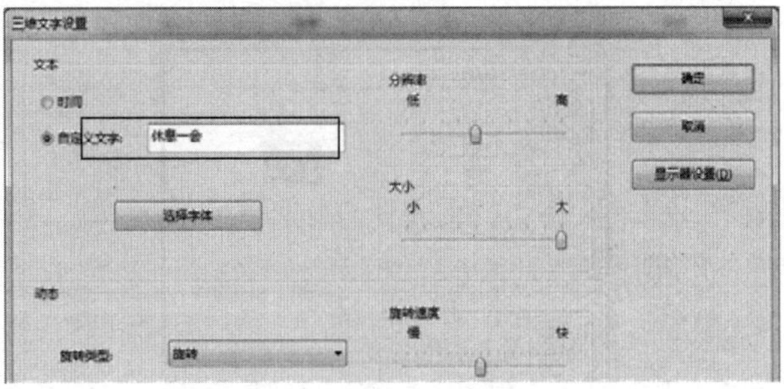

图 2-51 “三维文字”设置对话框

④ 将“等待”微调框设置为“30”，如图 2-50 所示。单击“确定”按钮，返回“个性化”窗口后，单击窗口右上角的“关闭”按钮，主题设置完成。

（3）添加桌面图标

在“个性化”窗口中，单击窗口中的“更改桌面图标”链接，打开“桌面图标设置”对话框。在“桌面图标”栏内选中“控制面板”复选框，如图 2-52 所示。单击“确定”按钮，返回“个性化”窗口。

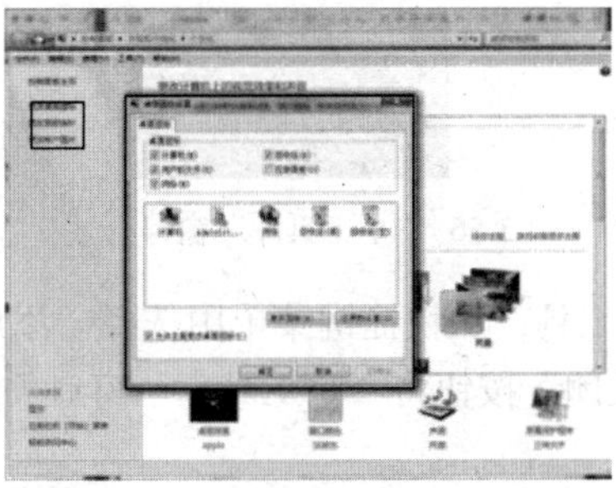

图 2-52 “桌面图标设置”对话框

（4）更改账户图片

在“个性化”窗口中，单击窗口中的“更改账户图片”链接，打开相应的对话框。在图片栏内选中“海星”（第一横排的第二张图），单击“更改图片”按钮，返回“个性化”窗口，如图 2-53 所示。

图 2-53 “更改账户图片”窗口

（5）更改显示文本大小

在“个性化”窗口中，单击窗口中的“显示”链接，打开相应的对话框。选择“中等（M）-125%”单选按钮，如图 2-54 所示，单击“应用”按钮，弹出是否注销的提示窗口，注销后才生效。

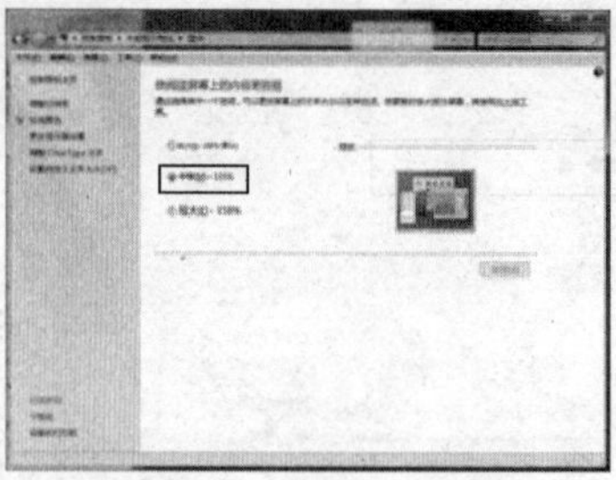

图 2-54 “显示”窗口

（6）使用小工具

① 右键单击桌面的空白处，从快捷菜单中选择【小工具】命令，打开“小工具库”窗口，如图 2-55 和图 2-56 所示。

图 2-55 右键快捷菜单

图 2-56 “小工具库”窗口

图 2-57 “日历”小工具

② 右键单击“日历”小工具，从快捷键菜单中选择“添加”命令，将“日历”小工具添加到桌面上。然后单击“关闭”按钮将“小工具库”窗口关闭，如图 2-57 所示。

2. 定制用户账户

双击桌面上的“控制面板”图标，打开“控制面板”窗口，如图 2-58 所示，单击“用户账户和家庭安全”链接，打开“用户账户和家庭安全”窗口，如图 2-59 所示。

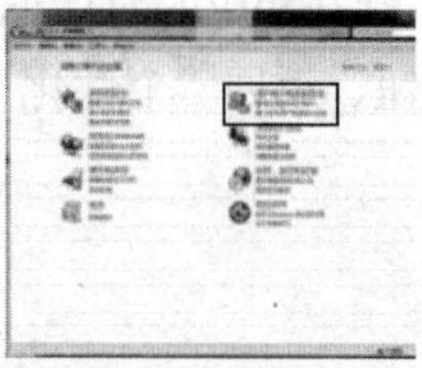

图 2-58 “控制面板”窗口

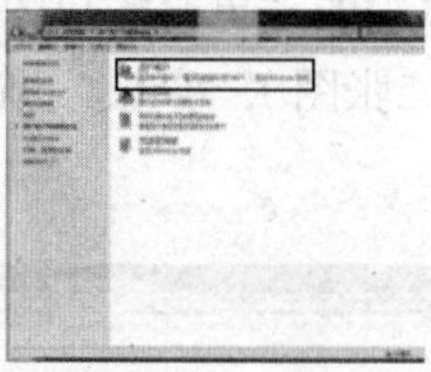

图 2-59 “用户账户和家庭安全”窗口

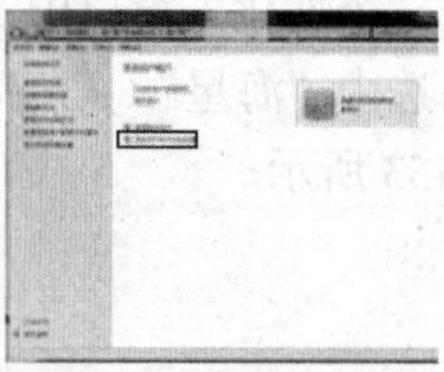

图 2-60 “用户账户”窗口

在“用户账户和家庭安全”窗口中单击“用户账户”，如图 2-60 所示，在“用户账户”窗口中单击“管理其他账户”，或在“用户账户和家庭安全”窗口中单击“添加或删除用户账户”链接，打开“管理账户”窗口，如图 2-61 所示。

图 2-61 “管理账户”窗口

图 2-62 “创建账户”窗口

单击“创建一个新账户”链接，打开“创建新账户”窗口。在文本框中输入文字“公共”，然后选择“标准用户”单选项，如图 2-62 所示。最后单击“创建账户”按钮，返回“管理账户”窗口。新用户账户创建完成。

单击“关闭”按钮，将“管理账户”窗口关闭。

至此，个性化工作环境的操作告一段落。

【知识链接】

Windows 7 系统提供了更加便捷的操作方法，因此界面布局较之前的 Windows 系统做了比较大的调整，要熟练使用 Windows 7 系统，便要掌握其基本的操作方法，以及相关的设置，这样你的工作环境使用起来就会更加方便、友好。

1. 认识 Windows 7 的桌面图标

桌面是操作系统的第一平台，因此要重复了解和认识 Windows 7 的桌面组成，如图 2-63 所示。

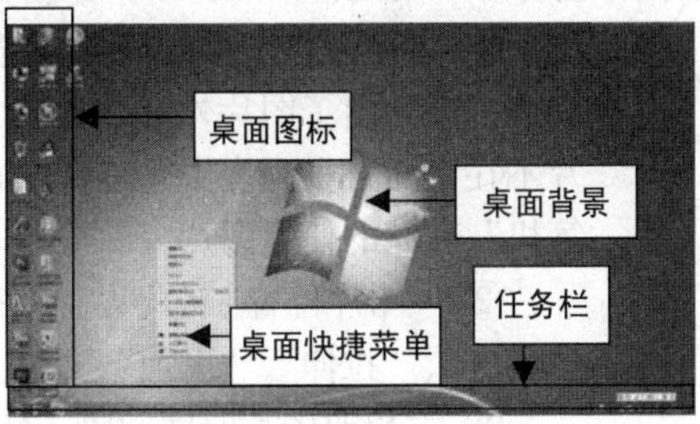

图 2-63　Windows 7 桌面

（1）桌面图标

Windows 7 较之前的 Windows 版本来说，外观上更美观、精致，并增加了文件夹图标的快照功能。桌面图标用于打开窗口或运行相应的程序，在安装完 Windows 7 系统后第一次登录，桌面上仅显示“回收站”图标。根据需要用户可自定义显示其他图标。

（2）桌面背景

指应用于桌面的图像或颜色（包括窗口和对话框颜色），用户也可根据自己的喜好，“个性化”桌面背景。

（3）桌面快捷菜单

用右键单击桌面，便可出现快捷菜单，用户可通过快捷菜单设置与桌面相关的项目，如图标查看方式、排序方式、个性化、小工具等。

（4）任务栏

Windows 7 系统的任务栏位于屏幕最下方，外观、布局焕然一新，作用更加多样化；多任务的切换可由任务栏完成，利用任务栏上的快速启动栏还可以快速地执行一个任务。任务栏分为多个区域，从左到右依次为“开始”按钮、任务栏按钮、输入法状态，以及系统通知区域（又名托盘），如图 2-64 所示。

图 2-64　任务栏

2. 设置主题

Windows 7 默认的界面美观，漂亮，但不一定满足个人习惯。通过更改桌面图标、系统主题、声音、桌面背景、屏幕保护程序等，能为自己定制个人特色的系统桌面。可用右键单击桌面，从桌面快捷菜单中选择【个性化】命令，打开“个性化”窗口进行详细设置，如图 2-65 所示。

图 2-65　“个性化”窗口

（1）更改桌面主题

打开“个性化”窗口后，在主窗口当中选择“Aero主题”或“基本和高对比度主题。此外若用户不使用系统定制的主题，个性化自己的主题之后还可以保存主题，保存时命名后便出现在“我的主题”列表当中，这样便可供下次快速设置用户自定义主题。

注意

若初次安装系统时，安装了另外的主题，在“个性化”主窗口中除了“Aero主题”列表外，还会出现“安装的主题”列表。

（2）更改桌面背景

在“个性化”窗口最下面单击打开“桌面背景”窗口，如图2-66所示。

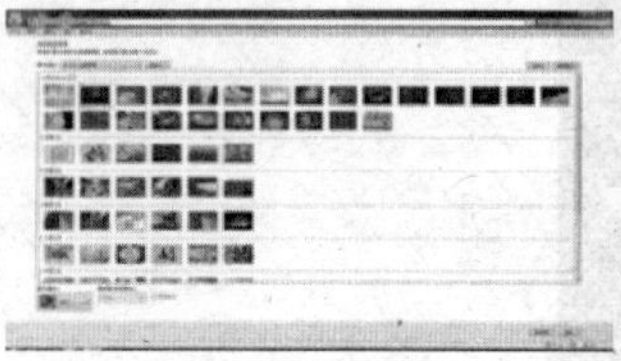

图2-66 “桌面背景”窗口

① “图片位置（L）”可供选择各样式的图片，同时在列表框中列出了图片外观，便于用户选择。如果要使用的图片不在桌面背景列表中，还可以通过“浏览”按钮选择“计算机”存储的任意图片。

② “图片位置（P）”设置图片的布局方式，有“填充”、“适应”、“拉伸”、“平铺”、“居中”。

③ “更改图片时间间隔（N）”可设置多张图片按时间替换桌面背景，图片可轮流替换，也可设置为“无序播放”。

另外，如果要将当前查看的任意图片作为桌面背景，则可以右键单击图片，从快捷菜单中选择“设置为桌面背景”命令，便可快速地将图片作为背景图片设置。

（3）更改窗口颜色

在“个性化”窗口最下面单击“窗口颜色”链接，打开“窗口颜色和外观”窗口，选择Windows7定制的颜色，默认启动透明效果。选择色块后拖动“颜色浓度”右侧的滑块，可以调整窗口以及边框的透明度。如果不想使用透明效果，则取消选中“启动透明效果”复选项。

用户可以自定义喜欢的窗口颜色，单击打开“显示颜色混合器”按钮，打开后可做更详细的设置，如图2-67所示。

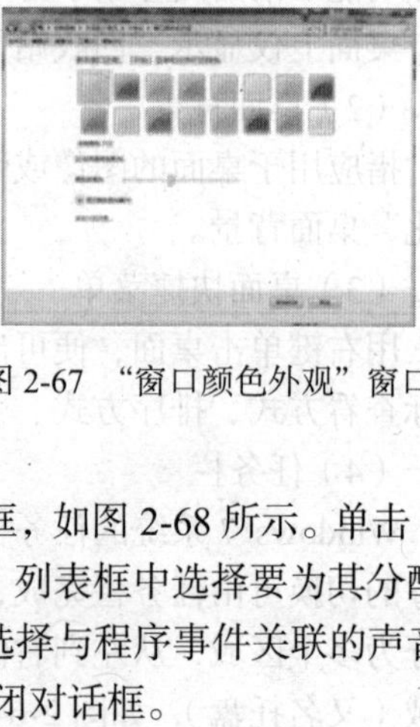

图2-67 “窗口颜色外观”窗口

（4）更改声音

在“个性化”窗口中单击“声音”链接，打开“声音”对话框，如图2-68所示。单击“声音方案”下拉列表框，选择Windows声音方案，在“程序事件”列表框中选择要为其分配新声音的事件，然后单击“声音”下拉列表框，从弹出的列表中选择与程序事件关联的声音，单击“确定”按钮，应用设置并关闭对话框。

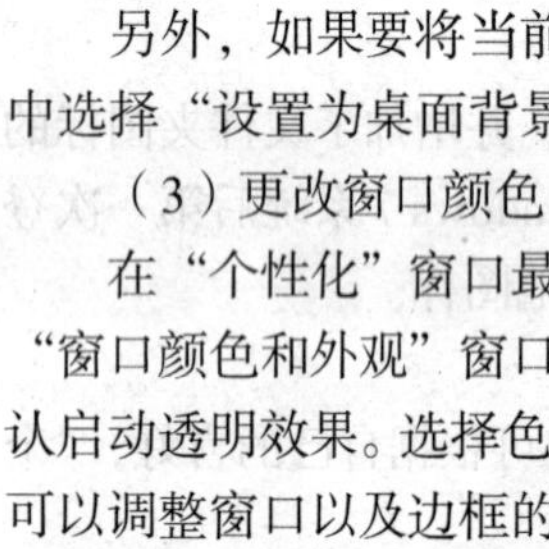

图2-68 “声音”属性对话框

（5）更改屏幕保护程序

在“个性化”窗口中，单击“屏幕保护程序”链接，打开“屏幕保护程序设置”对话框。单击“屏幕保护程序”下拉列表框，从弹出的列表中选择任一选项（如三维文字），然后调整“等待”时间，以设置计算机空闲时进入屏幕保护程序的时间间隔，“预览”效果后单击“确定”按钮应用设置。

（6）更改桌面图标

① 在“个性化”窗口的左侧单击“更改桌面图标”，打开“桌面图标设置”对话框。在图标栏内选择可出现在桌面的图标；可

更改图标的外观样式，选中某一图标后单击“更改图标”按钮，在弹出的对话框中进行设置；允许主题更改图标。

② 图标的基本操作。Windows 7 桌面上图标的基本操作有：图标的显示或隐藏、图标的移动和排列、图标的重命名、图标的创建和删除。

- 查看图标

添加/更改桌面图标后，用户可以用右键单击桌面的空白处，在出现的快捷菜单中选择“查看”命令，有“大图标”、“中等图标”、“小图标”可供选择；在“查看”菜单项中有“显示桌面图标”命令，前面有“√”则显示，否则隐藏，如图 2-69 所示。

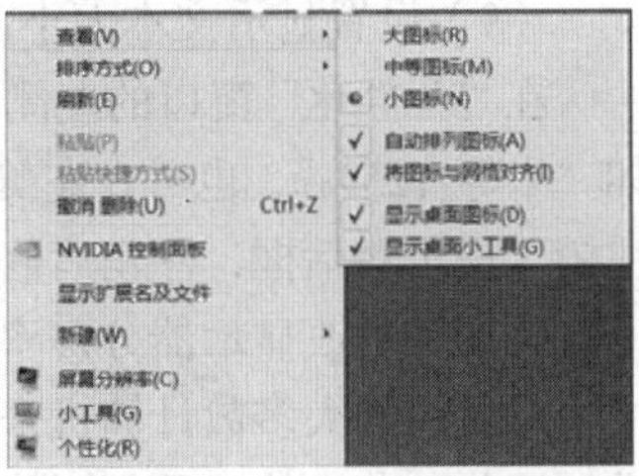

图 2-69 “查看”快捷菜单

注意	可以在按住【Ctrl】键的同时，滚动鼠标滚轮，可以调整桌面图标为任意大小。

- 移动图标

在系统默认设置时，图标在桌面的左边，如果用户要将图标移动到其他位置，先要在【查看】菜单项中取消选中【自动排列图标】，按住鼠标的左键拖动图标到目标位置，再释放鼠标左键即可。

- 排列图标

在桌面的空白处单击鼠标右键，桌面上出现快捷菜单，如图 2-70 所示。【排列图标】的子菜单中有：“名称”、“大小”、“项目类型”、“修改日期”选项。

对于前 4 种排列方式，选择后立即按规定方式排列，而选择了【自动排列图标】选项以后，它的前面会出现一个“√”，再移动图标时，图标会立即回到队列中整齐地排列。

- 删除图标，单击要删除的图标，使之处于选中状态，按【Delete】键；用右键单击图标，出现快捷菜单，在快捷菜单中选择“删除”命令。

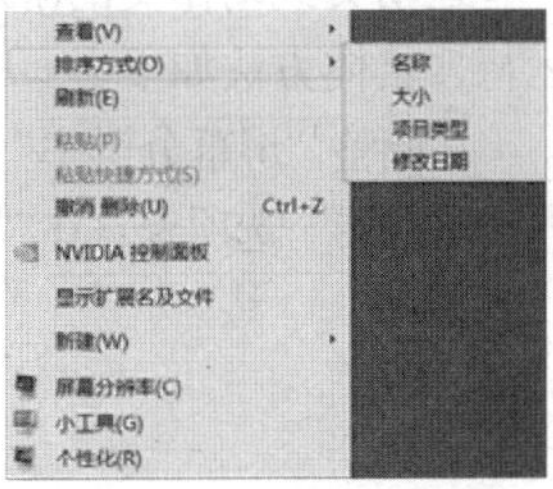

图 2-70 “排序”快捷菜单

以上都会出现确认删除对话框，单击“是”按钮，可以删除图标。另外，也可以将要删除的图标用鼠标左键直接拖入回收站中。

（7）更改鼠标指针

在“个性化”窗口的左侧单击“更改鼠标指针”选项，打开“鼠标属性”对话框，如图 2-71 所示。选择“方案”下拉列表框中的选项，就可以更改鼠标指针所使用的方案；要恢复系统的默认值，则单击“使用默认值”按钮；如果不希望鼠标指针跟随更改的主题变化，则取消选中“允许主题更改鼠标指针”复选项。最后单击“确定”按钮，应用设置并关闭对话框。

图 2-71 “鼠标”属性对话框

（8）更改账户图片

在“个性化”窗口的左侧单击“更改账户图片”按钮，打开“更改图片”窗口。在列表中选择将要显示在欢迎屏幕和“开始”菜单上的图片；还可以通过“浏览更多图片”添加计算机存储的任意图片。最后单击“更改图片”按钮，完成更改图片的操作。

（9）设置显示文本大小

在“个性化”窗口的左侧单击“显示”按钮，打开对话框，单击要使用的文本比例选项，如“中等-125%”，也可在左侧单击“设置自定义文本大小”按钮。单击应用后，弹出“立即注销”提示对话框，注销后修改才有效。

（10）更改显示器分辨率和刷新率

对目前的大多数计算机来说，完成驱动安装后，在 Windows 7 下无需对分辨率和刷新率进行调节。若有特殊需要则按下列方法进行。

① 调整分辨率。在“个性化”窗口的左侧单击“显示”按钮，打开对话框窗口，在左侧单击“调整分辨率”按钮；或者在桌面空白处右键单击，在弹出的快捷菜单中选择“屏幕分辨率”命令。弹出对话框后，拖动“分辨率”滑块进行设置，如图 2-72 所示。

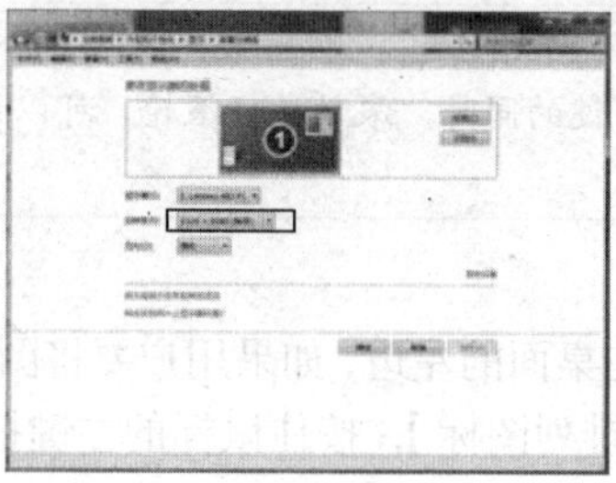

图 2-72 “屏幕分辨率”窗口

② 调整刷新频率。通常情况下，液晶显示器的刷新频率只需保持在 60Hz 左右即可。对一些运动类或动作类的游戏而言，需要适当提高刷新频率以适应游戏帧数，保证游戏的流畅运行，具体方法如下。

在调整“屏幕分辨率”的对话框中，单击“高级设置”链接，弹出相应的对话框后选择其中的“监视器”选项卡，在“屏幕刷新频率”下拉列表中选择频率数，最后确定，如图 2-73 所示。

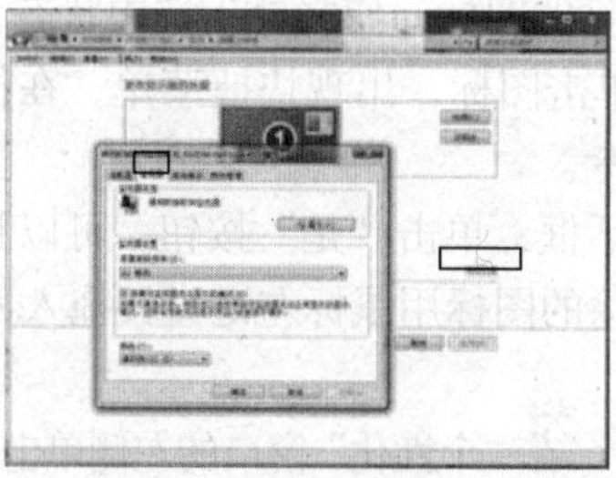

图 2-73 “监视器”属性对话框

（11）使用和自定义桌面小工具

Windows 7 系统中包含了称为桌面小工具的小程序，这些小程序可以提供即时信息、轻松访问常用工具。如可以在桌面显示日历、天气小工具等。

右键单击桌面的空白处，从弹出的快捷菜单中选择【小工具】命令，打开工具面板，拖曳需要的小工具图标到桌面即可。

当添加了桌面小工具后，可以用右键单击小工具，弹出相应的快捷菜单，对小工具进行必要的设置，每种小工具的快捷菜单都会不一样。如日历与天气快捷菜单设置比较如图 2-74 和图 2-75 所示。

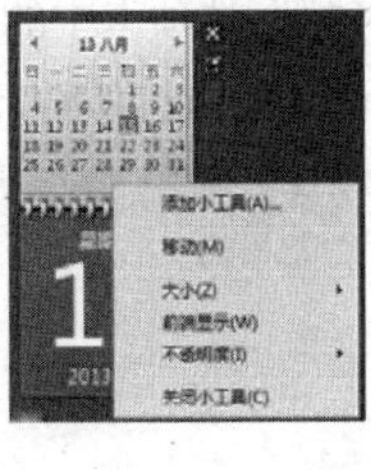

图 2-74 “日历”小工具

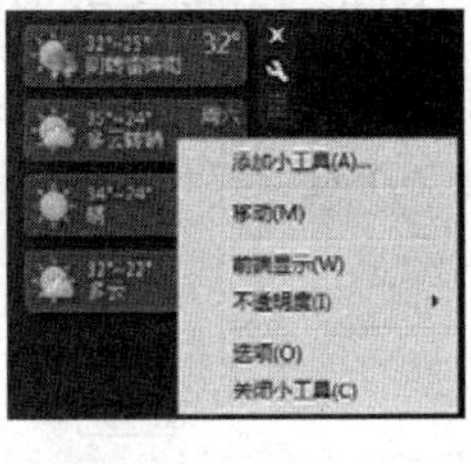

图 2-75 “天气”小工具

3. 个性化任务栏

Windows 7 的任务栏与以往的 Windows 操作系统也有所不同，任务栏上的图标被设计为按钮方式，方便分辨未启动程序和启动程序窗口；任务栏的按钮图标可以根据需要任意排序，直接使用鼠标左键拖动即可。

（1）将常用程序锁定到任务栏，可快速访问。

① 右键单击任何程序图标，从快捷菜单中选择【锁定到任务栏】命令。

② 右键单击任务栏中已打开的程序图标，从快捷菜单中选择【将此程序锁定到任务栏】命令即可。

③ 从桌面或【开始】菜单中，将程序的快捷方式拖动到任务栏。

若要将任务栏中不再使用的程序解锁，可以右键单击程序图标，从快捷菜单中选择【将此程序从任务栏解锁】命令即可。

（2）设置任务栏属性

任务栏相关的属性设置都在“任务栏和【开始】菜单属性”对话框中设置。首先右键单击任务栏的空白处，从弹出的快捷菜单中选择【属性】命令，弹出“任务栏和【开始】菜单属性”对话框；或打开控制面板，选择打开“任务栏和【开始】菜单属性”对话框。在对话框中选择“任务栏”选项卡，从中进行以下设置。

① 锁定任务栏：选择该复选项，将不能改变任务栏的高度和位置。还可以用右键单击任务栏的空白处，从快捷菜单中选择“锁定任务栏”命令。

② 自动隐藏任务栏：任务栏自动缩小到最小的状态，只有当鼠标指向它时才出现。

③ 使用小图标：任务栏当中的所有图标迅速缩小，这样便释放了更多的位置给更多的图标放置。

④ 设置任务栏位置：有“底部”、“左侧”、“右侧”、“顶部”可供选择。当取消“锁定任务栏”状态时，也可以通过将鼠标单击任务栏空白处，拖曳任务栏到以上几个位置来实现。

⑤ 更改任务栏图标按钮的显示：Windows 7 任务栏默认仅显示“图标”外观（始终合并、隐藏程序名称），还可以设置其他两种图标显示“当任务栏被占满时合并”、“从不合并”。

另外还可以调整任务栏大小，取消任务栏的“锁定任务栏”状态，将鼠标指向任务栏边缘，拖动任务栏即可调整大小。

（3）自定义通知区域

默认情况下，通知区域位于任务栏的右侧，主要包括一些程序图标和时钟、音量、网络、操作中心等系统图标。安装某些应用程序时，程序的图标会自动添加到通知区域。用户可以更改图标和通知的显示方式，并且可以将其关闭。

按照设计，其他后台运行的程序图标会被隐藏，一旦程序出现消息，系统就会暂时将程序的图标直接显示出来，并持续若干秒。随后，该图标被隐藏。

设置显示\隐藏图标通知或“始终在任务栏上显示所有图标和通知”，可以通过打开“任务栏和

【开始】菜单属性”对话框，如图 2-76 所示，单击“任务栏”选项卡中的“自定义”按钮，打开“通知区域图标”窗口，如图 2-77 所示。在对话框中进行相应的设置即可，确定后关闭窗口。

图 2-76　任务栏属性对话框

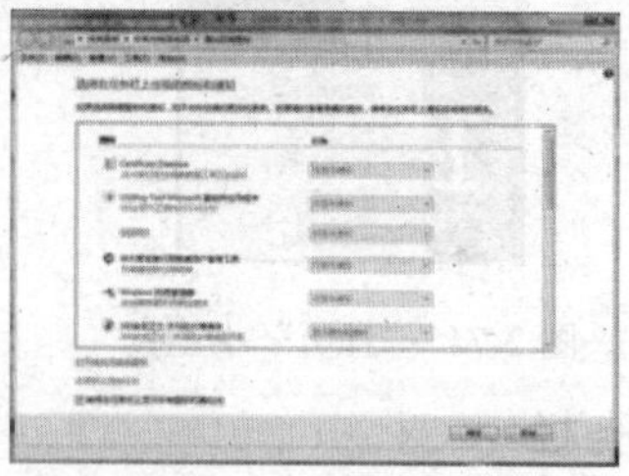

图 2-77　“通知区域”自定义对话框

（4）在任务栏中添加工具栏

Windows 7 系统默认工具栏中包括：地址、链接、语言栏、桌面，可以选中需要的选项进行添加，也可以通过“新建工具栏”添加其他工具栏。

右键单击任务栏的空白处，在弹出的快捷菜单中指向【工具栏】命令，选中要添加的选项，如“桌面”，添加完毕，在任务栏当中单击展开按钮便可展开相应的菜单。

4. “开始”菜单

“开始”按钮处在任务栏的最左边，单击【开始】按钮，弹出“‘开始’菜单”，“开始”菜单由图 2-78 所示几个部分组成。

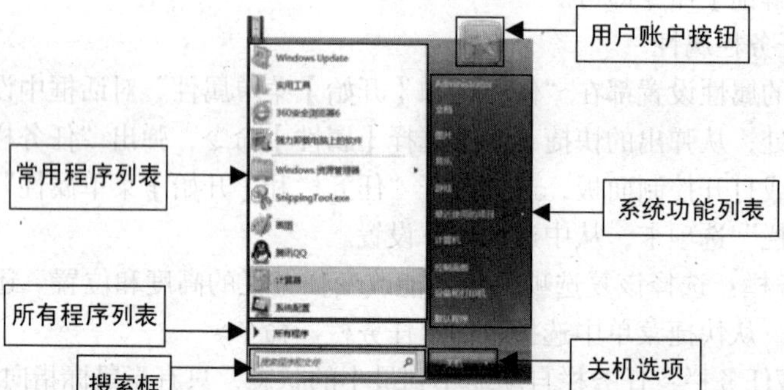

图 2-78　“开始”菜单

- 常用程序列表：Windows 7 系统会根据用户使用程序的频率，自动把最常用的程序罗列在此。
- 所有程序列表：单击该选项，可以显示系统中已安装的所有程序列表。
- 搜索框：查找想要的程序或文件。
- “用户账户”按钮：单击可快速打开设置用户账户窗口。
- 系统功能列表：主要显示一些 Windows 7 常用到的系统功能，如“控制面板”。
- 关机选项：由关机按钮和关机菜单两部分组成，可根据需要选择操作。

（1）通过“开始”菜单启动程序

单击【开始】按钮，选择【所有程序】命令，打开列表选择需要执行的程序，如从【附件】中打开【画图】程序。

（2）自定义“开始”菜单

Windows 7 允许用户添加或删除显示在“开始”菜单中的项目和项目显示方式，以便适应不同用户的使用习惯，具体设置如下。

右键单击任务栏空白处，在弹出的快捷菜单中选择【属性】命令，打开“任务栏和【开始】菜单属性”对话框，如图 2-79 所示，选择对话框中的“【开始】菜单”选项卡，单击 “自定义”按钮打开设置对话框后，根据个人需要进行设置。如将“计算机”、“控制面板”显示为菜单，只需要在列表中选择“显示为菜单”单选项即可，如图 2-80 所示。

图 2-79 任务栏属性对话框

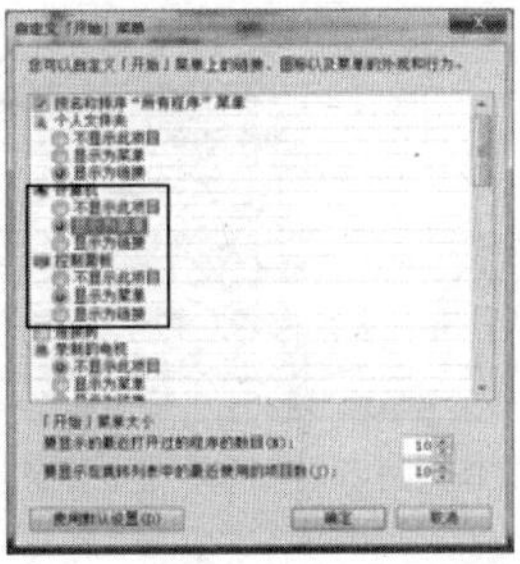

图 2-80 “自定义【开始】菜单”对话框

调整最近打开程序的数目。在“自定义【开始】菜单”对话框中，对“要显示的最近打开过的程序的数目”和“要显示在跳转列表中的最近使用的项目数”微调框进行设置，然后单击“确定”按钮，应用设置，并关闭对话框。

要还原所有的设置，只需要在该对话框中单击“使用默认设置”按钮即可。

（3）删除“开始”菜单中的使用记录和“最近使用的项目”

为了防止个人隐私泄露，用户可以删除“开始”菜单中的使用记录和“最近使用的项目”。

①在“任务栏和【开始】菜单属性”对话框中，取消选中“隐私”中的两个复选项即可。

②在“开始”菜单的右侧窗格中有“最近使用的项目”选项，用右键单击该选项，从弹出的快捷菜单中选择“清除最近的项目列表”命令即可。

5. 使用附件小程序

Windows 7 附件中的应用程序可以帮助用户快速方便地完成一些日常工作，例如用“写字板”处理日常的公文、书信；用“记事本”做备忘录；用“画图”进行图像处理；用“计算器”进行简单的计算和科学计算等。本节介绍 Windows 7 系统的常用附件，包括记事本、画图、计算器、截图工具等的使用，还包括部分辅助工具的使用。

（1）画图

画图是一个位图绘制应用程序，有一整套绘图工具和颜色丰富的颜料盒，可以用它们绘制多种图形。利用剪切、复制和粘贴等技术，可以把利用“画图”创建的图形加入到各类文档中，也可以把用“画图”创建的文件作为 Windows 的墙纸。另外，利用“画图”程序可以编辑、显示和输出图形文件。

选择【开始】/【所有程序】/【附件】/【画图】菜单命令，打开“画图”窗口，“画图”窗口的顶部是功能区，包括“剪贴板”、“工具”、“刷子”、“形状”和“颜色”等选项组。在“画图”窗口中绘制图形的一般步骤包括定制画布尺寸、颜色的选择、设置线条的粗细、选择绘图工具、绘制图形、在画布上输入文本、保存等。

请试着绘制图 2-81 所示的简单图形，并保存为：“我的第一张图.BMP”。

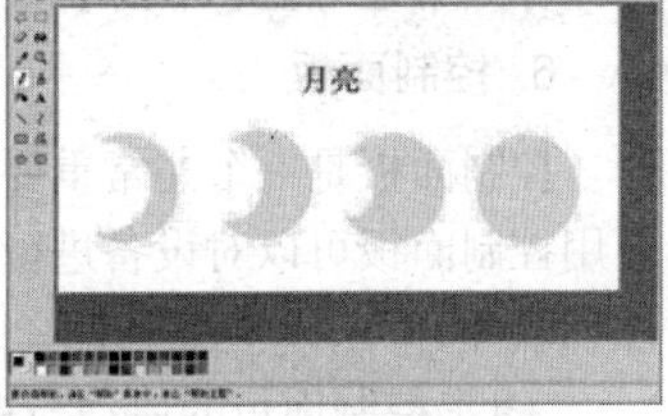

图 2-81 “画图”程序窗口

（2）计算器

Windows 7 的计算器有 4 种类型，标准型、科学型、程序员型和统计信息型，默认为标准型。利用标准型，计算器可以进行简单的算术运算。

选择【开始】/【所有程序】/【附件】/【计算器】菜单命令，就可以启动计算器，如图 2-82 所示。可以利用键盘上的数字键和功能键，也可以利用鼠标单击计算器上的数字和功能按钮进行操作。选择计算器中的【查看】选项卡，可以将计算器切换各种类型，图 2-83 所示为“科学型”。

图 2-82 “标准型”计算器

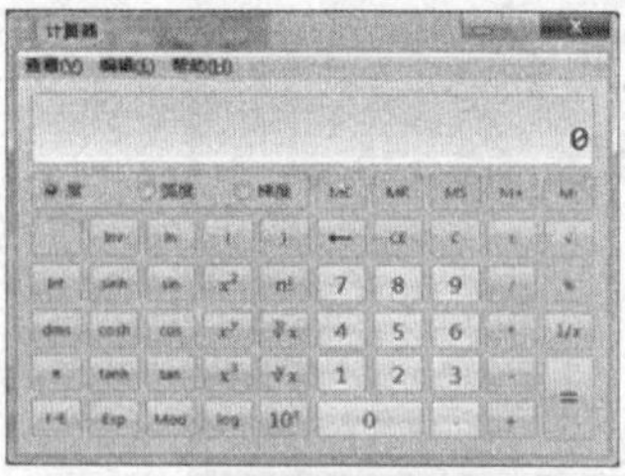

图 2-83 “科学型”计算器

（3）记事本

“记事本”只是一个简易的纯文本文件编辑器，以存储文本文件为主，可以用它来编辑一些没有特定格式的纯文本文件，例如经常用于存储一些提示信息(如安装软件的系列号，安装说明、备忘、摘要、留言等)，也可以用来编辑程序文件、网页文件等。选择【开始】/【所有程序】/【附件】/【记事本】菜单命令，打开“记事本”窗口，将一段话输入窗口当中，以“我的第一个文本.txt”为文件名保存至桌面。

（4）写字板

Windows 7 中的写字板较之前版本有了非常大的变化，采用了 Office 2007 的界面布局，使用起来更加直观、方便，同时增加了插图、绘图及插入对象功能，能够编排更为复杂的文档。选择【开始】/【所有程序】/【附件】/【写字板】菜单命令，打开写字板，可以在空白文档中编排内容。

（5）截图工具

在使用计算机的过程中，常常需要进行截图操作。Windows 7 系统新增了的截图工具灵活性高，并且具有简单的图片编辑功能，便于对截取的内容进行处理。选择【开始】/【所有程序】/【附件】/【截图工具】菜单命令，可以打开“截图工具”窗口，如图 2-84 所示。

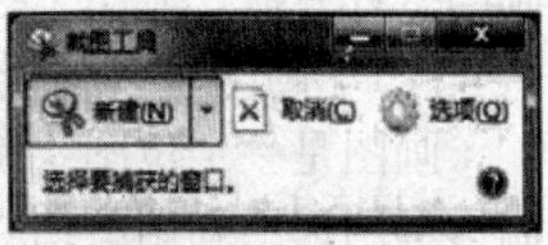

图 2-84 截图工具

在“截图工具”窗口中，单击【新建】按钮右侧的箭头按钮，从下拉菜单中选择合适的截图模式，就可以开始截图了。有 4 种截图方式可供选择、“任意截图”、“矩形截图”、“窗口截图”和“全屏截图”。屏幕图像截取成功后，利用工具栏上的“笔”和“荧光笔”，可以在图片上添加说明；用“橡皮擦”可以擦去错误的标注；单击【保存截图】按钮，可以将截图保存到本地磁盘；单击【发送截图】按钮，能够将截取的屏幕图像通过电子邮件发送出去。

6. 控制面板

控制面板是一个非常重要的系统文件夹，其中包括许多对系统进行配置与管理的工具。使用控制面板可以对设备进行设置与管理，设置系统环境参数的默认值和属性，添加新的硬件和软件。

（1）控制面板的启动与视图模式

Windows7 系统安装时，一般都给出了系统环境的最佳设置。但是用户往往希望根据自己的需要对系统环境进行调整，利用“控制面板”可以实现对系统环境的个性化设置。

单击【开始】菜单中有窗格的“控制面板”来启动。

控制面板包括 3 种查看方式：分类、大图标和小图标，在窗口工具栏右边的“查看方式”按钮中选择。

（2）利用控制面板设置管理

使用控制面板可以对某些项，如程序和功能、区域和语言、日期和时间、字体、用户账户进行设置和管理。

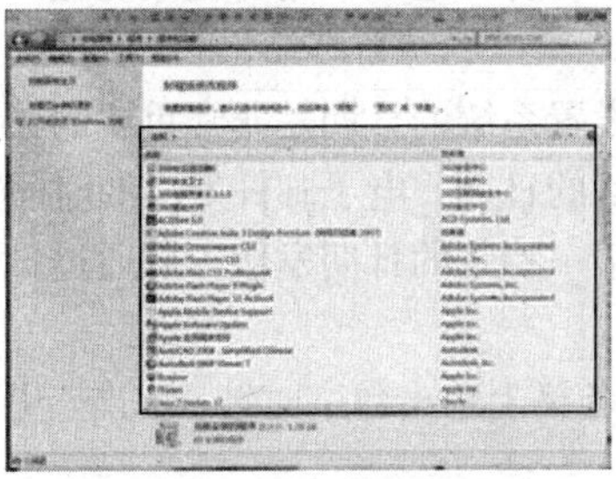

图 2-85 “程序和功能”窗口

① 安装与管理应用程序。在计算机的日常使用过程中，应用程序的管理是一门重要的学问。大多数应用程序都提供安装向导，用户只需按照向导的提示，即可轻松完成整个安装过程。

- 查看已经安装的程序，可以通过“程序和功能”窗口查看计算机安装的软件。

首先打开“控制面板”窗口，单击“程序和功能”图标打开窗口，如图 2-85 所示；应用程序会在【开始】/【所有程序】列表中添加自己的快捷方式；大部分程序安装后也都会添加快捷方式在桌面上。

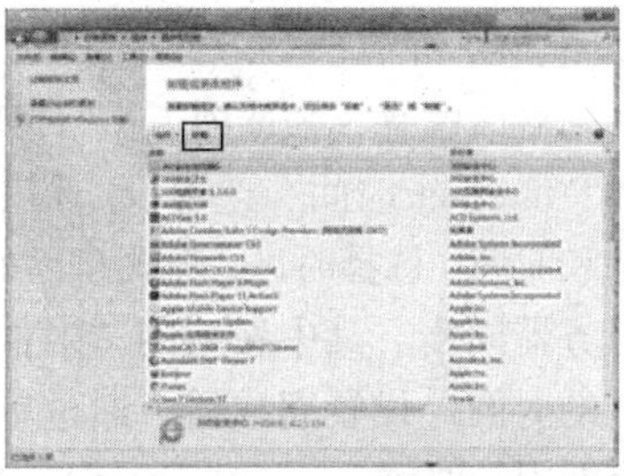

图 2-86 “程序和功能”窗口

- 卸载或更改程序，可以通过系统提供的“卸载或更改程序”功能来对软件进行卸载。

在“控制面板”窗口中单击打开“程序和功能”窗口，在“卸载或更改程序”列表中选择要卸载的程序，然后单击“卸载\更改”按钮，最后单击“是”按钮即可，如图 2-86 所示。也可以在“开始”菜单的“所有程序”列表中找到卸载程序并执行，即可通过卸载程序向导将程序卸载。

图 2-87 “Windows 功能”设置对话框

- 添加或删除 Windows 组件，在“程序和功能”窗口中，单击“打开或关闭 Windows 功能”链接，打开“Windows 功能”对话框，如图 2-87 所示。

用户可以在列表框中添加或删除 Windows 组件。如果要添加尚未安装的 Windows 组件，则可以在组件列表中选中该组件前面的复选项，接着单击“确定”按钮，Windows 就会自动进行安装。

② 区域和语言设置。由于世界上国家众多，所在位置不同，文化背景不同，日期格式、时间格式、货币格式、数字表示方法等存在差异，为此，Windows XP 提供了地区设置功能。在控制面板中打开“区域和语言选项”对话框，可以进行图 2-88 所示的设置。

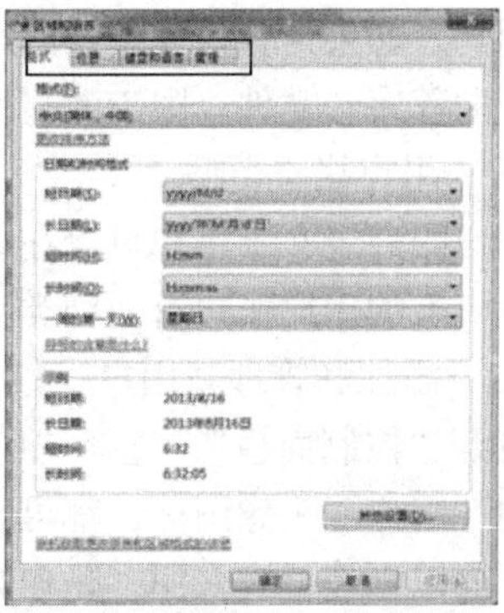

图 2-88 “区域和语言”设置对话框

- 选择区域

为了便于得到当地信息，可以选择自己所在的区域。方法是：在“区域和语言”对话框的“位置”选项卡中的下拉式列表框中选择。

- 设置数字、日期、时间、货币格式

在“区域和语言”对话框的“格式”选项卡中设置“格式”为“中文（简体，中国）；在“日期和时间格式”的列表框中设置“短日期”、“长日期”等，下面有示例显示；可单击“其他设置”按钮打开“自定义”对话框进行设置。

- 设置键盘和语言

打开“区域和语言”对话框的“键盘和语言”选项卡，单击打开选项卡的“更改键盘”按钮进行键盘和语言的设置。

③ 系统日期和时间设置。在 Windows 7 系统中,正确地设置系统的日期是非常重要的，通过查看日期，可以了解文件生成的日期、修改的日期和访问的日期、电子邮件发出的时间等。此外，设置日期还有一个非常重要的用途，有的病毒在某一特定的日期发作，可通过日期的设置，避开病毒发作的日子。

可通过控制面板打开“日期和时间”对话框；另外，在任务栏上单击数字时钟，单击“更改日期和时间设置”按钮，打开“日期和时间”对话框，如图 2-89 所示。

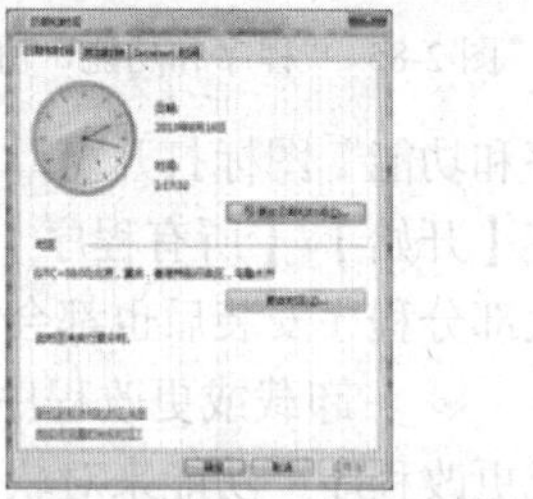
图 2-89 “日期和时间”设置对话框

对话框有 3 张选项卡：“日期和时间”，“附加时钟”和“Internet 时间”选项卡。利用它们可以修改系统的日期和时间，选择时区，设置自己的计算机与 Internet 时间服务器同步。其中新增的“附加时钟”可以显示其他市区的时间，设置完成后，通过单击任务栏时钟或悬停来查看附加时钟。

④ 安装和删除字体。在 Windows 7 中，系统已经预安装了一些字体，但往往不能满足要求，用户可以自己打开“字体”窗口，自己安装新字体，也可以删除不需要的字体，如图 2-90 所示。

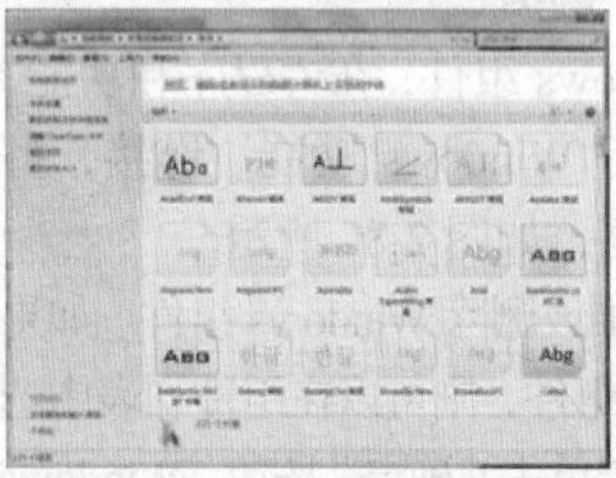
图 2-90 “字体”窗口

打开“字体”窗口有两种方法：一种方法是通过控制面板打开“字体”窗口；另—种是利用打开文件夹的方法，先打开“计算机”或“资源管理器”窗口，再打开“C:\Windows\Fonts”文件夹，即可打开“字体”窗口。?

打开“字体”窗口，将需要添加的字体文件直接复制到“字体”窗口当中即可；删除不必要的字体，可以在“字体”窗口的“字体”列表中，选择要删除的字体，按【Delete】键删除即可。

⑤ 用户账户配置。用户管理是计算机安全管理的重要内容。计算机通过设置用户的账户和密码，限制登录到计算机上的用户，可以保证计算机的安全。使用计算机的人员称为计算机用户，如果计算机连接到网络，用户不仅可以访问计算机上的程序和文件，还可以访问网络上的程序和文件。限于教材性质，我们只讨论在独立计算机上的用户账户。

- 用户账户类型

用户账户定义了用户可以在 Windows 中执行的操作，规定了分配给每个用户的权限。独立计算机上的用户账户有两种类型：计算机管理员账户、标准账户和来宾账户。

- 添加和管理新用户

打开“控制面板”，选择“用户账户”图标打开相应的窗口；打开【开始】菜单后单击右上角“用户”头像图标，都可以打开相应的窗口。

下面以创建“客人用”账户为例，详细操作步骤。

第一步，选择【开始】/“控制面板”菜单命令，在出现的“控制面板”窗口中选择“用户账户”。如图 2-91 所示。

图 2-91 “控制面板”窗口

出现“用户账户”窗口，选择“管理其他账户”选项，如图 2-92 所示。

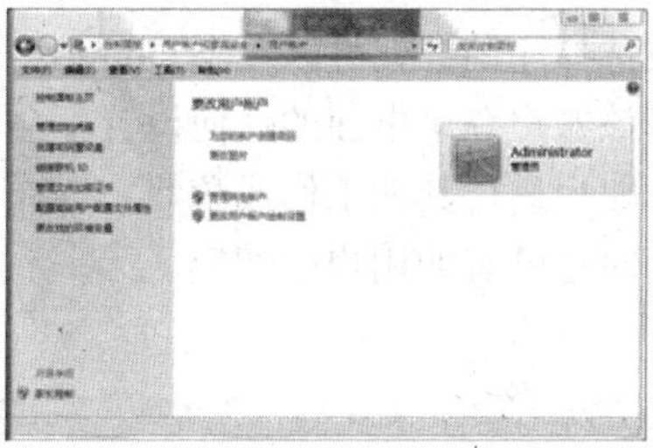

图 2-92 “用户账户”窗口

第二步打开窗口后单击“创建一个新账户”按钮，输入新账户名称“客人用”并选择账户类型为“标准用户”，最后单击“创建账户”按钮，完成新用户的创建，如图 2-93 和图 2-94 所示。

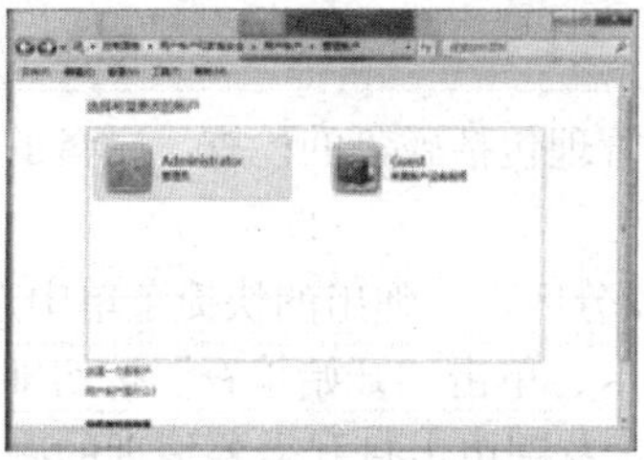

图 2-93 “管理账户”窗口

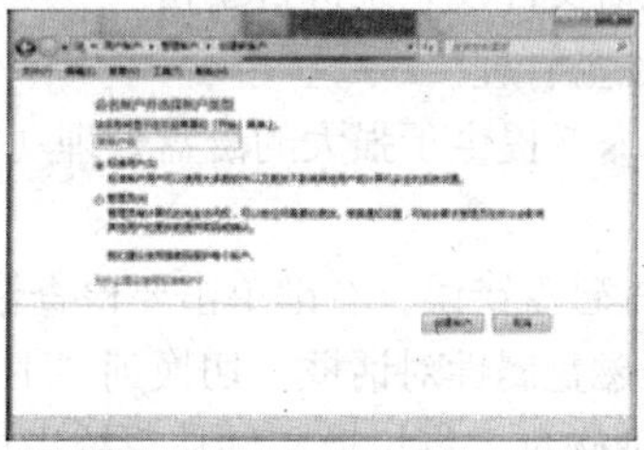

图 2-94 “创建新账户”窗口

这时自动回到“管理账户”窗口，用户账户窗口中就会多一个名叫“客人用”的账户了，如图 2-95 所示。

图 2-95 “管理账户”窗口

第三步现在还没给该账户设置密码，单击该账户，会出现“更改账户”界面，这里可以更改名称、密码、图片、类型，也可以删除该账户，当密码创建后，还会出现更改密码和删除密码的选项，如图 2-96 所示。

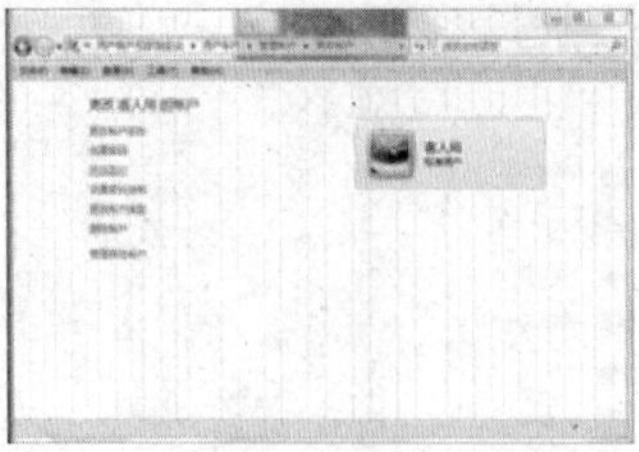

图 2-96 “更改账户”窗口

图 2-97 “创建密码”窗口

第四步单击“创建密码”按钮，新的密码要求输入两遍以免出错，另外，“密码提示”是为了方便该用户记忆密码，可以不设置。输入成功后单击下方的“创建密码”按钮即可，如图 2-97 所示。

第五步重新启动计算机或选择注销，就可以在 Windows 7 欢迎屏幕上出现“客人用”这个账户，并选择它登录了。对该账户登录桌面的任何设置不会影响到其他账户。

第六步可以切换到另一个账户进行其他工作或游戏，选择“开始” / “关机”的小箭头，再选择“切换用户”命令，随时在已有的用户中切换。

【能力拓展】

1. Windows 7 系统维护与优化

当用户在系统当中进行任何一项操作时，都会对系统性能产生影响，为了保障系统始终高效、快速运行，平时要养成对系统进行合理维护与优化的习惯。同时为了保证文件安全，还应适当地对文件及系统进行备份。

（1）磁盘管理

Windows 7 提供了强大的磁盘管理功能。磁盘管理包括磁盘的检查、磁盘的清理及磁盘的碎片整理。

① 检查磁盘错误，右键单击要检查错误的磁盘分区，从弹出的快捷菜单中选择【属性】命令，打开磁盘属性对话框，切换到“工具”选项卡，单击“开始检查”按钮即可。

② 清理磁盘，将垃圾文件从系统中彻底删除。右键单击打开需要清理的磁盘分区，从弹出的快捷菜单中选择【属性】命令，打开磁盘属性对话框，单击“磁盘清理”按钮，稍等片刻将弹出“磁盘清理”对话框，从“要删除的文件”列表框中选择要清理的文件类型，最后确定删除即可。

③ 清理磁盘碎片，长时间使用计算机，系统产生的碎片将影响系统运行速度，因此要定期进行碎片整理。打开磁盘属性对话框，切换到“工具”选项卡，单击“立即进行碎片整理”按钮，选择要整理的碎片的磁盘分区，单击“分析磁盘”按钮，分析完毕后将显示磁盘碎片比例，单击“磁盘碎片整理”按钮开始长时间整理，直到整理完毕后，单击“关闭”按钮即可。

④ 格式化磁盘，当不需要某个磁盘里的所有文件时，则可通过该方法迅速清除磁盘数据。右键单击要格式化的磁盘分区，从弹出的快捷菜单中选择【格式化】命令，从弹出的对话框中的“文件系统”下拉列表中选择要使用的分区格式，选中“快速格式化”复选项，单击“开始”按钮后“确定”即可。

（2）文件备份和还原

① 备份个人文件，打开“控制面板”窗口，单击“备份和还原”链接，打开“备份和还原文件”窗口后单击“设置备份”链接。开始启动备份后将打开“设置备份”对话框，从

“保存备份的位置”列表选择备份文件的保存位置，单击“下一步”按钮打开“您希望备份哪些内容”进行选择，根据向导的下一步设置，确定完成备份。

② 还原个人文件，打开“控制面板”窗口，单击“备份和还原”链接，打开“备份和还原文件”窗口后单击“还原我的文件”按钮，打开“还原文件”对话框，浏览选择之前的备份文件并进行添加，根据向导的下一步设置，确定完成还原。

（3）系统备份与还原

可以将系统快速还原到之前指定时间的状态，多用于出现安装程序错误、系统设置错误等情况时采用。

① 创建系统还原点，右键单击桌面“计算机”图标，选择“属性”命令，打开“系统”窗口，单击左侧的“系统保护”链接。打开“系统属性”对话框，切换到“系统保护”选项卡，单击“创建”按钮，在打开的“系统保护”对话框中输入还原点的名称，最后确定完成创建。

② 用还原点还原系统，选择“开始”/“所有程序”/ “附件”/ “系统工具”/ “系统还原”命令，打开对话框后，选择系统有的还原点，根据向导的下一步完成还原。

（4）系统性能优化

在使用计算机的过程中，对系统进行合理的优化，能够提升计算机的运行速度，Windows 7 自身已经进行了合理的优化，因此普通用户只需要侧重优化各种程序设置就可以了。

① 开机启动项管理，打开“控制面板”窗口，单击“管理工具”链接，打开“管理工具”窗口后双击打开“系统配置”，从中取消一些开机启动项以提高开机启动速度。

② 自定义虚拟内存，右键单击桌面上的“计算机”图标，从弹出的快捷菜单中选择【属性】命令，打开“系统”窗口，单击左侧的“高级系统设置”链接，在对话框中切换到“高级”选项卡，打开“性能选项”进行“虚拟内存”更改。

③ 使用“360 安全卫士”对系统进行优化，安装好“360 安全卫士”后打开主界面，可以选择各个选项卡，有针对性地对系统进行维护。如图 2-98 所示“计算机体检”选项一键式检测计算机系统安全和提高系统性能。

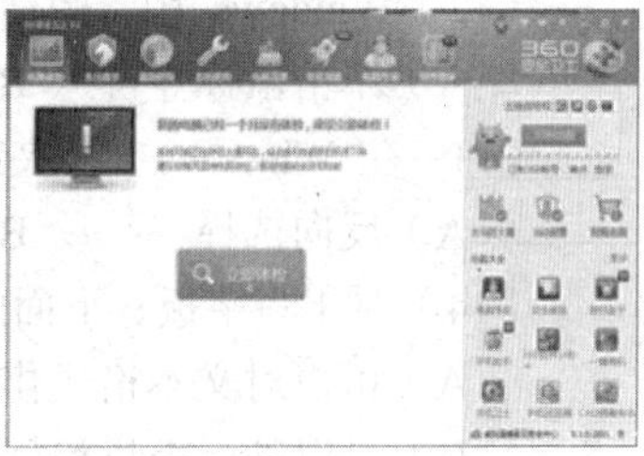

图 2-98 “360 安全卫士”程序主窗口

项目训练

1. 单选题

（1）Windows 7“桌面”指的是_____。

A）整个屏幕　　B）全部窗口　　C）某个窗口　　D）活动窗口

（2）Windows 7 提供的是用户界面。

A）交互式的菜单　B）交互式的图形　C）交互式的字符　D）批处理

（3）在 Windows 7 系统中，桌面上的任务栏______。

A）只能固定在桌面的底部

B）只可以在桌面上移动位置，但不能改变大小

C）可以改变大小，不能在桌面上移动位置

D）既可以移动位置，也可以改变大小

（4）对话框外形和窗口差不多，_____。

A）也允许用户改变其大小　　B）也有标题栏

C）也有最大化、最小化按扭　　D）也有菜单栏

（5）在 Windows 7 系统中，中英文输入法之间切换使用______。

A）Alt+Shift　B）Ctrl+Space　C）Ctrl+Shift　D）Enter

（6）Windows 7 系统中，在“智能 ABC 输入法”的输入法工具栏，使用动态键盘应该用鼠标左键单击______。

A）中英文标点符号切换按钮　　B）各种输入法切换按钮

C）中英文输入法切换按钮　　D）动态键盘

（7）在 Windows　7 安装完成后，桌面第一次显示的图标有______。

A）“回收站”　B）“我的计算机”　C）“网上邻居”　D）“我的文档”

（8）在 Windows 7 中，______不是“附件”程序组中的工具。

A）记事本　B）Windows Media Player　C）录音机　D）运行

（9）在 Windows 7 系统中，要对 C 盘进行检查，应该打开______。

A）磁盘清理程序　　B）磁盘扫描程序

C）磁盘备份程序　　D）磁盘碎片整理程序

（10）Windows 7 默认的文件是______。

A）我的文档　B）桌面　C）收藏夹　D）我的公文包

（11）要把整个屏幕画面放入剪贴板，应按______键。

A）Ctrl　B）Shift　C）Print Screen　D）Alt+Print Screen

（12）Windows　中，激活快捷菜单的操作是。

A）单击鼠标左键　B）移动鼠标　C）拖放鼠标　D）单击鼠标右键

（13）在 Windows 文件夹窗口中，执行“编辑”菜单中的______命令，可选定全部文件。

A）反向选择　B）复制　C）剪切　D）全部选择

（14）对于写字板，下面的叙述不正确的是______。

A）可以对文本格式化　　B）可以对段落排版

C）可以进行查找和替换操作　　D）不可以插入图像等对象

（15）在　Windows　文件夹窗口中共有 24 个文件，用鼠标左键依次单击前　5 个文件，有个文件被选定。

A）0　B）1　C）5　D）24

（16）在 Windows 7 中，最近______剪贴的内容可以保留在剪贴板中。

A）2 次　B）12 次　C）1 次　D）24 次

（17）在 Windows 的“开始”菜单中，如果某菜单项后面有“>”符号，则表示______。

A）该菜单不能操作　　B）选用该菜单会出现对话框

C）该菜单有级联菜单　　D）可用组合键来执行此菜单命令

（18）在　Windows　中，若要恢复回收站中的文件，在选定待恢复的文件后，应选择文件菜单中的______命令。

A）还原　B）清空回收站　C）删除　D）关闭

（19）按下______组合键，可以迅速锁定计算机。

A）Ctrl+M　B）Win+M　C）Ctrl+L　D）Win+L

（20）在　Windows　文件夹窗口中选定若干个不相邻的文件，应先按住______键，再单击各个待选的文件。

A）Shift　B）Ctrl　C）Tab　D）Alt

（21）“开始”菜单的左窗格显示的最近使用程序的数目默认为_____。

A）6　　B）8　　C）12　　D）10

（22）Windows 7 中用于设置、控制计算机硬件和修改桌面布局的应用程序是_____。

A）计算机　　B）资源管理器　　C）控制面板　　D）任务管理器

2. 操作题

（1）根据本章当中“任务二”的要求新建公共账户“客人用”后进行操作。启动 Windows 7 系统，选择管理员账户“Administrator”进入系统，设置当前账户登录密码为“123321”，设置完成后锁定计算机；再次登录管理员账户。注销 Windows 7 系统，切换登录账户为“客人用”。

（2）将本章中“我的第一张图片”设置为屏幕背景，同时规定连续 1 分钟不使用计算机后自动启动屏幕保护程序。屏幕保护时快速显示文字“好好学习”，并使桌面上的文字显示得更大一些，再把显示器的分辨率设置成 640×480。

（3）添加“全拼”输入法，删除“微软拼音输入法”，将“智能 ABC”输入法属性设置为“光标跟随”和“词频调整”。

（4）在 E：盘上创建一个名为“STUDY”的文件夹，再在“STUDY”的文件夹中创建一个名为“STUDENT”的文件夹。将 E：盘上“STUDY”文件夹中的“STUDENT”文件夹重命名为“TEACHER”。在 C：盘上查找以“*.txt”、“*.jpg”、“*.wav”、“*.avi”等为扩展名的文件，在搜索到的文件中，运用连续选、间隔选等方法任意选中 5 个文件，复制到“STUDY”文件夹中，并改名为 1、2、3、4、5，在“STUDY”文件夹中新建一个名为“exam.txt”的文件。删除“STUDY”文件夹中的第 1、3、5 三个文件，将“STUDY”文件夹中的 2、4 文件复制到“TEACHER”文件夹中，将“STUDY”文件中名字为“2”的文件设置成隐藏属性。将“TEACHER”创建成快捷方式，修改该快捷方式的名称为“教师”。

（5）打开“计算机”、“记事本”、“画图”3 个窗口，按【PrintScreen】键，然后将整个桌面上的图像画面拷贝下来，粘贴到“画图”窗口，并保存为“图 1.jpg”，再另存为“图 1.bmp”；再用鼠标单击使“计算机”成为当前活动窗口，按【Alt+PrintScreen】组合键，粘贴到“画图”窗口，并保存为“图 2.jpg”。

（6）设置计算机的“区域和语言选项”，设置时间样式为“tt hh:mm:ss”，时间分隔符为“-”，短日期样式为“yy-mm-dd”，日期分隔符为“-”，货币符号为“¤”，正数格式为“¤1.1”，负数格式为“1.1¤-”。

项目三

Internet 应用

教学目标

- 了解 Internet 的一些基本概念及功能。
- 熟悉 Internet 的基本应用和操作。
- 能根据需要快速地从网络中获取所需信息。
- 学会下载文件。
- 熟练使用常见网络服务与应用。
- 会申请电子邮箱并进行电子邮件的收发。

教学内容

- 网上冲浪与信息检索。
- 收发电子邮件。

当前，作为信息化社会基础的计算机和互联网络已经融入国民生产和社会生活的方方面面，Internet 的迅猛发展直接影响了人们的工作和生活方式。本单元通过两个典型任务，介绍了计算机网络与 Internet 基础知识、网上浏览、网络资源的搜索与下载、即时通信、收发电子邮件等内容。

本项目通过典型任务，主要介绍了 Internet 的基本应用及电子邮件的收发。通过学习，应理解互联网的一些基本概念，掌握当前应用较广的几种 Internet 服务及其应用技能，例如，漫游互联网、搜索网上资源等，熟悉电子邮件的收发和管理。

任务 1　网上冲浪与信息检索

【任务描述】

小牛对 Internet 方面的知识了解很少，他很想知道 Internet 方面的一些基础知识，如熟悉网址的输入方法及收藏自己喜欢的网址，搜索网络资源并保存一些有价值的资料、下载一些常用的软件，能对 IE 浏览器进行一些基本的设置，学会在网上进行购物及使用博客，能与朋友在线进行广泛沟通等。

本任务要求完成以下操作。

① 使用中国铁路客户服务中心（12306），查询“衡阳—北京”的列车时刻表。

② 收藏中国铁路客户服务中心（12306）网址。

③ 利用“百度”搜索引擎搜索“北京公交查询”。

④ 在软件之家官网下载“美图秀秀”软件。

【技术分析】

只要有网站地址，利用 Windows 7 中自带的 IE 浏览器可以方便地进行网上冲浪，或进行信息检索。

- “中国铁路客户服务中心”网址：http://www.12306.cn。
- “百度”搜索引擎网址：http://www.baidu.com。
- “软件之家”官网网址：http://www.myfiles.com.cn。

【任务实施】

1. 使用 12306 查询列车时刻表

① 打开 IE 浏览器，在地址栏中输入 URL 地址“http://www.12306.cn”，按回车键后将其首页打开，界面如图 3-1 所示。

② 在页面中单击“旅客列车时刻表查询”按钮，打开“铁路客户服务中心—客运服务”页面，如图 3-2 所示。

图 3-1　中国铁路客户服务中心首页

图 3-2　“铁路客户服务中心—客运服务”页面

③ 单击“列车时刻表查询”页面中的“发到站查询”选项，首先选择需要查询的日期，在“发站”框中输入“HY”，然后在下拉列表框中选择“衡阳”选项，在“到站”框中输入“BJ”，然后在下拉列表框中选择“北京”，输入验证码后，单击“查询”按钮，查询结

果如图 3-3 所示。

如果想知道余票，单击图 3-3 页面中的余票查询，指定时间内所有从出发地到目的地的余票都将显示出来。

2. 收藏 12306 网址

① 在打开的“http://www.12306.cn”首页中，选择菜单【收藏夹（A）】/【添加到收藏夹（A）…】命令，如图 3-4 所示。

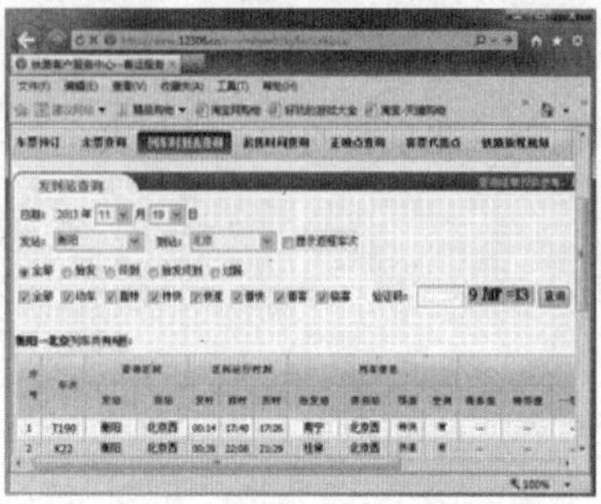

图 3-3　查询从衡阳到北京的列车

图 3-4　添加到收藏夹

② 在“添加收藏”对话框中，指定创建位置，输入名称如“铁路客户服务中心”或默认的网址名称，如图 3-5 所示，单击“添加”按钮即可。

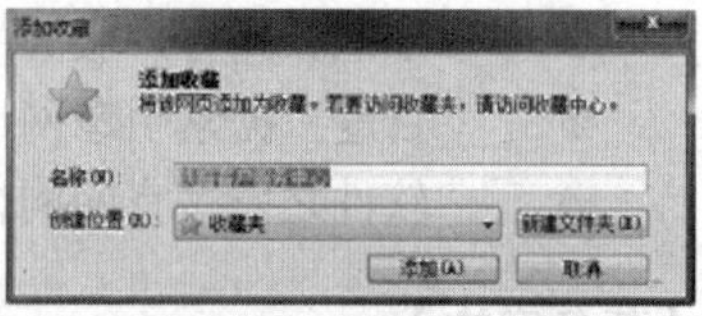

图 3-5　“添加收藏”对话框

3. 利用“百度”搜索引擎搜索“北京公交查询”

① 进入百度网站首页“http://www.baidu.com”，如图 3-6 所示。

② 在文本框中输入关键词“北京公交查询”，然后单击“百度一下”按钮，结果如图 3-7 所示。

4. 在软件之家官网下载“美图秀秀”软件

① 进入百度网站首页 http://www.baidu.com，在文本框中输入“软件之家官网”，单击“百度一下”按钮，如图 3-8 所示。

图 3-6　百度首页

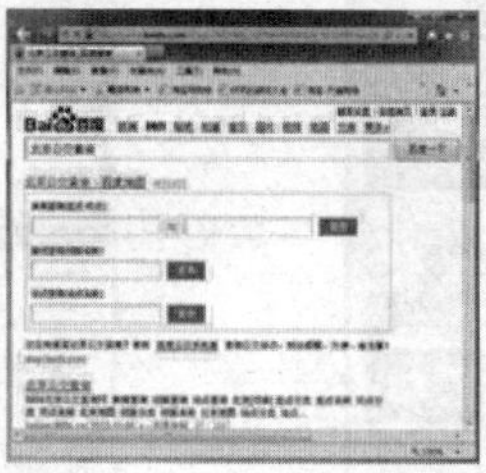

图 3-7　北京公交查询结果

图 3-8　查询软件之家官网

② 单击上图中的第一个链接“软件之家—软件下载、资讯、使用技巧综合站”，打开“软件之家”首页，选择“图形图像”分类中的“图像制作”类型，单击图 3-9 中的“美图秀秀 V3.9”链接。

③ 打开图 3-10 所示的对话框，选择一下载地址进行下载。

④ 随后将打开“新建任务”对话框，如图 3-11 所示，指定保存位置后，单击“立即下载”按钮。

图 3-9 “软件之家”页面

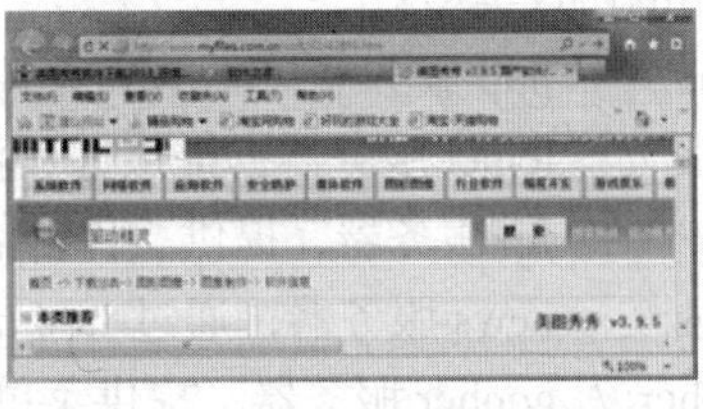

图 3-10 美图秀秀软件页面

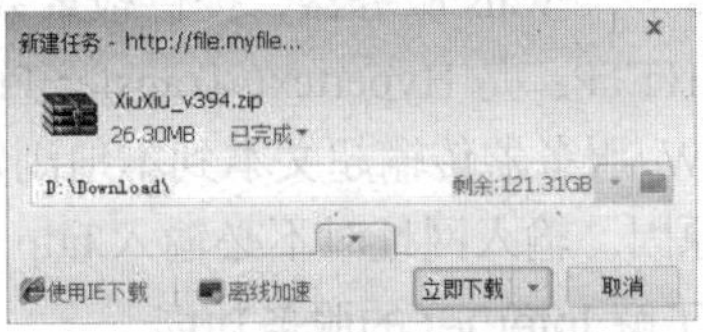

图 3-11 “新建任务”对话框

【知识链接】

1. 了解 Internet 基本知识

（1）Internet 起源

Internet 起源于美国国防部高级研究计划管理局（ARPA，Advanced Research Project Agency）于 1969 年为冷战目的而研制的计算机实验网 ARPANET。到 1972 年，ARPANET 上的网点数已经达到 40 个，这 40 个网点彼此之间可以发送小文本文件（也就是我们现在的 E-mail）和利用文件传输协议发送大文本文件，包括数据文件（即现在 Internet 中的 FTP），同时也开发了通过把一台计算机模拟成另一台远程计算机的一个终端而使用远程计算机上的资源的方法，这种方法被称为 Telnet。由此可以看到，E-mail、FTP 和 Telnet 是 Internet 上较早出现的重要工具，特别是 E-mail 仍然是目前 Internet 上最主要的应用。

（2）Internet 的基本概念

因特网又称国际计算机互联网络，是目前世界上影响最大的国际性计算机网络。1995 年 10 月 24 日，美国联邦网络委员会的一份提案曾经为因特网下过这样的定义：“因特网是一个全球性的信息系统。系统中每一台计算机设备都具有一个全球唯一的地址，该地址是通过网际协议（IP）定义的。系统中计算机设备之间的通信遵循 TCP/IP 标准或与其兼容的协议标准来传送信息。在这种信息基础设施上，利用公众网或专网形式，向社会公众提供信息资源和各种服务。”

① WWW：是 World Wide Web 的缩写，翻译为“万维网”，又称为“3W”，它以超文本技术为基础，允许在文本中任何需要的地方定义一个词、标记或图标等为一个超级链接，并由它链接到一个新的超文本上。它由客户端和服务器端组成，网站中的所有数据库存储在 Web 服务器上，你可以根据其网站地址去浏览服务器中的信息。

② 浏览器：是一种用于查看网上信息的软件，它负责把用户的浏览要求传送到 Web 服务器上，服务器根据用户的要求把不同的网页传输给用户，浏览器对这些信息进行处理，然后在屏幕上显示丰富有趣的信息。浏览器的类型很多，目前我们通常使用的浏览器是 Microsoft 公司的 Internet Explorer（简称 IE），是 Windows 操作系统自带的浏览器。

③ URL：是 Uniform Resource Location 的缩写，翻译为“统一资源定位器”，它代表了 Internet 上设备和资源的具体位置，俗称“网址”，如 http://www.sina.com.cn，URL 的格式为：协议类型：//主机域名/文件路径名。

常用的协议类型：

http://　　http 服务器，即 WWW 服务器，提供超文本信息服务。

telnet://　telnet 服务器，提供远程登录服务。

ftp://　　ftp 服务器，提供文件传输服务。

news://　news 服务器，通过 Internet 可以访问成千上万个新闻组。

gopher://　gopher 服务器，提供菜单式的搜索信息服务。

wais://　　wais 服务器，提供检索数据库信息服务。

④ HTTP：是 Hypertext Transfer Protocol 的缩写，指超文本传输协议。该协议主要用于从 WWW 服务器传输超文本到本地浏览器，这就是在浏览器中看到的网页地址都是以 http 开头的原因。输入网址时不必输入 http://，因为 IE 默认的协议就是"http"。

2. 了解 Internet 的服务功能

（1）电子邮件（E-mail）服务

电子邮件（E-mail,electronic mail），即电子函件，又称电子信箱、电子邮政，是一种用电子手段提供信息交换的通信方式，它是世界多种网络上使用最普遍的一项服务。这种非交互式的通信，加速了信息的交流及数据的传送。它提供一个简易、快速的方法，通过连接全世界的 Internet，实现对各类信件的传送、接收、存储等处理，将邮件送到世界的各个角落。电子邮件不只限于信件的传递，还可以用来传递文件及图像等各种信息。

（2）远程登录（Telnet）服务

计算机联网的目的是彼此通信，资源共享。由本地机通过网络，连到远端另一台计算机上，作为这台远程主机的终端，使用它的资源，这个过程称作远程登录。也就是用户通过身边计算机的键盘操作，可使本地机连到网络上的另一台计算机上，而且好像是这台计算机的本地用户一样，使用其上的数据、软件、文本文件等各种权限允许的资源的过程。

（3）文件传输协议（File Tlansfer Protocol，FTP）

该协议的任务是从一台计算机上将文件传送到另一台计算机上，它与这两台计算机所处的位置、连接方式以及使用的操作系统无关；假设两台计算机都能与 FTP 对话，并且都能访问 Internet，那么就可以用 FTP 软件的命令来传输文件。

FTP 是个非常有用的工具，你可以在任意一个可经 FTP 访问的公共有效的联机数据库或文档中找到您想要的任何东西。全世界有成千上万个 FTP 服务器，对所有的 Internet 用户开放使用，用户可以通过与 Internet 相连的计算机，把自己需要的文件传输过来。FTP 采用"客户机/服务器"方式，用户端要在自己的本地计算机上安装 FTP 客户程序。

（4）WWW 服务

万维网（World Wide Web，WWW），是 Internet 上最成功的应用之一。通过它能访问遍布在 Internet 上数以万计机器上的链接文件。WWW 以其丰富多彩的界面和简便的使用方法深受用户的喜爱。

WWW 的客户程序通常被称为浏览器（Browser），如 Netscape 和 IE 就是其中两个最常用的浏览器。用户在浏览器中键入 WWW 用于寻址的 URL（Uniform Resource Locator）进入某一 WWW 网页。

（5）新闻组（Usenet 或 NewsGroup）服务

简单地说就是一个基于网络的计算机组合，这些计算机被称为新闻服务器，不同的用户通过一些软件可连接到新闻服务器上，阅读其他人的消息并可以参与讨论。新闻组是一个完全交互式的超级电子论坛，是任何一个网络用户都能进行相互交流的工具。新闻组和 WWW、电子邮件、远程登录、文件传输同为互联网提供的重要服务内容之一。在国外，新闻组账号和上网账号、E-mail 账号一起并称为三大账号，由此可见其使用的广泛程度。由于种种原因，国内的新闻服务器数量很少，各种媒体对于新闻组介绍得也较少，用户大多局限在一些资历较深的“老网虫”或高校校园内。

（6）电子公告板

电子公告板：（Bulletin Board Service；BBS）是 Internet 上的一种电于信息服务系统。它提供一块公共电子白板，每个用户都可以在上面书写，可发布信息或提出看法。大部分 BBS 由教育机构，研究机构或商业机构管理。像日常生活中的黑板报一样，电子公告牌按不同的主题、分主题分成很多个布告栏，布告栏设立的依据是大多数 BBS 使用者的要求和喜好，使用者可以阅读他人关于某个主题的最新看法（几秒钟前别人刚发布过的观点），也可以将自己的想法毫无保留地贴到公告栏中。同样地，别人对你的观点的回应也是很快的（有时候几秒钟后就可以看到别人对你的观点的看法）。如果需要私下交流，也可以将想说的话直接发到某个人的电子信箱中。如果想与正在使用的某个人聊天，可以启动聊天程序加闲谈者的行列，虽然谈话的双方素不相识，却可以亲近地交谈。在 BBS 里，人们之间的交流打破了空间、时间的限制。在与别人进行交往时，无需考虑自身的年龄、学历、知识、社会地位、财富、外貌、健康状况，而这些条件往往是人们在其他交流形式中无可回避的。同样地，也无从知道交谈的对方的真实社会身份。这样，参与 BBS 的人可以处于一个平等的位置与其他人进行任何问题的探讨。这对于现有的所有其他交流方式来说是不可能的。

3. 漫游互联网

（1）启动 IE 浏览器

启动 IE 浏览器常用的 3 方法如下。

① 双击（快速单击鼠标左键两次）桌面上的图标。

② 选择“开始”/所有程序”/Internet Explorer”命令。

③ 单击快速启动栏上的图标。

（2）浏览器界面

如在打开的 IE 浏览器的地址栏中输入百度搜索引擎的 URL 地址“http://www.baidu.com”，按回车后将其首页打开，如图 3-12 所示。

4. 浏览网站信息

① 在地址栏中输入想要浏览的网站的网址，如新浪网站的网址 http://www.sina.com.cn，按回车键或单击地址栏右侧的转至“→”铵钮，即可进入新浪网首页，如图 3-13 所示。

图 3-12　浏览器界面

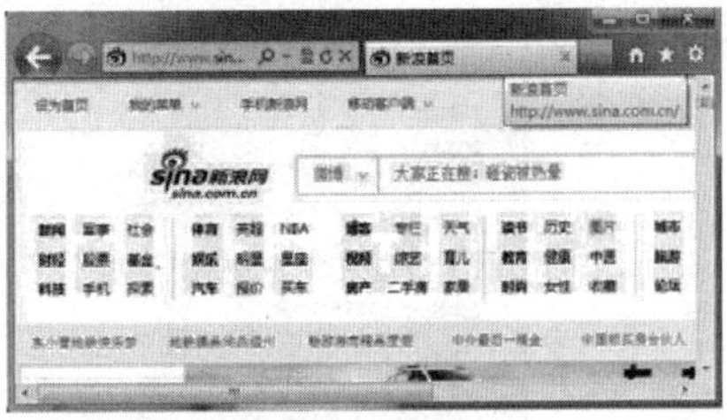

图 3-13　新浪网站首页

若按【lt+Enter】组合键则在新选项卡中打开网页。

② 把鼠标指针移到自己感兴趣的标题上，当鼠标指针变成“手形”时单击鼠标左键，即可打开相应的网页进行阅读。

5. 网址的多种输入方法

① 键盘输入网址：用键盘直接将网址输入到地址栏内。

② 单击地址栏的下拉列表按钮“▼”选择网址：地址栏的下拉列表记录了最近输入的网址。

③ 从“历史记录”栏中选择网址：单击 IE 浏览器右上角的“☆”按钮，从弹出的下拉列表中选择“历史记录”选项卡，再单击某日期选项，从展开的历史记录下拉列表中单击你所需要的网址，即可打开该网页。

④ 从“收藏夹”选项卡中选择网址：单击 IE 浏览器右上角的“☆”按钮，从弹出的下拉列表中选择“收藏夹”选项卡，在收藏夹选项卡中选择所收藏的网址。

⑤ 从“收藏夹”菜单中选择网址：单击“收藏夹”菜单，选择所收藏的网址。

⑥ 从“收藏夹”栏中选择你所收藏的网址

⑦ 从“开始”菜单中选择你所收藏的网址。

6. IE 的使用技巧

① 若同时打开了多个网页窗口，如要切换网页时，只要将鼠标移到屏幕下方任务栏中所显示的某网页的任务按钮上，所有已打开的网页全部呈现出来，移动鼠标到相应的网页上，即可在屏幕上显示该网页的内容，单击即可从中选定该网页。

② 单击浏览器窗口左上方的返回按钮，就能够返回到刚浏览过的网页，单击前进按钮浏览下一网页。

③ 如果要快速转换到主页，可以单击浏览器窗口右上方的主页按钮或命令栏上的主页按钮。

④ 如果网络速度太慢，可以单击 URL 地址栏右边的停止按钮“X”，来终止对网页的浏览。

⑤ 如果网页无法正常显示，或者网页内容可能有了变化，可以单击 URL 地址栏右边的刷新按钮。

⑥ 将鼠标移到浏览器窗口上方的空白处右击，弹出一个快捷菜单，如图 3-14 所示。通过该快捷菜单，可以对浏览器窗口进行相应的设置，如启用浏览器窗口菜单、收藏夹栏、命令栏、状态栏、锁定工具栏、在单独一行上显示选项卡等。

7. 收藏网址

① 利用“收藏夹（A）”菜单收藏网址。想把自己感兴趣的网站收藏起来，如“腾讯”新闻（http://news.qq.com）、“土豆网”（http://www.tudou.com）等。这些常用的网址，可以通过“收藏夹（A）”菜单收藏起来，以后只要用鼠标一点即可轻松进入。

a. 如进入“新闻中心_腾讯网”后，选择“收藏夹”/“添加到收藏夹（A）…”菜单命令，如图 3-15 所示。

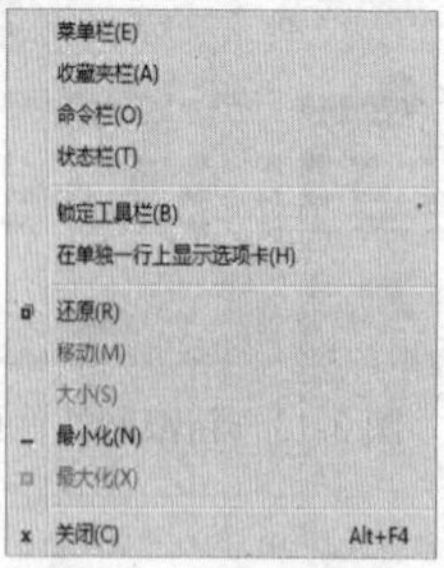

图 3-14 快捷菜单

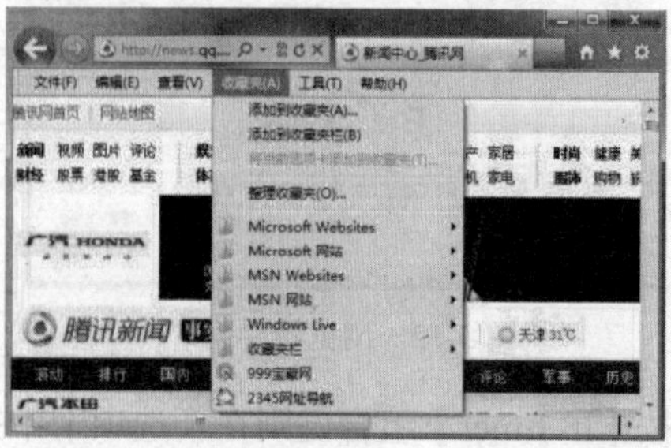

图 3-15 选择“添加到收藏夹”

b. 在“添加收藏”对话框中，可以将网址收藏到一个指定的文件夹中，指定创建位置，输入一个顾名思义的名称或默认的网址名称，图 3-16 所示将“新闻中心_腾讯网”收藏到“收藏夹栏”文件夹中，单击“添加”按钮即可。

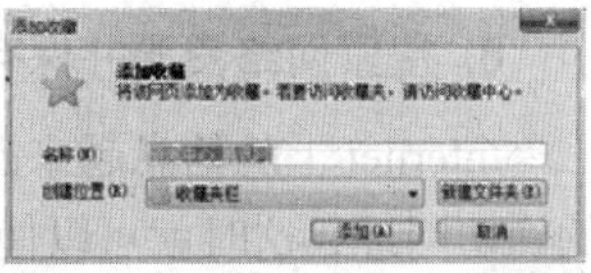

图 3-16 “添加收藏”对话框

还可以将网页收藏到一个新建文件夹中，单击“新建文件夹”按钮，弹出“新建文件夹”对话框，指定创建文件夹的位置，输入文件夹名，再单击“创建”按钮，即可创建一个新的文件夹，如图 3-17 所示。

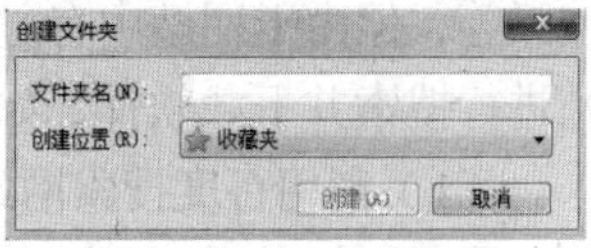

图 3-17 创建文件夹

c. 选择菜单栏上的“收藏夹（A）”/“收藏夹栏”命令，如图 3-18 所示，你所收藏的“新闻中心_腾讯网”就会显示出来，单击它即可进入该网站。

图 3-18 添加到收藏夹

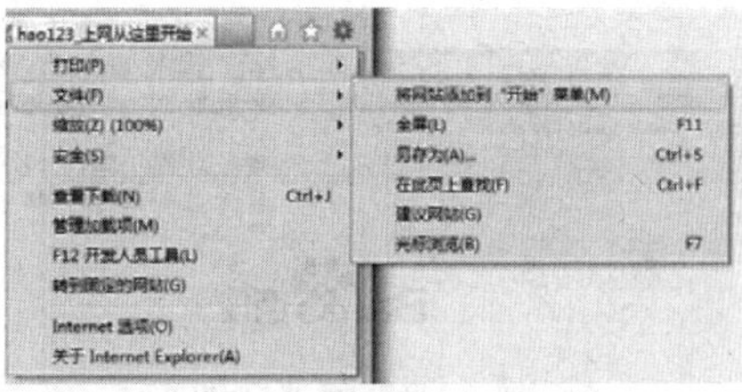

图 3-19 将网站添加到“开始”菜单

② 利用收藏夹栏收藏网页。

在 IE 浏览器窗口中显示收藏夹栏，单击收藏夹栏右边的添加到收藏夹栏按钮，就可将当前打开的网页收藏到收藏栏中。

使用收藏夹中的网址时，只要单击“收藏夹（A）”菜单，从弹出的下拉菜单中进行选择即可。

如果收藏的网址多了，收藏夹中就会显得杂乱无章。此时可以对收藏夹进行整理，以便于查阅，方法为：在“收藏夹”面板中，进入“收藏夹（A）”菜单，选择“整理收藏夹（O）…”命令，在弹出的“整理收藏夹”对话框中进行设置。

③ 将网页添加到“开始”菜单。

a. 利用浏览器窗口右上方的工具按钮添加。单击浏览器窗口右上方的工具按钮，从打开的下拉菜单中选择“文件”/“将网站添加到“开始”菜单（M）”命令，如图 3-19 所示。

b. 利用“页面（P）”按钮添加。在浏览器窗口中显示命令栏，单击命令栏中的“页面（P）”按钮，从下拉菜单中选择“将网站添加到“开始”菜单（M）”命令，如图 3-20 所示。

网站添加到“开始”菜单上，若要使用该网站，只要单击“开始”按钮，然后在“所有程序”下查找。

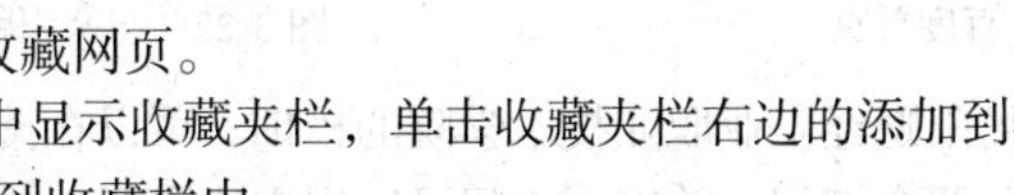

图 3-20 将网站添加到“开始”菜单

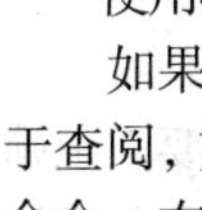

注意

在收藏网址时，可以分类存放在指定的文件夹中，这样便于查找。

8. 搜索网络资源并保存

Internet上的信息越来越多，网站难以计数，经常会发现自己需要某项信息，却不知道它的确切网址，这时就可以使用浏览器的搜索功能进行查找，此外还可以使用某些搜索引擎网站的搜索功能。如我国一些大型的门户网站中都带有搜索引擎，如新浪网、雅虎网站、网易、搜狐等，但由于网站中有过多的广告和过细的分类，所以大家都喜欢利用一些专业的搜索网站进行搜索并下载软件，如百度（http://www.baidu.com）、谷歌（http://www.google.cn）等。

（1）利用百度搜索网站信息

① 使用关键词搜索。通过关键词搜索是一种常用的搜索方式，如以“衡阳财工院”为关键词进行搜索。

进入百度网站首页（http://www.baidu.com），在网页中间的文本框中输入关键词“衡阳财经工业职业技术学院”，如图3-21所示，然后单击“百度一下”按钮。

所有与“衡阳财经工业职业技术学院”有关的信息均被列出，如图3-22所示。

图3-21　百度首页

图3-22　与衡阳财工院相关的信息

如果想进一步了解衡阳财经工业职业技术学院的校训，可以在搜索栏中输入“衡阳财经工业职业技术学院校训”两个键词（关键词之间可以用空格隔开），单击“百度一下”按钮，结果如图3-23所示。

单击要浏览的网站，即可阅读详细的内容。

② 分类搜索。网络资源浩如烟海，使用搜索引擎，搜索出来的结果往往还需要人工筛选，可使用分类搜索，以帮助我们快速搜索到需要的资源，如百度搜索引擎中提供了分类搜索，即根据新闻、网页、贴吧、知道、MP3 图片、视频等种类搜索，下面以搜索颐和园风光图片为例说明搜索方法。

在百度首页中单击网页中文本框上方的“图片”。

然后在文本框中输入关键词“颐和园”，然后单击“百度一下”按钮，搜索结果图3-24所示。

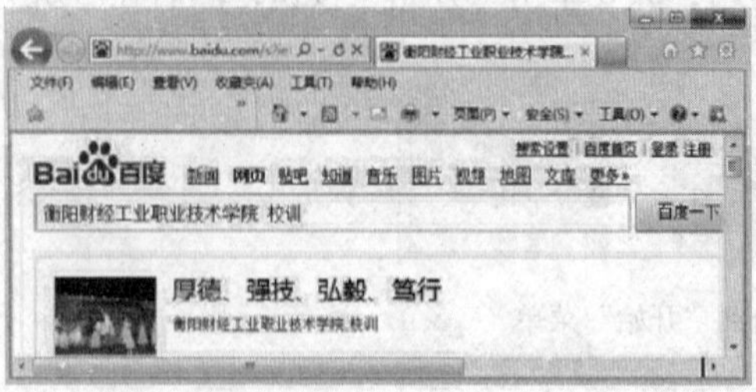

图3-23　显示的校训

图3-24　在百度中搜索颐和园风光图片

小知识

经典搜索引擎站点推荐

百度	http://www.baidu.com
天网	http://e.pku.edu.cn
谷歌	http://www.google.cn 或 http://www.g.cn
搜搜	http://www.soso.com
搜狗	http://www.sogou.com
一搜	http://www.yisou.com
中文上网	http://www.3721.com

其中，百度搜索是目前最大的中文搜索引擎，也是全球最优秀的中文信息检索与传递技术供应商，中国所有具备搜索功能的网站中，由百度提供搜索引擎技术的超过80%。

（2）保存有价值的资料

当搜索到自己感兴趣或有用的信息时，可将其保存到自己的电脑中，方便以后查阅。

① 保存网页。如将“中国铁路客户服务中心”首页保存到“C:\WEXAM”中，其保存方法如下。

在IE浏览器地址栏中输入http://www.12306.cn，按回车键即进入该网站首页，选择“文件”→“另存为（A）...”菜单命令，如图3-25所示。

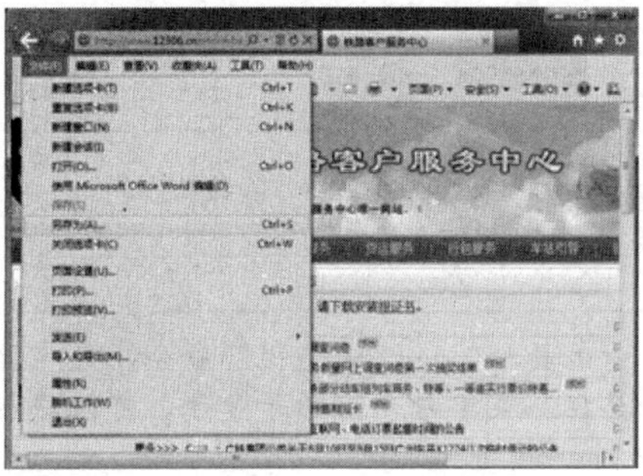

图3-25 “文件”菜单

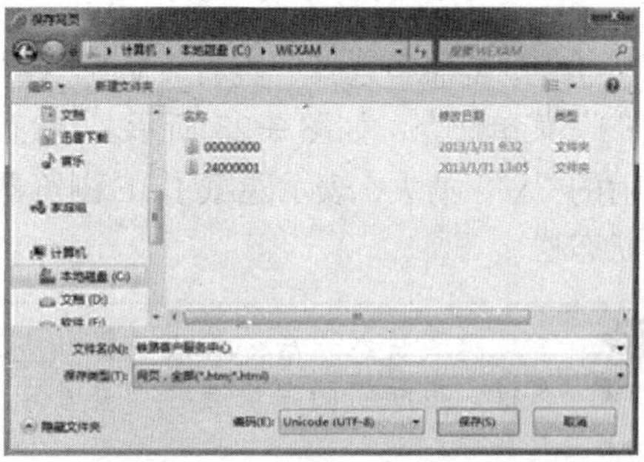

图3-26 “保存网页”对话框

在弹出的“保存网页”对话框，指定保存位置为“C:\WEXAM”，选择你想要保存的文件类型，输入一个文件名，单击“保存”按钮即可，如图3-26所示。

注意

保存为“网页，全部”类型时，保存位置下产生的网页文件和文件夹是以相同名称保存的，文件夹用于存放该网页中的图片、动画和样式表等文件，网页文件保存所有文字信息和框架结构，因此两者必须同时存在，移动或删除其中任意一个之后，另一个也会同时被移动或删除。

如果要浏览保存在电脑中的网页，可在IE浏览器窗口中选择“文件”/“打开（O）…”命令，在打开的对话框中利用“浏览（R）…”按钮找到相应的文件后，单击“打开（O）”铵钮，即可打开该网页文件。

② 保存文字内容。在看到网页上有你值得收藏的文字信息时，也可将其单独保存，具体操作如下。

按住鼠标左键不放，在网页中拖动鼠标指针选中需要保存的文字，然后在选中的文字区域内单击鼠标右键，在弹出的快捷菜单中选择“复制（C）”命令，或按【Ctrl+C】快捷键，如图3-27所示。

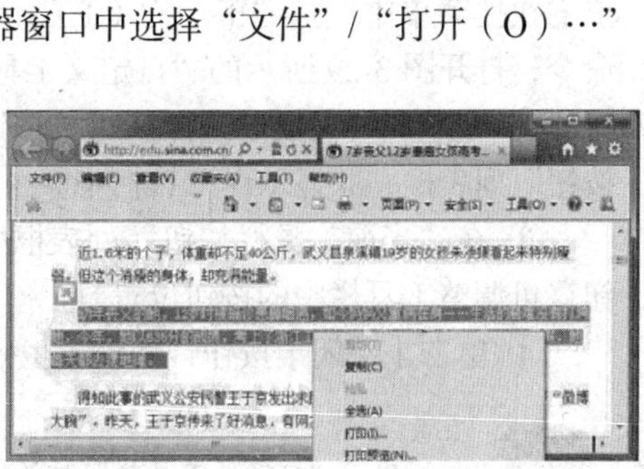

图3-27 选择要复制的文本内容

选择“开始”→“所有程序”→“附件”→“记事本”菜单命令，在记事本中选择“编辑”→“粘贴”菜单命令，或按【Crtl+V】快捷键，将网页中的文字内容粘贴到记事本中。选择记事本中的“文件（F）”→“保存（S）”菜单命令，即可将文档保存到电脑中。

看到网页上精美的图片，可以将其保存到电脑磁盘中待以后慢慢欣赏，保存图片的具体步骤如下。

右击网页中要保存的图片，在弹出的快捷菜单中选择“图片另存为（S）...”命令。

打开“保存图片”对话框，选择图片保存的位置，在“文件名”文本框中输入文件名，单击“保存”按钮。

9. IE 浏览器的设置

设置适合用户浏览习惯的 IE 浏览器，不仅可体现其个性，还能提高浏览速度。

（1）显示/隐藏 IE 浏览器各组成部分

IE 浏览器包括菜单栏、收藏夹栏、命令栏、状态栏等，根据需要用户也可将不需要的部分隐藏起来，下面以隐藏状态栏为例，其设置步骤如下。

在 IE 浏览器中选择“查看（V）”→“工具栏（T）”菜单命令，如图 3-28 所示。“状态栏”选项前的“√”消失，表示隐藏了 IE 浏览器窗口中的状态栏。

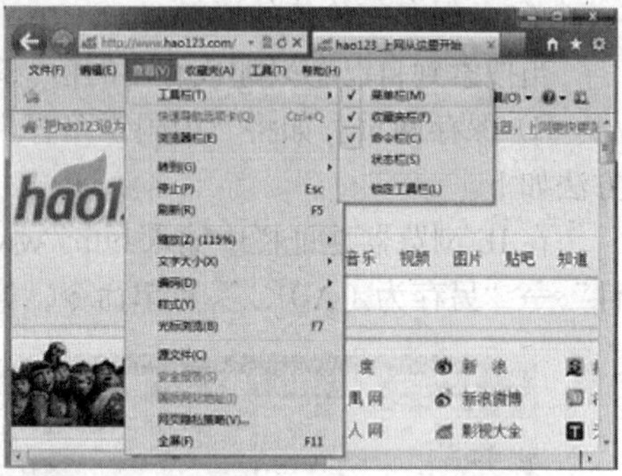

图 3-28　隐藏状态栏

小知识	隐藏状态栏后，再次选择“查看”→“工具栏”→“状态栏”命令，又可显示状态栏。用相同的方法选择“查看”→“工具栏”菜单命令下的子命令，可隐藏相应的工具栏。

（2）在浏览器窗口的左侧显示“收藏夹”等选项卡

在 IE 浏览器中选择“查看（V）”→“收藏夹栏（E）”→“收藏夹（F）”菜单命令，即可显示收藏夹选项卡，从中可以选择自己所收藏的网址。

（3）自定义工具栏

自定义工具栏指自定义工具栏中的按钮个数、类别及显示方式等，具体步骤如下。

① 单击“工具栏”中的“工具（O）”按钮，从弹出的快捷菜单中选择“工具栏（T）”/“自定义（C）”命令，打开图 3-29 所示的“自定义工具栏”对话框。

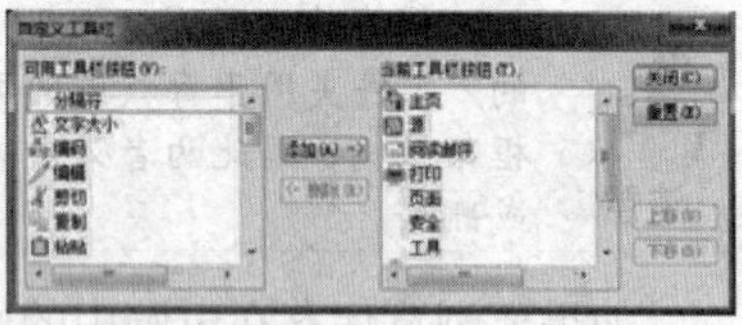

图 3-29　“自定义工具栏”对话框

② 在左侧列表框中选择某工具按钮，单击“添加”按钮，可将其添加到“当前工具栏按钮”列表框，并显示在工具栏中。

③ 在“当前工具栏按钮”列表框中选择一个按钮选项后，单击【上移】或【下移】按钮，可调整工具栏中的按钮位置。

④ 单击【关闭】按钮，使设置生效，并关闭对话框。

小知识	单击“自定义工具栏”对话框中的“重置”按钮，可将工具栏中的设置恢复为系统默认设置。

（4）设置起始页

每次启动 IE 浏览器后，总是打开一个相同的网页，这个网页在浏览器中被称为起始首页，用户可根据自己的爱好或需要将经常访问的网站设置为起始首页。下面将经常访问的“hao123 网址之家”网站设置为起始首页，具体步骤如下。

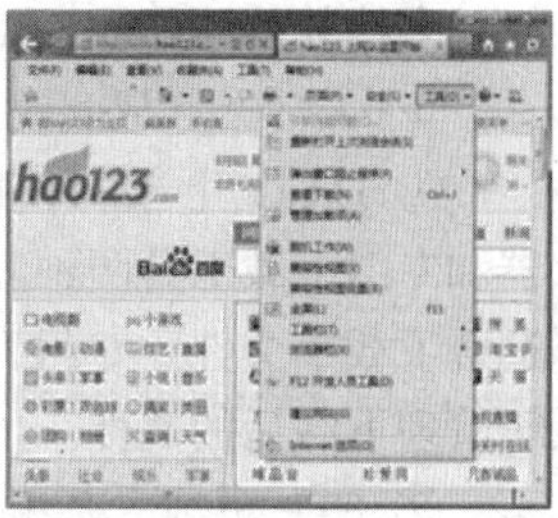

图 3-30 “工具”菜单

① 启动 IE 游览，在地址栏中输入“www.hao123.com”，按回车键后即打开其首页，选择“工具（T）”/“工具(O)”/“Internet 选项（O）”命令，如图 3-30 所示。

② 打开“Internet 选项”对话框，在“主页”栏中单击【使用当前页】按钮，当前网页的地址自动显示在“地址”栏后的文本框中，然后单击【确定】按钮完成设置，如图 3-31 所示。

图 3-31 “Internet 选项”对话框

（5）设置历史记录

系统规定 IE 浏览器最多可保存 999 天的历史记录，用户可根据需要在此范围内进行相应的设置。下面将历史记录的保存天数设置为 20 天，具体步骤如下。

① 在“Internet 选项”对话框，进入“常规”选项卡，在“浏览历史记录”选项组中单击“设置”按钮。

② 在弹出的“Internet 临时文件和历史记录设置”对话框，在“历史记录”选项组中将“网页保存在历史记录中的天数”设置为 20，单击“确定”按钮，如图 3-32 所示。

（6）缩放网页中文字的显示比例

如果发现打开网页文字非常小，则影响正常的浏览，可通过缩放网页中文字的显示比例，以方便浏览网页，其操作方法非常简单，在 IE 浏览器窗口中选择“查看（V）”→“缩放（Z）（100%）”菜单命令，然后在弹出的下级菜单中选择缩放的比例，或同时按下 Ctrl 与+、Ctrl 与-，可以对所浏览的网页内容进行显示缩放，如图 3-33 所示。

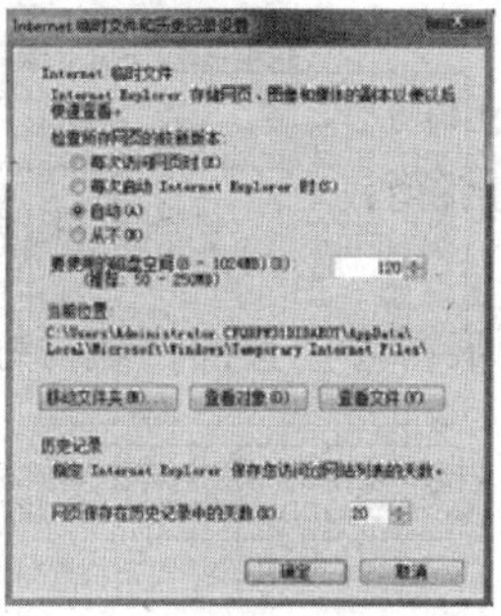

图 3-32 设置历史记录保存天数

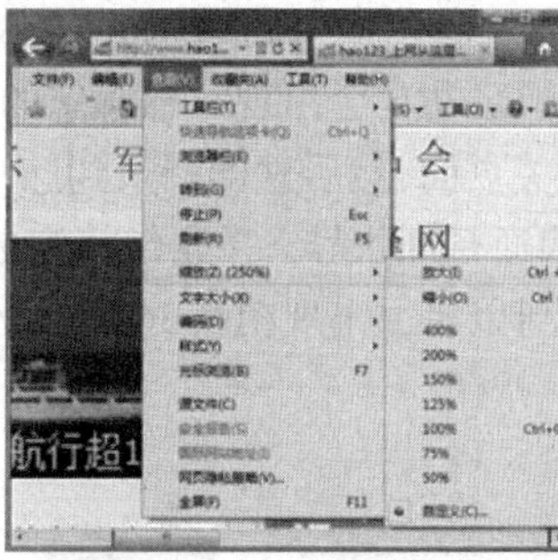

图 3-33 设置文字大小

10. 从 WWW 网站下载

为了方便因特网用户下载资源，许多 WWW 网站专门提供各种软件的下载，还对它们进行分类整理，并附上必要的说明，如软件大小、运行环境、功能简介及其主页地址等，使用户可以快速找到自己需要的软件并进行下载。下面列出了几个常用的包含许多共享软件、自由软件和试用软件的网站。

天空软件站：http://www.skycn.com。

华军软件园：http://www.onlinedown.net。

太平洋电脑网：http://www.pconline.com.cn。

多特软件站：http://www.duote.com。

（1）常见下载方式

① HTTP 下载。HTTP 下载方式通过网站服务器进行资源下载，主要有直接使用 IE 浏览器和专门下载工具两种方式。IE 下载不支持 “断点续传”，不能多线程下载，速度比较慢，适合下载小文件。专门工具主要包括网络蚂蚁与网际快车等，这类工具的下载速度快，且便于管理下载后的文件。

② FTP 下载。基于 FTP，用户可以登录到 FTP 服务器中，会看到像本地硬盘一样的布局界面，单击其中的文件即可进行下载。随着用户的增多，FTP 对带宽的要求也随之增高，所以大部分 FTP 下载服务器有用户人数下载速度的限制，该方式比较适合大文件的传输。

③ P2P 下载。P2P（Peer-to-Peer）能够使用户直接连接到其他用户的计算机上交换文件，而不是连接到服务器上浏览和下载。在 P2P 下载中，每台主机都是服务器，既负责下载文件又负责上传，它们相互帮忙，下载速度不会因为人数的增加而变慢。

④ P2SP 下载。P2SP 下载方式实际是对 P2P 技术的进一步延伸，它的下载速度更快，下载资源也更丰富，下载稳定性更强。最常用的 P2SP 下载工具是迅雷。

⑤ 流媒体下载。流媒体下载可以通过专门的工具软件“影音传送带”进行，这是一个高效稳定、功能强大的下载工具，下载速度快，CPU 占用率低，支持多线程与断点续传。

（2）使用迅雷

11. 博客

注册并登录博客

如何拥有自己的博客呢？下面以注册新浪博客为例进行讲解，具体步骤如下。

① 单击 IE 图标，打开 IE 浏览器，在地址栏中输入“blog.sina.com.cn”，按回车键打开新浪博客网（http://blog.sina.com.cn/），单击图 3-34 所示网页中的【开通新博客】按钮。

② 打开“注册新浪通行证”网页。可以使用“手机注册”或“邮箱注册”， 填写相关注册信息，带红色*为必填项，然后单击“立即注册”按钮，如图 3-35 所示。

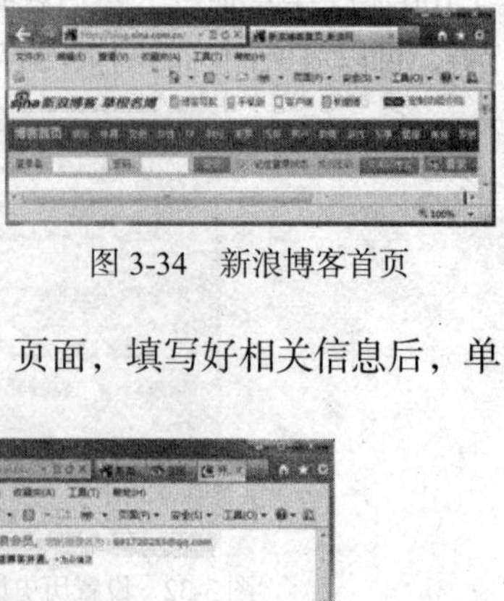

图 3-34 新浪博客首页

③ 如果注册成功，会出现“感谢您的注册，请立即验证邮箱地址”相关页面，然后立即登录到您注册用到的邮箱，激活注册的新浪通行证账号，单击链接完成注册。

④ 完成注册以后，出现图 3-36 所示的“开通新浪博客”页面，填写好相关信息后，单击“完成开通”按钮。

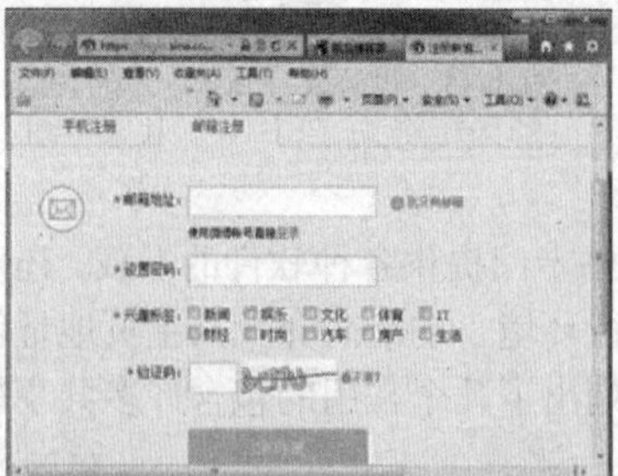

图 3-35 注册新浪通行证

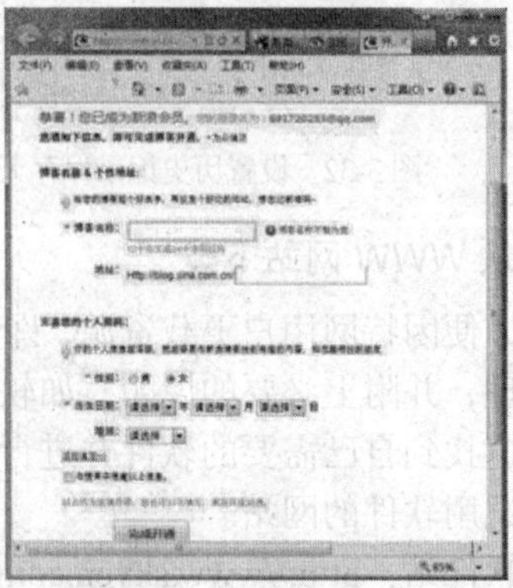

图 3-36 博客开通提示

⑤ 在新浪博客网页（http://blog.sina.com.cn/）中，输入刚注册的登录名及密码，单击“登录”按钮，即可进入自己的博客空间。

登录博客后，就可发布博文了。

小知识

常用的博客站点：

腾讯博客网	http://blog.qq.com/
博客网	http://www.bokee.com/
中国博客网	http://www.blogcn.com/
你的博客网	http://www.yourblog.org/
博客动力	http://www.blogdriver.com/

如果您已有“新浪UC号”或“新浪邮箱”，可用该账号直接登录，不需要再注册。

12. 网上购物

电子商务（Electronic Commerce，EC），电子商务通常是指在全球各地广泛的商业贸易活动中，在因特网开放的网络环境下，基于浏览器/服务器应用方式，买卖双方不谋面地进行各种商贸活动，实现消费者的网上购物、商户之间的网上交易和在线电子支付以及各种商务活动、交易活动、金融活动和相关的综合服务活动的一种新型的商业运营模式。

网上购物即属于电子商务的一种，近年来网上出现了许多电子商务网站，它们极大地方便了人们的日常生活，使人们足不出户也可以进行很多交易，即逛街、挑选、购买、议价、付款等，都通过网上实现，最终达成买卖交易。

（1）网上购物的组成元素

包括买家、卖家、商品、电脑、网络、购物/拍卖网站、物流/邮局、网上银行等。

（2）网上购物

Internet中有许多可以进行网上购物活动的网站，不少综合性的门户网站也开设了网上商城，如淘宝网、京东商城、拍拍网和团购大全等。下面以在淘宝网（http://www.taobao.com）进行购物为例，讲解在网上查找并采购所需商品的方法。

① 注册会员。在网络中购物通常都需先注册成为该网站的会员，然后才能使用购物服务，具体操作步骤如下。

- 进入淘宝网（http://www.taobao.com）首页，单击“免费注册”超链接，如图3-37所示。
- 打开注册页面，首先填写账户信息，如会员名、登录密码和验证码等，然后验证账户信息，再激活用户账户即成功注册。

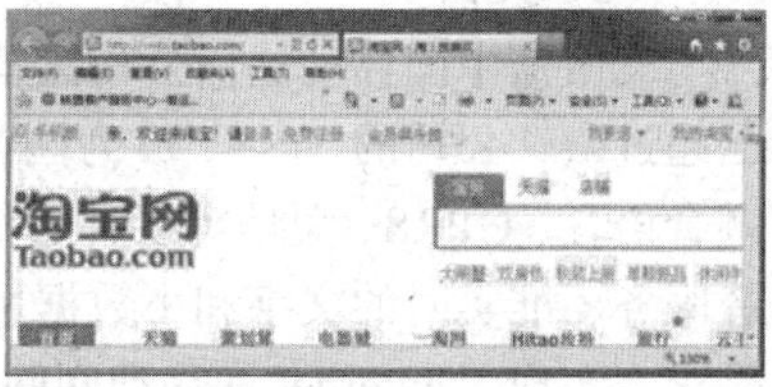

图3-37 免费注册

注意

为了购物的安全性，开通支付宝：

支付宝是在淘宝网购物时可使用的一种安全的支付方式，它同时兼顾“货到付款”与“款到发货”，在网上交易中起到了信用中介的作用，能有效地避免网络交易中存在的诈骗情况。开通支付宝的具体操作步骤如下。

① 在注册成功页面中单击“点此激活支付宝账户”按钮，免费激活支付宝账号。

② 打开支付宝注册页面后，在其中填写个人信息及设置账户信息。

③ 登录支付宝后，可通过选择“我的支付宝”/“账户充值”命令为账户充值。

② 购买自己心仪的商品。注册会员后，就可以在该网站进行网上购物了，在网上购物的方法分为快速搜索和依次查询两种，选中自己喜欢的商品，再根据系统提示操作即可购买该物品，如图3-38所示。

13. **即时通信**

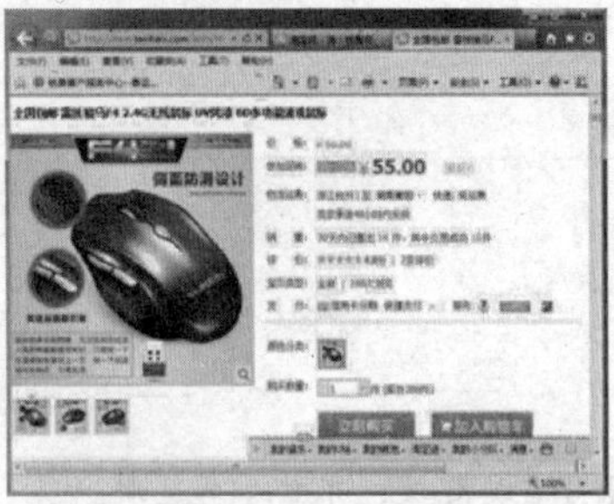

图 3-38　购物网站

即时通信也称网络聊天（IM），是互联网最基本的应用之一。网上聊天基本上可以分为 Web 聊天室和网络寻呼聊天两类。

（1）Web 聊天室

Web 聊天室是指聊天室以 Web 页面的形式出现，只要登录其中，就可以同时与多个网友聊天，其最大优点是简单、易用。许多大型的网站，特别是门户网站，都内嵌了网络聊天室。

要使用网络聊天室，一般先要在该聊天室注册，获得一个固定的注册号，再聊天。当然，也可以不注册，以“过客”的身份进行聊天。

（2）腾讯 QQ

腾讯 QQ 是目前拥有最多用户的中文网络寻呼站，它是由腾讯公司开发的基于 Internet 的即时通信软件。使用 QQ 的 6 个基本步骤为：下载 QQ 软件，安装 QQ 软件，申请注册 QQ 号码，登录 QQ，查找并添加 QQ 好友，与好友聊天。登录 QQ 成功后的界面如图 3-39 所示。

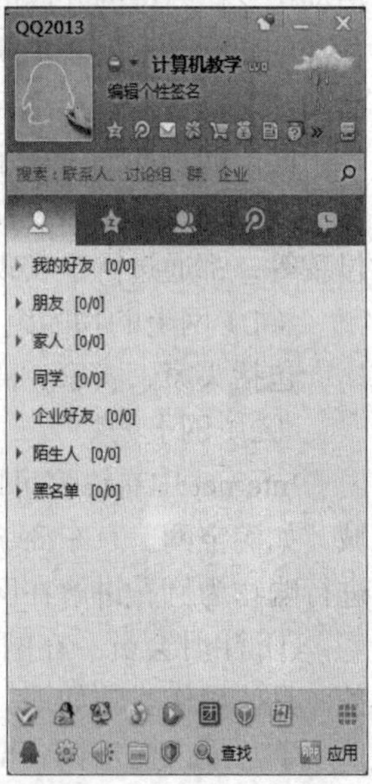

图 3-39　登录 QQ 成功后的界面

QQ 可显示好友是否在线、即时传送和接收信息、即时发送和接收文件，以及进行语音和视频聊天。QQ 可以自动检查用户的计算机是否已经接入 Internet；可以根据各种关键词或类别搜索好友、显示在线好友；可以创建讨论组；可以进行远程协作；可以根据 QQ 号、昵称、姓名等关键词查找其他用户，还可以在腾讯公司的主页中根据其他类别查找，找到以后要将其加入通讯录中。

（3）飞信

飞信是中国移动通信公司运营的即时通信工具，其用户数已超过微软公司的 MSN，成为国内第二大即时通信软件。飞信融合语音、GPRS、短信等多种通信方式，覆盖了完全实时的语音服务、准实时的文字和小数据量通信服务、非实时的通信服务 3 种不同形态的客户通信需求，实现了 Internet 和移动网间的无缝通信服务。

飞信具有以下主要特点。

① 具备防骚扰功能。只有对方被您授权为好友时，才能与您通话和短信，安全又方便。

② 可以免费从 PC 给手机发短信。不受任何限制，能够随时随地与好友开始语聊，并享受超低语聊资费。

③ 实现了无缝链接的多端信息接收。MP3、图片和普通 Office 文件都能随时随地传输，与好友保持畅快、有效的沟通，工作效率好。

④ 面向联通和电信用户开放注册。三网可以互加好友，沟通无缝隙。

飞信登录界面如图 3-40 所示。

使用飞信的基本步骤包括：下载飞信客户端软件；安装客户端软件；通过手机、邮箱、昵称等方式进行注册；注册成功后，登录飞信，显示主界面；查找并添加好友；向好友发送消息及短信息等。登录飞信后的界面如图 3-41 所示。

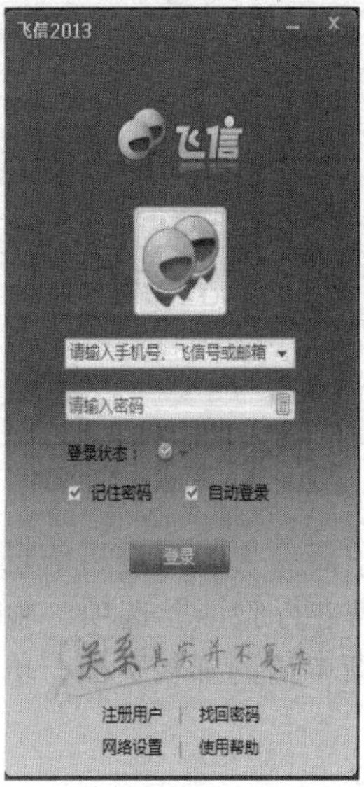

图 3-40　飞信登录界面

图 3-41　登录飞信成功后的界面

任务 2　收发电子邮件

【任务描述】

小牛除了与客户进行在线沟通外，还想与客户之间进行电子邮件沟通，收发电子邮件是一件十分重要的工作。通过本次课的学习，主要了解电子邮件的功能；熟悉获取电子邮件服务的途径；掌握收发和管理电子邮件的方法。

本任务要求完成以下操作。

① 为自己申请一个免费的电子邮箱。

② 通过该邮箱发送一封电子邮件。

【技术分析】

目前许多大型的网站都提供了电子邮件服务，本任务使用网易 126 提供的免费电子邮件服务完成（网易 126 网址 http://www.126.com）。

【任务实施】

（1）申请免费电子邮箱 hycgyxgxjsj@126.com

申请一个属于自己的电子邮箱并不难，目前许多大型的网站上都提供了电子邮件服务，经典的电子邮箱服务有：网易、新浪、TOM 邮箱、QQ 邮箱、雅虎等可在线申请免费邮箱。下面以在网易中申请一个免费信箱为例，介绍免费邮件的申请过程。

① 启动 IE 浏览器，在地址栏中输入网易 126 免费邮箱的网址 Http://www.126.com，按【Enter】键进入其主页面，如图 3-42 所示。

② 单击“邮箱账号登录”选项卡中的“注册”按钮，即进入“注册网易免费邮箱”页面，可以选择使用“注册字母邮箱”或“注册手机号码邮箱”，然后按网页上的提示填写相应的注册资料，凡前面有“*”号的都是必须填写的，如图 3-43 所示。填写完注册资料后，单击“立即注册”按钮。

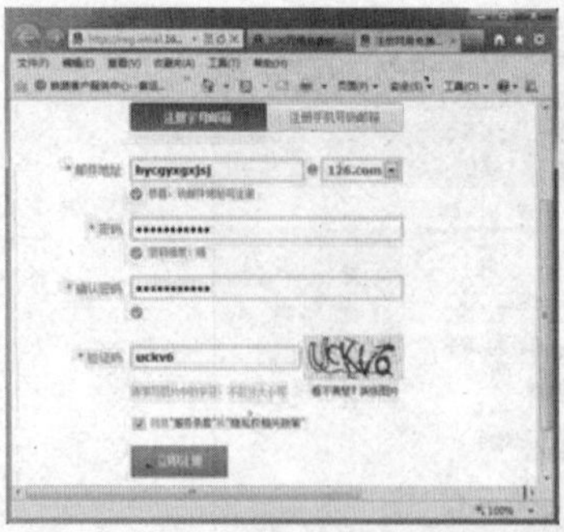

图 3-42　网易 126 免费邮箱主页面

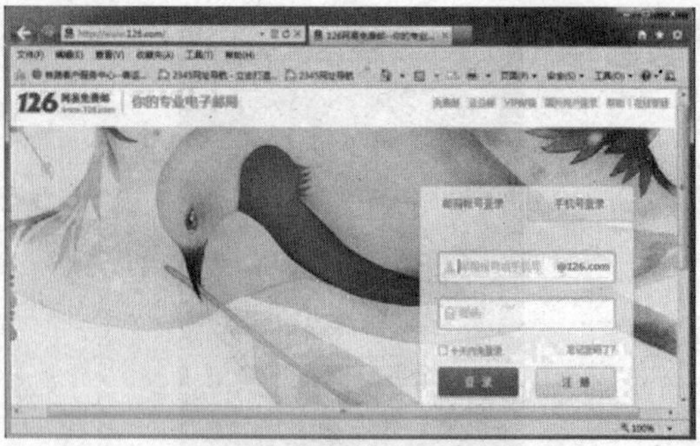

图 3-43　邮箱注册页面

③ 出现“您的注册信息正在处理中…”提示，需要再一次进行信息验证，可以选择“使用手机验证码进行验证”或“使用图片验证码进行验证”选项，验证成功后，则出现图 3-44 所示的提示注册成功信息，并自动进入新申请的邮箱页面，单击“开启网易邮箱之旅”按钮。

（2）在线发送电子邮件

申请到免费邮箱后，即可使用该邮箱收发电子邮件了。

① 在 IE 浏览器的地址栏中输入“http://www.126.com/”进入网易 126 邮箱，在“邮箱账号”和“密码”文本框中分别输入邮箱账号和密码，然后单击“登录”按钮进入电子邮箱。

② 登录到自己的邮箱后，在邮箱窗口中单击“写信”按钮，进入邮件编辑窗口。

③ 在“收件人”文本框中输入收件人的邮箱地址（例名：hycgyjsj@126.com）；在“主题”文本框中输入邮件的主题（例如：产品信息）；在正文文本框中编辑邮件的内容（例如：经理好！现将有关的产品信息发给您，如您有什么好的建议，请及时告知，以便我们修改。谢谢！）；如需要发送附件，请单击“添加附件”按钮，找到需添加的文件打开即可。书写完成后单击“发送”按钮，如图 3-45 所示。

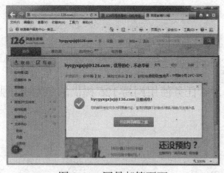

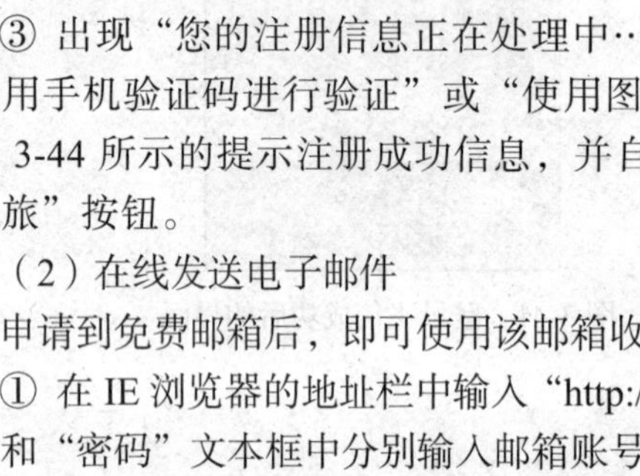

图 3-44　网易邮箱页面

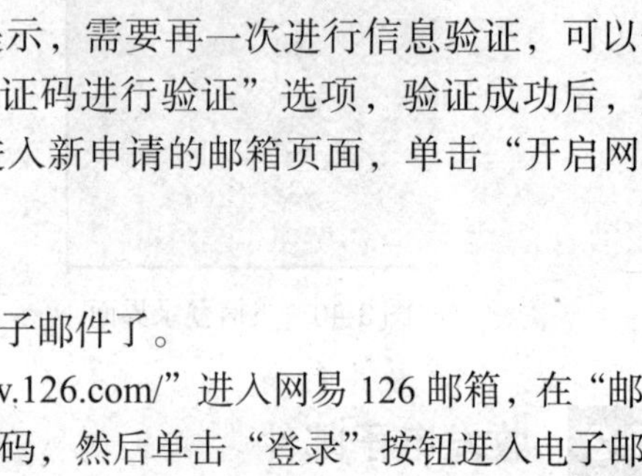

图 3-45　网易邮箱写信界面

④ 电子邮件不仅可以是纯文本，还可以带有图像、声音和视频文件等附件信息。在邮件编辑窗口中单击“添加附件”超链接，在打开的“选择要上传的文件”对话框中选择需要发送的文件，然后单击“打开”按钮。

⑤ 选择的文件将显示在“添加附件”超链接的下方，附件添加完成后，单击“发送”按钮，附件将随着邮件一起发送给收件人。

（3）接收并回复电子邮件

邮箱页面中会显示未读邮件的数量，可以据此判断是否有未读邮件。收到来信后，用户可以有选择地回复邮件（以电子邮箱地址 hycgyxgxjsj@126.com 为例）。

① 在 IE 浏览器的地址栏中输入网易免费邮箱的网址 http://www.126.com/，打开其首页。在“邮箱账号”和“密码”文本框中分别输入邮箱账号和密码，然后单击“登录”按钮进入电子邮箱。

② 单击“收件箱”按钮，在页面右侧的窗格中可以查看接收到的邮件，单击接收到邮件的主题，即可在右侧窗格中查看邮件的内容，如图 3-46 所示。

③ 单击“回复”按钮，打开“写邮件”选项卡，原有的信件内容会出现在“正文”文本框中，在其中编辑要回复的内容，然后单击“发送”按钮发送邮件。

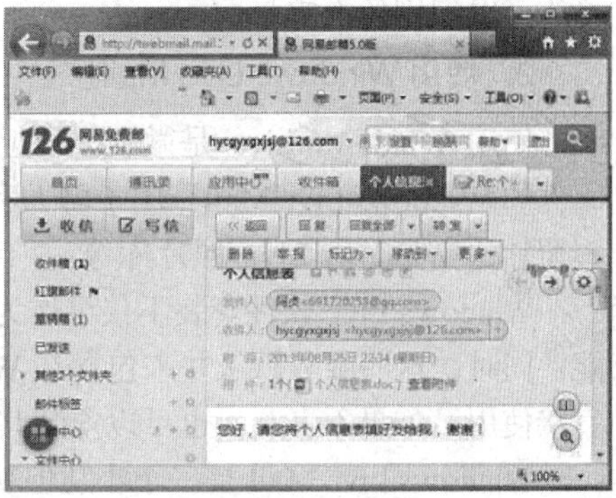

图 3-46 查看邮件内容界面

【知识链接】

1. E-mail 基础

电子邮件即 E-mail，是一种通过网络实现异地之间快捷、方便、可靠地传送和接收信息的现代化通信手段。

E-mail 与传统邮件相比，具有方便快捷的优点，无论在地球任何地方，只要能连接 Internet，就能收发电子邮件。每个收发电子邮件的用户都必须有一个电子邮件地址，电子邮件地址主要用来标识电子邮件用户，以便于处理用户的电子邮件业务。

（1）电子邮件的优点

① 快速：电子邮件只需几秒钟便可以通过 Internet 传送到接收者的电子邮箱中。

② 方便：电子邮箱不受时间和地域的限制，收件人可以在任何连入 Internet 的计算机中接收邮件。

③ 廉价：发送电子邮件所需的成本仅为上网费用的一项，比邮寄普通信件便宜许多。

④ 内容丰富：电子邮件不仅可以传送文件，还可以传送声音、图片、视频及动画等多种类型的文件。

⑤ 可靠：每个电子邮箱都有一个全球唯一的邮箱地址，确保邮件按发件人输入的地址准确无误地发送到收件人的邮箱中。

（2）电子邮箱地址

发送电子邮件时必须知道收件人的邮件地址，电子邮件地址的一般格式为：<用户名>@<电子邮件服务器域名>，如 hycgyjsj@tom.com 就表示一个电子邮件的地址。hycgyjsj 是用户名，tom.com 表示邮件服务器地址。

常见的电子邮箱有网易 163 邮箱（mail.163.com）、网易 126 邮箱（www.126.com）、新浪邮箱（mail.sina.com.cn）、QQ 邮箱（mail.qq.com）等。

（3）收发电子邮件的原理

收发电子邮件的原理实际上是依靠软件将输入的邮件内容转换为可以在 Internet 上传输的信号，然后通过网络传送出去，当到达接收端时，再将其还原成可以识别的文字、声音、图像或动画等文件。因此，要收发电子邮件必须通过相应的服务器来完成转换操作。

发送电子邮件的服务器为发送邮件服务器即 SMTP，发送电子邮件时，先将电子邮件信息通过 Internet 发送到 SMTP 发送邮件服务器中，然后 SMTP 发送邮件服务器再将邮件发送至目的地。接收电子邮件的服务器为接收邮件服务器，一般为 POP3，它将电子邮件信息转换为可以识别的内容。

2. 使用 Windows Live Mail

使用 Windows Live 是微软公司近几年推出的一套网络服务的名称，包括用于收发电子邮件的 Windows Live Mail，用于聊天和网上交流的 Windows Live Messenger，用于查看和整理照片的 Windows Live 照片库等。

Windows Live 软件套装不仅可作为单机程序使用，还可以直接访问网络服务获得更多功能。同时，这些服务默认并未包含在 Windows 7 系统中，如果用户喜欢，只要安装后就可以直接使用，如果不喜欢，也可以安装其他同类型的软件。

Windows Live Mail 是一个小巧但功能强大的电子邮件客户端软件。Windows 7 系统中已不再包含很多人熟悉的 Outlook Express，但 Windows Live Mail 具备 Outlook Express 的所有功能，同时进行了额外的扩展。

项目训练

1. 单选题

（1）下面是某单位主页的 Web 地址 URL，其中符号 URL 格式的是______。

A）http://www.jnu.edu.cn　　B）http:\\3w.jnu.edu.cn

C）http://www.jnu.cn.edu　　D）http:\\www.jnu.edu.cn

（2）用 IE 浏览器浏览网页，在地址栏中输入网址时，通常可以省略的是______。

A）ftp://　　B）http://　　C）telnet://　　D）news://

（3）搜索引擎其实也是一个______。

A）网站　　B）网页　　C）链接　　D）都可以

（4）下列地址格式是有效 FTP 地址格式的是______。

A）ftp:/foolish.6600.org　　B）ftp//foolish.6600.org

C）ftp://foolish.6600.org　　D）ftp:\\foolish.6600.org

（5）IE 收藏夹中保存的是______。

A）网页的设计原则　B）网页的地址　C）网页的制作过程　D）网页的作者

（6）在互联网上发送电子邮件时，下面说法正确的是______。

A）需要知道收件人的电子邮件地址和密码

B）需要知道收件人的电子邮件地址但不需要知道密码

C）需要知道收件人的电子邮件密码

D）不需要知道收件人的电子邮件地址

（7）BBS 是一种______。

A）在互联网可以提供交流平台的公告板服务　　B）远程登录服务

C）新闻组服务　　D）电子邮件服务

（8）HTML 是指______。

A）超媒体文件　B）超文本标识语言　C）超文本传输协议　D）超文本文件

（9）Internet 中 URL 的含义是______。

A）统一资源定位器　　B）Internet 协议

C）简单邮件传输协议　　D）传输控制协议

（10）在因特网上专门用于传输文件夹的协议是______。

A）HTTP　　B）NEWS　　C）Word　　D）FTP

（11）Internet Explorer 浏览器本质上是一个______。

A）连入 Internet 的 TCP/IP 程序

B）连入 Internet 的 SNMP 程序

C）浏览 Internet 上 Web 页面的客户程序

D）浏览 Internet 上 Web 页面的服务器程序

（12）FTP 是实现文件在网上的______。

A）复制　　B）移动　　C）查询　　D）浏览

（13）利用 FTP（文件传输协议）的最大优点是可以实现______。

A）异种机和异种操作系统之间的文件传输

B）同一操作系统之间的文件传输

C）异种机上同一操作系统间的文件传输

D）异种机和异种操作系统之间的文件传输

（14）将计算机应用于办公自动化属于计算机应用领域中的______。

A）科学计算　　B）信息处理　　C）过程控制　　D）计算机辅助

（15）网页上看到你收到的邮件的主题行的开始位置有“回复:”或“Re:”字样时，表示该邮件是：______。

A）对方拒收的邮件　　B）当前的邮件

C）希望对方答复的邮件　　D）回复对方的答复邮件

（16）当你登录在某网站注册的邮箱，页面上的“发件箱”文件夹一般保存着的是______。

A）你已经抛弃的邮件

B）你已经撰写好，但是还没有成功发送的邮件

C）包含有不合时宜想法的邮件

D）包含有不礼貌语句的邮件

（17）电子邮箱系统不具有的功能是______。

A）发送邮件　　B）自动删除邮件　　C）接收邮件　　D）回复邮件

（18）当电子邮件在发送过程中有误时，则______。

A）电子邮件服务器将自动把有误的邮件删除

B）邮件将丢失

C）电子邮件服务器会将原邮件退回，但不给出不能寄达的原因

D）电子邮件服务器会将原邮件退回，系统并给出不能寄达的原因

（19）电子邮件地址的一般格式为 ______。

A）用户名@域名　　B）域名@用户名

C）IP 地址@ 域名　　D）域名@IP 地址

（20）匿名 FTP 是______。

A）Internet 和一种匿名信的名称

B）在 Internet 上没有主机地址的 FTP

C）允许用户免费登录并下载文件的 FTP

D）用户之间能够传送文件夹的 FTP

2. 操作题

（1）请运行 Internet Explorer，并完成下面的操作。

① 某网站的主页地址是：http://www.qq.com，浏览"汽车"页面，并将打开的"汽车频道_腾讯网"页面以文本文件的格式保存到"D：\班级\姓名"文件夹下，命名为"学习 1.txt"。

② 在上题打开的"汽车频道_腾讯网"页面中，浏览你喜欢的一些汽车图片，选择你最喜欢的汽车图片保存到"D：\班级\姓名"文件夹下，命名为"学习 2.jpg"。

（2）利用 Internet Explorer 浏览器，通过经典搜索引擎站点"http://www.baidu.com"搜索含有单词"basketball"的那些页面，将其中的任意一个页面另存到"D：\班级\姓名"文件夹下，命名为"学习 3.txt"。

（3）利用 Internet Explorer 浏览器，通过经典搜索引擎站点"http://www.baidu.com"搜索关键词为"职业生涯规则"的那些页面，将其中对你有帮助的一些文字内容复制到一个 Word 文档中，并将该 Word 文档另存到"D：\班级\姓名"文件夹下，命名为"学习 4.doc"。

（4）通过对 IE 浏览器参数的设置，使 IE 默认主页为新浪（www.sina.com.cn）。

（5）设置网页在历史记录中保存 10 天。

（6）通过华军软件园 http://www.onlinedown.net 网站，下载一"网络语音"工具，将该软件保存在"D：\班级\姓名"文件夹下。

（7）申请一免费邮箱，并给任课教师成功发送一封电子邮件，并将"学习 4.doc"一并发送给任课教师。

项目四

Word 2010 文字处理

教学目标

- 熟悉 Word 2010 的工作环境，了解工作窗口的组成部分。
- 熟练掌握 Word 2010 文档的建立、编辑、保存及打印操作。
- 熟练掌握 Word 2010 文档的基本编辑功能，掌握复制、剪切、粘贴、插入、删除、查找、替换等的概念和操作方法。
- 理解 Word 2010 文字排版中的常见概念：插入点、段落、节、分栏、字体、字形、字号、对齐、缩进、项目符号和编号、图文混排、页边距、页眉与页面、页码等。
- 掌握在 Word 2010 中插入及绘制图形的方法，能进行简单的图文混排。
- 掌握 Word 2010 中创建、修改、设置表格的基本方法，能制作表格。
- 掌握 Word 2010 中公式、水印、样式、邮件合并的设置。

教学内容

- 创建简单新闻稿。
- “招聘通知”的排版。
- 美化文档。
- 图文混排。
- 表格处理。
- 毕业论文的排版。
- 录取通知书。

Word 是由 Microsoft 公司出版的一个文字处理器应用程序。Microsoft Word 2010 提供了许多编辑工具，可以使用户更轻松地制作出比以前任何版本都精美的具有专业水准的文档。

任务 1 创建简单新闻稿

【任务描述】

会计系胡芳是学院学生处的新闻记者，主要负责及时报道校园发生的新事,更好地为学院师生服务。近日学院会计系组织了一场宿舍文化艺术节闭幕活动，学生处派遣胡芳为此次活动的校园记者，完成采访和新闻编稿，效果如图 4-1 所示。

> 【会计系】第二届宿舍文化艺术节闭幕
>
> 5 月 28 日下午，会计系第二届宿舍文化艺术节闭幕式暨“会计成就人生，千日苦练成才”PPT 制作大赛在三教多功能报告厅拉开序幕。
>
> 会计系党总支副书记在比赛开始前发表讲话，会计系心理生活咨询部为大家带来的《我相信》之后，比赛正式开始。经过近 3 个小时的竞赛，最后，获得❶等奖的是 12 会计 7 班，获得❷等奖的是 12 会计对电对口 1 班和 12 会计 2 班，获得❸等奖的班级有 12 会计对口 1 班，12 注会 2 班，12 会计 8 班以及 12 会电 2 班。
>
> ——主办方：会计系
>
> ——校园记者：胡芳☺

图 4-1 新闻稿编辑内容

【技术分析】

- 通过 Word 2010 新建的文档 1 输入新闻稿的普通文字。
- 通过 Word 2010 插入所需符号。
- 通过 Word 2010 文档输入后，要将其内容保存。

【任务实施】

接到通知，完成采访。胡芳接下来进行认真地编稿。打开计算机，启动 Word 2010，使用相关功能完成了本次新闻稿的简单编辑。

1. 启动 Word 2010

胡芳首先要做的就是启动 Office。双击桌面 Word 2010 快捷方式图标启动，如图 4-2 所示。

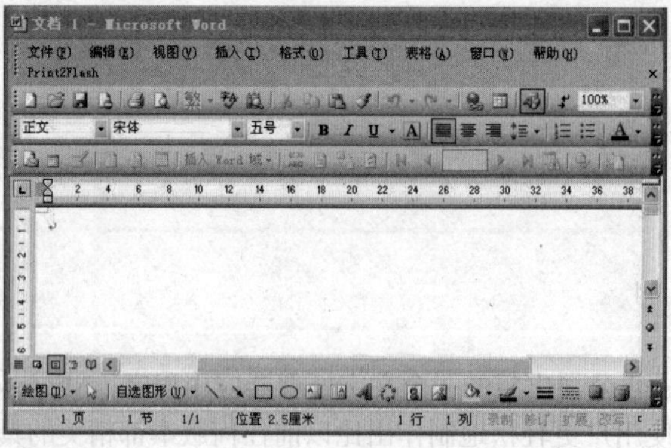

图 4-2 打开 Word 2010

2. 新建“文档 1”

启动 Word 2010，就自动新建了“文档 1”。

3. 输入新闻稿普通文字

胡芳要学会使用 Word 编辑新闻文档，第一步就是要掌握如何将内容输入到文档中。在新建的“文档 1”中单击首行出现闪烁的黑色竖线“|”即插入点，选择一种输入法，即可进行文本的输入。输入过程中当输完一段内容后，按【Enter】键可分段同时插入一个段落标记，进入第二段文字的输入，效果如图 4-3 所示。

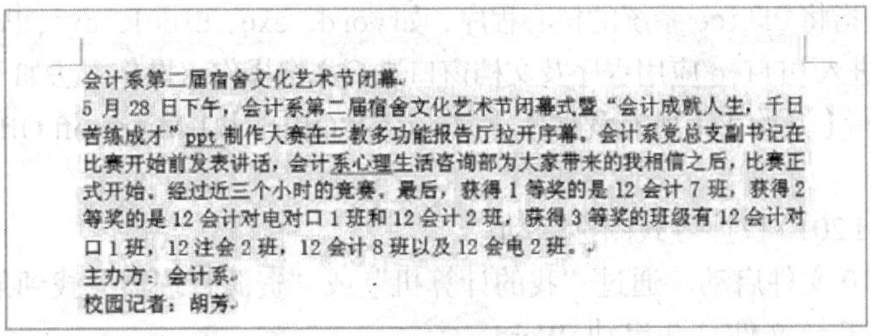
会计系第二届宿舍文化艺术节闭幕
5 月 28 日下午，会计系第二届宿舍文化艺术节闭幕式暨“会计成就人生，千日苦练成才”ppt 制作大赛在三教多功能报告厅拉开序幕。会计系党总支副书记在比赛开始前发表讲话，会计系心理生活咨询部为大家带来的我相信之后，比赛正式开始。经过近三个小时的竞赛，最后，获得 1 等奖的是 12 会计 7 班，获得 2 等奖的是 12 会计对电对口 1 班和 12 会计 2 班，获得 3 等奖的班级有 12 会计对口 1 班，12 注会 2 班，12 会计 8 班以及 12 会电 2 班。
主办方：会计系
校园记者：胡芳

图 4-3　输入文字

4. 插入符号文字

在输入完普通文字后，可插入所需要的符号。

（1）在第一行“会计系”的“会”字前面单击定位。

（2）在【插入】/【符号】选项组单击【符号】按钮，选择【其他符号】选项，弹出【符号】对话框，再选择【符号】选项卡。

（3）在“字体”框中选择“(普通文本)”，子集选择“CJK 符号和标点”，效果如图 4-4 所示。

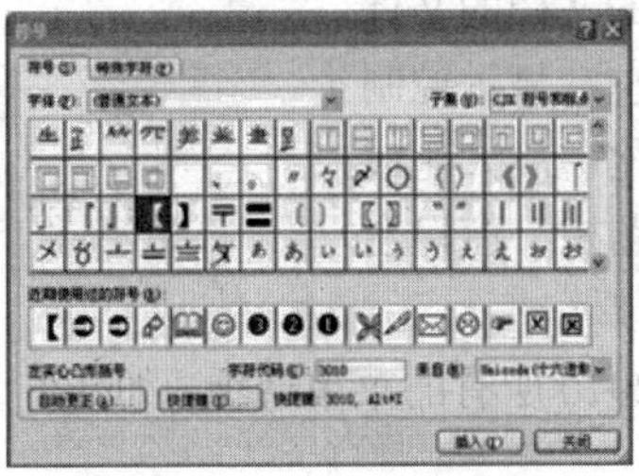

图 4-4　“符号”对话框

（4）双击“【”，其他符号用同样的方法输入，完成后单击“关闭”按钮。

5. 及时保存编辑好的新闻稿

将刚编辑的“文档 1”保存文件名为“第二届宿舍文化艺术节闭幕”、地址为“E”：盘的根目录上。

（1）单击【文件】/【保存】命令，系统将弹出【另存为】对话框。

（2）单击【保存位置】框中右边的向下箭头，从下拉列表框中选择【我的计算机】/【E：盘】命令。

（3）在【文件名】文本框中输入保存文件名“第二届宿舍文化艺术节闭幕”。在【保存类型】下拉列表框中选择“Word 文档”文件类型，单击【保存】按钮，如图 4-5 所示。

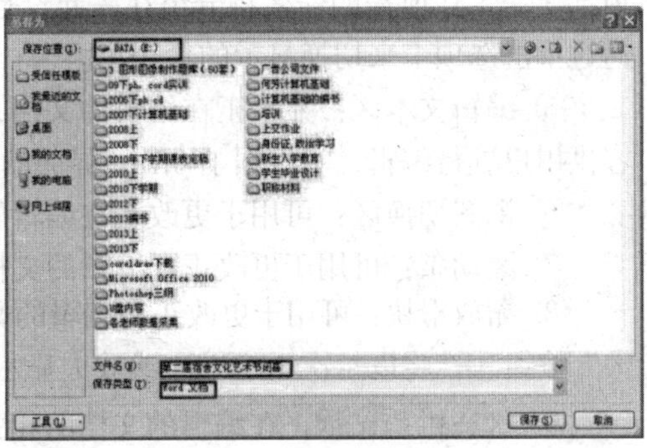

图 4-5　“另存为”对话框

6. 单击标题栏中的“关闭”按钮

【知识链接】

1. 文档的基本操作

（1）启动 Word 2010

启动 Office 是指将 Office 系统的核心程序，如 word. exe、Excel. exe、PowerPoint. exe 等调入内存，同时进入 Office 应用程序及文档窗口进行文档操作。操作方法如下。

常规启动。执行【开始】/【所有程序】/【Microsoft Office】/【Microsoft Office Word 2010】命令即可。

双击桌面 Word 2010 快捷方式图标启动。

通过 Word 2010 文件启动。通过“我的计算机”或“资源管理器”找到某个 Word 2010 文件，双击即可打开该文件，并启动 Word 2010。

（2）认识 Word 2010 工作窗口

启动 Word 2010 应用程序后，即打开 Word 2010 工作界面，如图 4-6 所示。Word 2010 窗口主要有标题栏、快速访问工具栏、菜单栏、功能区、标尺、文档编辑区、状态栏等。

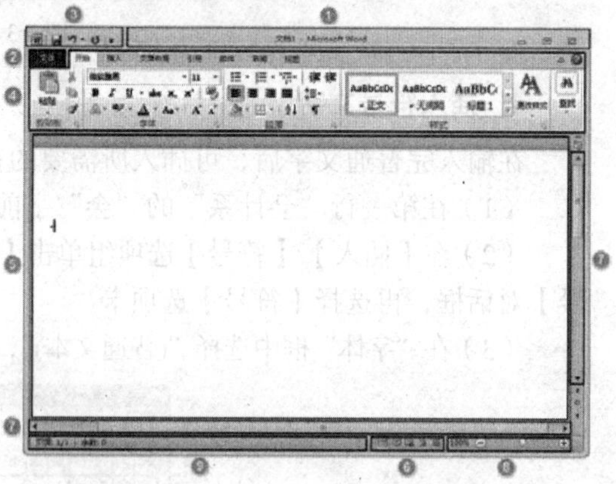

图 4-6 Word 2010 工作窗口组成元素

① 标题栏：显示正在编辑的文档的文件名以及所使用的软件名。它的左端显示控制菜单按钮图标。右端显示最小化、最大化或还原和关闭按钮图标。双击标题栏，窗口会在最大化和向下还原之间切换。

② 选项卡：是显示 Word 2010 所有的菜单选项，如文件、开始、插入、页面布局、引用、邮件、审阅、视图选项卡。

③ 快速访问工具栏：常用命令位于此处，例如“保存”和“撤销”，用户可以根据需要进行自定义设置。

④ 功能区：“功能区”是水平区域，就像一条带子，启动 Word 后分布在 Office 软件的顶部。您工作所需的命名将分组在一起，且位于选项卡中，如“开始”和“插入”。您可以通过单击选项卡来切换显示的命令集。

⑤ 编辑文本区：显示正在编辑的文档，是 Office 窗口的主体部分，用于显示文档的内容供用户进行编辑，它占据了 0frice 界面的绝大部分空间。

⑥ 视图切换区：可用于更改正在编辑的文档的显示模式以符合您的要求。

⑦ 滚动条：可用于更改正在编辑的文档的显示位置。

⑧ 缩放滑块：可用于更改正在编辑的文档的显示比例设置。单击“缩小”按钮⊖或“放大”按钮⊕，将以每次 10%缩小或放大显示比例。

⑨ 状态栏：显示正在编辑的文档的相关信息。包括当前的页数/总页数、文档的字数、校对文档出错内容、语言设置、设置改写状态。

（3）文件视图

在 Word 2010 中提供了多种视图模式供用户选择，这些视图模式包括“页面视图”、“阅读版式视图”、“Web 版式视图”、“大纲视图”和“草稿视图”等视图方式。用户可以在“视图”功能区中选择需要的文档视图模式，也可以在 Word 2010 文档窗口的右下方单击视图按钮选择视图。

① 页面视图

“页面视图”可以显示 Word 2010 文档的打印结果外观，主要包括页眉、页脚、图形对象、分栏设置、页面边距等元素，是最接近打印结果的页面视图，如图 4-7 所示。

② 阅读版式视图

“阅读版式视图”以图书的分栏样式显示 Word 2010 文档，“文件”按钮、功能区等窗口元素被隐藏起来。在阅读版式视图中，用户还可以单击“工具”按钮选择各种阅读工具，如图 4-8 所示。

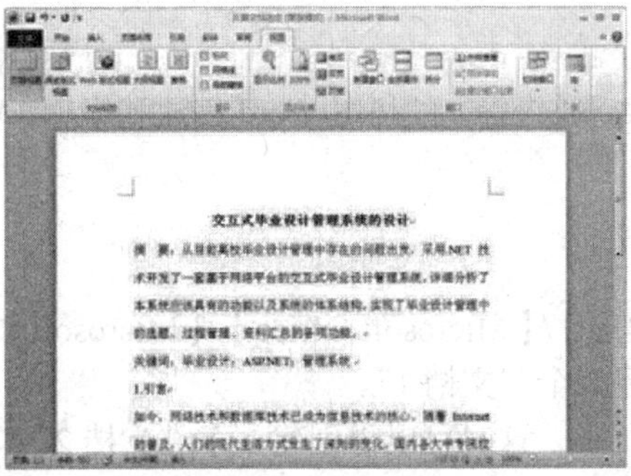

图 4-7 页面视图

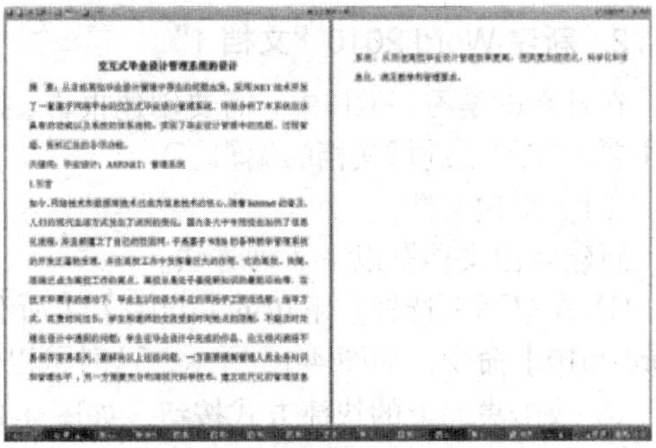

图 4-8 阅读版式视图

③ Web 版式视图

“Web 版式视图”以网页的形式显示 Word 2010 文档，Web 版式视图适用于发送电子邮件和创建网页，如图 4-9 所示。

④ 大纲视图

“大纲视图”主要用于 Word 2010 文档的设置和显示标题的层级结构，并可以方便地折叠和展开各种层级的文档。大纲视图广泛用于 Word 2010 长文档的快速浏览和设置中，如图 4-10 所示。

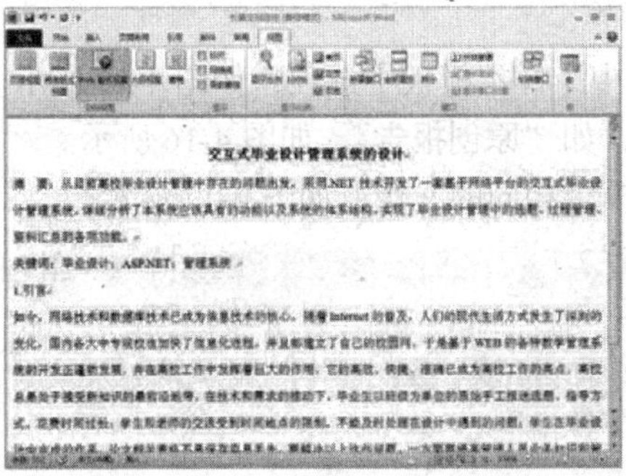

图 4-9 Web 版式视图

图 4-10 大纲视图

⑤ 草稿视图

“草稿视图”取消了页面边距、分栏、页眉页脚和图片等元素，仅显示标题和正文，是最节省计算机系统硬件资源的视图方式。当然现在计算机系统的硬件配置都比较高，基本上不存在由于硬件配置偏低而使 Word 2010 运行遇到障碍的问题，如图 4-11 所示。

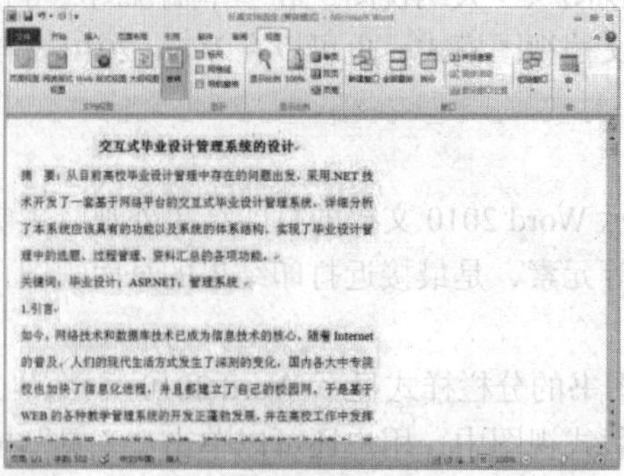

图 4-11　草稿视图

2. 新建 Word 2010“文档 1”

在日常的学习、工作中，需要创建报告、报表、通告等，可利用 Word 创建和编辑，Word 的主要操作就是进行文档的编辑。

（1）空白文档

新建空白文档有以下 3 种方法。

① 在桌面上选择左下角的【开始】/【所有程序】/【Microsoft Office】/【Microsoft Office Word 2010】命令，如图 4-12 所示，这时可以创建一个“文档 1”。

② 双击桌面上的快捷方式按钮，如图 4-13 所示，这时可以再创建一个“文档 2”。

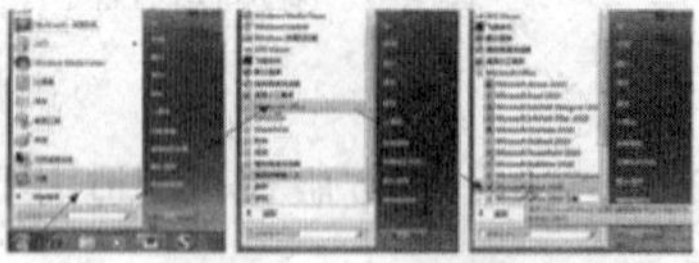

图 4-12　新建空白文档

图 4-13　双击新建文档

③ 在已启动 Word 2010 的情况下，执行【文件】/【新建】/【空白文档】/【创建】命令，立即创建一个新的空白文档，如图 4-14 所示。这时又可再创建一个“文档 3”。

（2）模板文档

根据内置模板新建文档

① 执行【文件】/【新建】命令，在右侧选中【样本模板】选项，如图 4-15 所示。

② 在【样本模板】列表中选择适合的模板，如“原创报告”，如图 4-16 所示。

③ 单击【创建】按钮即可创建一个与样本模板相同的文档，如图 4-17 所示。

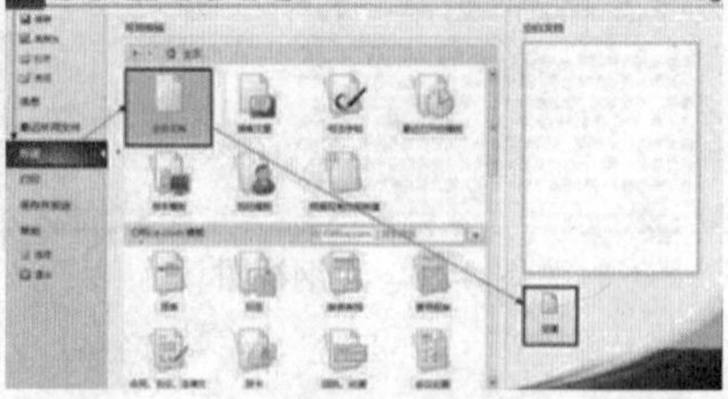

图 4-14　创建空白文档

图 4-15　选择样本

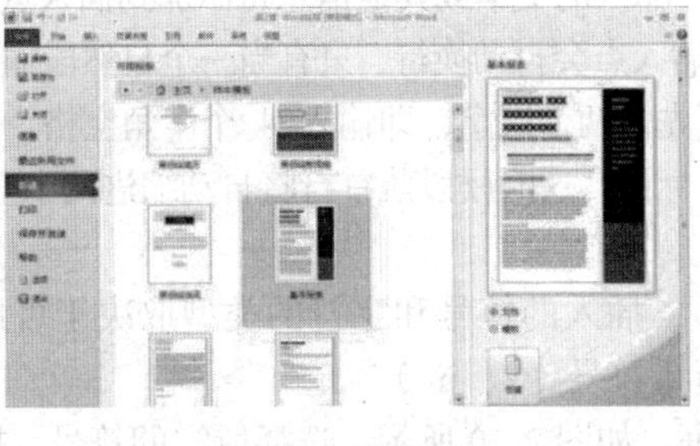

图 4-16　选择模板

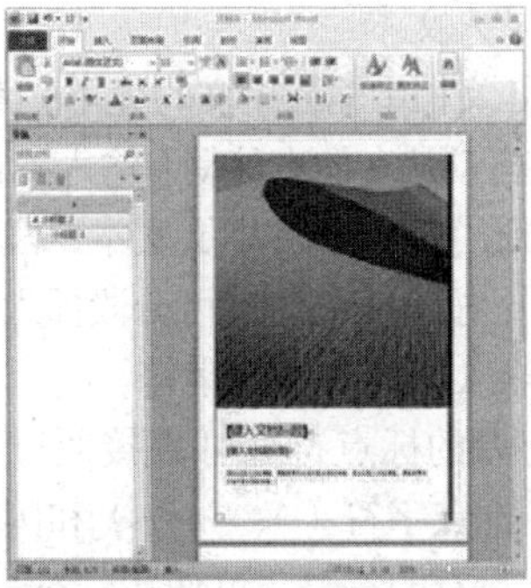

图 4-17　新建的样本模板

根据 Office Online 上模板新建文档。

① 执行【文件】/【新建】命令，在“Office Online”区域选择“回执收据”选项，如图 4-18 所示。

② 在“Office Online 模板”栏中选择“团队募捐者回执”选项，如图 4-19 所示。

③ 在打开的菜单中选择“团队募捐者回执”选项，单击“下载”按钮，如图 4-20 所示。

④ 即可在 Office Online 上下载所需的模板，如图 4-21 所示。

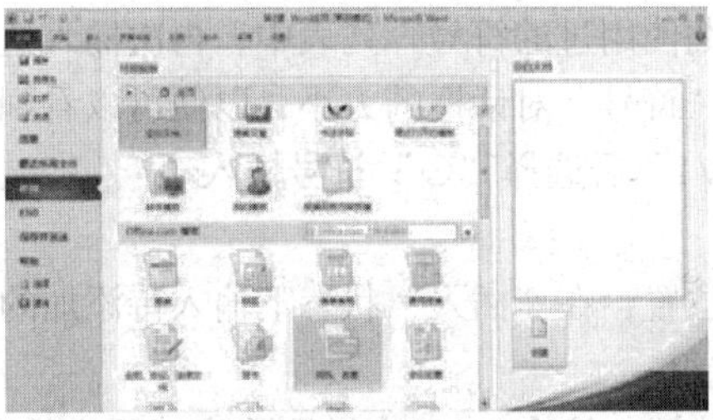

图 4-18　选择模板样式

图 4-19　选择模板类型

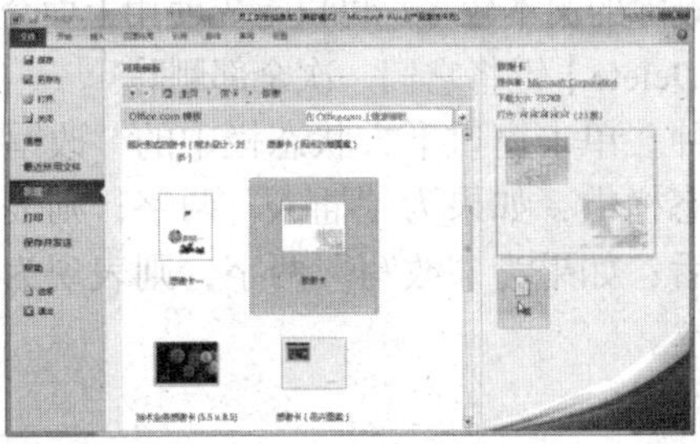

图 4-20　下载模板

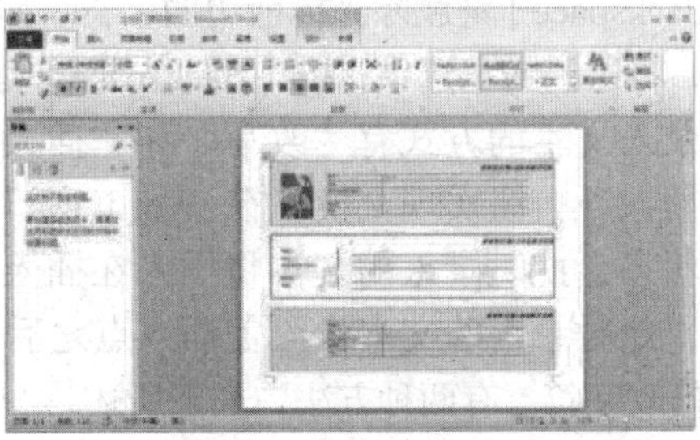

图 4-21　下载后的模板

3. 输入文本与符号

在新建好文档后，就可以输入文本。文本是文字、符号、特殊字符等内容的总称。新建一个 Word 文档需要定位插入点的位置（闪烁的黑色竖线“|”称为插入点），选择一种输入法即可进行文本的输入。

（1）输入法切换

默认情况下，刚进入系统中时出现的是英文输入法,在任务栏右端语言栏上显示一个语言图标，单击语言图标，则会打开“输入法”列表，如图 4-22 所示。在输入法列表中选择一种输入法。

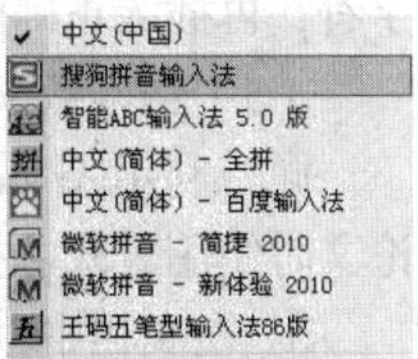

图 4-22　输入法列表

可以使用【Ctrl+空格】组合键实现中英文切换，用【Shift+Ctrl】组合键实现各种输入法切换。

（2）录入文本

在 Word 文档中输入中文时先不必考虑格式，输入的文本或其他信息将添加到插入点位置，并且插入点自动从左向右移动。输入到行尾时，插入点会自动换行，只有当一个自然段输入完成时才按【Enter】键。比如中文文本，段落开始可先空两个汉字，即输入 4 个半角空格。当输入一段内容后，按【Enter】键可分段插入一个段落标记，这时候段落首行将自动缩进两个空格。

（3）输入符号和特殊字符

键盘上有的标点符号可直接通过键盘输入，插入的符号和字符的类型取决于可用的字体。例如，标点字符（^、……）和国际通用货币符号（$、￥）。

键盘上没有的符号，可使用“符号”对话框，如图 2-20 所示，选择所需的符号。插入符号的操作步骤如下所述。

① 在文档中，单击要插入符号的位置。

② 在【插入】/【符号】选项组中单击【符号】按钮，选择【其他符号】选项，弹出【符号】对话框，再选择【符号】选项卡。

③ 在【字体】框中选择所需的字体。

④ 插入符号：双击要插入的符号，或单击要插入的符号，再按【插入】按钮，完成后单击【关闭】按钮。

已经插入的“符号”保存在对话框中的“近期使用过的符号”列表中，再次插入这些符号时，直接单击相应的符号即可，而且可以调节“符号”对话框的大小，以便可以看到更多的符号。还可以通过快捷键，如在键盘上输入“V1”后选择“⊙”符号插入。

（4）字符的插入、删除和修改

插入字符。首先把光标移到准备插入字符的位置，在“插入”状态下输入待添加的内容即可。对新插入的内容，Word 将自动进行段落重组。

删除字符。首先把光标移到准备删除字符的位置，按【Delete】键删除光标后边的字符，按【Backspace】键删除光标前边的字符。如果要删除的文本较多，可以首先使用上面介绍的方法，将这些文本选中，按【Backspace】键或【Delete】键将它们一次全部删除。

录入文本的方式有“改写”和“插入”两种。单击窗口下方状态栏中的“改写”或者“插入”按钮实现交换。在 Word 窗口的状态栏中，如果为“插入”两字，则表示是插入状态，此时录入的文本将插入在插入点之后；如果为“改写”两字，则表现为改写状态，此时录入的文本将覆盖插入点之后的文本。

修改字符。有两种方法，如下所述。

方法一：首先把光标移到准备修改字符的位置，先删除字符，再插入正确的字符。

方法二：首先把光标移到准备修改字符的位置，选择要删除的字符，再插入正确的字符。

（5）输入数学公式

同时利用 Word 提供的插入公式功能，可以在制作工作报告、论文时使用公式。操作步骤如下所述。

① 在文档中，单击要插入公式的位置。

② 进入【插入】选项卡，在【符号】选项组中单击【公式】按钮下方的箭头，从下拉列表框中选择所需的公式，如图 4-23 所示。如果没有合适的公式，选择【插入新公式】命令。

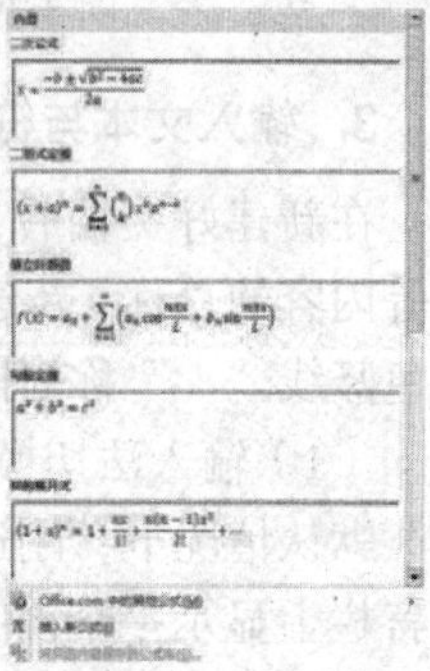

图 4-23 “公式”下拉列表框

③ 此时，Word 将自动切换到【公式工具、设计】选项卡，如图 4-24 所示。

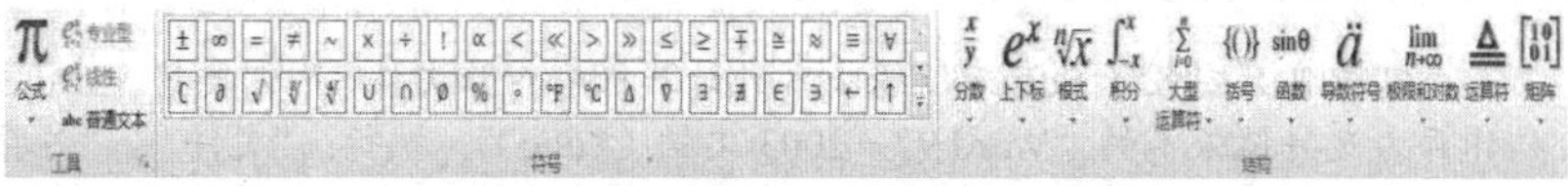

图 4-24 “公式工具、设计”选项卡

④ 然后使用其中的相关命令编辑公式即可。

> **小知识**
>
> 用鼠标在编辑区单击，可以实现光标的定位。有时，使用键盘按键控制光标的位置更加便捷，具体方法见表 4-1。

表 4-1 本 Word 中用键盘键控制光标的方式

键盘按键	作　用	键盘按键	作　用
(↑)、(↓)、(←)、(/)	光标上、下、左、石移动	【Shilt+F5】	返回到上次编辑的位置
(Home)	光标移至行首	【End】	光标移至行尾
(PageUp)	向上滚过一屏	【PageDown】	向下滚过一屏
(Ctrl+↑)	光标移至上一段落的段首	【Ctrl+↓】	光标移至下一段落的段首
(Ctrl+←)	光标向左移动一个汉字(词语)或英文单词	【Ctrl+/】	光标向右移动一个汉字(词语)或英文单词
(Ctrl+PageUp)	光标移至上页顶端	【Ctrl+PageDown】	光标移至下页顶端
(Ctrl+Home)	光标移至文档起始处	【Ctrl+End】	光标移至文档结尾处

4. 保存文档

将文档输入完毕后，要将其内容保存，这样才能在需要的时候不必重新编辑，同时在文档编辑的过程中，也要养成随时保存文档的习惯，这样能够避免误操作或者计算机死机等问题引起的数据丢失。

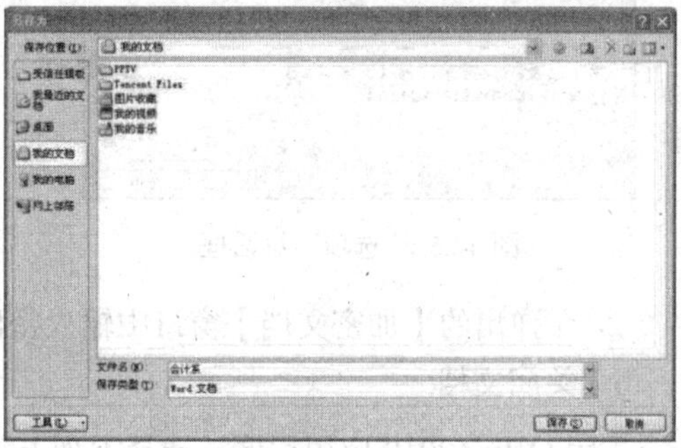

图 4-25 【另存为】对话框

（1）新建的“文档 1”保存

① 如果当前要保存的文档是未命名的新文档，执行【文件】/【保存】命令，或单击快速访问工具栏中的【保存】按钮，系统将弹出【另存为】对话框，如图 4-25 所示。

② 若文件是第一次保存，默认情况下，在【保存位置】框中显示【我的文档】文件夹，单击“保存位置”框中右边的向下箭头，从下拉列表框中选择地址。

③ 在“文件名”文本框中输入保存文件名。在“保存类型”下拉列表框中选择文件类型。

④ 单击【保存】按钮。

（2）已有的文档保存

现在需要对已经保存的文档进行编辑操作后再次保存该文档，如果要以现有文件的名字、文件类型来保存修改过的文件，可执行【文件】/【保存】命令，或单击快速访问工具栏中的“保存”按钮，可直接将编辑后的文档保存下来（不出现对话框）。

对于已经保存过的文档，要改变其保存位置、文件类型或文件名称时，可使用“另存为”

命令。可执行:【文件】/【另存为】命令，打开【另存为】对话框，设置保存位置、文件类型，或改变文件名称后单击【保存】按钮。

注意

> 如果需要在只安装了 Office 低级版本的计算机中打开文件，则需要将 Word 2010 编辑的文档保存为支持低版本的“Word 97—2003 文档（*doc）”。执行:“文件” / “另存为”命令，打开“另存为”对话框单击“保存类型”右侧的下拉按钮，在下拉菜单中选择“Word 97—2003 文档（*doc）”选项,可将文档保存为支持低版本的文档类型。

（3）设置定时自动保存

自动保存文档可以按照指定的时间来定时地保存自己的文档，这样可以避免在计算机出现意外的断电、死机现象时，驻留在内存中的文档信息丢失。

① 执行【文件】/【选项】命令，系统将弹出【选项】对话框，如图 4-26 所示。

② 进入【保存】选项卡，单击启动“自动保存时间间隔”复选框，在后面的“时间”文本框中设置自动保存的时间间隔，如 5 分钟。

③ 单击“确定”按钮。这样，系统将在此后的运行中间隔 5 分钟就自动保存当前的文档。

（4）设置加密文件

在个人文件里也有不少“机密”的文档，这时我们就需要用到加密功能，步骤如下所述。

① 首先执行【文件】/【保护文档】/【用密码进行加密】命令，如图 4-27 所示。

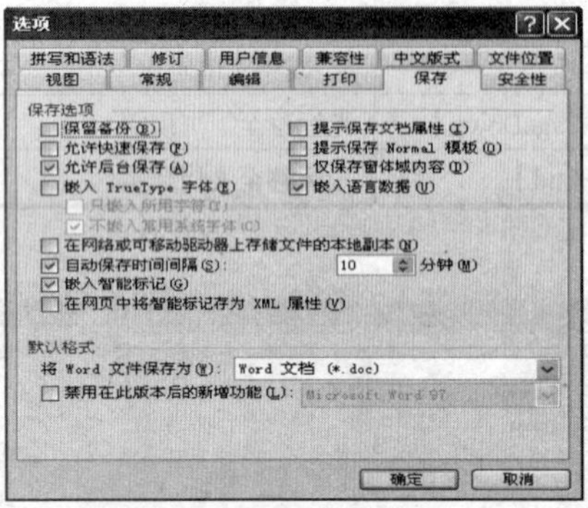

图 4-26 “选项”对话框

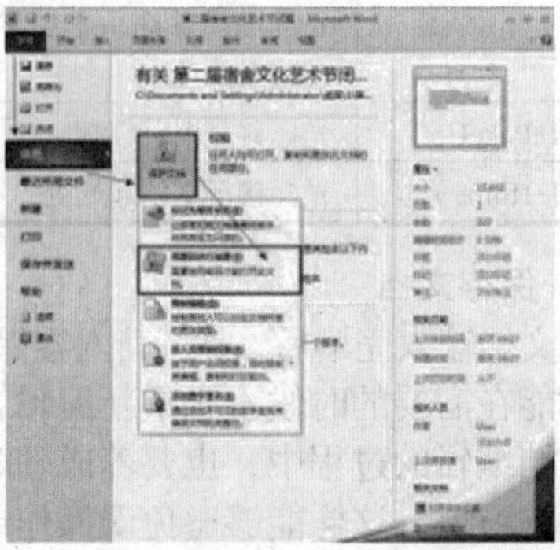

图 4-27 密码进行加密

② 在弹出的【加密文档】窗口中输入密码，如图 4-28 所示。

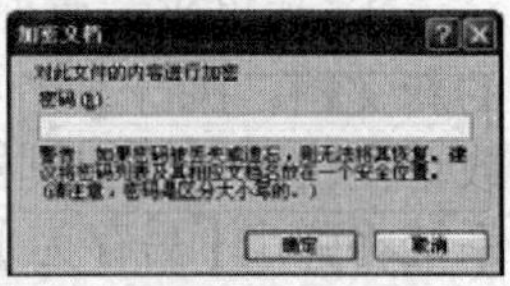

图 4-28 “加密文档”窗口

5. 关闭文档

关闭 Office 2010 应用程序，选择下列方法之一。

（1）单击标题栏中的“关闭”按钮。

（2）按【Alt+F4】组合键。

（3）按【Ctrl+W】组合键。

（4）切换到“文件”选项卡，选择“关闭”命令。

（5）双击窗口左上角的控制菜单按钮。

（6）切换到“文件”选项卡，选择“退出”命令，可以关闭 Office 2010 应用程序。

如果要关闭的文档曾做过修改但未保存，Word 会自动打开对话框询问用户是否再次存盘，单击其中的“是”按钮，即可保存修改并关闭文档。

【能力拓展】

1. 制作文本型申请书

申请书
尊敬的校团委学生会:
您好!

我叫**，是电子信息系**级计应**班的一员，在本次评优活动中我申请加入学生会宣传部。

学生会是由学生组成的一支为同学服务的强有力的团队，在学校管理中起很大的作用，在同学中间也有不小的反响。加入学生会不仅能很好地锻炼自己，更好地体现自己的个人价值，还能贯彻“全新全意为人民服务”的宗旨，有利于自己的成长和发展。我自愿加入校学生会组织。

假如我成为学生会中的一员，我将以“奉献校园、服务同学”为宗旨，真正做到为同学们服务，代表同学们行使合法权益，为校园的建设尽心尽力。努力把学生会打造成一个学生自己管理自己、高度自治、体现学生主人翁精神的团体。

如果失败，我会不断自我锻炼，继续前进。

此致
敬礼
申请人：……

2. 完成以下公式的输入：

$$y=\lim_{k\to 0}\frac{\rho^{m}\pm b_{1}^{n}}{\sqrt[x]{b_{2}}}$$

任务 2　“招聘通知”的排版

【任务描述】

6 月 26 日，用友新道湖南会计学院在我院正式挂牌成立，学院与用友新道科技有限公司实现了联合办学，今该公司的经理在我院招聘文秘人员 2 名，完成招聘通知，效果如图 4-29 所示。

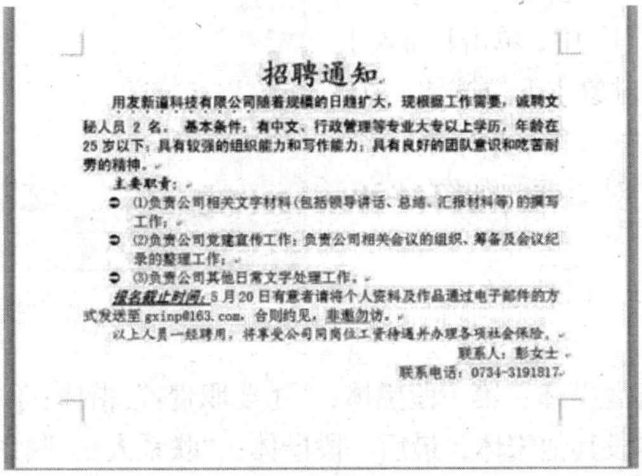

招聘通知

用友新道科技有限公司随着规模的日趋扩大，现根据工作需要，诚聘文秘人员 2 名。基本条件：有中文、行政管理等专业大专以上学历，年龄在 25 岁以下；具有较强的组织能力和写作能力；具有良好的团队意识和吃苦耐劳的精神。

主要职责：

- (1)负责公司相关文字材料（包括领导讲话、总结、汇报材料等）的撰写工作；
- (2)负责公司党建宣传工作；负责公司相关会议的组织、筹备及会议纪录的整理工作；
- (3)负责公司其他日常文字处理工作。

报名截止时间：5 月 20 日有意者请将个人资料及作品通过电子邮件的方式发送至 gxinp@163.com，合则约见，非邀勿访。

以上人员一经聘用，将享受公司同岗位工资待遇并办理各项社会保险。

联系人：彭女士
联系电话：0734-3191817

图 4-29 “招聘通知”效果图

【技术分析】

接到任务后，经理组织员工进行了详细研究，完成报告初稿。拟定了以下的招聘文稿。

招聘通知

用友新道科技有限公司随着规模的日趋扩大，现根据工作需要，诚聘文秘人员 2 名。 基本条件：有中文、行政管理等专业大专以上学历，年龄在 25 岁以下；具有较强的组织能力和写作能力；具有良好的团队意识和吃苦耐劳的精神。

主要职责：

（1）负责公司相关文字材料（包括领导讲话、总结、汇报材料等）的撰写工作；

（2）负责公司党建宣传工作；负责公司相关会议的组织、筹备及会议记录的整理工作；

（3）负责公司其他日常文字处理工作。

报名截止时间：5 月 20 日

有意者请将个人资料及作品通过电子邮件的方式发送至 gxinp@163.com，合则约见，非邀勿访。

以上人员一经聘用，将享受公司同岗位工资待遇并办理各项社会保险。

联系人：彭女士

联系电话：0734—3191817

接着，他使用 Word 2010 提供的相关功能，完成了报告的编辑与排版。

- 通过不同的方式选定文本完成文字的简单操作。
- 通过【开始】选项卡【字体】选项组中的按钮或对话框，可以对字体、字符间距进行设置与美化。主标题醒目。标题与正文之间有特定的字体与间距，能够让应聘者一目了然。对重要字眼添加不同形式的重点提示，让读者很快就能抓住招聘的中心内容。
- 通过【定义新编号格式】对话框，可以自定义列表内容。
- 通过【页面布局】/【页面设置】选项组，实现对文件的纸张大小、边距、方向的设定。

【任务实施】

（1）在新建“文档 1”中插入素材“招聘通知”文件中的文字。

新建“文档 1”，需要将“招聘通知”的文字插入“文档 1”。方法如下所述。

① 在新建的“文档 1”中，单击【插入】/【文本】选项组中的【对象】下拉按钮，在下拉菜单中选择【文件中的文字】命令，系统将弹出【插入文件】对话框，如图 4-30 所示。

② 在对话框中选择“招聘通知”选项，单击“插入”按钮即可。

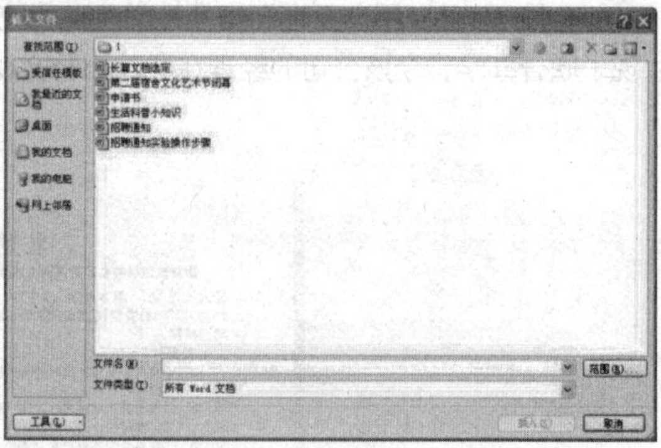

图 4-30 “插入文件”对话框

（2）设置字体：标题楷体；第一段黑体；“主要职责：”楷体；（1）（2）（3）段宋体；“报名截止时间：”黑体、本段其他宋体；最后一段楷体；“联系人：、联系电话：”黑体。效果如图 4-31 所示。

① 选中需要设置字体的文本“招聘通知”。

② 在【开始】/【字体】选项组中单击【字体】下拉按钮，在下拉菜单中选择“楷体”，系统会自动预览最终的显示效果。以下（3）、（4）、（5）设置文字方法同上，不同的设置属性选择如图 4-32 所示。

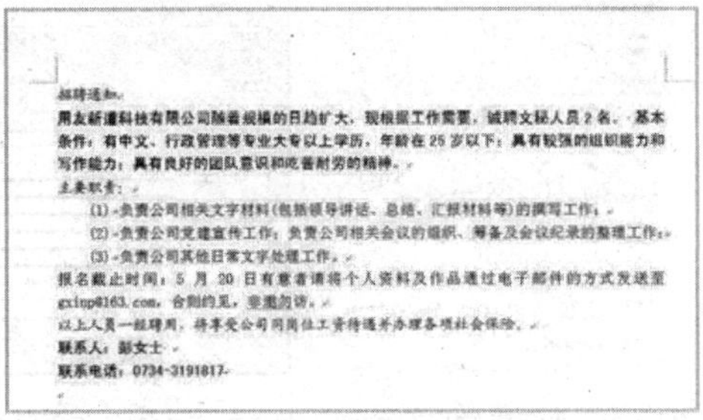

招聘通知

用友新道科技有限公司随着规模的日趋扩大，现根据工作需要，诚聘文秘人员 2 名。基本条件：有中文、行政管理等专业大专以上学历，年龄在 25 岁以下；具有较强的组织能力和写作能力；具有良好的团队意识和吃苦耐劳的精神。

主要职责：

(1) 负责公司相关文字材料（包括领导讲话、总结、汇报材料等）的撰写工作；

(2) 负责公司党建宣传工作；负责公司相关会议的组织、筹备及会议纪录的整理工作；

(3) 负责公司其他日常文字处理工作。

报名截止时间：5 月 20 日有意者请将个人资料及作品通过电子邮件的方式发送至 gxinp@163.com，合则约见，非诚勿访。

以上人员一经聘用，将享受公司同岗位工资待遇并办理各项社会保险。

联系人：彭女士

联系电话：0734-3191817

图 4-31 “字体设置”效果图

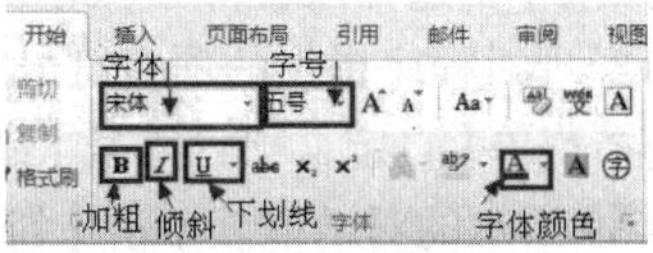

图 4-32 字体属性

（3）设置字号：标题小一，其他段落小四，效果如图 4-33 所示。

（4）设置字形：标题加粗，主要职责加粗，报名截止时间斜体、加下画线（双下画线），效果如图 4-34 所示。

（5）设置字色：标题红色，其他段落黑色，效果如图 4-35 所示。

（6）设置对齐方式：标题居中，联系人、联系电话右对齐，其他段落左对齐，效果如图 4-36 所示。

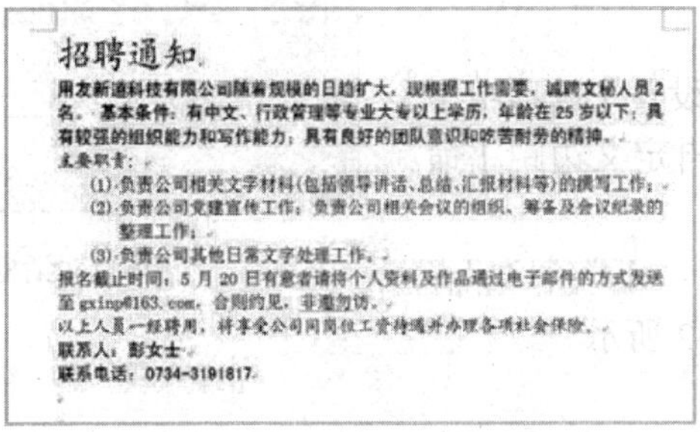

招聘通知

用友新道科技有限公司随着规模的日趋扩大，现根据工作需要，诚聘文秘人员 2 名。基本条件：有中文、行政管理等专业大专以上学历，年龄在 25 岁以下；具有较强的组织能力和写作能力；具有良好的团队意识和吃苦耐劳的精神。

主要职责：

(1) 负责公司相关文字材料（包括领导讲话、总结、汇报材料等）的撰写工作；

(2) 负责公司党建宣传工作；负责公司相关会议的组织、筹备及会议纪录的整理工作；

(3) 负责公司其他日常文字处理工作。

报名截止时间：5 月 20 日有意者请将个人资料及作品通过电子邮件的方式发送至 gxinp@163.com，合则约见，非诚勿访。

以上人员一经聘用，将享受公司同岗位工资待遇并办理各项社会保险。

联系人：彭女士

联系电话：0734-3191817

图 4-33 “字号设置”效果图

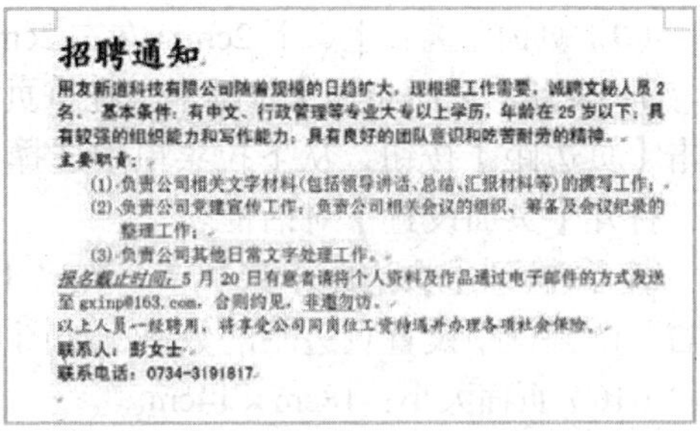

招聘通知

用友新道科技有限公司随着规模的日趋扩大，现根据工作需要，诚聘文秘人员 2 名。基本条件：有中文、行政管理等专业大专以上学历，年龄在 25 岁以下；具有较强的组织能力和写作能力；具有良好的团队意识和吃苦耐劳的精神。

主要职责：

(1) 负责公司相关文字材料（包括领导讲话、总结、汇报材料等）的撰写工作；

(2) 负责公司党建宣传工作；负责公司相关会议的组织、筹备及会议纪录的整理工作；

(3) 负责公司其他日常文字处理工作。

*报名截止时间：*5 月 20 日有意者请将个人资料及作品通过电子邮件的方式发送至 gxinp@163.com，合则约见，非诚勿访。

以上人员一经聘用，将享受公司同岗位工资待遇并办理各项社会保险。

联系人：彭女士

联系电话：0734-3191817

图 4-34 “字形设置”效果图

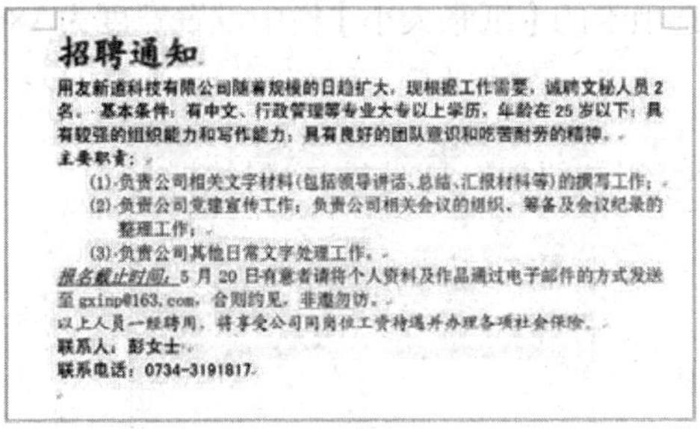

招聘通知

用友新道科技有限公司随着规模的日趋扩大，现根据工作需要，诚聘文秘人员 2 名。基本条件：有中文、行政管理等专业大专以上学历，年龄在 25 岁以下；具有较强的组织能力和写作能力；具有良好的团队意识和吃苦耐劳的精神。

主要职责：

(1) 负责公司相关文字材料（包括领导讲话、总结、汇报材料等）的撰写工作；

(2) 负责公司党建宣传工作；负责公司相关会议的组织、筹备及会议纪录的整理工作；

(3) 负责公司其他日常文字处理工作。

*报名截止时间：*5 月 20 日有意者请将个人资料及作品通过电子邮件的方式发送至 gxinp@163.com，合则约见，非诚勿访。

以上人员一经聘用，将享受公司同岗位工资待遇并办理各项社会保险。

联系人：彭女士

联系电话：0734-3191817

图 4-35 “字色设置”效果图

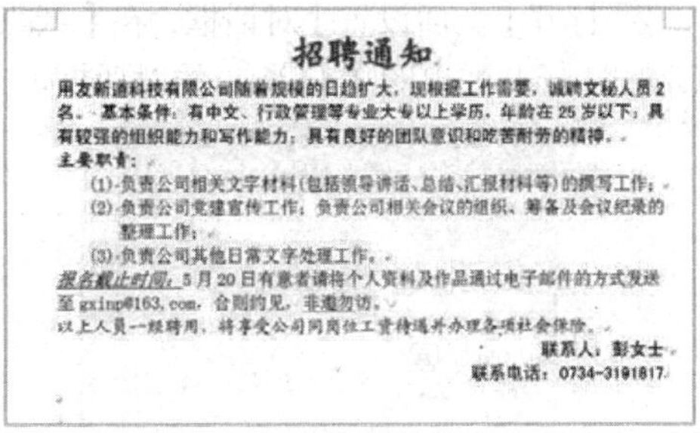

招聘通知

用友新道科技有限公司随着规模的日趋扩大，现根据工作需要，诚聘文秘人员 2 名。基本条件：有中文、行政管理等专业大专以上学历，年龄在 25 岁以下；具有较强的组织能力和写作能力；具有良好的团队意识和吃苦耐劳的精神。

主要职责：

(1) 负责公司相关文字材料（包括领导讲话、总结、汇报材料等）的撰写工作；

(2) 负责公司党建宣传工作；负责公司相关会议的组织、筹备及会议纪录的整理工作；

(3) 负责公司其他日常文字处理工作。

*报名截止时间：*5 月 20 日有意者请将个人资料及作品通过电子邮件的方式发送至 gxinp@163.com，合则约见，非诚勿访。

以上人员一经聘用，将享受公司同岗位工资待遇并办理各项社会保险。

联系人：彭女士

联系电话：0734-3191817

图 4-36 “对齐方式设置”效果图

① 选中需要设置字体的文本标题“招聘通知”。

② 切换到【开始】选项卡，在【段落】选项组中单击【居中】按钮即可，其他设计方法同上。

（7）设置项目符号：（1）（2）（3）设置的项目符号➲，如图 4-37 所示。

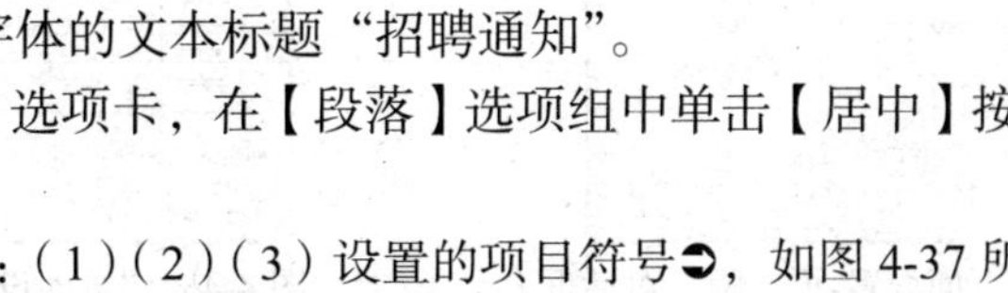

➲ (1)负责公司相关文字材料（包括领导讲话、总结、汇报材料等）的撰写工作；

➲ (2)负责公司党建宣传工作；负责公司相关会议的组织、筹备及会议纪录的整理工作；

➲ (3)负责公司其他日常文字处理工作。

图 4-37 “项目符号设置”效果图

① 选中（1）（2）（3）所在段的所有文本。

② 切换到【开始】选项卡，在【段落】选项组中单击【项目符号】按钮右侧的箭头，从下拉菜单中选择项目符号，如图 4-38 所示。可经理对程序提供的项目符号不满意，就选择菜单【自定义项目符号】命令，弹出图 4-39 所示的对话框。单击【符号】按钮，弹出【符号】对话框，选择符号，确定即可。

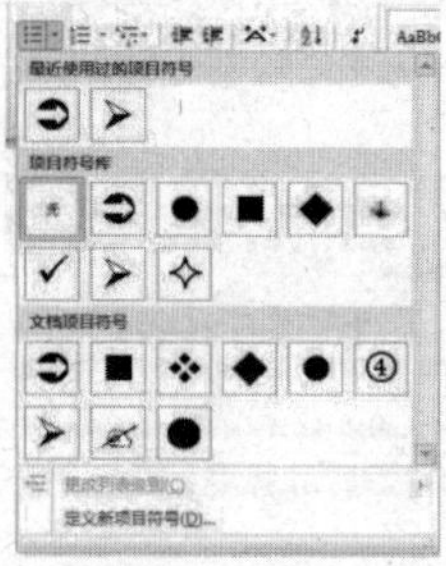

图 4-38 “项目符号”按钮

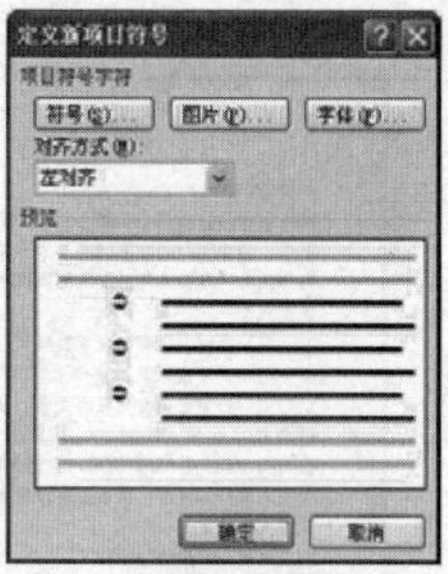

图 4-39 “自定义项目符号

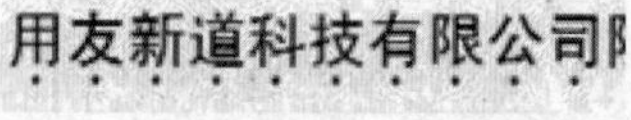

图 4-40 “着重号设置”效果图

（8）设置着重号：用友新道科技有限公司添加着重号，效果如图 4-40 所示。

① 选中需要设置着重号的文本 “用友新道科技有限公司”。

② 切换到【开始】选项卡，在【字体】选项组中单击右下角的按钮，弹出【字体】对话框，如图 4-41 所示。

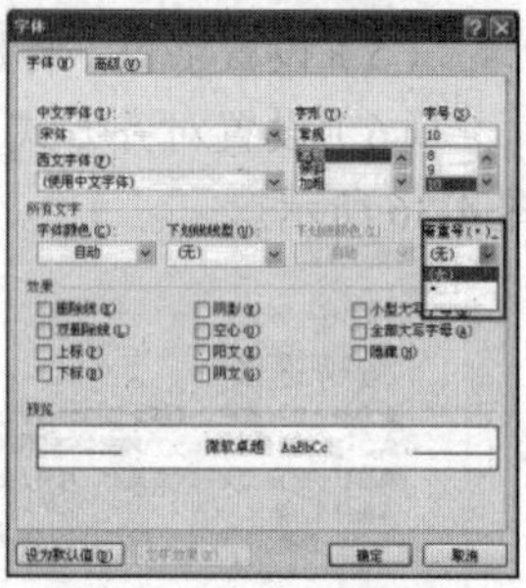

图 4-41 “字体”对话框

（9）页面距离：上、下 2cm，左右 2cm。

① 换到【页面布局】选项卡，在【页面设置】选项组中单击【页边距】按钮，从下拉菜单中选择【自定义边距】命令，打开【页面设置】对话框。

② 切换到【页边距】选项卡，在“上”、“下”、“左”、“右”微调框中设置页边距的数值，如图 4-42 所示。

（10）页面大小：18cm × 14cm。

① 在【页面布局】/【页面设置】选项组中单击按钮。

② 打开【页面设置】对话框，在【纸张】选项卡的【纸张大小】栏中设置宽度为 18cm，高度为 14cm，弹出图 4-43 所示的对话框。

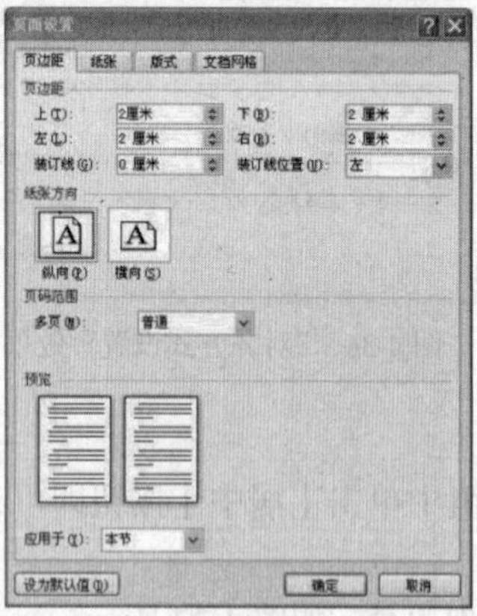

图 4-42 “页面设置-页边距”对话框

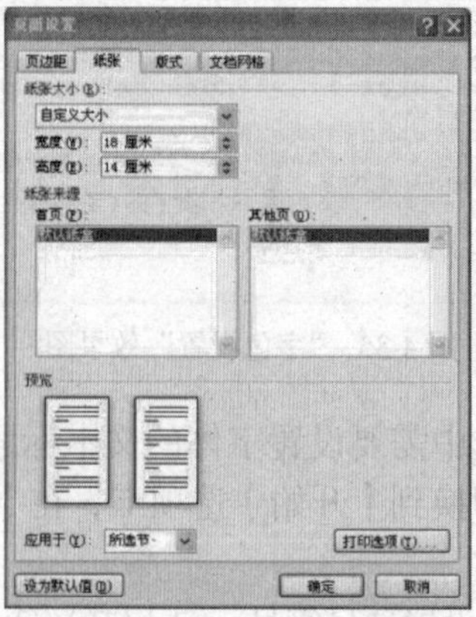

图 4-43 “页面设置-纸张”对话框

（11）保存为“排版后的招聘通知”，保存地址为 E：盘的根目录，关闭该文档。具体操作步骤见“任务一”。

【知识链接】

1. 文本内容的选择

文本选定是 Word 最基本的操作，在对文本进行编辑之间，首先要选定要编辑的文本，被选定的文本反白显示在屏幕上。如在白底黑字中选定的文本呈现黑底白字显示，在 Word 中可以利用鼠标和键盘两种方法选定文本。

（1）使用鼠标选定文本

① 选择任意文本：使用鼠标拖动的方式可以选定文本中的任意部分，其操作步骤如下。将光标定位在要选择文本的第一个字符前，按住鼠标左键，拖动到最后一个字符处，释放鼠标。对于不连续的文本，按住【Ctrl】键可实现多重选择，这对于文档的编辑是十分有用的。

② 选择文本的一行或多行：如果要选定文本的某一行,可用鼠标拖动的方式实现，也可将鼠标指针移到该行的最左侧（每行左侧的这个位置称为选定框），当鼠标指针变为形状时，单击鼠标左键，即可选定该行文本。

如果要选择多行，则在选中第一行时按住鼠标左键向下拖动，直到选定到最后一行再松开鼠标，所拖动区域内的若干行都被选中。

③ 选择文本的某一段落：可以用鼠标指针移到该段的最左侧，当鼠标指针变为形状时，双击鼠标左键，可选定该段落。也可以在段落中的任意位置快速单击 3 下鼠标左键，即可选定该段落。

④ 选择全部文本：如果要选定整个文档，在【开始】/【编辑】选项组中单击【选择】下拉按钮，在下拉菜单中选择“全选”命令，即可选中全部文档内容，或直接按组合键【Ctrl+A】。也可以用鼠标指针移到文档的最左端，当鼠标指针变为形状时，连续单击鼠标左键 3 次，将整个文档选定。

（2）使用键盘选定文本

Word 2010 提供了一套使用键盘选定文本的方法，主要通过按【Ctrl】、【Shift】键和方向键来实现。使用键盘选定文本的快捷键如表 4-2 所示。

表 4-2　使用键盘选定文本

快捷键	选择范围	快捷键	选择范围
Shift+ ←	左侧一个字符	Ctrl +Shift+ ↓	段尾
Shift+ →	右侧一个字符	Shift+PageUp	上一屏
Shift+End	行尾	Shift+ PageDown	下一屏
Shift+Home	行首	Ctrl+Alt+PageDown	窗口结尾
Shift+ ↓	下一行	Ctrl+ Shift+Home	文档开始处
Shift+↑	上一行	Ctrl +A	整个文档
Ctrl +Shift+↑	段首	Ctrl +Shift+F8+方向键	列文本块

用鼠标在文档的任意位置单击，可以取消对文本的选取操作。

2. 文本的移动和复制

文本的移动和复制是大家在编辑文本过程中常用的编辑操作。如对放置不当的文本，可以快速移动到文档中满意的位置；对于重复出现的文本，如果一次一次地重复输入是比较麻烦的，可以利用复制的方法快速地完成，所以熟练地运用移动和复制操作可以节省用户大量的时间，提高工作效率。

（1）移动文本

移动文本就是把原位置的文本移动到新的位置，具体可采用以下几种操作方法。

① 鼠标拖动来移动文本：选定要移动的文本，将鼠标指向要移动的文本（鼠标指针变成带虚线框形状，并且出现一个代表插入点的虚线随之移动），按住左键将文本拖动到新的位置，再松开鼠标左键。

② 用【开始】选项卡移动文本：在【开始】/【剪切板】选项组中单击【剪切】按钮，光标定位到要放置文本的位置，单击【开始】/【剪切板】选项组中的【粘贴】按钮。

③ 用快捷键来移动文本：选定要移动的文本，按组合键【Ctrl+X】，光标定位到要放置文本的位置，再按组合键【Ctrl+V】。

（2）复制文本

在文档中如果有多处内容相同，可输入一次，其他位置可以利用复制来完成。复制文本就是把选定的文本的副本粘贴到文档的新位置，与移动文本不同的是移动文本后原位置的文本将不再存在，再复制文本后原位置的文本仍然存在。具体可采用以下几种操作方法。

① 用鼠标拖动来复制文本：选定要复制的内容，将鼠标指针指向所选内容，按住【Ctrl】键，同时按住鼠标左键拖到新的位置，再松开鼠标左键。

② 用【开始】选项卡来复制文本：选定要复制的文本，单击【开始】/【复制】按钮，将光标定位到要放置文本的位置，单击【开始】/【粘贴】按钮。

③ 用快捷键来复制文本：选定要复制的文本，按组合键【Ctrl+C】，将光标定位到要放置文本的位置，再按组合键【Ctrl+V】。

（3）选择性粘贴的使用

在复制文本或者 Word 表格后，可以将其粘贴为指定的样式，这样就需要用到 Word 的选择性粘贴功能。

① 选择需要复制的内容，按【Ctrl+C】组合键进行复制。

② 选定需要粘贴的位置，在【开始】/【剪贴板】选项组中单击【粘贴】下拉按钮，在下拉菜单中选择【选择性粘贴】命令。

③ 打开【选择性粘贴】对话框，在【形式】列表框中选择一种适合的样式，如图 4-44 所示。

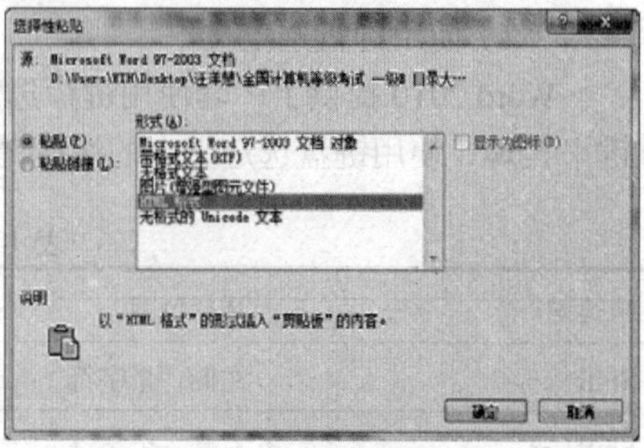

图 4-44 选择性粘贴

④ 单击【确定】按钮，即可以指定样式，粘贴复制的内容。

与右键单击选择粘贴方式相似，如图 4-45 所示。

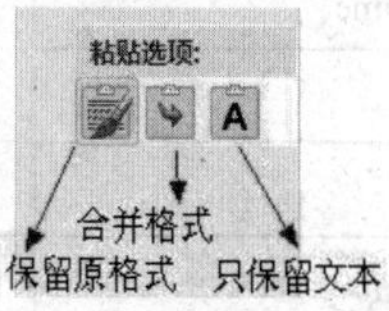

图 4-45 粘贴选项

（4）撤销与恢复

在编辑文档的过程中难免出现错误操作，例如，将不应该删除的文本不小心删掉、文本复制位置错误等。此时，可以对操作予以撤销，将文档还原到执行该操作前的状态。具体方法见表 4-3。

表 4-3　撤销和恢复一次操作的方法

操作方式	撤销前一次操作	恢复撤销的操作
快速访问工具栏按钮	单击快速访问工具栏中的“撤销”按钮	单击快速访问工具栏中的“恢复”按钮
快捷键	按【Ctrl+Z】组合键	按【Ctrl+Y】组合键

单击“撤销”按钮右侧的箭头按钮，将弹出包含之前每一次操作的列表。其中，最新的操作在最顶端。移动鼠标选定其中的多次连续操作，单击鼠标，即可将它们一起撤销。

3. 设置格式

在 Word 2010 中，字符格式的设置是编辑文档时设置字体、字号、字形、颜色和各种特殊的阴影、动态等修饰效果，用于控制字符在屏幕上或打印出来的外观效果。

（1）字体、字号、字形与字色等

设置字符的基本格式是 Word 对文档进行排版美化的最基本操作，其中包括对文字的字体、字号、字形、字体颜色和字体效果等字体属性的设置。

① 选中需要设置字体的文本内容。

② 在【开始】/【字体】选项组中单击【字体】下拉按钮，在下拉菜单中选择适合的字体，如“楷体”，系统会自动预览最终的显示效果，如图 4-46 所示。

图 4-46　在菜单栏更改字体

其他字体、字号的设置方法同上。Word 提供了两种字号系统，中文字号的数字越大，文本越小；阿拉伯数字字号以磅为单位，数字越大，文本越大。

字形是指文本的显示效果，如加粗、倾斜、下画线、删除线、上标和下标等。

① 选中需要设置字体的文本内容。

② 在【字体】选项组中单击用于设置字形的按钮“加粗”，即可为选定的文本设置加粗字形。

如果要取消已经存在的某种字形效果，在选定文本区域后，再次单击相应的工具按钮即可。

通过设置 Word 2010 的字符颜色，可以使文档更加易读，整体结构更加美观。方法如下。

① 选中需要设置字体的文本内容。

② 【字体】选项组中单击【字体颜色】右侧的下拉按钮，在下拉菜单中选择需要的字体颜色，如红色，如图 4-47 所示。如果用户对 Word 预设的字体颜色不满意，可以选择下拉菜单中的【其他颜色】命令，打开【颜色】对话框，在其中自定义文本颜色。

也可以在【字体】对话框中的【字体】选项下设置字体、字形及字号，如图 4-48 所示。

如果对文字的效果设置得不满意，还可以单击【字体】选项组中的【文本效果】按钮，从下拉菜单中选择适当的命令，即可以设置文本效果，包括设置文本的轮廓、阴影、映像和发光效果，如图 4-49 所示。

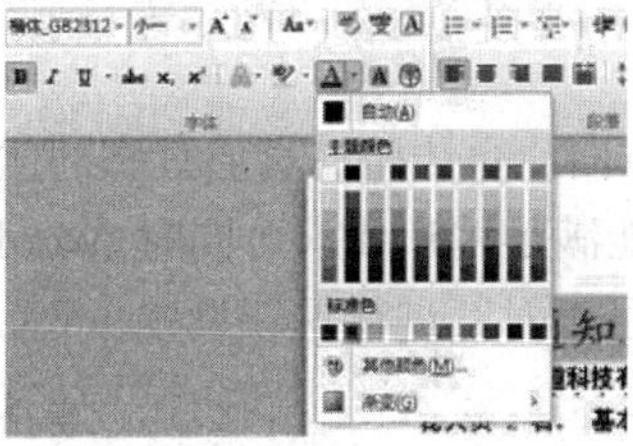

图 4-47　“字体颜色”

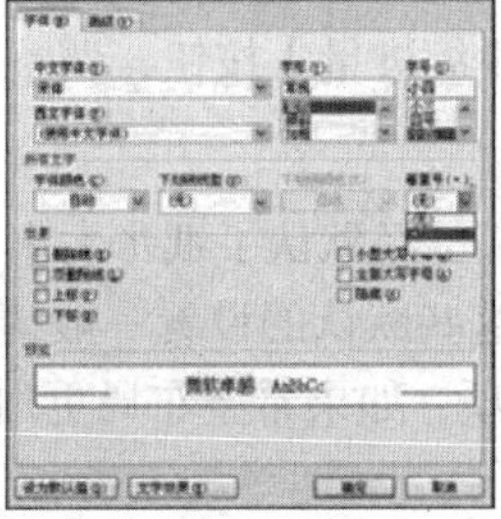

图 4-48　设置字体

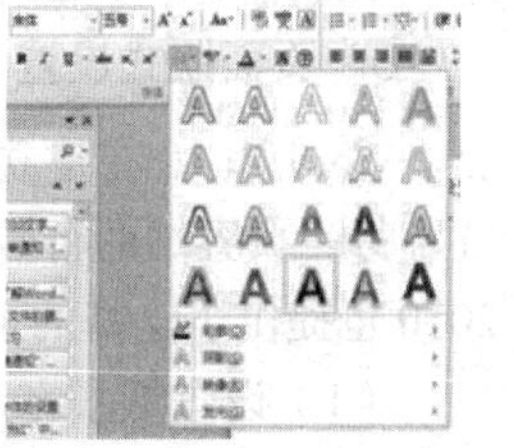

图 4-49　“文本效果”按钮

（2）文字对齐设置

在 Word 2010 中，段落的对齐方式是指段落在水平方向上的对齐方式，如图 4-50 所示，对齐方式有以下各项。

- 两端对齐：指除段落最后一行文本外，其余行的文本左右两端分别以文档的左右界为基准向两端对齐。这是系统默认的对齐方式。
- 居中对齐：所选段落的文字居中排列。
- 左对齐：选中的文字靠页面左边对齐，右边不对齐。
- 右对齐：选中的文字靠页面右边对齐，左边不对齐。
- 分散对齐：段落中的各行文本均沿左右边距对齐。最后一行不满一行时，撑开字间距，使文本内容在一行内均匀分布。

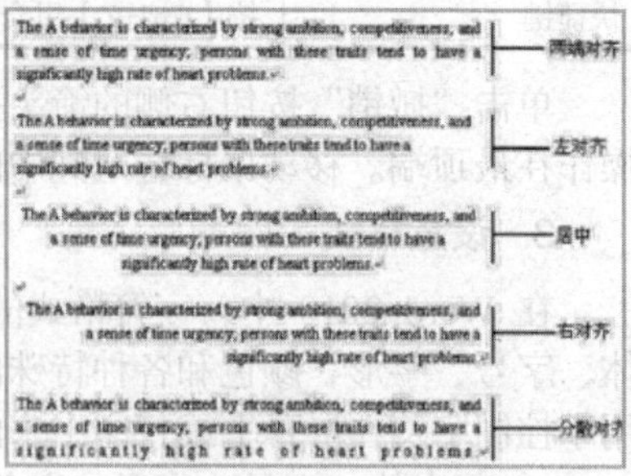

图 4-50　段落对齐样式

① 选中需要设置字体的文本内容。

② 切换到【开始】选项卡，在【段落】选项组中单击【居中】按钮即可。

4. 添加编号及项目符号

项目符号是指放在文本前以强调效果的点或其他符号。操作方法如下所述。

① 选中所在段的所有文本。

② 切换到【开始】选项卡，在【段落】选项组中单击【项目符号】按钮右侧的箭头，从下拉菜单中选择项目符号，如图 4-51 所示。若无符号样式，就选择菜单【自定义项目符号】命令，弹出图 4-52 所示的对话框。单击【符号】按钮，弹出【符号】对话框，选择符号，确定即可。

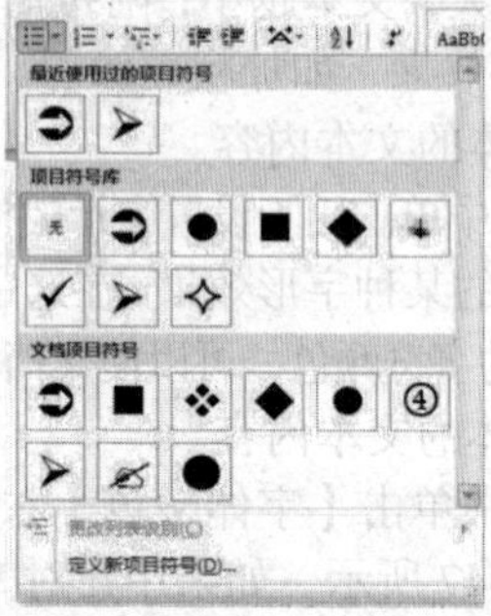

图 4-51　“项目符号”按钮

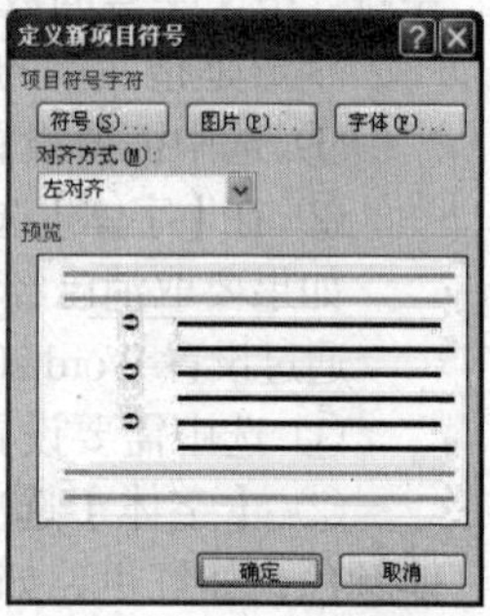

图 4-52　“自定义项目符号”

添加项目编号的方法与上面相似。对于创建了项目符号或编号的段落，再次单击【段落】选项组中的【项目符号】按钮或【编号】按钮，可以将原有的项目符号或编号撤销。

创建多级列表与添加项目符号或编号的列表相似，但多级列表中每段项目符号或编号会根据缩进范围变化，最多可以生成有 9 个层次的多级列表。在多级项目列表的输入过程中，可以单击【增加缩进量】或【减少缩进量】按钮，调整列表项到合适的级别。

5. 页面版式设置

Word 2010 在建立新文档时，已经默认了纸张大小、纸张方向、页边距、页眉页脚的位置、每一页容纳的行数等选项。这些默认的设置一般情况下都能满足用户要求。同时 Word 2010 也提供了丰富的页面设置选项，如果希望布局更加合理，可以对其进行重新设置。

（1）设置纸张方向

在【页面布局】/【页面设置】选项组中单击【纸张方向】下拉按钮，在下拉菜单中选择“横向”或“纵向”纸张方向即可，如图 4-53 所示。

（2）设置纸张大小

Word 2010 中包含了不同的纸张样式，Word 2001 以办公最常用的 A4 纸为默认页面。

① 在【页面布局】/【页面设置】选项组中单击 按钮。

② 打开【页面设置】对话框，在【纸张】选项卡的【纸张大小】栏中设置宽度、高度。

③ 单击【确定】按钮，即可将文档的纸张大小更改。

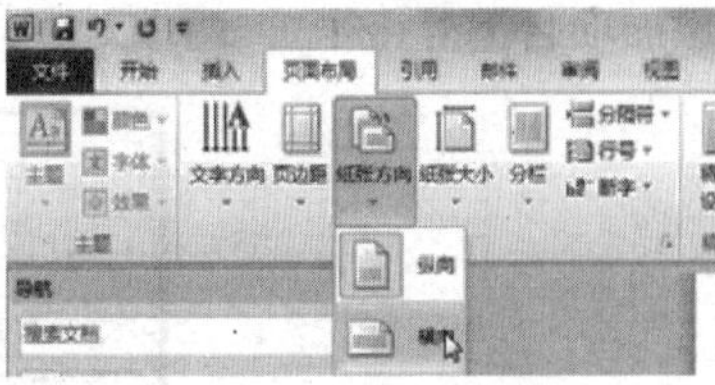

图 4-53　横向纸张

（3）设置纸张页边距

Word 文档页面左、右两边到正文的距离为 3.17 厘米，上、下两边到正文的距离为 2.54 厘米。当这个页边距不符合打印需求时，就需要调整，操作步骤如下所述。

① 换到【页面布局】选项卡，在【页面设置】选项组中单击【页边距】按钮，从下拉菜单中选择一种页边距大小。

② 没有所设定的边距，选择【自定义边距】命令，打开【页面设置】对话框。然后切换到【页边距】选项卡，在“上”、“下”、“左”、“右”微调框中设置页边距的数值。

Microsoft Word 提供了下列页边距选项，可以做以下更改。

① 使用默认的页边距或指定自定义页边距。

② 添加用于装订的边距。使用装订线边距在要装订的文档两侧或顶部的页边距添加额外的空间。装订线边距保证不会因装订而遮住文字。设置对称页面的页边距。使用对称页边距设置双面文档的对称页面，例如书籍或杂志。在这种情况下，左侧页面的页边距是右侧页面页边距的镜像（即内侧页边距等宽，外侧页边距等宽）。

③ 添加书籍折页。打开【页面设置】对话框，在【页码】区域单击【普通】下拉按钮，在其下拉列表中选择【书籍折页】选项，可以创建菜单、请柬、事件程序或任何其他类型的使用单独居中折页的文档。

④ 如果将文档设置为小册子，可用编辑任何文档的相同方式在其中插入文字、图形和其他可视元素。

【能力拓展】

（1）新建“文档 1”。

在“文档 1”中插入“文档排版 1”文件中的文字。

（2）设置文本【A】。

编辑文字：将第一行和第二行交换位置。删除最后一行文字。

设置字体：第一行标题为隶书；正文第一段为华文新魏；正文第二段为华文细黑；正文第三段为楷体；最后一行为黑体。

设置字号:第一行标题为一号；正文第一段和第三段为小四。

设置字形：第一行标题倾斜；正文第一段加下画线；正文第四段加粗加着重号。

设置颜色：正文第一段设置为蓝色。

设置文本效果：第一行标题半映像，接触。最后一行字体颜色红日西斜。

设置对齐方式：第一行标题居中；第二行居中；最后一行右对齐。

页面设置：上、下、左、右的距离分别为 2.5cm、2.5cm、3cm、3cm。

（3）设置文本【B】。

添加项目编号（Ⅰ），两端对齐，效果如图4-54所示。

图4-54 效果图

（4）保存文件。

将该文件以“排版完成”为文件名，保存到指定的文件夹下。

任务3 美化文档

【任务描述】

文学社的小杜最近迷上了在网络上发微博，他想将最近写的一篇文章放上自己的微博，可是一来嫌文字太单调，二来也不想别人复制。于是他就利用Word 2010提供的相关技术来编辑一下自己的文章，效果图如图4-55所示。

【技术分析】

- 通过“段落”选项组或对话框，可以设置段落的缩进和间距等。
- 通过“首字下沉”对话框，可以为正文的第一个字符添加下沉效果。
- 通过“分栏”对话框，可以将指定内容分成相同或者不同大小的双栏或多栏。
- 通过“边框和底纹”对话框，即可为段落添加边框和底纹样式。
- 通过“批注”选项组，添加批注框及内容。
- 通过“页面背景”选项组，在背景上添加的水印。

图4-55 效果图

【任务实施】

（1）打开素材“送自己一个微笑”文档，按下列要求设置、编排文档的版面。

（2）在正文前面添加标题“送自己一个微笑”，设置为“黑体”、“加粗”，“三号”，“居中”，（方法见“任务二”），字间距加宽 4 磅，文字效果为“熊熊火焰”填充颜色，效果图如图 4-56 所示。

图 4-56 “标题”效果图

① 字符间距设置。

a) 选中需要设置字体的文本“送自己一个微笑”。

b) 打开【字体】对话框，切换到【高级】选项卡，在【间距】下拉列表框中选择【加宽】选项，磅值设置为“4 磅”，如图 4-57 所示。

② 文字颜色效果设置：

a) 选中需要设置字体的文本“送自己一个微笑”。

b) 切换到【开始】选项卡，在【字体】选项组中单击【字体颜色】按钮，从下拉菜单中选择【渐变】菜单中的【其他渐变】选项，打开【设置文本效果格式】对话框，选择文本填充中的渐变填充，在【预设颜色】下拉列表框中选择“熊熊火焰”选项，如图 4-58 所示。

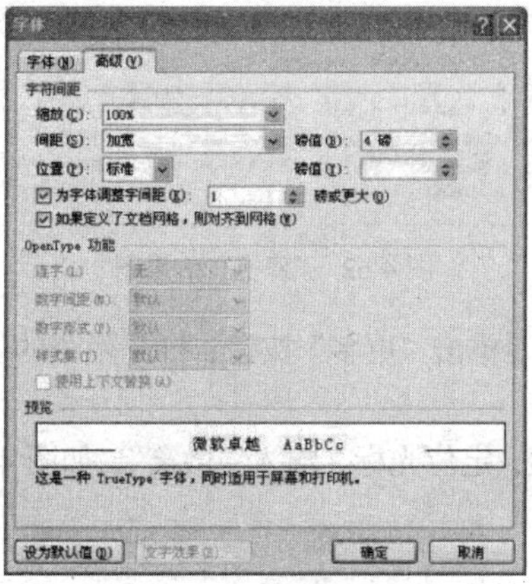

图 4-57 “字体”对话框

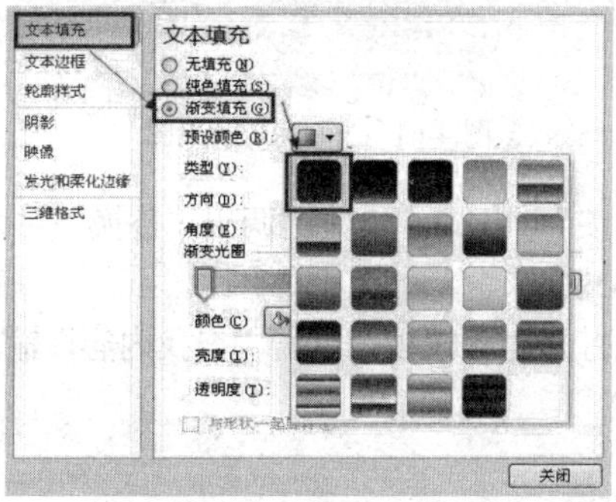

图 4-58 “文字填充”对话框

（3）设置段落缩进：全文左、右各缩进 2 字符；正文首行缩进 2 字符，效果图如图 4-59 所示。

① 选中全文。

② 切换到【开始】选项卡，通过【段落】选项组右下角的按钮打开【段落】对话框，在【段落】对话框中，设置左、右各缩进 2 字符。正文首行缩进 2 字符：选择正文，设置步骤见（2），如图 4-60 所示。

图 4-59 “缩进”效果图

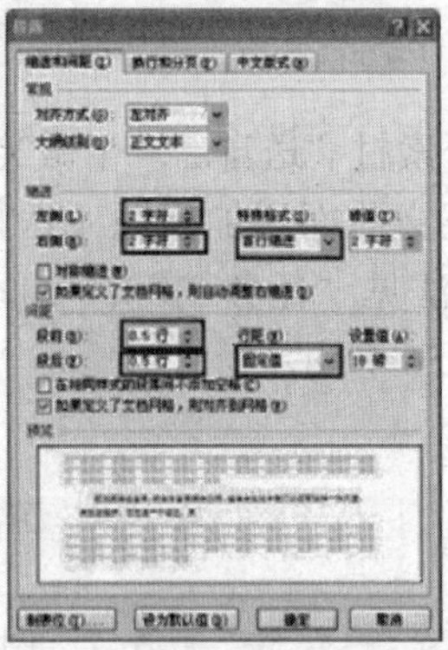

图 4-60 “缩进和间距”对话框

（4）设置行（段落）间距：第一行标题段前 0.5 行，段后 1.5 行；正文各段段前、段后各 0.5 行；正文各段固定行距 18 磅，效果图如图 4-61 所示。

设置过程中选择所需文字，设置步骤见 3 中的步骤（2），如图 4-60 所示。

（5）用“替换”的方法，将正文最后两段的将“微笑”替换为“微笑”（红色、加粗），效果图如图 4-62 所示。

图 4-61 “间距”效果图

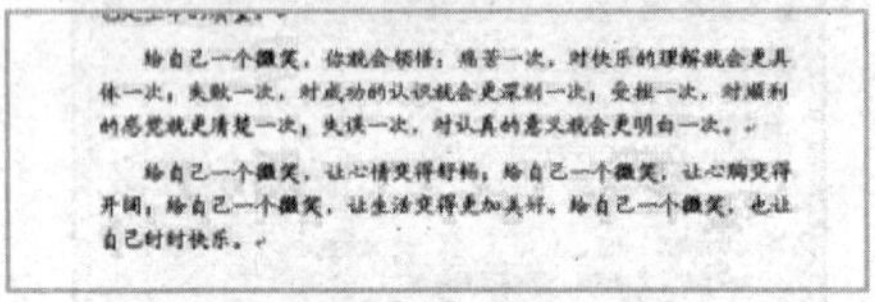

图 4-62 “替换”效果图

① 按【Ctrl+H】快捷键调出“替换”对话框，单击“更多”按钮，打开隐藏的更多选项，如图 4-63 所示。

② 打开隐藏选项，单击“查找内容”输入框，定位光标，输入“微笑”，如图 4-64 所示。

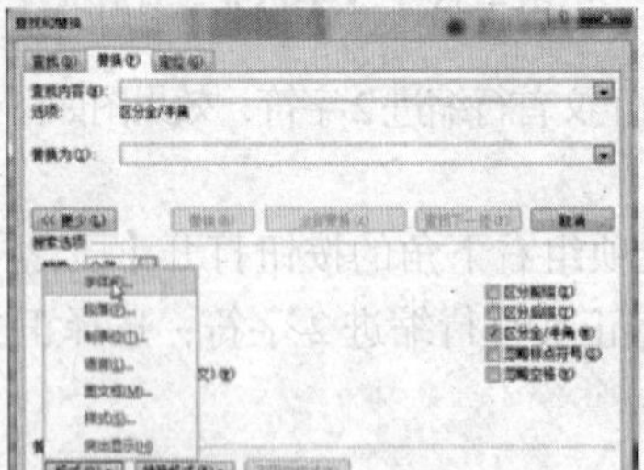

图 4-63 选择字体

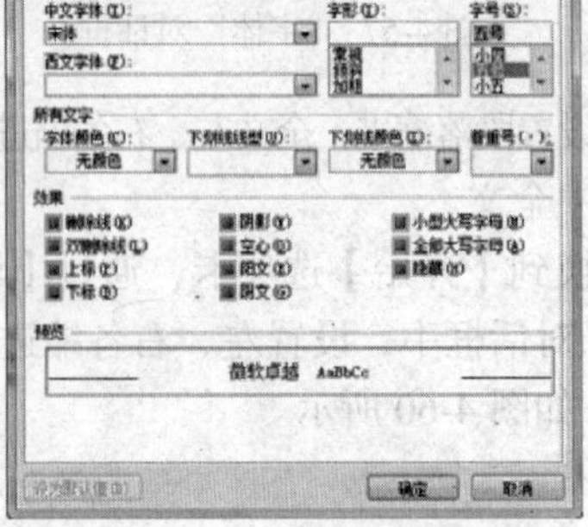

图 4-64 替换前字体

③ 将光标定位在“替换为”输入“微笑”，再单击“格式”选项打开下拉菜单，选择“字体”，打开“替换字体”对话框，在“字体”选项卡下，设置字体样式为“红色”、“加粗”，

单击下方的“确定”按钮，如图 4-65 所示。

④ 单击“替换”按钮，系统会自动完成查找替换，完成两段的替换即可。

（6）首字下沉：将第一段进行首字下沉，设置字体为隶书，下沉行数为 2，效果图如图 4-66 所示。

图 4-65 替换后的字体

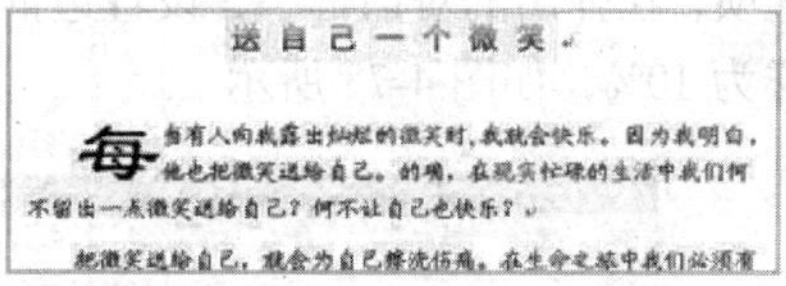

图 4-66 “首字下沉”效果图

① 将插入点移至第一段，切换到【插入】选项卡，在【文本】选项组中单击【首字下沉】按钮，从下拉菜单中选择【首字下沉选项】命令，如图 4-67 所示。

② 打开的【首字下沉】对话框进行设置：设置字体为隶书，下沉行数为 2，如图 4-68 所示。

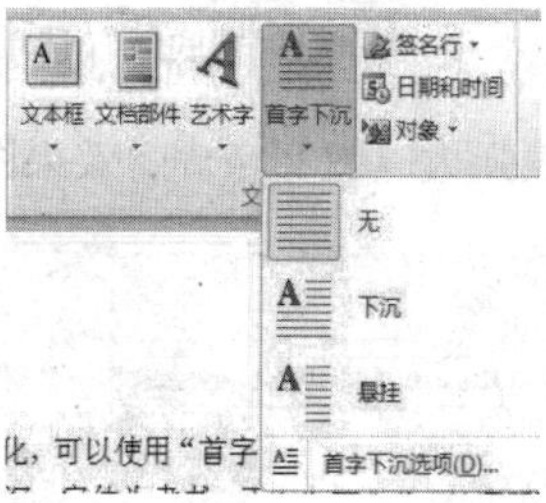

图 4-67 “首字下沉”按钮

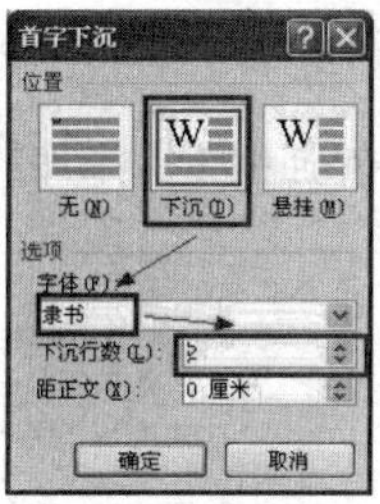

图 4-68 “首字下沉”对话框

（7）分栏：将正文二、三、四段设置为两栏格式，加分隔线，效果图如图 4-69 所示。

① 切换到【页面布局】选项卡。

② 选择要在栏内设置格式的文本正文二、三、四段。

③ 在【页面设置】选项组，单击【分栏】下拉按钮，在其下拉列表中选择【更多分栏】命令，打开分栏对话框。

④ 选择 【预设】部分指定两栏，选中分隔线如图 4-70 所示。

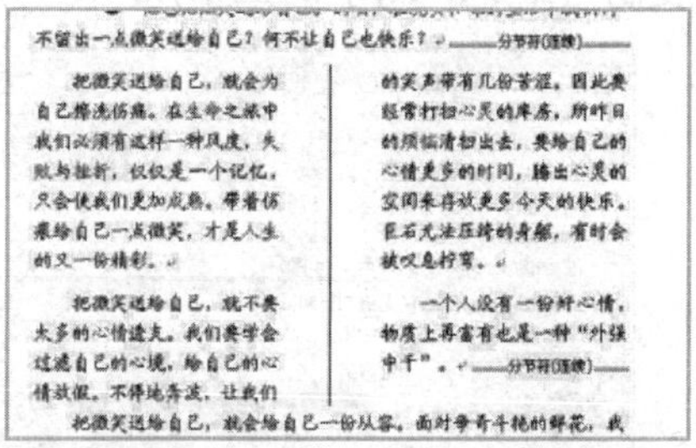

图 4-69 “分栏”效果图

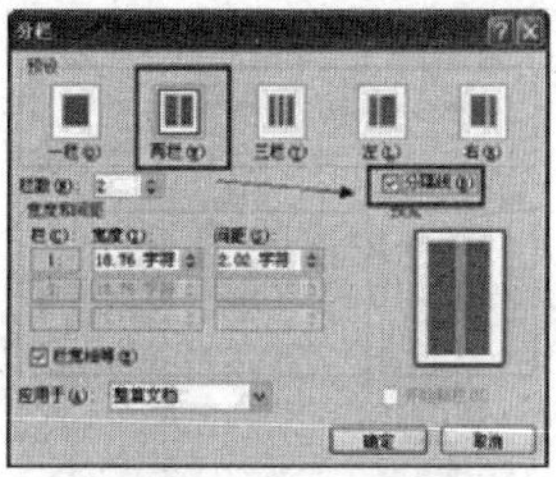

图 4-70 分栏样式

（8）边框和底纹：为正文最后两段添加边框，线型为实线；添加底纹，图案式样为 10%，效果图如图 4-71 所示。

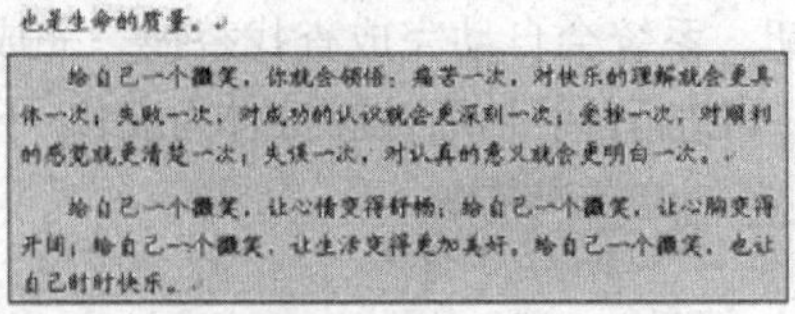
也是生命的质量。

给自己一个微笑，你就会领悟：痛苦一次，对快乐的理解就会更具体一次；失败一次，对成功的认识就会更深刻一次；受挫一次，对顺利的感觉就更清楚一次；失误一次，对认真的意义就会更明白一次。

给自己一个微笑，让心情变得舒畅；给自己一个微笑，让心胸变得开阔；给自己一个微笑，让生活变得更加美好，给自己一个微笑，也让自己时时快乐。

图 4-71 “边框和底纹”效果图

① 选中最后两段文字。

② 在【开始】/【段落】选项组中单击【框线】下拉按钮，在下拉菜单中选择【边框和底纹】选项，在弹出的对话框中，设置边框选项卡线型为实线，如图 4-72 所示。底纹选项卡图案式样为 10%，如图 4-73 所示。

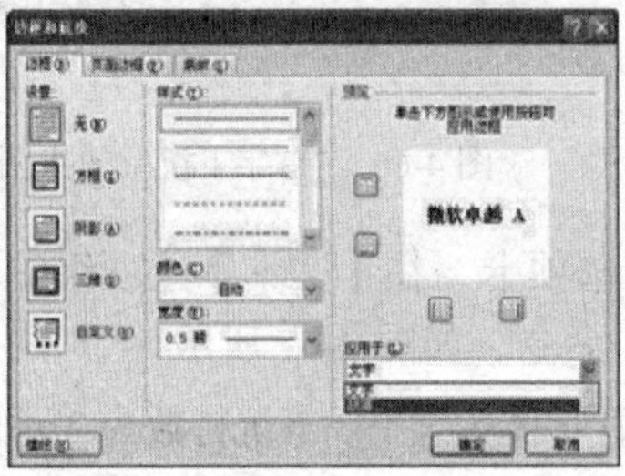

图 4-72 “边框”选项卡

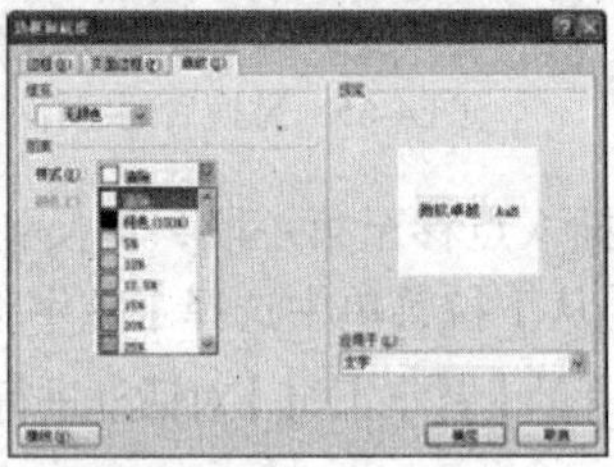

图 4-73 “底纹”选项卡

（9）为文档“外强中干”添加的批注：泛指外表强大，内实空虚，效果图如图 4-74 所示。

图 4-74 “批注”效果图

① 选择要设置批注的文本“外强中干”。

② 在【审阅】/【批注】选项组中，单击【新建批注】按钮，即可插入批注框。

③ 在批注框中输入批注文字即可。

（10）设置水印“请勿复制”，效果图如图 4-75 所示。

① 在【页面布局】/【页面背景】选项组中单击【水印】下拉按钮，在下拉菜单中选择【自定义水印】命令。

② 打开【自定义水印】对话框，选中【文字水印】单选按钮，接着单击【文字】右侧文本框下拉按钮，在下拉菜单中选择“请勿复制”命令，如图 4-76 所示。

图 4-75 “水印”效果图

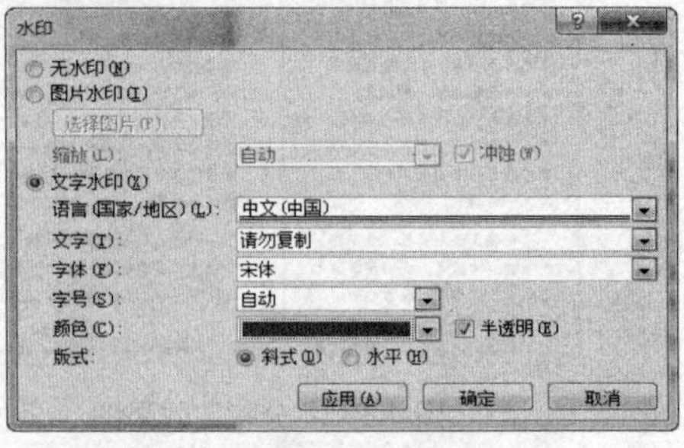

图 4-76 设置水印

③ 单击【确定】按钮，系统即可为文档添加自定义的水印效果。

（11）以原文件名保存到 E：盘的根目录上。

【知识链接】

1. 字符高级格式设置

（1）设置字符缩放

用右键单击选中需要设置的字符，在快捷菜单中选择【字体】命令，打开【字体】对话框，切换到【高级】选项卡，如图 4-77 所示，在【缩放】下拉列表框中设置合适的选项，在保持文本高度不变的情况下设置文本横向伸缩的百分比。

（2）字符间距与位置

字符间距是指文本中两个相邻字符间的距离，系统默认为“标准”类型。在图 4-77 中，在【间距】下拉列表框中设置合适的选项，即可设置字符的间距。其中，选择“加宽”选项时，应在“磅值”微调框中输入扩展字符间距的磅值；选择“紧缩”选项时，应在“磅值”微调框中输入压缩字符间距的磅值。字符间距加宽后，会导致偏移效果，此时，需要将最右侧字符的间距重新进行调整。

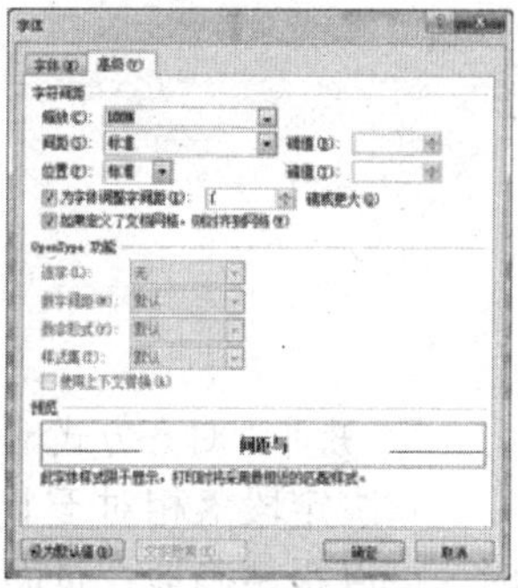

图 4-77　字符缩放

在【位置】下拉列表框中设置合适的选项，即可设置字符的位置。设置字符位置，会导致字符位置向上提升或向下降低的效果。

2. 双行合一

当需要在一行中显示两行文字，然后在相同的行中继续显示单行文字，实现单行、双行文字的混排效果时，可以利用“双行合一”功能实现，操作步骤如下所述。

① 选取准备在一行中双行显示的文字(注意，被选中的文字只能是同一段落中的部分或全部文字)，切换到【开始】选项卡，在【段落】选项组中单击【中文版式】按钮，从下拉菜单中选择“双行合一”命令，打开“双行合一”对话框。

② 此时可以预览双行显示的效果，如果选中“带括号”复选项，则双行文字将在括号内显示，最后单击【确定】按钮，如图 4-78 所示，返回 Word 工作界面。

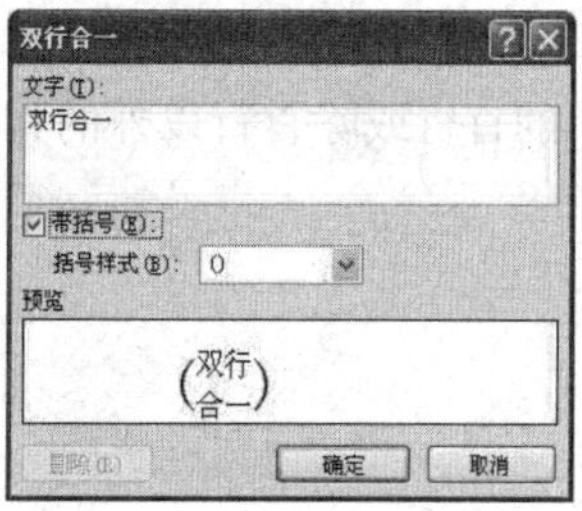

图 4-78　“双行合一”对话框

此时，被设置为双行显示的文字的字号将自动减小，以适应当前行的文字大小。用户可以设置双行显示文字的字号，使其更符合实际需要。将光标定位到已经双行合一的文本中，或者是直接选择双行合一的文本，然后在【开始】选项卡，在【段落】选项组中单击【中文版式】按钮，从下拉菜单中选择“双行合一”命令，打开“双行合一”对话框，单击左下角的“删除”按钮，即可删除双行合一效果。

段落最后跟着一个回车符，称为段落标记。设置段落格式是指设置整个段落的外观，包括对段落进行对齐方式、缩进、间距与行距、项目符号、边框和底纹、分栏等的设置。

3. 对齐方式

对齐方式分为水平对齐方式和垂直对齐方式。

（1）水平对齐方式

它决定段落边缘的外观和方向：左对齐、右对齐、居中或两端对齐。两端对齐是指调整文字的水平间距，使其均匀分布在左右页边距之间。两端对齐使两侧文字具有整齐的边缘，如图 4-79 所示。

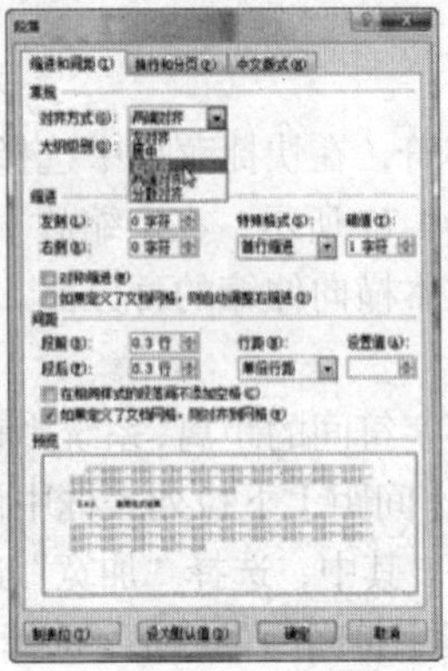

图 4-79　设置段落格式

（2）垂直对齐方式

它决定段落相对于上或下页边距的位置。这是很有用的。例如，当创建一个标题页时，可以很精确地在页面的顶端或中间放置文本，或者调整段落使之能够以均匀的间距向下排列。

4．段落缩进、间距设置

使用功能区工具：切换到【页面布局】选项卡，通过【段落】选项组中的“左”和“右”微调框，可以设置段落左侧及右侧的缩进量和设置当前段落的行距、前段落与相邻段落之间的距离。

使用“段落”对话框：切换到【开始】选项卡，通过【段落】选项组右下角的按钮打开【段落】对话框，在【段落】对话框中，通过“缩进”栏的“左”、“右”微调框可以设置段落的相应边缘与页面边界的距离。在“特殊格式”下拉列表框中选择“首行缩进”或“悬挂缩进”选项，然后在后面的“磅值”微调框中指定数值，可以设置在段落缩进的基础上段落的首行或除首行以外的其他行的缩进量，如图 4-80 所示。

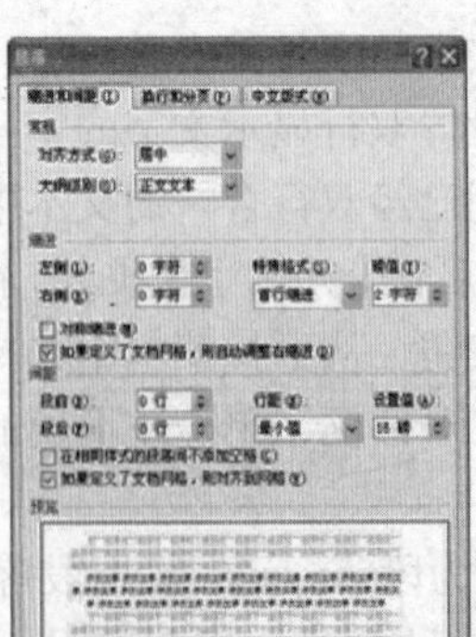

图 4-80　“段落”对话框

5. **查找和替换**

Word 2010 提供了强大的查找和替换功能，它既可以处理普通文本、带有固定格式的文本，也可以处理字符格式、段落标记等特定对象。另外，它还支持使用通配符进行查找。

（1）定位

在编辑长文档时，为了查找其中某一页的内容，利用鼠标滚动的方法会很浪费时间，利用如下技巧可以快速定位到某一页，或定位到指定的对象，具体的操作方法如下。

① 打开长篇文档，单击【开始】/【编辑】选项组中的【高级查找】按钮。

② 打开【查找和替换】对话框，在【定位】选项卡下的【定位目标】列表框中选中“页”选项，接着在“输入页号”文本框中输入查找的页码（如 8），单击“定位”按钮，如图 4-81 所示。

③ 自动关闭【查找和替换】对话框，文档自动定位到指定页。

（2）查找

普通查找

① 单击【开始】/【编辑】选项组中的【查找】按钮，在下拉菜单中选择【查找】命令。

② 在【导航】菜单栏里，输入需要查找的文字。如“办法”，文档中的对应字符自动被标注出来，并显示文本中有几个匹配项，如图 4-82 所示。

图 4-81　定位指定页

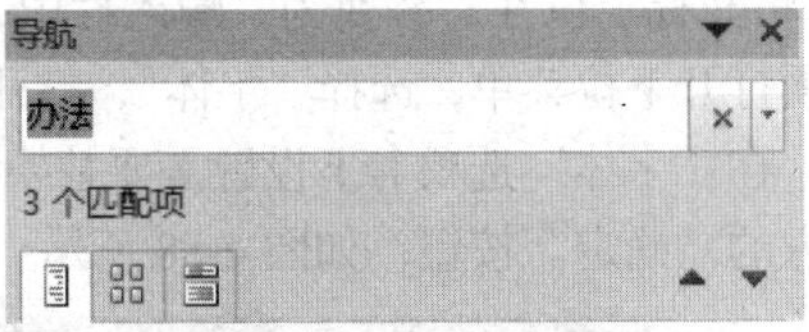

图 4-82　搜索“办法”字样

特殊文本的查找——数字

① 单击【开始】/【编辑】选项组中的【查找】按钮，在下拉菜单中选择“高级查找”命令。

② 打开【查找和替换】对话框，单击【特殊格式】选项，打开下拉菜单，选择查找的格式，如“任意数字”，单击该选项，如图 4-83 所示。

③ 在“查找内容”栏，自动输入代表任意数字的通配符（^#）。在“搜索”选项中单击下拉按钮，选择“全部”选项。

④ 在“查找”选区，单击“阅读突出显示”选项，打开下拉菜单，选择“全部突出显示”选项。

⑤ 文档中所有的数字均查找完毕并标注完成，如图 4-84 所示，用户可以快速浏览文本所有的数字来查找位置。

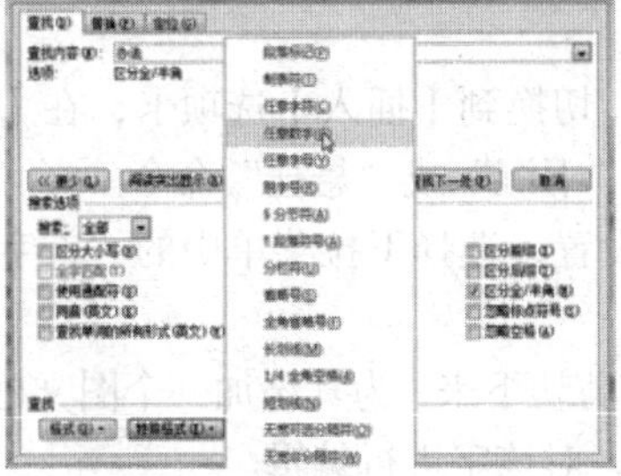

图 4-83　选择任意数字

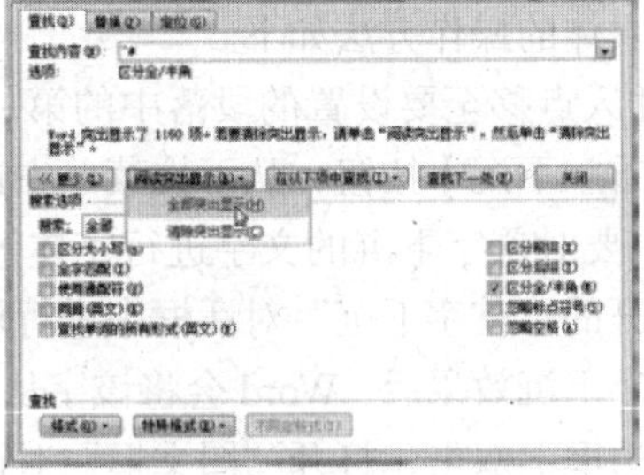

图 4-84　突出显示替换

（3）替换

普通的替换

① 单击【开始】/【编辑】选项组中的【替换】按钮，打开【查找和替换】对话框，或者按【Ctrl+H】快捷键调出该对话框。

② 在“替换”选项卡的“查找内容”栏中输入查找字符，在“替换为”输入栏中输入替换内容，如查找“办法”字符，替换为“方法”，单击“替换”按钮，如图 4-85 所示，每单击一次，则自动查找并替换一处。

图 4-85 替换文本内容

③ 单击“全部替换”按钮，完成文档内所有的查找内容均被替换的操作。

特殊条件的替换

① 按【Ctrl+H】快捷键调出“替换”对话框。单击“更多”按钮，打开隐藏的更多选项，如图 4-86 所示。

② 打开隐藏选项，单击“查找内容”输入框，定位光标，输入要替换的内容，如图 4-87 所示。

③ 将光标定位在“替换为”输入栏中，再单击“格式”选项打开下拉菜单，选择“字体”，打开“替换字体”对话框，在“字体”选项卡下设置需要替换的字体样式，单击下方的“确定”按钮，如图 4-88 所示。

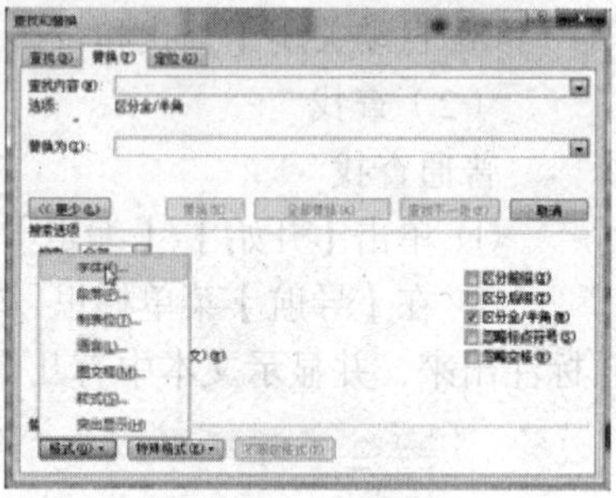

图 4-86 选择字体

图 4-87 替换前字体

图 4-88 替换后的字体

④ 单击“替换”按钮，系统会自动完成查找替换。

6. 首字下沉

为了让文字更加美观与个性化，可以使用“首字下沉”功能让段落的首个文字放大或者更换字体。具体的操作方法如下。

① 将插入点移至要设置的段落中的第一段，切换到【插入】选项卡，在【文本】选项组中单击【首字下沉】按钮，从下拉菜单中选择“下沉”或“悬挂”命令。

② 如果要对首字下沉的文字进行字体等的设置，选择下拉菜单中的“首字下沉选项”命令，在打开的“首字下沉”对话框中进行设置。

设置首字下沉效果后，Word 会将该字从行中剪切下来，为其添加一个图文框。用户即可以在该字的边框上双击，打开“图文框”对话框，对该字进行编辑。

7. **分栏**

分栏就是将一段文本分成并排的几栏，这样便于阅读，版式也比较好看。它广泛用于报纸、杂志等编排中。

① 切换到【页面布局】选项卡。

② 选择要在栏内设置格式的文本。

③ 在【页面设置】选项组中，单击【分栏】下拉按钮，在其下拉列表框中选择“更多分栏”命令，打开分栏对话框。

④ 选择有关分栏的选项即可。

⑤ 单击【确定】按钮即可。

8. **边框和底纹**

对文档进行了整齐有序的设置，还可以为文档某些重要文本或段落添加边框和底纹，可以使显示的内容更加突出和醒目，或使文档的外观效果更加美观大方，如图 4-89 和图 4-90 所示。

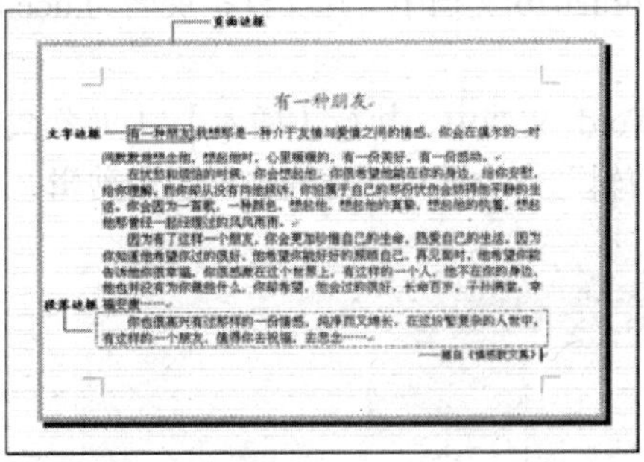

图 4-89　边框样式

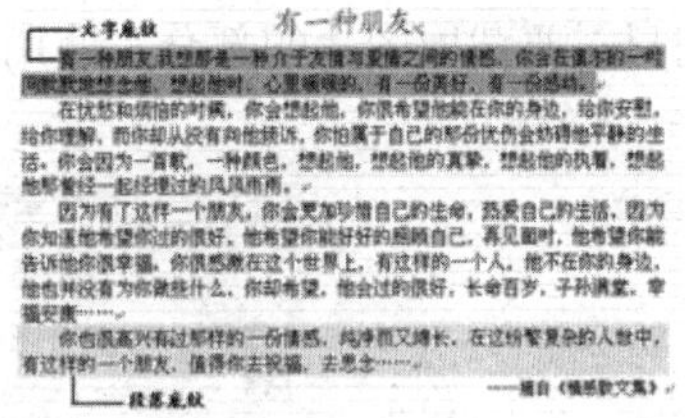

图 4-90　底纹样式

① 选中文字。

② 在【开始】/【段落】选项组中单击【框线】下拉按钮，在下拉菜单中选择【边框和底纹】命令，即可为段落添加边框，如图 4-91 所示。底纹选项卡如图 4-92 所示。

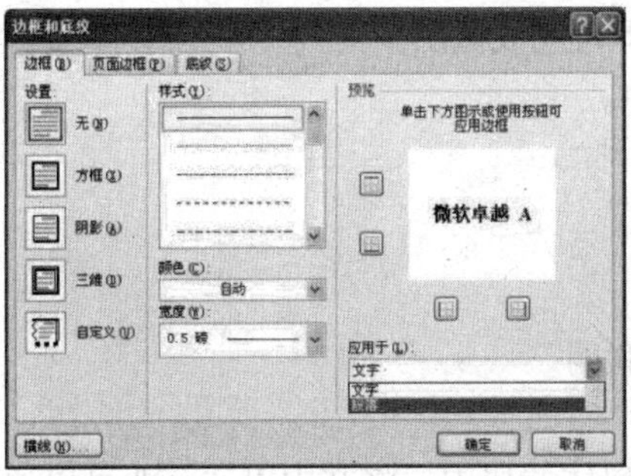

图 4-91　“边框”选项卡

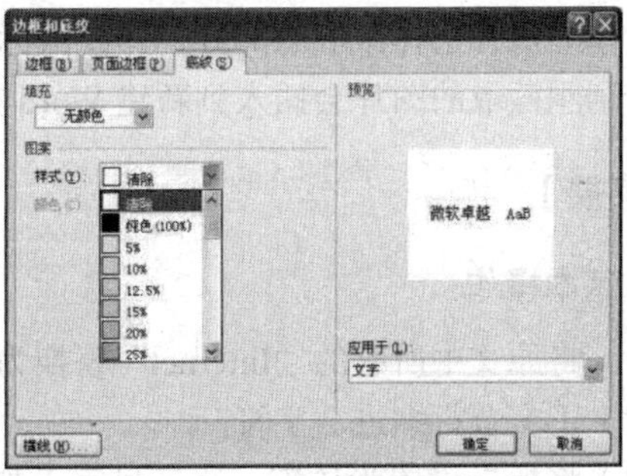

图 4-92　“底纹”选项卡

9. **批注**

批注是作者或审阅者为文档添加的注释。当查看批注时，可以删除或对其进行响应。

插入批注的操作步骤如下所述。

① 选择要设置批注的文本。

② 在【审阅】/【批注】选项组中，单击【新建批注】按钮，如图 4-93 所示，即可插入批注框。

③ 在批注框中输入批注文字即可。

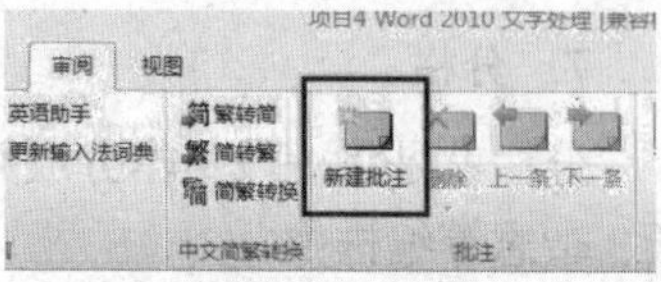

图 4-93　新建批注

10. 水印

普通创建的文档是没有页面背景的，用户可以为文档的页面添加背景颜色。

① 在【页面布局】/【页面背景】选项组中单击【水印】下拉按钮，在下拉菜单中选择【自定义水印】命令。

② 打开【自定义水印】对话框，可设置“图片水印”和“文字水印”，系统即可为文档添加自定义的水印效果。

11. 平面截图

屏幕截图是 Microsoft Word 2010 的新增功能，Word 软件以前的版本没有此功能。用户可以将已经打开且未处于最小化状态的窗口截图插入到当前 Word 文档中。需要注意的是，“屏幕截图”功能只能应用于文件扩展名为.docx 的 Word2010 文档中，在文件扩展名为.doc 的兼容 Word 文档中是无法实现的。

① 首先打开需要截图的页面，切换到新建 Word 文档中，执行【插入】/【屏幕截图】命令。我们只需要截取图片的部分，使用“屏幕剪辑”命令即可快速完成需要的剪辑，如图 4-94 所示。

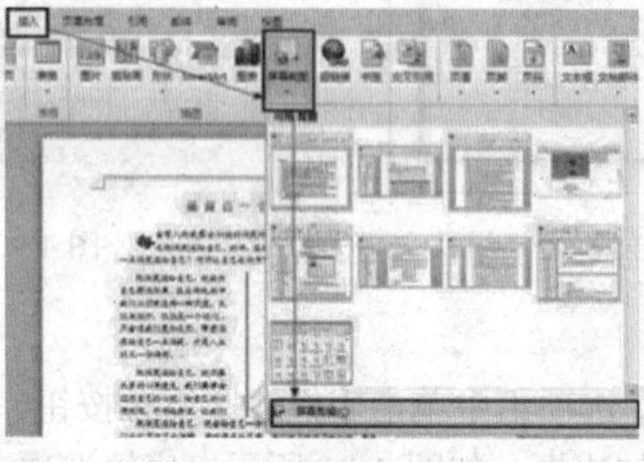

图 4-94　屏幕截图

② 移动鼠标选择截取的部分，释放鼠标之后即可完成截图。

③ 刚刚截取的图片会插入到新建 Word 文档中。

【能力拓展】

1. 基本操作

（1）将原文中所有的“Internet”替换为“互联网”。

（2）正文首行缩进 2 字符。

（3）将标题设置为仿宋、小三号字、加粗、斜体并居中；将文中以“企业可以通过互联网将自己的产品信息……”开始的段设置为段前一行、段后一行、行间距为 1.5 倍行距，字符间距加宽 1.2 磅。

（4）在文中以“互联网，也称为国际互连网或因特网……”使用首字下沉效果。

2. 排版、打印。

（1）将文中以“企业可以通过互联网将自己的产品信息……”开始的段添加茶色背景。

（2）设置上下页边距为 70 磅，左右页边距为 60 磅。纸张方向横向，纸张大小为

20cm × 10cm。

（3）将文中以“主要介绍互联网……”开始的文字设置为两栏。

（4）添加页面边框，用阴影样式的橙色双线边框，如图 4-95 所示。

图 4-95　效果图

任务 4　图文混排

【任务描述】

张晓红是新生机制 1 班的班长，班主任最先给了她制作班规的任务，为了能很好地完成任务，小张认真查阅了校规等规章制度，完成了班规的文字输入，经过技术分析，充分利用 Word 2010 提供的相关技术精心设计与制作，圆满完成了该任务，说明书效果如图 4-96 所示。

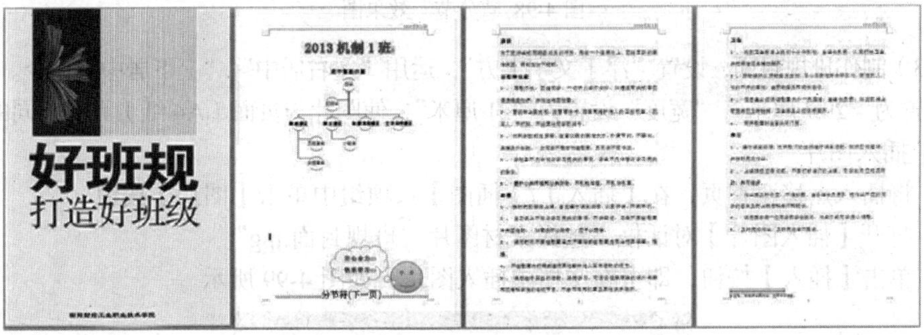

图 4-96　效果图

【技术分析】

- 通过“分隔符”下拉菜单，可以将文档进行分页或分节处理。
- 插入图片后，通过调整其大小和位置，可以将其作为封面或者背景。单击选择图片后，在图片工具栏的“格式”选项卡中可以设置图片与文字的环绕方式、图片的样式等。
- 通过插入自选图形，可以为文档的指定部分添加标注图形。
- 通过插入脚注和尾注，可以为文档添加必要的注释。
- 通过“页眉和页脚工具设计”选项卡中的相关按钮，可以达到页眉和页脚的制作要求。
- 通过“打印”窗格，可以实现对文件的按需打印。

【任务实施】

（1）根据班级需求，定制出适合本班的班规。可以打开已编写好的素材“班规”文档。

（2）班规文档被分为 3 节：第一节为空白页，将用于插入封面；第二节用于编辑图示的内容。

① 打开 Word 2010 文档窗口，将光标定位到准备插入分节符的位置首行。然后切换到【页面布局】功能区，在【页面设置】分组中单击【分隔符】按钮，单击“下一页”按钮，如图 4-97 所示，以上操作再执行一次。

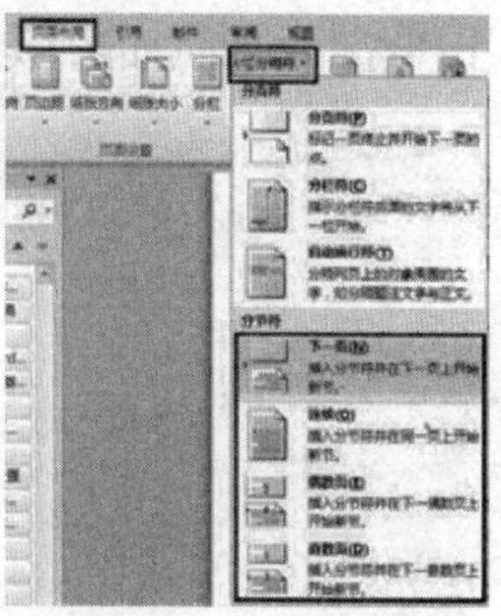
图 4-97 “分隔符”按钮

② 此时班规文档被分为 3 节：第一节为空白页，将用于插入封面；第二节用于编辑图示的内容，效果如图 4-98 所示。

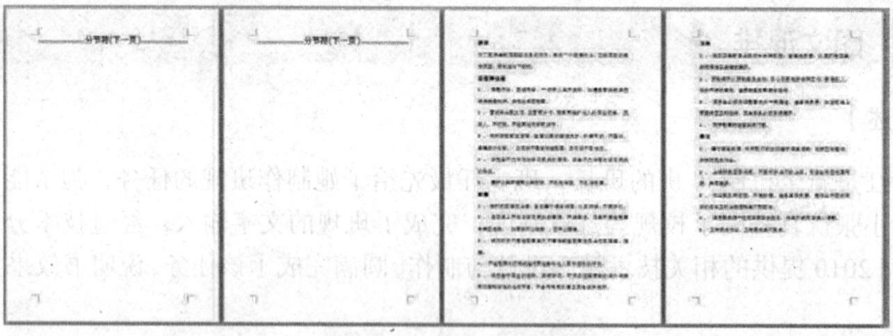

图 4-98 “分节”效果图

（3）制作班规封面，设置“浮于文字上方”，运用“左右居中”、“上下居中”命令。将“高度”设置为“29.7 厘米”，“宽度”设置为“21 厘米”，使图片与页面（A4 纸）具有相同的尺寸。

① 插入图片

a) 将插入点移至首页，在【插入】/【插图】选项组中单击【图片】按钮。

b) 打开【插入图片】对话框，选择素材图片“班规封面.jpg”。

c) 单击【插入】按钮，即可在文档中插入图片，如图 4-99 所示。

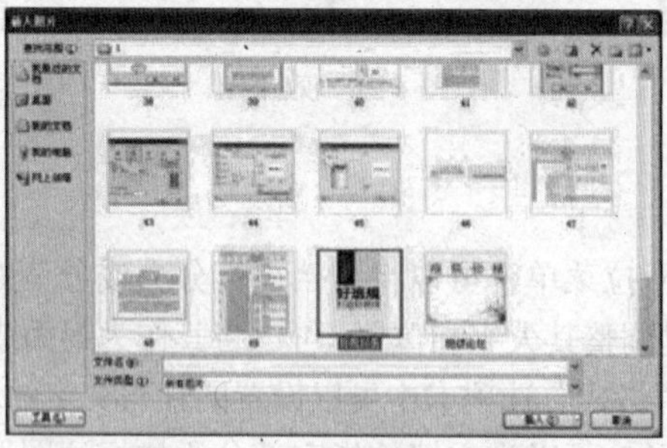
图 4-99 “插入图片”对话框

② 设置图片格式

a) 选择“版规封面”图片，单击【图片工具】/【格式】/【排列】选项组中的【自动换行】按钮，从下拉菜单中选择【浮于文字上方】命令。

b) 接着单击【对齐】按钮，从下拉菜单中选择“左右居中”、“上下居中”命令。

c) 选择“版规封面”图片，将【图片工具】/【格式】/【大小】选项组中的“高度”微调框设置为“29.7 厘米”，“宽度”微调框设置为“21 厘米”，使图片与页面（A4 纸）具有相同的尺寸，调整后的封面效果如图 4-100 所示。

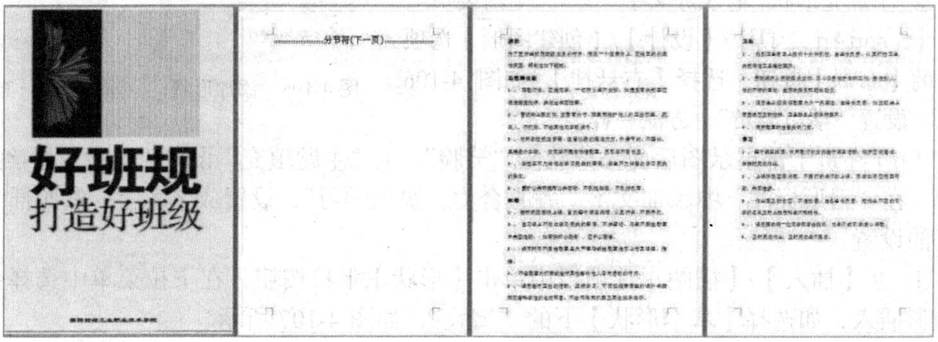

图 4-100　封面效果

（4）第二页的顶端插入班级名称“2013 机制 1 班”。选择第 5 行 3 列的样式，居中。

① 将插入点移至首页，输入文字：“2013 机制 1 班”。选中该文字。再单击【插入】/【文本】选项组中的【艺术字】按钮，选择第 5 行 3 列的样式，如图 4-101 所示。

② 按照图片的排列方式将它左右居中对齐，如图 4-102 所示。

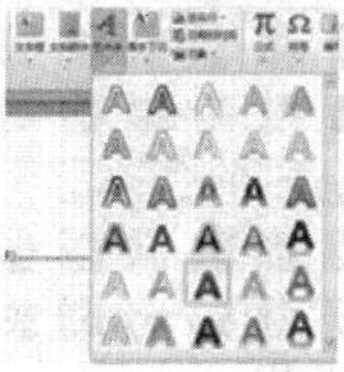

图 4-101　“艺术字”按钮

图 4-102　“艺术字”效果图

（5）在班级名称的后面添加图 4-103 所示的班干部展示图。

① 输入“班干部展示图”文字居中设置。在【插入】/【插图】选项组中单击形状下拉按钮，在下拉菜单中选择【SmartArt】命令。

② 打开【选择 SmartArt 图形】对话框，在左侧单击【层次结构】选项，接着在右侧选中子【半圆组织结构图】类型，如图 4-104 所示。

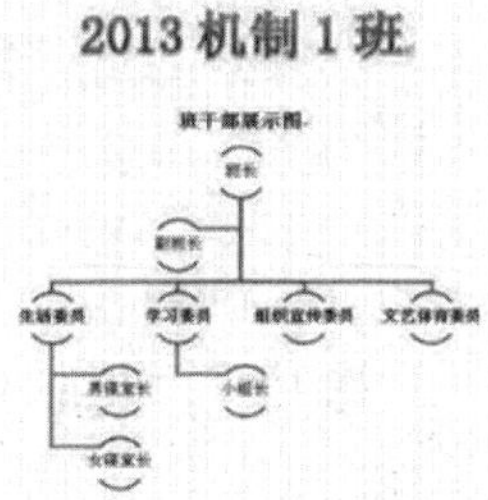

图 4-103　“班干部展示”效果图

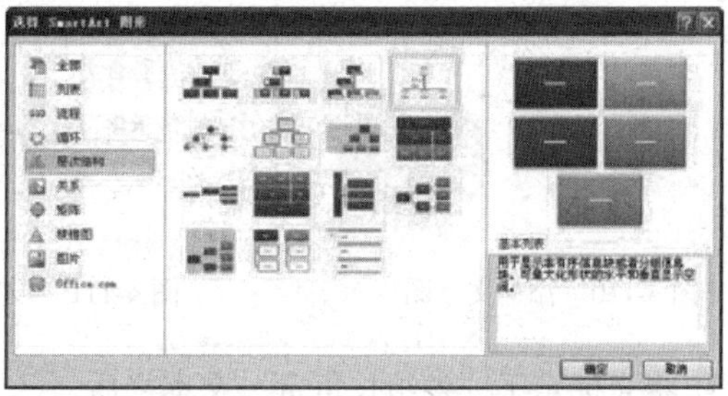

图 4-104　插入 SmartArt 图形

③ 选中图形类型后，单击【确定】按钮，即可在文档中插入所选的 SmartArt 图形。在文本位置输入文字，如选择“班长”，给其下方添加一个形状。在【SmartArt 工具】/【设计】

/【创建图形】选项组中单击【添加形状】按钮，选择【下方添加形状】选项，如图 4-105 所示。“副班长”的添加即为添加助理。

④ 添加完形状，输入好文字。选中“生活委员”，单击【SmartArt 工具】/【设计】/【创建图形】选项组中的【布局】按钮，选择【右悬挂】，如图 4-106 所示。设置“学习委员”，方法一样。

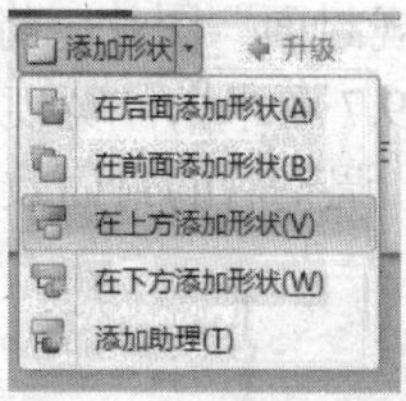

图 4-105　添加形状

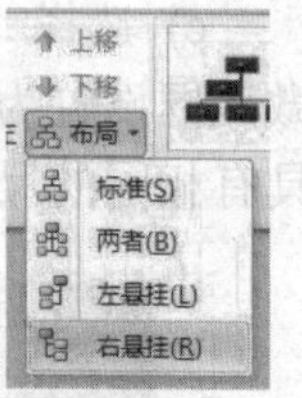

图 4-106　布局

（6）在班干部展示图后面添形状图“笑脸”，为“主题填充”设计“细微效果-红色”效果。在“云形标注”中添加文字“齐心合力，快乐学习”，设置成艺术字，参照插入艺术字的设置。

① 在【插入】/【插图】选项组中单击【形状】下拉按钮，在下拉菜单中选择合适的图形插入，如选择【基本形状】下的“笑脸”，如图 4-107 所示。

② 拖动鼠标画出合适的图形大小，完成图形的插入，如图 4-108 所示，将光标放置在图形的控制点上，可以改变图形的大小。在【绘图工具】/【格式】/【形状样式】选项组中单击【主题填充】下拉按钮，在下拉菜单中选择“细微效果-红色”选项，如图 4-109 所示。

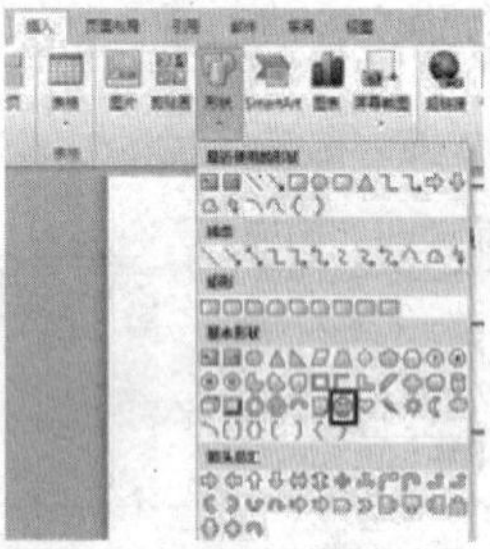

图 4-107　选择图形

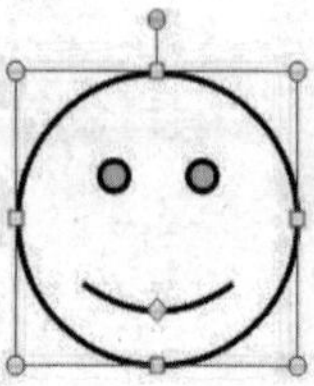

图 4-108　插入图形样式

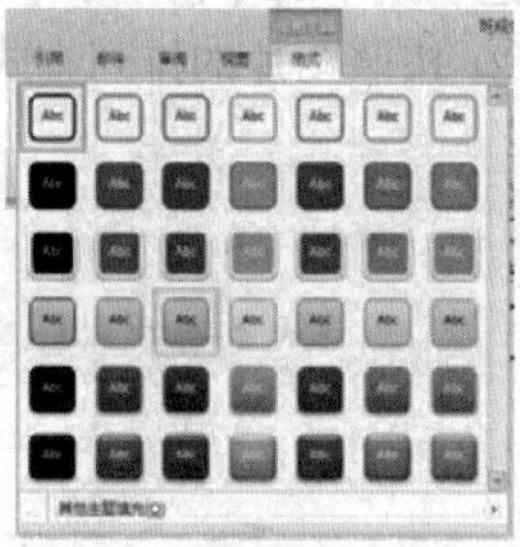

图 4-109　“细微效果-红色”

③ 用同样的方式添加云形标注，在标注中添加文字“齐心合力，快乐学习”，如图 4-110 所示，还可以设置成艺术字，如图 4-111 所示，参照插入艺术字的设置。

（7）在班规学习条例中“各组长负责”插入脚注：“收取、清查好当天作业，交于学习委员。”效果如图 4-112 所示。

图 4-110　添加文字图

图 4-111　设置艺术字

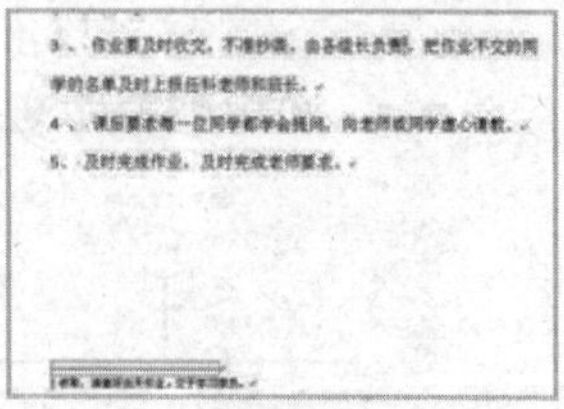

图 4-112　“脚注”效果图

① 将光标定于“各组长负责”文本之后。

② 单击【引用】/【脚注】选项组中的【插入脚注】按钮，光标自动跳至注释编辑区，输入注释文本“收取、清查好当天作业，交于学习委员。”在其他地方单击，返回到文档编辑状态。

（8）在班规中插入页码，在页眉区域中输入文本“2013 机制 1 班”，创建班规的页眉和页脚。

① 页眉设置

a) 在【插入】/【页眉页脚】选项组中【页眉】下拉按钮，选择【编辑页眉】选项，激活【页眉页脚】区域，如图 4-113 所示。

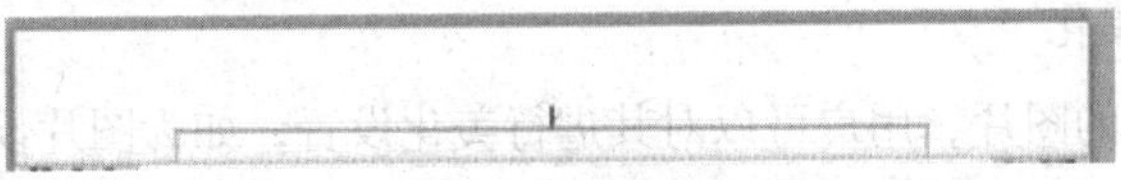

图 4-113 “页眉页脚”区域

b) 在页眉区域输入文本“2013 机制 1 班”。

c) 编辑完，在【页眉和页脚】/【设计】/【关闭】选项组中单击【关闭页眉和页脚】按钮。

② 页码设置

a) 将光标定位于班规中的第 2 页。

b) 插入页码：在【插入】/【页眉和页脚】选项组中单击【页码】下拉按钮，在菜单中选择【页面底端】中的“普通文字 2”，如图 4-114 所示。

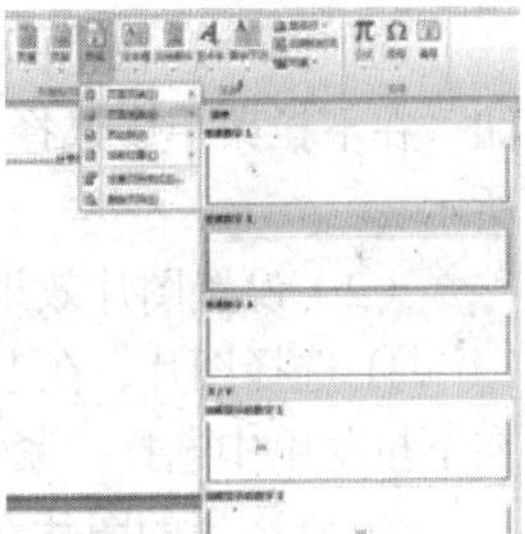

图 4-114 普通文字 2

c) 选中页码，用右键单击，选择“设置页码格式……”菜单选项，如图 4-115 所示。在弹出的对话框中，在“起始页码”后的框中键入相应的起始数字 1，如图 4-116 所示。

（9）将班规文档打印出来。单击【文件】/【打印】标签，在右侧窗格单击【打印】按钮，即可打印文档，如图 4-117 所示。

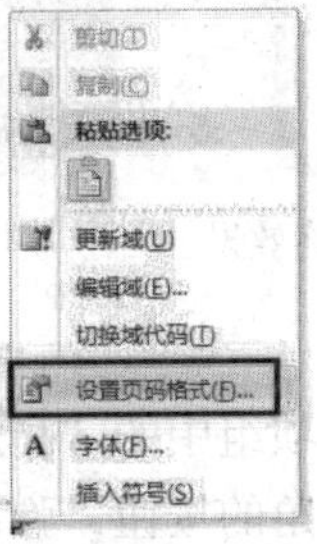

图 4-115 设置页码格式

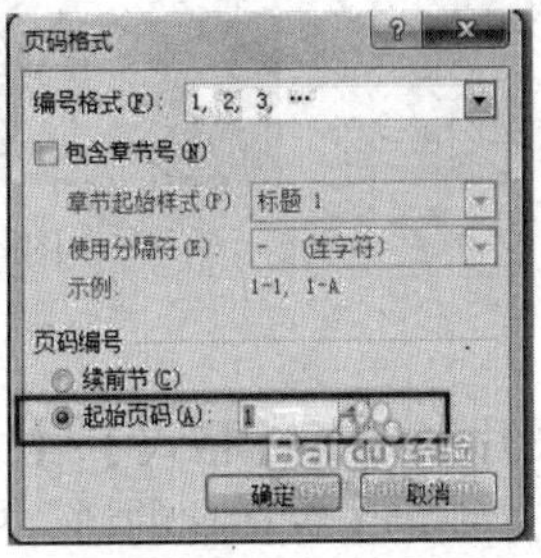

图 4-116 “页码格式”对话框

图 4-117 打印文档

【知识链接】

1. 分节符

通过在 Word 2010 文档中插入分节符，可以将 Word 文档分成多个部分。每个部分可以有不同的页边距、页眉页脚、纸张大小等不同的页面设置。在 Word 2010 文档中插入分节符的步骤如下所述。

① 打开 Word 2010 文档窗口，将光标定位到准备插入分节符的位置。然后切换到【页面布局】功能区，在【页面设置】分组中单击【分隔符】按钮。

② 单击分节符中的“下一页”按钮。

2. 插入图片

图片可以丰富和美化文档内容，用户可以将保存在计算机中的图片插入到文档中，具体操作如下。

① 地位插入点，在【插入】/【插图】选项组中单击【图片】按钮。

② 打开【插入图片】对话框，选择图片文件。

③ 单击【插入】按钮，即可在文档中插入选中的图片。

3. 图片编辑与美化

对插入到文档中的图片，用户可以对其进行美化设置，如为图片设置效果、设置图片与文字的排列方式等。

（1）美化图片

选中图片，在【图片工具】/【格式】/【图片样式】选项组中单击【图片效果】下拉按钮，在下拉菜单中选择【棱台（B）】/【凸起】命令，即可设置图片的棱台效果，如图 4-118 所示。

（2）设置图片效果

① 选择图片，在【图片工具】/【格式】/【排列】选项组中单击【自动换行】下拉按钮，在下拉菜单中选择“紧密型环绕（T）”命令。

② 所选择的图片在设置后实现了文字和图片的环绕显示，用鼠标移动或按键盘上的方向键，即可移动图片到合适的位置，设置后的效果如图 4-119 所示。

图 4-118 设置棱台效果

图 4-119 最终效果

（3）设置图片大小

选择“版规封面”图片，调整【图片工具】/【格式】/【大小】选项组中的“高度”微调框、“宽度”微调框中的尺寸，若图片锁定了纵横比的话，单击右下角的按钮，弹出“布局”对话框，如图 4-120 所示，取消纵横比的选项即可。

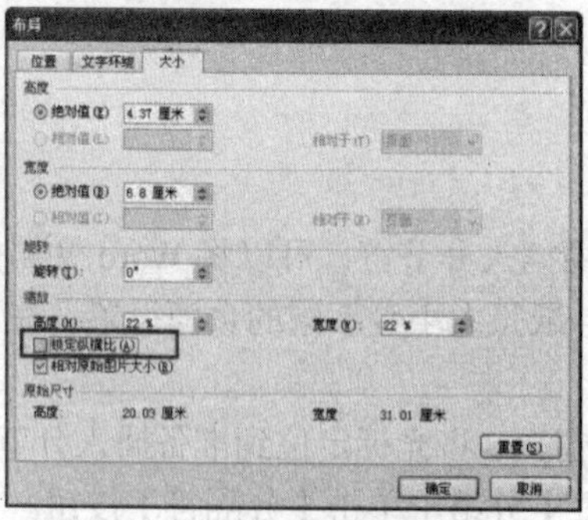

图 4-120 “布局”对话框

（4）设置图片文字环绕方式

选择“版规封面”图片，单击【图片工具】/【格式】/【排列】选项组中的【自动换行】

按钮，从下拉菜单中可以设置文字环绕方式，以及选择【其他布局选项】选项，如图 4-121 所示，打开【布局】对话框，设置文字环绕方式，如图 4-122 所示。

（5）设置图片排列方式

单击【对齐】按钮，从下拉菜单中选择对齐方式，如图 4-123 所示。

图 4-121　自动换行

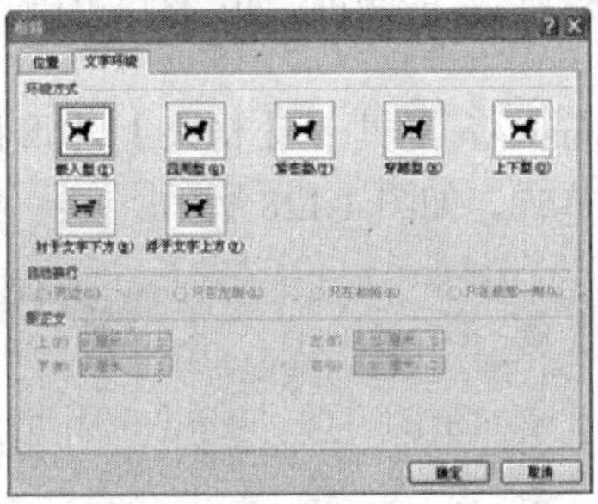

图 4-122　对齐方式

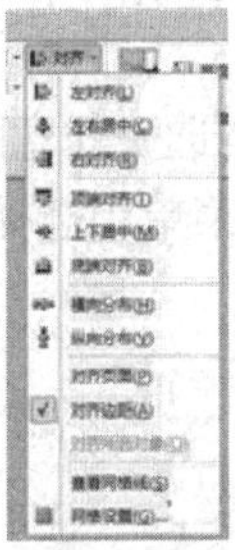

图 4-123　对齐

4. 插入艺术字

艺术字也是一种图形对象，可以像对其他图形一样进行编辑、修改。艺术字是以艺术的方式来表现文字，使文字更富有艺术魅力。艺术字通常用在文档的标题中，可以达到引人注意的效果。具体操作如下。

① 单击【插入】/单击【文本】选项组中的【艺术字】按钮，选择样式。

② 输入文字，设置格式，如图 4-124 所示。

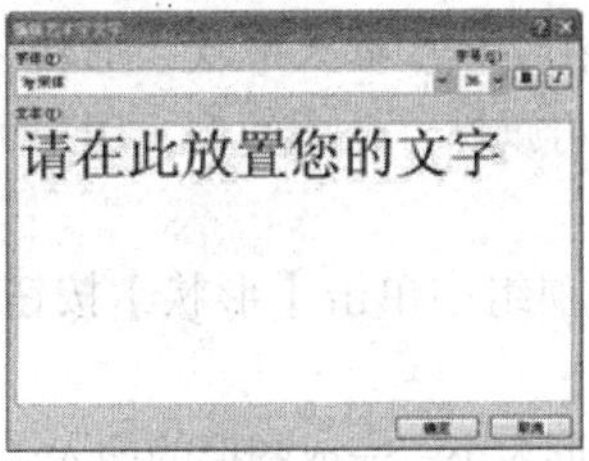

图 4-124　“编辑艺术字文字”对话框

5. 插入 SmartArt 图形

在 Word 2010 的 SmartArt 图形中，新增了图形图片布局，可以在 Word2010 文档中插入丰富多彩、表现力丰富的 SmartArt 示意图。

（1）插入 SmartArt 图形，操作步骤如下。

① 在【插入】/【插图】选项组中单击【形状】按钮，在下拉菜单中选择【SmartArt】命令。

② 打开【选择 SmartArt 图形】对话框，可以选择不同类型的组织结构类型。

③ 选中图形类型后，单击【确定】按钮，即可在文档中插入所选的 SmartArt 图形，如图 4-125 所示。在文本位置输入文字，如要添加形状，在【SmartArt 工具】/【设计】/【创建图形】选项组中单击【添加形状】按钮。

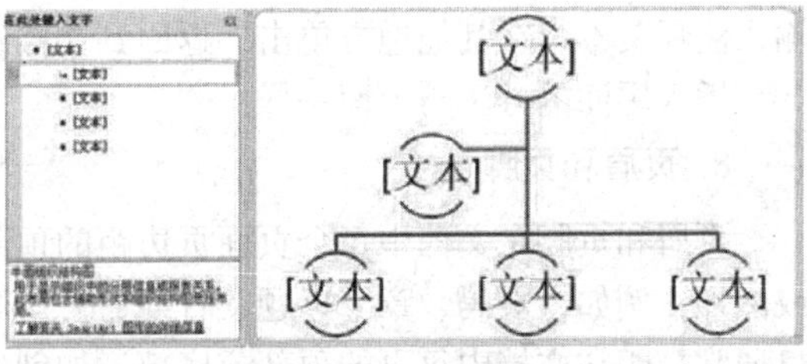

图 4-125　图形

（2）SmartArt 图形美化，操作步骤如下。

① 选中任意图形，在【SmartArt 工具】/【设计】/【SmartArt 样式】选项组中单击 按钮，在下拉菜单中选择适合的样式，如“卡通”，如图 4-126 所示。

② 选中任意图形，在【SmartArt 工具】/【设计】/【SmartArt 样式】选项组中单击【更改颜色】按钮，在下拉菜单中选择适合的颜色，如“彩色范围、强调文字颜色 4-5”，如图 4-127 所示。

③ 选中任意图形，在【SmartArt 工具】/【格式】/【形状样式】选项组中单击 按钮，在下拉菜单中选择适合的形状样式，如图 4-128 所示。

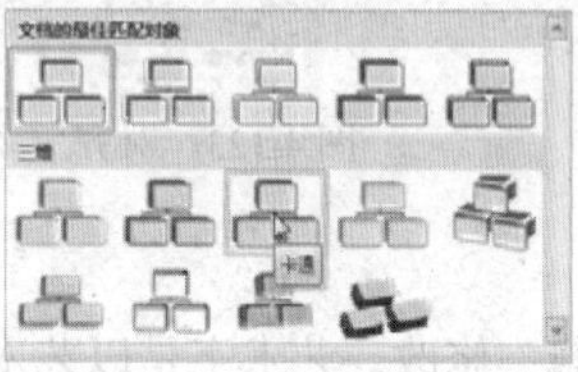

图 4-126　更改样式

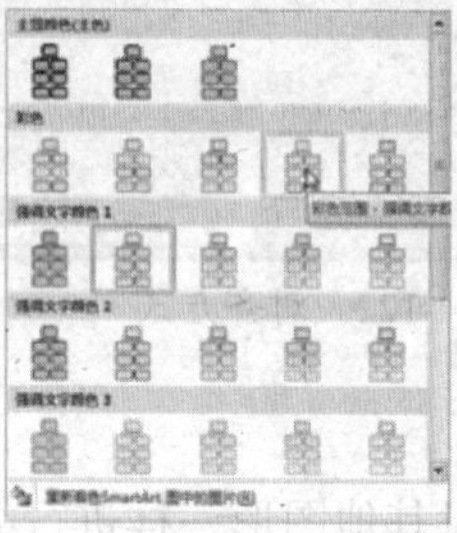

图 4-127　更改颜色

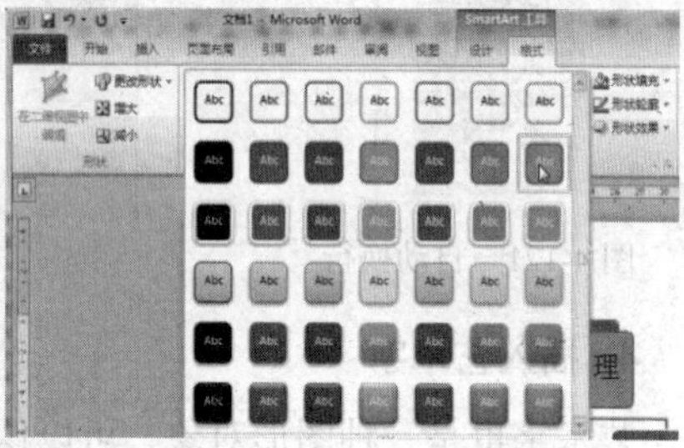

图 4-128　美化 SmartArt 图形

用户还可以选中某个图形，在“形状样式”选项组的“形状填充”、“形状轮廓”以及“形状效果”下拉菜单中对图形逐一进行美化操作。

6. 插入形状

在 Word 2010 中，用户可以在文档中插入形状，形状分为“线条”、“基本形状”、“箭头汇总”、“流程图”、“标注”、“星与旗帜”几大类型，用户可以根据文本需要，插入相应的形状。操作步骤如下。

① 在【插入】/【插图】选项组中单击【形状】按钮，在下拉菜单中选择合适的图形插入。

② 拖动鼠标，画出合适的图形大小，完成图形的插入，将光标放置的图形的控制点上，可以改变图形的大小。在【绘图工具】/【格式】/【形状样式】选项组中可以设置不同的填充效果。

如果【形状】下拉菜单中的图形都不能符合要求，在【插入】/【插图】选项组中单击【形状】按钮，在下拉菜单中选择【任意多边形】，还可以手动绘制形状。

7. 脚注和尾注

脚注和尾注在文档和书籍中，用以显示说明性或补充性的信息。脚注位于页面的底部，尾注位于文档的结尾处。具体操作步骤如下。

① 将光标定于需要插入脚注的文本之后。

② 在【引用】/【脚注】选项组中单击【插入脚注】按钮，光标自动跳至注释编辑区，输入注释文本，在其他地方单击，返回到文档编辑状态。

插入尾注的方法与上面一样。

8. 页眉和页脚

页眉和页脚是文档中每个页面页边距的顶部和底部区域。可以在页眉和页脚中插入文本或图形，例如，页码、章节标题、日期、公司徽标、文档标题、文件名或作者名等，这些信息通常打印在文档中每页的顶部或底部。如创建班规的页眉和页脚，具体操作步骤如下。

① 在【插入】/【页眉页脚】选项组中单击【页眉】下拉按钮，选择【编辑页眉】选项，激活【页眉页脚】区域。

② 创建页眉，在页眉区域输入文本。

③ 结束后，在【页眉和页脚】/【设计】/【关闭】选项组中单击【关闭页眉和页脚】按钮。

9. 页码

在写论文、说明书等各种 Word 文档时，经常需要对文档添加页码，如在班规中插入页码，具体操作步骤如下。

① 将光标定位于需要开始编页码的页首位置。

② 插入页码：在【插入】/【页眉和页脚】选项组中单击【页码】按钮，在下拉菜单中选择页码位置，如图 4-129 所示。

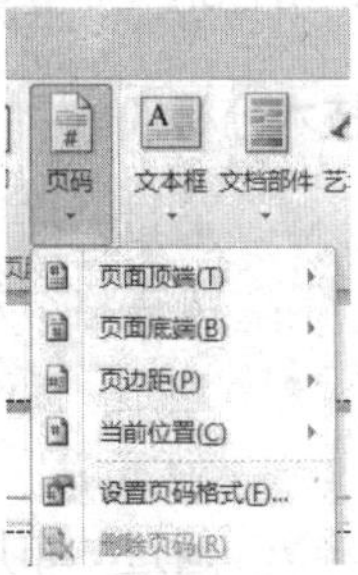

图 4-129　页码

10.打印

创建好 Word 文档后，将班规文档打印出来。

① 单击【文件】/【打印】标签，在右侧窗格中单击【打印】按钮，即可打印文档。

② 在右侧窗格的“打印预览”区域，可以看到预览情况在“打印所有文档”下拉列表中，可以设置打印当前页或打印整个文档。

③ 在“单面打印”下拉菜单中可以设置单面打印或者手动双面打印。

④ 此外还可以设置打印纸张方向、打印纸张、正常边距等，用户可以根据需要自行设置。

【能力拓展】

完成如图 4-130 所示的宣传单设计。

（1）首先进行版面的宏观设计，主要包括：设置版面大小、按内容规划版面。

（2）每个版面的具体布局设计，主要包括：根据每个版面的条块特点选择一种合适的版面布局方法，对本版内容进行布局；对每篇文章进一步详细设计。

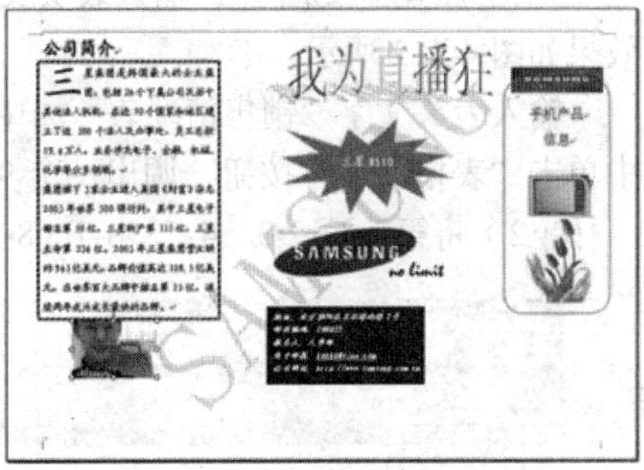

图 4-130　宣传单

（3）宣传单的整体设计效果，版面均衡协调、图文并茂、生动活泼，颜色搭配合理、淡雅美观；版面设计不拘一格，发挥想象力，体现个性化独特创意。

试试吧！要是你能很好地完成，那你以后的学习、工作、生活中，如果遇到要制作介绍学校、院系、班级的宣传小报，或者要制作公司的内部刊物、宣传海报等时，相信你会得心应手，游刃有余。

任务 5　表格处理

【任务描述】

小型电器商行针对本年度销售洗衣机、电冰箱、空调，需要经理制作一份销售情况数据表。在创建表格前，最好先在纸上绘制出表格的草图，规划好行数和列数，以及表格的大概结构，再在 Word 文档中创建。销售部的小李主动要求完成任务，按照经理提出的上述要求，经过数据分析，利用 Word 提供的表格制作功能，出色地完成了任务，效果如图 4-131 所示。

销售情况表

	第一季度		第二季度		第三季度		第四季度	
电冰箱	12		15		10		14	
洗衣机	14		14		10		22	
空调	10		15		17		8	
总计	36		44		37		44	

图 4-131　销售情况数据表

【技术分析】

- 通过“插入”选项卡中“表格”下拉菜单、“插入表格”对话框或者手动绘制，皆可创建表格。
- 通过“布局”选项卡中“单元格大小”选项组中的命令，可以自动等分行高与列宽。
- 通过“布局”选项卡中“行和列”选项组中的命令，可以新增或删除单元格。
- 通过“布局”选项卡中“合并”选项组中的命令，可以快速编辑表格的结构。
- 通过“布局”选项卡中“对齐方式”选项组中的命令，可以设置文字在单元格内的方向和对齐方式。
- 通过“设计”选项卡中“表格样式”选项组中的命令，或使用“边框和底纹”对话框，可以为单元格设置边框线的样式、颜色，以及添加底纹效果。
- 通过“布局”选项卡中“数据”选项组中的命令，可以对表格中的数据进行求和与乘积计算。

【任务实施】

（1）新建“文档 1”，输入表头文字“销售情况表”，居中设置，创建 9 列 5 行的表格。效果如图 4-132 所示。

输入表头文字“销售情况表”居中，定位于文字表头下方，在“插入”/“表格”选项组中单击“表格”下拉按钮，调出一个 9×5 的网格。

（2）将第一行 2-3、4-5、6-7、8-9 分别进行合并，效果如图 4-133 所示。

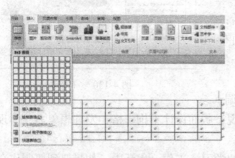

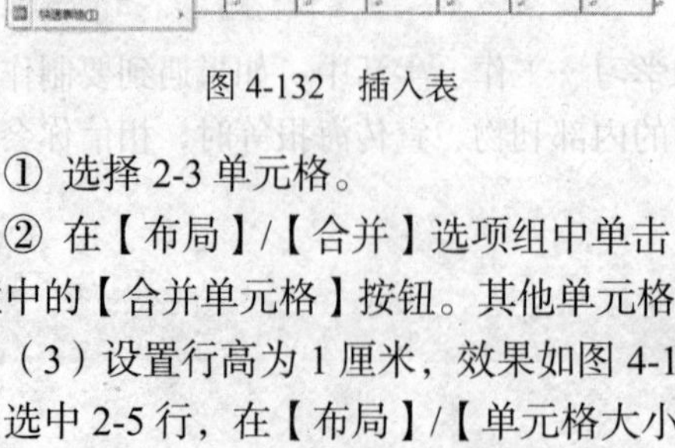

图 4-132　插入表

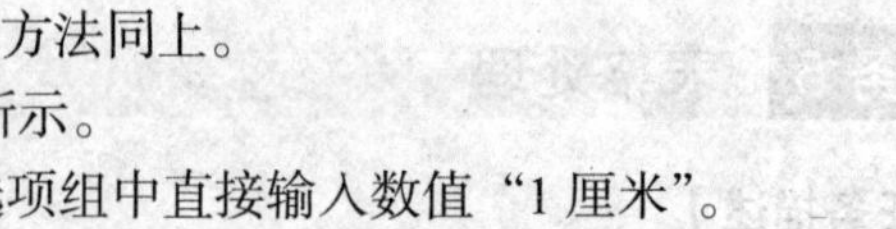

图 4-133　合并单元格

① 选择 2-3 单元格。

② 在【布局】/【合并】选项组中单击【合并单元格】按钮，或单击【表格和边框】工具栏中的【合并单元格】按钮。其他单元格合并方法同上。

（3）设置行高为 1 厘米，效果如图 4-134 所示。

选中 2-5 行，在【布局】/【单元格大小】选项组中直接输入数值“1 厘米”。

（4）输入文字。第一列文字水平居中，垂直居中，效果如图 4-135 所示。

① 将光标置于要插入文字的单元格，输入对应的文字，文字如图 4-135 所示。

② 选中第一列单元格，在【表格工具】/【布局】/【表】选项组中单击【属性】按钮，打开【表格属性】对话框，在表格选项卡中单击【对齐方式】栏下的“居中”按钮、单元格

选项卡中单击【垂直对齐方式】栏下的“居中” 按钮即可。

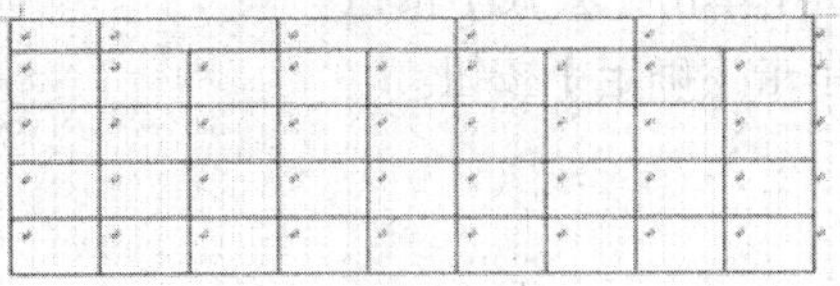

图 4-134　行高设置

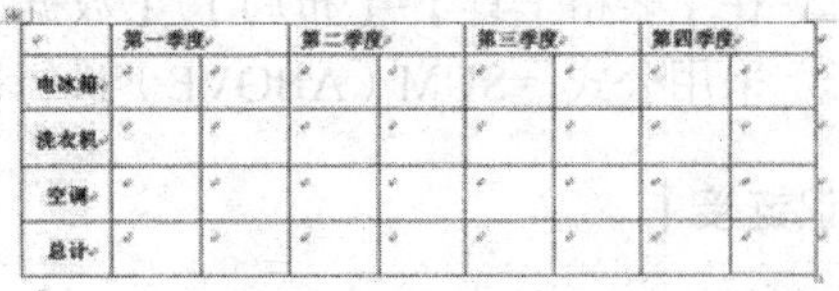

	第一季度	第二季度	第三季度	第四季度
电冰箱				
洗衣机				
空调				
总计				

图 4-135　对齐方式设置

（5）根据内容自动调节 2-9 列的列宽，效果如图 4-136 所示。

① 选中 2-9 列。

② 单击【布局】/【单元格大小】选项组中的【自动调节】下拉按钮，在下拉列表中选择“根据内容自动调节窗口”选项。

（6）为表格添加边框，效果如图 4-137 所示。

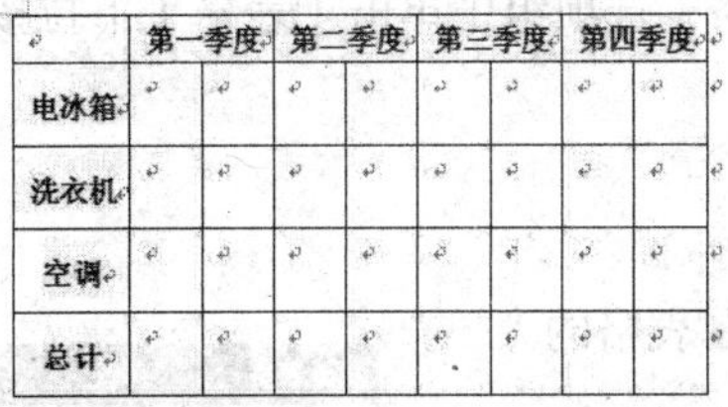

	第一季度	第二季度	第三季度	第四季度
电冰箱				
洗衣机				
空调				
总计				

图 4-136　自动调节窗口

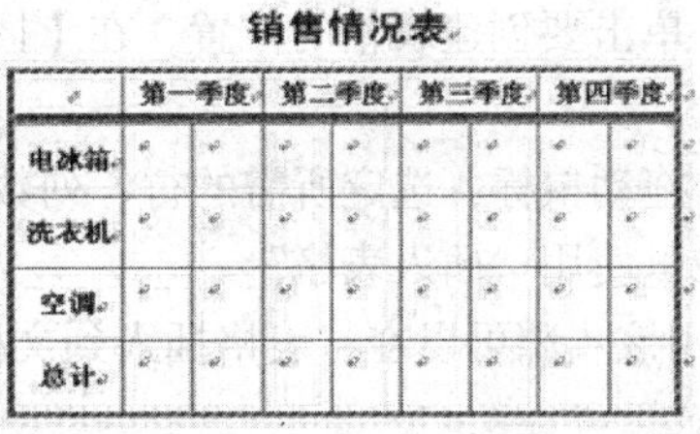

销售情况表

	第一季度	第二季度	第三季度	第四季度
电冰箱				
洗衣机				
空调				
总计				

图 4-137　边框设置

① 选中整张表格。

② 在【设计】/【表格样式】选项组中单击【边框】下拉按钮，执行【边框和底纹】命令，在弹出的【边框和底纹】对话框中，选中边框样式，如图 4-138 所示，设定颜色为红色，在预览图上单击外边框的四条线。

使用同样的方式设置内线及第一行的下线。

（7）为表格添加“橙色”和“黄色”底纹，效果如图 4-138 所示。

① 选择要添加底纹的区域。

② 单击【表格样式】选项组中的【底纹】下拉按钮，在其下拉列表中选择“橙色”。

用同样的方式填充“黄色”底纹。

（8）设置表格居中。

① 单击表格。

② 在【表格工具】/【布局】/【表】选项组中单击【属性】按钮，打开【表格属性】对话框，单击“对齐方式”栏下的“居中”按钮即可。

（9）输入销售数据，计算“销售情况表”的“总计”，效果如图 4-139 所示。

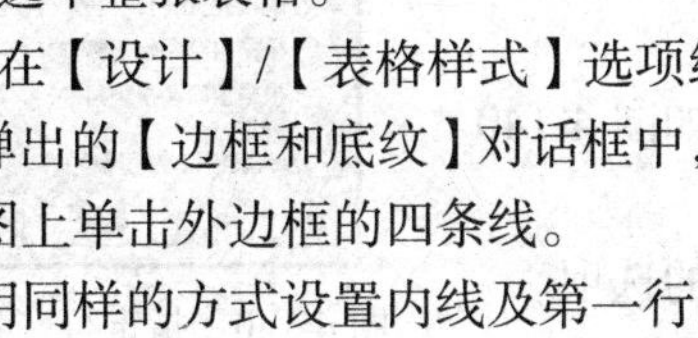

销售情况表

	第一季度	第二季度	第三季度	第四季度
电冰箱				
洗衣机				
空调				
总计				

图 4-138　底纹设置

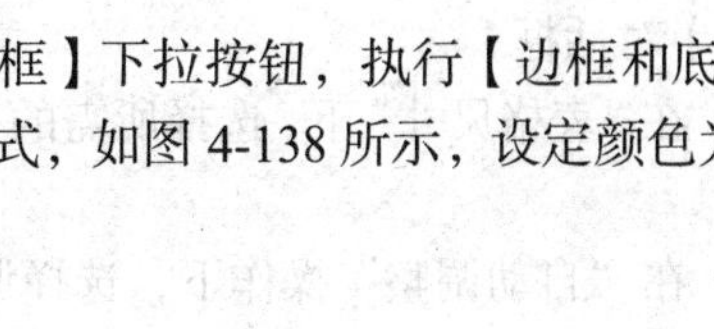

销售情况表

	第一季度	第二季度	第三季度	第四季度
电冰箱	12	15	10	14
洗衣机	14	14	10	22
空调	10	15	17	8
总计	36	44	37	44

图 4-139　计算

① 单击第二列的最后一个单元格。

② 在【表格工具】/【布局】/【数据】选项组中单击【公式】按钮。

③ 采用公式 =SUM（ABOVE）进行计算，单击【确定】按钮。

【知识链接】

1. 创建表格

表格由行和列的单元格组成。可以在单元格中填写文字和插入图片；表格通常用来组织和显示信息；用于快速引用和分析数据；还可对表格进行排序及公式计算；还可以使用表格创建有趣的页面版式，或创建 Web 页中的文本、图片和嵌套表格。

Word 提供了创建表格的几种方法。最适用的方法与工作的方式以及所需表格的复杂与简单有关。

（1）自动插入表格

① 单击要创建表格的位置，在【插入】/【表格】选项组中单击【表格】下拉按钮，调出网格。

② 拖动鼠标，选定所需的行、列数。

（2）使用“插入表格”

使用该步骤可以在将表格插入到文档之前，选择表格的大小和格式。

① 单击要创建表格的位置，在【插入】/【表格】选项组中单击【表格】下拉按钮，选择【插入表格】命令，打开【插入表格】对话框。

② 在“表格尺寸”下，选择所需的行数和列数，如图 4-140 所示。

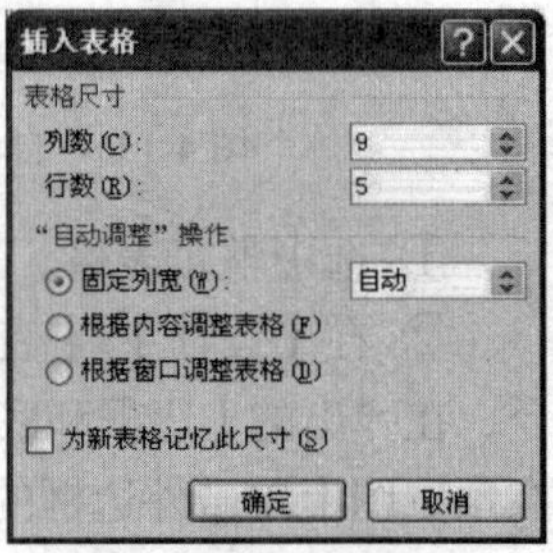

图 4-140 指定行、列数插入表

③ 在“自动调整”操作下，选择调整表格大小的选项。

④ 若要使用内置的表格格式，单击“快速表格”选项，选择所需选项。

2. 表格的基本操作

创建好表格后，还需要修改才能符合要求。如向表格中输入内容、对表格进行插入或删除行或列、合并或拆分单元格、拆分表格等各种编辑操作。

（1）选定

表格的所有操作也需要首先选定，然后操作。

① 选定单元格：将鼠标定位在要选定的单元格左侧，当鼠标变成形状时，单击鼠标左键；或执行【表格】/【选择】/【单元格】命令，即可选中单元格。通过拖动鼠标，也可选定单元格内容。

② 选定表格的行：将鼠标定位到要选定行的左边，当鼠标指针变成形状时，单击鼠标左键；或执行【表格】/【选择】/【行】命令，则该行被选中。

③ 选定表格的列：将鼠标定位到要选定列的上边，当鼠标变成形状时，单击鼠标左键；或执行【表格】/【选择】/【列】命令，则该列被选中。

④ 选定多个单元格、多行、多列：当鼠标打针变成、或形状时，单击鼠标左键，并拖动即可。

⑤ 选定整个表格：将鼠标定位到表格的左上角的控制点上面时，光标变成形状时，

单击鼠标左键，则整个表格被选中。

（2）行、列操作

① 选定要插入的单元格、行或列数目相同的行或列。

② 在右键菜单中选择【插入】命令，选择“在左侧插入列”或“在右侧插入列”命令，即可在左侧或右侧插入一列；选择“在上方插入行”或“在下方插入行”命令，即可在上方或下方插入行，如图 4-141 所示。

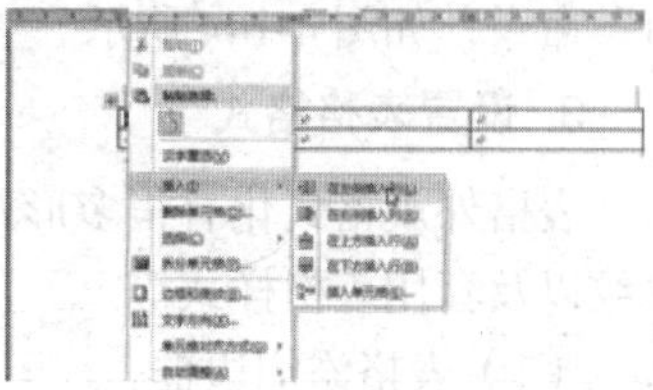

图 4-141　插入行列图

（3）单元格的合并与拆分

合并表格单元格

可以将同一行或同一列中的两个或多个单元格合并为一个单元格。例如，可以横向合并单元格以创建横跨多列的表格标题。

① 选择要合并的单元格。

② 在【布局】/【合并】选项组中单击【合并单元格】按钮，或单击【表格和边框】工具栏上的【合并单元格】按钮，如图 4-142 所示。

拆成多个单元格

① 在单元格中单击，或选择要拆分的多个单元格。

② 在【布局】/【合并】选项组中单击【拆分并单元格】按钮，或单击【表格和边框】工具栏上的【拆分单元格】按钮。

③ 选择要将选定的单元格拆分成的列数或行数。

拆分表格

① 要将一个表格分成两个表格，单击要成为第二个表格的首行的行。

② 单击“布局”“合并”“拆分表格”按钮，如图 4-143 所示。

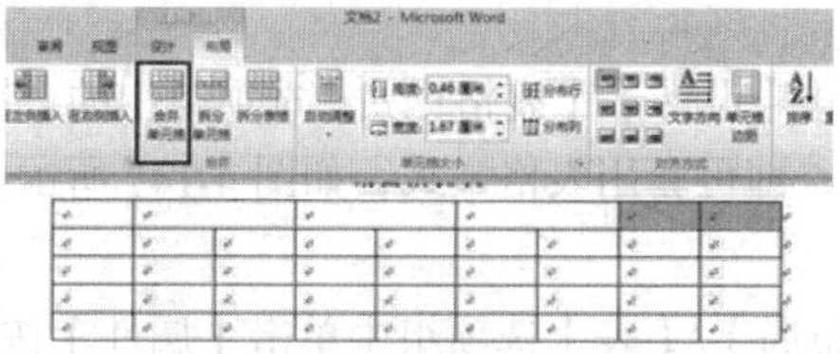

图 4-142　“合并单元格”按钮

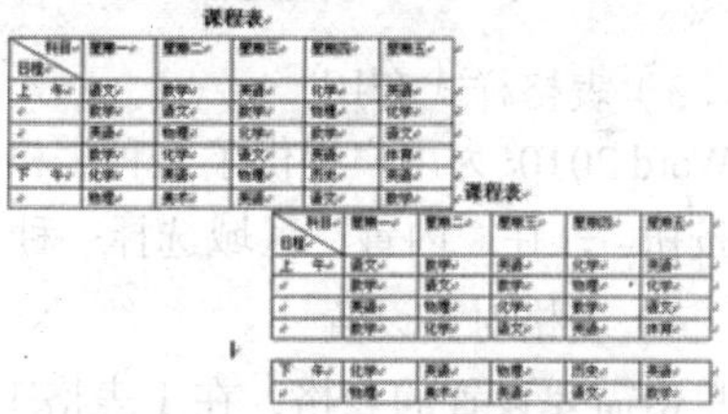

图 4-143　拆分表格

（4）删除表格或清除其内容

删除表格内容

① 选择要删除的项。

② 按【Delete】键。

删除表格中的单元格、行或列

① 选择要删除的单元格、行或列。

② 在【布局】/【行和列】选项组中单击【删除】下拉按钮，在下拉列表中选择“单元格”、“行”、“表格”或“列”命令。

（5）行高、列宽调整

手动调整：鼠标指针移至单元格的右侧边框上，当指针变成形状时，按住左键向右拖动鼠标，加宽所选单元格的宽度。

精确调整：选中所要设定的行或者列，在【布局】/【单元格大小】选项组中直接输入数值。

自动调整：选中所要设定的行或者列，单击【布局】/【单元格大小】选项组中的【自动调节】下拉按钮，在下拉列表中选择“根据内容自动调节窗口”命令，如图 4-144 所示。

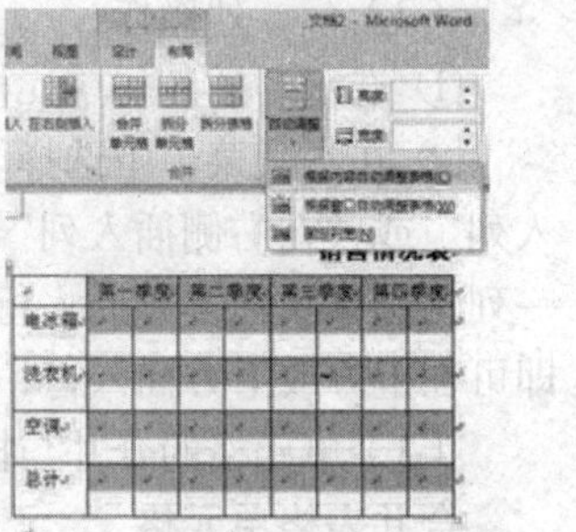

图 4-144　根据内容自动调节窗口

3. 设置表格格式

表格外观格式化有很多形式，如为表格添加边框、添加底纹以及套用表格样式等。

（1）表格添加边框

在 Word 2010 中，在【设计】/【表格样式】选项组中单击【边框】下拉按钮，执行【边框和底纹】命令，在弹出的【边框和底纹】对话框中进行设置，同样也可以在“边框”下拉按钮中选择一种边框样式，对边框进行设置，效果如图 4-145 所示。

（2）表格添加底纹

选择要添加底纹的区域，单击“表格样式”选项组中的“底纹”下拉按钮，在其下拉列表中选择一种色块，如“橙色”、“黄色”色块。也可以在“边框和底纹”对话框中单击“底纹”标签，在“填充颜色”下拉列表中选择一种色块，效果如图 4-146 所示。

图 4-145　设置边框

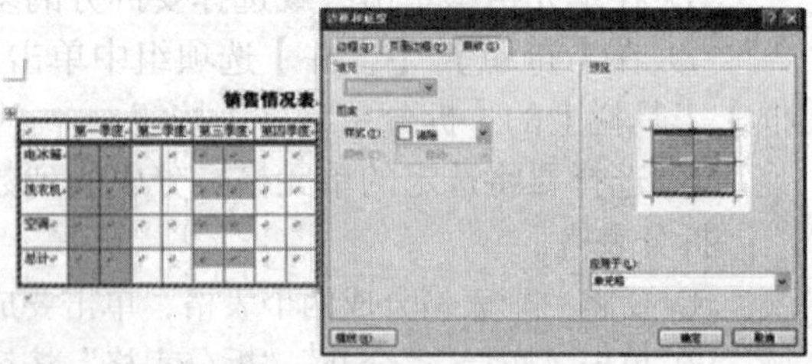

图 4-146　添加底纹

（3）表格样式套用

Word 2010 为用户提供了多种表格样式，单击【设计】/【表格样式】选项组中的【其他】下拉按钮，在“内置”区域选择一种表格样式，即可套用表格样式，如图 4-147 所示。

（4）表格对齐设置

单击需要设置的表格，在【表格工具】/【布局】/【表】选项组中单击【属性】按钮，打开【表格属性】对话框，如图 4-148 所示。单击【对齐方式】栏下的“居中”按钮即可。表格中文本设置与文字设置的方法一样。

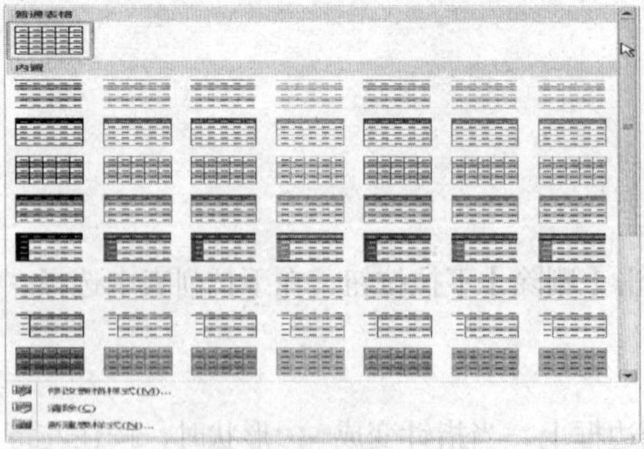

图 4-147　套用表格样式

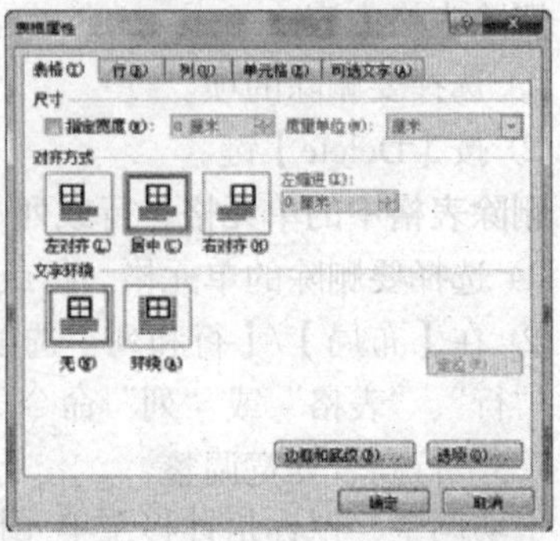

图 4-148　“表格属性”对话框

4. 表格的高级应用

（1）表格计算

计算行或列中数值的总和。如“销售情况表”的“总计”的计算。

① 单击要放置求和结果的单元格。

② 在【表格工具】/【布局】/【数据】选项组中单击【公式】按钮。

③ 选定的单元格位于一列数值的底端，Word 将建议采用公式 =SUM（ABOVE）进行计算，单击【确定】按钮。如果选定的单元格位于一行数值的右端，Word 将建议采用公式 =SUM（LEFT）进行计算。单击【确定】按钮即可。

注意

若该行或列中含有空单元格，Word 不会对这一整行或整列进行累加。此时需要在每个空单元格中输入零值。

（2）表格的排序

可以将列表或表格中的文本、数字或数据按升序或降序进行排序。操作步骤如下。

① 选定要排序的列表或表格。

② 在【表格工具】/【布局】/【数据】选项组中单击【排序】按钮。

③ 打开【排序】对话框，选择所需的排序选项。完成设置后，单击【确定】按钮，即可进行排序。

（3）表格与文本之间的转化

将文本转换成表格时，使用逗号、制表符或其他分隔符标记新的列开始的位置。

① 在要划分列的位置插入所需的分隔符。例如，在一行有两个字的列表中，在第一个字后插入逗号或制表符，从而创建一个两列的表格。

② 选择要转换的文本，在【插入】/【表格】选项组中单击【表格】按钮，选择【文本转换成表格】选项。

③ 在【文字分隔位置】下，单击所需的分隔符按钮。

将表格转换成文本的操作步骤与此类似，只是在第 2 步中选择【表格工具】/【布局】/【数据】选项组中的【将表格转换为文本】选项即可。

【能力拓展】

按以下要求，制作毕业生就业推荐表，效果如图 4-149 所示。

（1）使用 A4 版面，上、左、右边距均为 2.5 厘米，下边距为 2 厘米。

（2）标题“毕业生就业推荐表”设置为居中、黑体三号，段后间距为 0.5 行。

（3）在第 2 行光标处插入一个 16 行 9 列的表格，并按需要对单元格进行合并与拆分。

（4）列宽：第 1、4-6 列为 1.2 厘米，第 2、7、8 列为 2 厘米，最后一列为 3 厘米。

（5）行高：第 6、14 行为 3.5 厘米，最后两行为 3 厘米，其他行为 0.8 厘米。

（6）整个表格居中放置，表格内除最后 3 行的右边单元格外，其余单元格在水平方向和垂直方向均居中。

（7）将表格的外框线设置成双实线。

（8）为粘贴照片的单元格设置底纹。

毕业生就业推荐表

姓名		性别		民族		出生日期		照片
籍贯		学历		健否		政治面貌		
所学专业				计算机水平				
爱好与特长				外语语种		等级		
曾任何职务				联系方式				
在校获奖情况								
主要课程成绩								

课程	成绩	课程	成绩	课程	成绩

诚信承诺	我对就业推荐表的内容作如下承诺： 1. 我保证以上所填写内容真实可靠，无任何虚假成分。 2. 如和贵公司签约，我将本着负责的态度，认真履行约定义务。 3. 如有欺瞒成分，我个人承担一切后果。 个人签字： 年 月 日
系意见	系主任签字： 系盖章 年 月 日
学院意见	主管领导签字： 就业指导中心盖章 年 月 日

图 4-149 效果图

任务 6 毕业论文的排版

【任务描述】

小陈是某高职院校的一名大三学生，临近毕业，他按照指导老师发放的毕业设计任务书的要求，前期完成了项目开发和论文内容的书写。下一步，他将使用 Word 2010 对论文进行编辑和排版，其依据是教务处公布的“论文编写格式要求”，效果如图 4-150 所示。

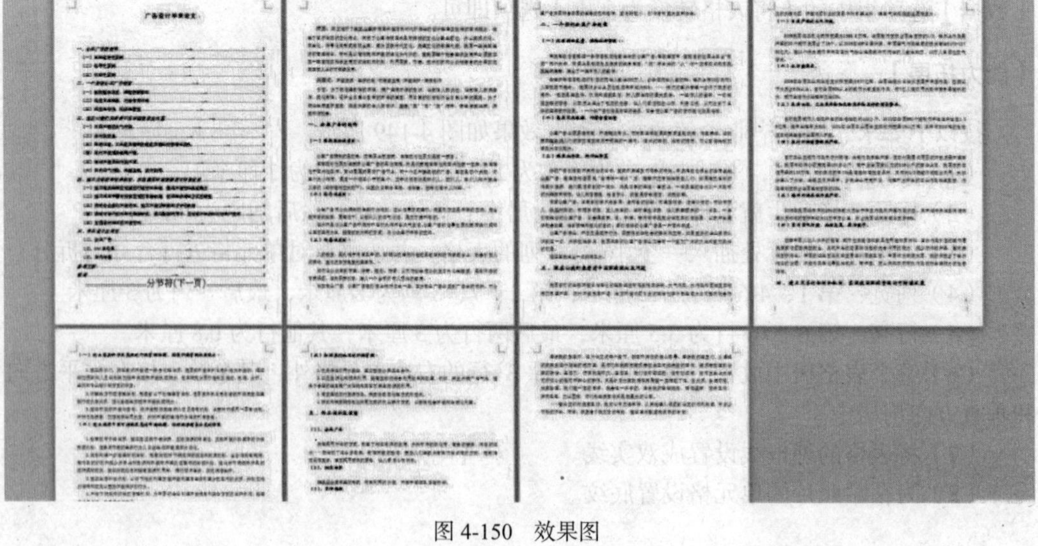

图 4-150 效果图

【技术分析】

- 通过“校对”选项组单击“拼写和语法”按钮，对文档内容进行检查，逐字逐句地检查。
- 通过“目录”和“目录选项”对话框，可以为文档定制目录。
- 通过“样式”任务窗格，可以快速地创建与应用样式。

【任务实施】

（1）打开素材“广告设计毕业论文”文档，对文档内容进行检查。

在【审阅】/【校对】选项组中单击【拼写和语法】按钮，打开【拼写和语法】对话框，对话框的【易错词】文本框中会显示出系统认为错误的词，并在【建议】文本框中显示建议的词，对错误的词汇进行更改，对正确的词汇可以直接跳过。

（2）一级标题：字体为黑体，字号为三号，加粗。对齐方式为居中，段后均为 1.5 行。

二级标题：字体为楷体，字号为四号，加粗，对齐方式为左对齐，段后均为 1.25 行，单倍行距。

三级标题：字体为楷体，字号为小四，加粗，对齐方式为左对齐，段后均为 1 行，单倍行距。

正文：宋体，字号均为小四号，首行缩进两个字符；采用 1.25 倍行距，效果如图 4-151 所示。

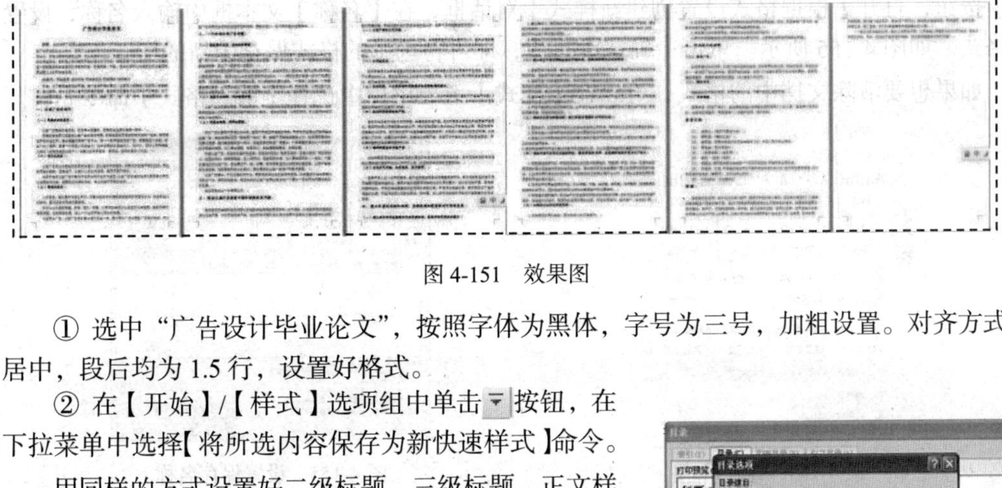

图 4-151　效果图

① 选中“广告设计毕业论文”，按照字体为黑体，字号为三号，加粗设置。对齐方式为居中，段后均为 1.5 行，设置好格式。

② 在【开始】/【样式】选项组中单击▼按钮，在下拉菜单中选择【将所选内容保存为新快速样式】命令。

用同样的方式设置好二级标题、三级标题、正文样式。然后对各级标题的文字，在【开始】/【样式】选项组中【样式】下拉按钮中选择相应的标题样式。

（3）自动生成目录：字号为小四，对齐方式为右对齐。显示级别为 2 级。效果如图 4-112 所示。

① 单击要插入目录的位置，在【引用】/【目录】选项组中单击【目录】下拉按钮，在下拉菜单中选择【插入目录】命令。

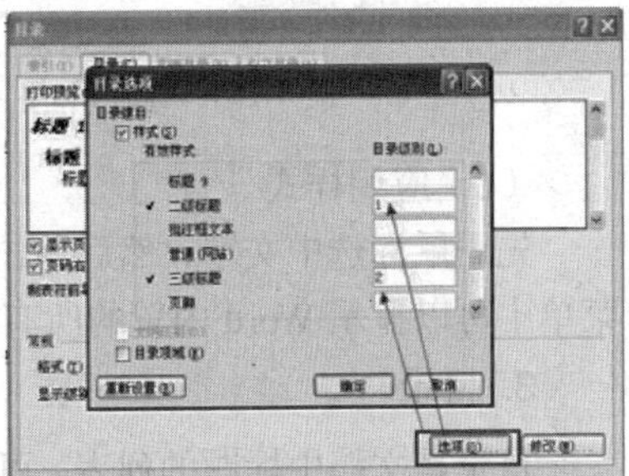

图 4-152　“目录”对话框

② 选择字号为小四，对齐方式为右对齐，显示级别为 2 级。

③ 单击【选项】按钮，设置两级目录选项，单击【确定】按钮，如图 4-152 所示。

【知识链接】

1. 拼写和语法检查

完成对文档的编写后，逐字逐句地检查文档内容会显得费力、费时，此时可以使用 Word 中的“拼写和语法”功能对文档内容进行检查。

在【审阅】/【校对】选项组中单击【拼写和语法】按钮，打开【拼写和语法】对话框，对话框的“易错词”文本框中会显示出系统认为错误的词，并在“建议”文本框中显示建议的词，对错误的词汇进行更改，对正确的词汇可以直接跳过，如图 4-153 所示。

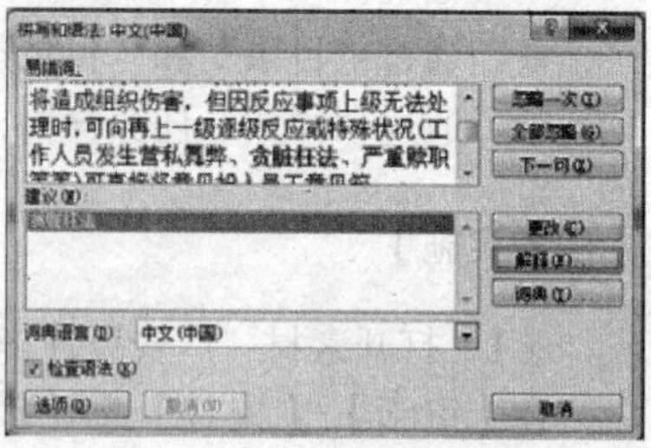

图 4-153　语法和拼音检查

2. 样式

利用样式可以提高长篇文档的排版效率和排版质量。比如毕业论文，不仅文档长，而且格式多，处理起来比普通文档要复杂得多，如为章节、正文等快速设置相应的格式。

（1）创建样式

以下两种方法可以创建样式。

① 选中设置好格式的文字，在【开始】/【样式】选项组中单击按钮，在下拉菜单中选择【将所选内容保存为新快速样式】命令，如图 4-154 所示。

② 在【开始】/【样式】选项组中单击按钮，打开样式任务栏，单击右下角【新建样式】按钮，打开【根据格式设置创建新样式】对话框，在【名称】文本框中输入名称，设置好格式，如图 4-155 所示。单击【确定】按钮，即可将选中的格式保存为新的样式。

如果想要清除文档中的格式，可以在【样式】下拉菜单中选择【清除格式】命令。

图 4-154　保存格式

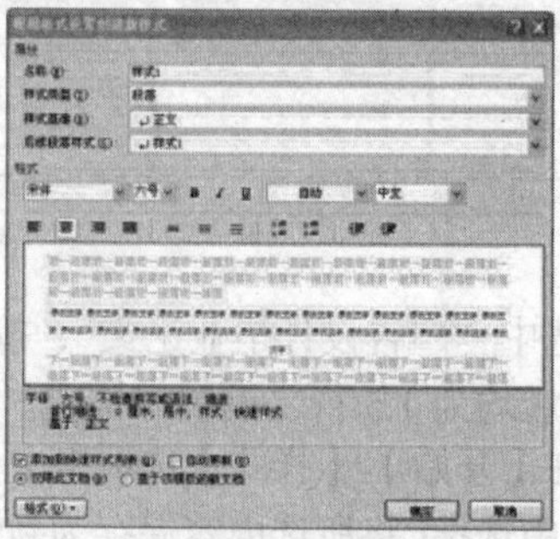

图 4-155　设置保存名称

（2）应用样式

先用鼠标选中文字，然后单击【开始】/【样式】选项组中的【样式】下拉按钮，在下拉菜单中可以显示 Word 内置的所有样式。

3. 目录

目录是文档中标题的列表。可以通过目录来浏览文档中讨论了哪些主题。如果为 Web 创建了一篇文档，可将目录置于 Web 框架中，这样就可以方便地浏览全文了。

首先将论文分节，插入页码，然后使用 Word 提供的生成目录的功能，在摘要后插入目录。按下列步骤操作。

① 单击要插入目录的位置，在【引用】/【目录】选项组中单击【目录】下拉按钮，在

下拉菜单中选择【插入目录】命令。

② 根据需要，选择目录有关的选项，如格式、级别等。

【能力拓展】

1. 目录文档操作题 1

创建目录：打开素材 ks3-12.doc，建立目录放在文档首部，目录格式为优雅、显示页码、页码右对齐，显示级别为 4 级，制表符前导符为“——”。

2. 打开素材 A4.doc,按下列要求进行，效果如图 4–156 所示

（1）样式应用

将文档中第 1 行样式设置为“文章标题”，第 2 行设置为“标题注释”。

将文章正文的第 1 段套用本文件夹中 KSDOT3.DOT 模板中的“正文段落 1”样式。

（2）样文修改

以正文为基准样，将“文章正文”样式修改为：字体为楷体，加下画线，段前、段后间距各为 0.5 行，自动更新对当前样式的改动，并应用于正文第 2 段。

将“重点正文”样式修改为：字体楷体，段落为-10%的灰色底纹，段前、段后间距各 0.5 行，并应用在正文第 3 段。

（3）新建样式

以正文为基准样式，新建“段落 1”样式，字体为仿宋，字形为加粗，加着重号，段前、段后间距各为 0.5 行，并应用在正文第 4 段。

以正文为基准样式，新建“段落 2”样式：字体为华文新魏，字体颜色为玫瑰红，段落为左、右各缩进 2 个字符，并应用在正文第 5 段。

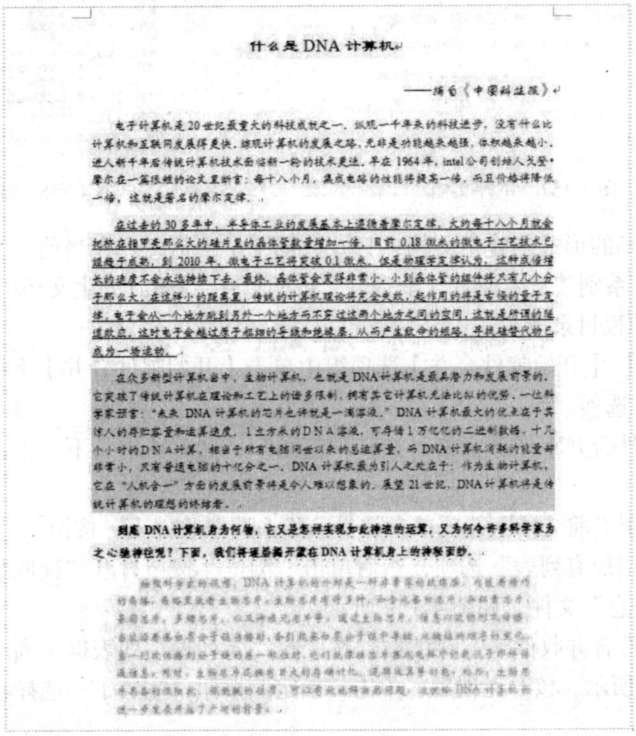

什么是 DNA 计算机

——摘自《中国科技报》

电子计算机是 20 世纪最重大的科技成就之一。纵观一千年来的科技进步，没有什么比计算机和互联网发展得更快。综观计算机的发展之路，无非是功能越来越强，体积越来越小。进入新千年后传统计算机技术面临新一轮的技术更迭。早在 1964 年，intel 公司创始人戈登·摩尔在一篇很短的论文里断言：每十八个月，集成电路的性能将提高一倍，而且价格将降低一倍，这就是著名的摩尔定律。

在过去的 30 多年中，半导体工业的发展基本上遵循着摩尔定律，大约每十八个月就会把挤在指甲壳那么大的硅片里的晶体管数量增加一倍。目前 0.18 微米的微电子工艺技术已经趋于成熟，到 2010 年，微电子工艺将突破 0.1 微米。但是物理学定律认为，这种成倍增长的速度不会永远持续下去。最终，晶体管会变得非常小，小到晶体管的组件将只有几个分子那么大。在这样小的距离里，传统的计算机理论将完全失效，起作用的将是古怪的量子定律，电子会从一个地方跳到另外一个地方而不穿过这两个地方之间的空间，这就是所谓的隧道效应。这时电子会越过原子粗细的导线和绝缘层，从而产生致命的短路。寻找硅替代物已成为一场运动。

在众多新型计算机当中，生物计算机，也就是 DNA 计算机是最具潜力和发展前景的。它突破了传统计算机在理论和工艺上的诸多限制，拥有其它计算机无法比拟的优势。一位科学家预言：“未来 DNA 计算机的芯片也许就是一滴溶液。”DNA 计算机最大的优点在于其惊人的存贮容量和运算速度，1 立方米的 DNA 溶液，可存储 1 万亿亿的二进制数据，十几个小时的 DNA 计算，相当于所有电脑问世以来的总运算量，而 DNA 计算机消耗的能量却非常小，只有普通电脑的十亿分之一。DNA 计算机最为引人之处在于：作为生物计算机，它在“人机合一”方面的发展前景将是令人难以想象的。展望 21 世纪，DNA 计算机将是传统计算机的理想的终结者。

到底 DNA 计算机身为何物，它又是怎样实现如此神速的运算，又为何令许多科学家为之心驰神往呢？下面，我们将逐层揭开蒙在 DNA 计算机身上的神秘面纱。

[illegible]

图 4-156　效果图

任务 7 录取通知书

【任务描述】

学院招生处要给每个被录取的学生发放录取通知书，这个任务交给了小赵，对于这类文档，如果逐份编辑，显然是费时费力，且易出错。邮件合并功能适用于创建格式统一、内容基本一致、在某些同类关键词处有变化的文档。Word 为解决这类问题提供了邮件合并功能，使用这个功能，可以方便地解决这类问题。

【技术分析】

一种做法是打印出模板，然后手填有区别的信息。但是，我们可以做得更完美一些，使这些信函看起来像是专门为某个人写的，而不会看起来明显是一批类似信函中的一份。邮件合并可以帮我们轻松实现这个愿望。

【任务实施】

（1）创建主文档、数据源：打开录取通知书，以当前活动窗口为邮件合并主文档。（素材中具备“录取通知书”及“学生信息”文件。）

① 打开素材“录取通知书”，如图 4-157 所示。

② 打开素材“学生信息”，如图 4-158 所示。

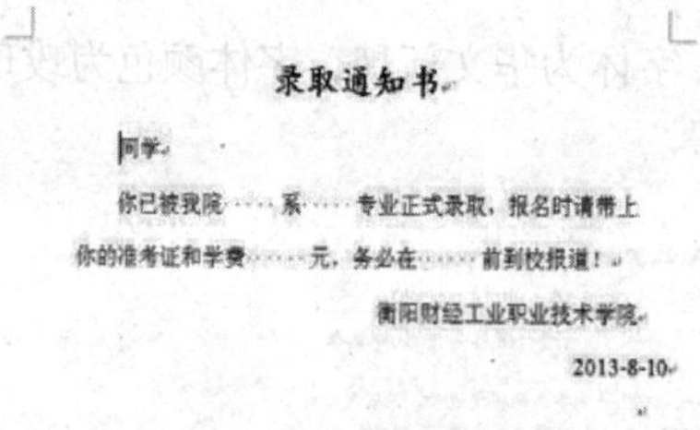

录取通知书

同学

你已被我院……系……专业正式录取，报名时请带上

你的准考证和学费……元，务必在……前到校报道！

衡阳财经工业职业技术学院

2013-8-10

图 4-157 主控文档

姓名	系别	专业	学费	日期
陈萍	会计	财务管理	3500	9月1日
高山峰	会计	财务管理	3500	9月1日
江梅涛	机械工程	汽车检测与维修技术	4000	9月1日
江珊	会计	电算化	4000	9月1日
李畅	机械工程	数控技术	4000	9月1日
李刚	电子信息	矿山机电	4000	8月30日
李明	经济贸易	电子商务	3500	8月30日
李小平	经济贸易	电子商务	3500	8月30日
刘梅红	经济贸易	市场营销	3500	8月30日
刘晓丽	会计	电算化	4000	9月1日
朱亮	机械工程	模具设计与制造	4000	9月1日
汪琦	电子信息	计算机应用专业	4000	8月30日
王飞	经济贸易	市场营销	3500	8月30日
王强	电子信息	电气自动化技术	4000	8月30日
王晓媛	会计	电算化	4000	9月1日
许乔红	经济贸易	电子商务	3500	8月30日
张虹江	电子信息	电气自动化技术	4000	8月30日
赵姗姗	电子信息	电气自动化技术	4000	8月30日

图 4-158 数据文件

（2）套用信函的形式创建主文档，打开数据源学生信息。在当前主文档的适当位置分别插入“姓名”、“系别”、“专业”、“学费”、“日期”。将编辑好的主文档以 A1.doc 为文件名另存到“E:”盘的根目录下。

① 在【邮件】/【开始邮件合并】选项组中单击【开始邮件合并】下拉按钮，选择【邮件合并分布向导】选项。

② 打开【邮件合并】任务窗格。选择“信函”，然后单击“下一步：正在启动文档”按钮。

③ 单击“使用当前文档”选项单击“下一步：选取收件人”按钮。

④ 单击“使用现有列表”选项，然后单击“浏览”按钮打开“读取数据源”对话框，定位素材“学生信息”文件，如图 4-159 所示。

⑤ 打开“邮件合并收件人”对话框，在“收件人列表”列表框中列出了刚创建的所有项目，如图 4-160 所示。核对无误后，单击“确定”按钮，完成了“选择收件人”步骤。

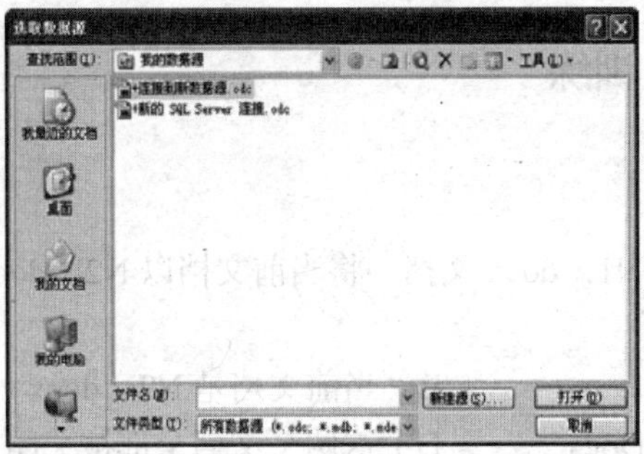

图 4-159　数据源

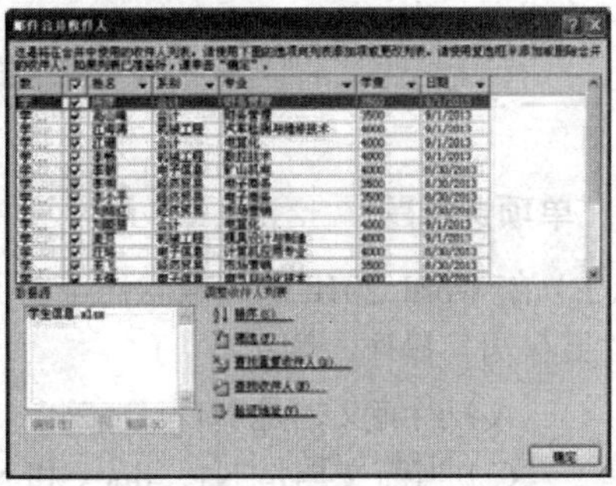

图 4-160　收件人列表

⑥ 单击“下一步：撰写信函”按钮。

⑦ 光标定位于“同学”之前，单击“任务窗格”中的“其他项目”，打开“插入合并域”对话框，如图 2-161 所示。选择“域”列表中的“姓名”选项，单击“插入”按钮，在光标所在处插入域“《姓名》”；重复本操作，在其他各项后分别插入域，如图 2-162 所示。

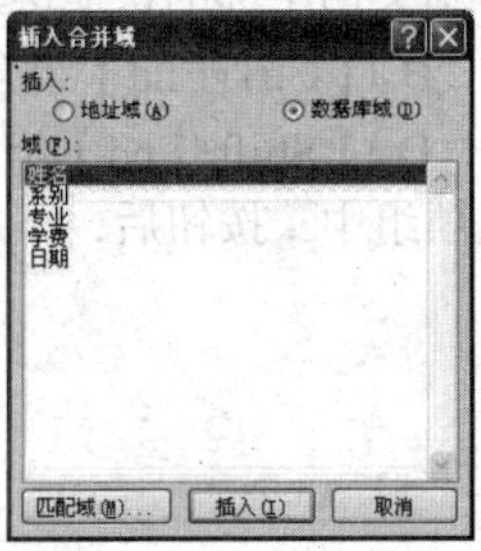

图 4-161　“插入合并域”对话框

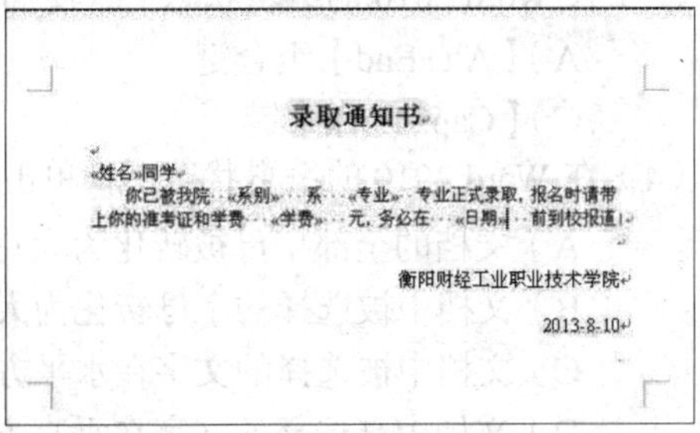

图 4-162　插入域

⑧ 单击“下一步：预览信函”按钮，可以看到在域的位置显示的是地址列表中的内容，如图 4-163 所示。预览无误，单击“下一步：完成合并”按钮，完成邮件合并。将该文档以 A1.doc 为文件名另存到“E:”盘的根目录下。

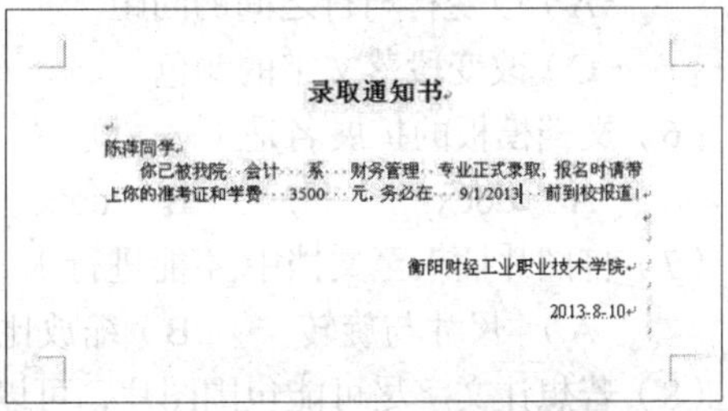

图 4-163　预览信函

（3）将全部记录进行合并，将结果以 A2.doc 为文件名保存到自己的文件夹中。

① 选择“编写个人信函”选项。

② 打开“合并到新文档”对话框，选择全部记录，单击“确定”按钮。

③ 创建新的合并文档，将该文档以 A2.doc 为文件名另存到“E:”盘的根目录下。

【能力拓展】

（1）创建主文档、数据源：打开素材 ks3-16.doc，以当前活动窗口为邮件合并主文档，套用信函的形式创建主文档，打开数据源 KSSJY3-16.XLS。

（2）编辑主文档。

在当前主文档的“您好”前面插入合并域“公司名”。

（3）合并邮件：依据“公司名”按递增的顺序进行排序记录，然后将前 3 条记录进行合并，将结果以 A3b.doc 为文件名保存到自己的文件夹中。

项目训练

1. 单项选择题

（1）在 Word 2010 的编辑状态下打开了 N1．docx 文档，将当前文档以 N2．docx 为名进行“另存为”操作，则（　　）。

A）当前文档是 N1．Docx　　B）当前文档是 N2．docx

C）当前文档是 N1．docx 和 N2．Docx　　D）这两个文档全部被关闭

（2）在 Word 2010 中，下列关于文档窗口的说法正确的是（　　）。

A）只能打开一个文档窗口

B）可以同时打开多个文档窗口，被打开的窗口都是活动窗口

C）可以同时打开多个文档窗口，但其中只有一个窗口是活动窗口

D）可以同时打开多个文档窗口，但在屏幕上只能看到一个文档窗口

（3）在 Word 2010 的编辑状态下，使插入点快速移到文档尾部的快捷键是（　　）

A）【Alt+End】组合键　　B）【Ctrl+End】组合键

C）【Caps Lock】键　　D）【Shift+End】组合键

（4）在 Word 2010 的编辑状态下，单击”段落”选项组中按钮后，（　　）。

A）文档的全部字母被转化为大写字母

B）文档中被选择的字母转化为大写字母

C）文档中被选择的文字在水平方向上缩放

D）文档中被选择的文字在垂直方向上缩放

（5）“段落”对话框不能完成下列（　　）操作。

A）改变行与行之间的间距　　B）改变段与段之间的间距

C）改变段落文字的颜色　　D）改变段落文字的对齐方式

（6）文档模板的扩展名是（　　）。

A）.docx　　B）.dotx　　C）.txt　　D）.htm

（7）将图片插入至文档中,不能进行（　　）设置。

A） 尺寸与旋转　　B）缩放比例　　C）变更颜色　　D）文字环绕方式

（8）若想让文字尽可能包围图片，可以选择的文字环绕方式是（　　）。

A） 四周型环绕　　B）紧密型环绕　　C）穿越型环绕　　D）编辑环绕顶点

（9）在拖动图形对象时，按住（　　）键可以快速复制出相同的对象并进行移动。

A）Ctrl　　B）Alt　　C）Shitf　　D）Esc

（10）在 Word 的“形状”下拉菜单中，不可以直接绘制的是（　　）。

A）椭圆、长方形　　B）大括号、方括号

C）圆形、正方形　　D）任意形状的线条

（11）在 Word 2010 的表格操作中，计算求和的函数是（　　）。

A）TOTAL　　B）AVERAGE　　C）COUNT　　D）SYN

（12）在 Word 表格中，单元格内能输入的信息（　　）。

A）只能是文字　　B）只能是文字或符号

C）只能是图像　　D）文字、符号、图像均可

（13）下列方法中，不能将多个单元格合并成一个单元格的是（　　）。

A）通过“合并单元格”命令

B）使用“擦除”按钮清除单元格边框线

C）通过清除单元格边框线的方法

D）删除单元格

（14）下列有关表格排序的正确说法是（　　）。

A）只有字母可以作为排序的依据　B）只有数字类型可以作为排序的依据

C）排序规则有升序和降序　D）笔画和拼音不能作为排序的依据

（15）在 Word 2010 中，更新域所使用的按键是（　　）。

A）【Alt+F9】组合键　B）【F9】键

C）【Ctrl+A】组合键　D）【F8】键

（16）在 Word 中，下面关于页眉和页脚的说法不正确的是（　　）。

A）页眉和页脚是可以打印在文档每页顶端和底部的描述性内容

B）页眉和页脚的内容是专门设置的

C）页眉和页脚可以是页码、日期、简单文字等

D）页眉和页码不能是图片

（17）在 Word 中，能够显示页眉和页脚的方式是（　　）。

A）普通视图　B）页面视图　C）大纲视图　D）Web 版式视图

（18）在添加图片题注时，以下（　　）不是预设的标签选项。

A）图表　B）自选图形　C）表格　D）公式

（19）在下列中文版式选项中，（　　）能够制作出带菱形的字符效果。

A）合并字符　B）带圈字符　C）纵横混排　D）段落导航

（20）在 Word 中，当文档中插入图形对象后，可以通过设置图片的环绕方式进行文图混排，下列哪种方式不是 Word 2010 提供的环绕方式（　　）。

A）紧密型　B）四周型　C）嵌入型　D）中间型

2. 操作题

（1）编辑与排版简单文档

实验操作步骤如下。

① 在“E:”盘根目录下建立“EXAM”文件夹，再在此文件夹下以“××（班）×××（姓名）”为名建立考生文件夹（如 13 网管 1 班 ABC）。

② 启动 Word 2010 并以“18B”为文件名保存到考生文件夹下。

③ 在此文档中输入以下文本：

> 水资源是人类赖以生存的最重要的自然资源之一。我国幅员辽阔，人口众多，水资源总量虽然比较丰富，居世界第六位，但人均拥有水量只有世界人均占有量的 1/4。因此水资源是我国十分珍贵的自然资源。
>
> 水资源贫乏，直接威胁人类生存。
>
> 目前，全国 666 个建制市中，有 330 个不同程度地缺水，其中严重缺水的 108 个，32 个百万人口以上的大城市中，有 30 个长期受缺水的困扰。解决水资源紧缺的严重状况，关键是开源与节流并举，减少浪费、防治污染和加强管理，要把节水作为一项重要措施，落实到各行各业，千家万户。

④ 将全文设置为仿宋_GB2312、四号、首行缩进 2 个字符。

⑤ 将第二段设置为居中、添加着重号●。

⑥ 使用“查找与替换”将全文中所有的“水资源”字设置为红色字体。

⑦ 纸张大小设为自定义宽度为 20 厘米，高度为 29 厘米。

⑧ 用原文件名保存在考生文件夹下。

（2）试完成以下文档的编辑（保存路径文件夹同上，文件名为：音乐魅力）。

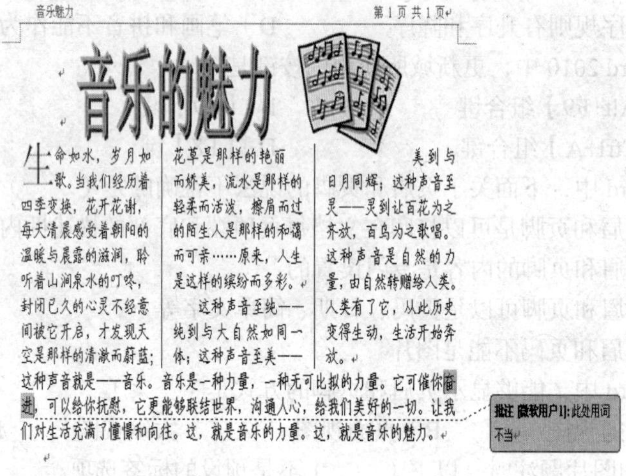
音乐魅力　　第 1 页 共 1 页

音乐的魅力

生命如水，岁月如歌。当我们经历着四季变换，花开花谢，每天清晨感受着朝阳的温暖与晨露的滋润，聆听着山涧泉水的叮咚，封闭已久的心灵不经意间被它开启，才发现天空是那样的清澈而蔚蓝；花草是那样的艳丽而娇美，流水是那样的轻柔而活泼，擦肩而过的陌生人是那样的和蔼而可亲……原来，人生是这样的缤纷而多彩。

这种声音至纯——纯到与大自然如同一体；这种声音至美——美到与日月同辉；这种声音至灵——灵到让百花为之齐放，百鸟为之歌唱。这种声音是自然的力量，由自然转赠给人类。人类有了它，从此历史变得生动，生活开始奔放。

这种声音就是——音乐。音乐是一种力量，一种无可比拟的力量。它可催你奋进，可以给你抚慰，它更能够联结世界，沟通人心，给我们美好的一切。让我们对生活充满了憧憬和向往。这，就是音乐的力量。这，就是音乐的魅力。

批注 [微软用户1]: 此处用词不当

实验操作步骤如下。

① 设置文档页面格式

- 设置页眉和页脚：在页眉左侧录入文本“音乐的魅力”，右侧插入域“第 X 页 共 Y 页”。
- 将正文前二段设置为三栏格式，加分隔线。

② 设置文档编排格式

- 将标题设置为艺术字；艺术字式样为第 2 行第 5 列；字体为宋体；环绕方式为紧密型。
- 将正文前两段字体设置为楷体、小四、字体颜色为蓝色。
- 将正文最后一段设置为仿宋、小四。
- 将正文第一段设置为首字下沉格式，下沉行数为二行，首字字体设置为宋体。

③ 文档的插入设置

- 在样文所示位置插入图片文夹中的图片“TU2-1.bmp”，图片缩放为 28%，环绕方式为紧密型。
- 为最后一段“奋进”文本处添加批注“此处用词不当”。

④ 用原文件名保存在考生文件夹下。

（3）针对近期热点问题或自己感兴趣的内容，制作一期图文并茂的剪报。

（4）Word 表格制作与应用，实验操作步骤如下。

① 在“E:”盘根目录下建立“EXAM”文件夹，再在此文件夹下以“××（班）×××（姓名）”为名建立考生文件夹（如 09 网管 1 班 ABC）。

② 建立名为“表格一”的 Word 文档并保存到考生文件夹。

③ 创建一个三行六列的表格，并自动套用表格样式“浅色网格”。见样表一。

④ 将上述表格的行高调整为固定值 1cm。

⑤ 在文档中插入样表二所示表格，表格中的文字为小五、黑体和中部居中。

【样表一】

【样表二】

<table>
<tr><td>姓名</td><td colspan="6"></td><td colspan="4">性别</td><td colspan="5"></td><td colspan="3" rowspan="4">照片</td></tr>
<tr><td>民族</td><td colspan="6"></td><td colspan="4">政治面貌</td><td colspan="5"></td></tr>
<tr><td>出生日期</td><td colspan="6"></td><td colspan="4">出生地</td><td colspan="5"></td></tr>
<tr><td>毕业学校</td><td colspan="15"></td></tr>
<tr><td>所学专业</td><td colspan="18"></td></tr>
<tr><td>最高学位</td><td colspan="7"></td><td colspan="5">最高学历</td><td colspan="6"></td></tr>
<tr><td>现从事职业</td><td colspan="7"></td><td colspan="5">专业技术职务</td><td colspan="6"></td></tr>
<tr><td>通信地址</td><td colspan="12"></td><td colspan="2">邮编</td><td colspan="4"></td></tr>
<tr><td>联系电话</td><td colspan="7"></td><td colspan="5">电子信箱地址</td><td colspan="6"></td></tr>
<tr><td colspan="4">申请任教学科（课程）</td><td colspan="15"></td></tr>
<tr><td>身份证号码</td><td></td><td></td><td></td><td></td><td></td><td></td><td></td><td></td><td></td><td></td><td></td><td></td><td></td><td></td><td></td><td></td><td></td><td></td></tr>
</table>

项目五

Excel 2010 电子表格

教学目标

- 掌握 Excel 2010 的基本操作。
- 掌握工作表格式化，公式和函数的应用。
- 掌握 Excel 2010 图表的使用、数据管理与分析。
- 了解工作表的屏幕显示与打印。

教学内容

- 建立教师工资表。
- 统计与分析教师工资表。
- 数据统计与分析。
- 美化教师工资表。
- 管理与分析教师工资表。
- 制作教师工资表分析图表。

Excel 2010 是 Microsoft Office System 中的电子表格程序。可以使用 Excel 2010 创建工作簿（电子表格集合）并设置工作簿格式，以便分析数据和做出更明智的业务决策。特别是，您可以使用 Excel 跟踪数据，生成数据分析模型，编写公式以对数据进行计算，以多种方式透视数据，并以各种具有专业外观的图表来显示数据。本章通过几个典型的任务介绍了 Excel 2010 的使用方法，包括基本操作、表格编辑、数据管理、制作图表等内容。

任务 1 建立教师工资表

【任务描述】

小张到学校上班，处长让他将学校老师的七月份工资输入到 Excel 中，并以“工资表”为文件名进行保存，具体要求如下。

- 输入序号、职工编号、姓名等相关数据。这张工资表效果图如图 5-1 所示。

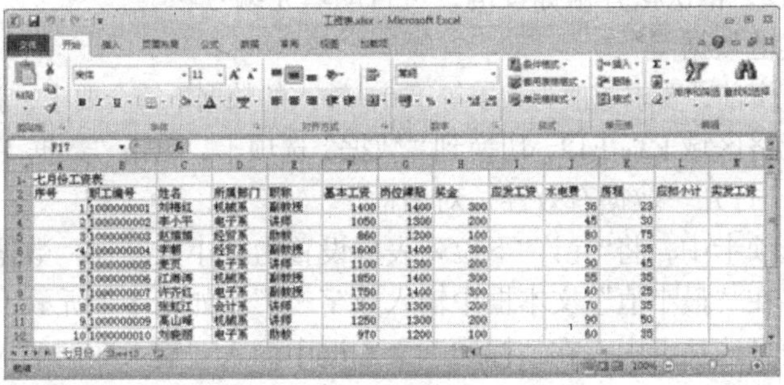

图 5-1 工资表效果图

【技术分析】

- 通过 Excel 提供的自动填充功能，可以自动生成序号、职工编号。
- 通过对“数据有效性”对话框进行设置，可以保证输入的数据在指定的界限内。

【任务实施】

1. 输入与保存数据

（1）创建新工作簿

通过执行【开始】/【所有程序】/【Microsoft Office 2010】/【Microsoft Excel 2010】命令，启动 Microsoft Excel 2010，创建空白工作簿。

（2）输入表格标题及列标题

- 单击单元格 A1，输入标题“七月份工资表”，然后按【Enter】键，使光标移至单元格 A2 中。
- 在单元格 A2 中输入列标题“序号”，单击单元格 B2，使其成为活动单元格，或者按【Tab】键，使 B2 成为活动单元格。并在其中输入标题“职工编号”。依次类推，在单元格 C2：M2 中依次输入上图所示的列标题。

（3）输入“序号”列的数据

- 单击单元格 A3，在其中输入数字“1”。
- 当鼠标指针移至单元格 A3 的右下角，当出现控制句柄“+”时，按住【Ctrl】键的同时，向下拖动鼠标至单元格 A12，依次松开鼠标按键和【Ctrl】键，可自动生成序号。（或者：在单元格 A3 和单元格 A4 中依次输入 1 和 2，选中这两个单元格，鼠标指针移至单元格 A4 的右下角，当出现控制句柄“+”时，向下拖动鼠标至单元格 A12 即可）。

（4）输入“职工编号”列的数据

① 单击单元格 B3，在其中输入英文状态下单引号‘‘’’，再输入 1000000001。

② 当鼠标指针移至单元格 B3 的右下角，出现控制句柄“+”时，向下拖动鼠标至单元

格 B12，依次松开鼠标按键，可自动填充编号。

或者：

- 拖动鼠标选定单元格 B3：B12，切换到“开始”选项卡，在“数字”选项组中单击“数字格式”下拉列表框右侧的箭头按钮，选择列表框中的“文本”选项。
- 单击单元格 B3，输入 1000000001。
- 当鼠标指针移至单元格 B3 的右下角，当出现控制句柄“+”时，向下拖动鼠标至单元格 B12，依次松开鼠标按键，可自动填充编号。

（5）输入其他数据

在输入基本工资前，要求数值为大于等于 0，输入的数据不符合要求，就提示以便及时更正。

① 选定单元格区域 F3：F12，切换到“数据”选项卡，单击“数据工具”选项组中的“数据有效性”按钮，打开“数据有效性”对话框。

② 在设置选项卡中，将“允许”下拉列表框设置为“小数”，将“数据”下拉列表框设置为“大于或等于”，在“最小值”文本框中输入数字“0”，如图 5-2 所示。

③ 在输入信息选项卡中，在“标题”文本框中输入“输入数据要求”，在“输入信息”文本框中输入“请输入大于等于 0 的数值”，如图 5-3 所示。

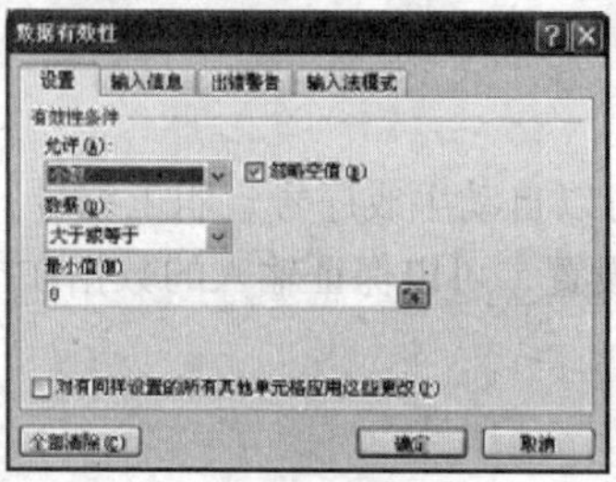

图 5-2　数据有效性的设置

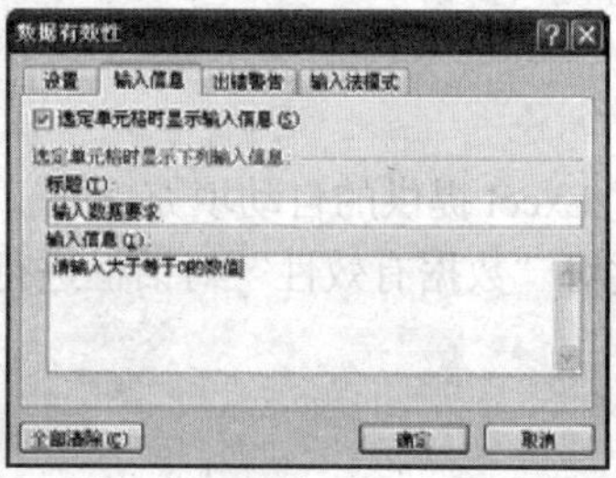

图 5-3　数据有效性的输入信息

④ 在出错警告选项卡中，在“标题”文本框中输入“出错”，在“输入信息”文本框中输入“输入的数据不在要求的范围内”，如图 5-4 所示。

职称只能是“副教授”、“讲师”、“助教”的某一项，可能考虑将其制作有效序列，输入数据时，只需从中选择即可如图 5-6 所示。

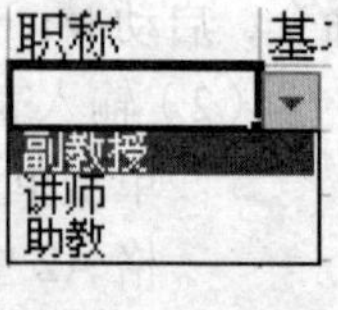

图 5-6　数据序列

⑤ 选定单元格区域 E3：E12，切换到“数据”选项卡，单击“数据工具”选项组中的“数据有效性”按钮，打开“数据有效性”对话框。

⑥ 在“设置”选项卡中，将“允许”下拉列表框设置为“序列”，在“来源”文本框中输入“副教授，讲师，助教”，如图 5-5 所示。（注意逗号在英文状态下输入。）

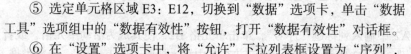

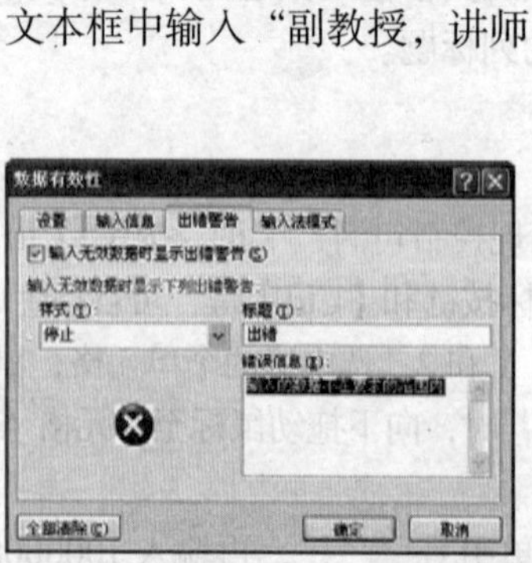

图 5-4　数据有效性的出错警告

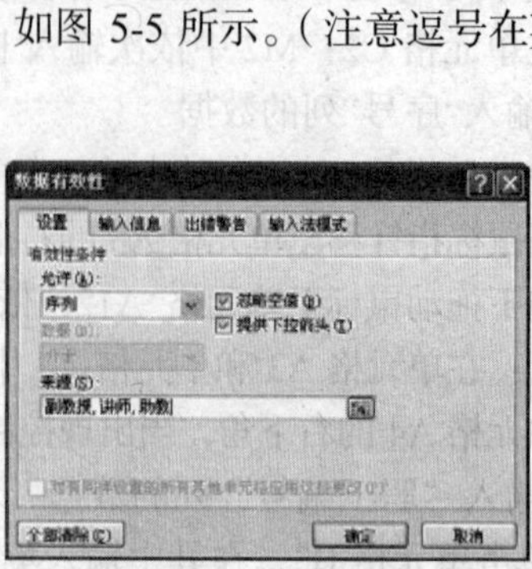

图 5-5　数据有效性的设置

数据输入完成后，如图 5-1 所示。

2. 重命名工作表

右键单击工作表标签“Sheet1”，在快捷菜单中选择“重命名”命令，输入新的名称“七月份”，完成工作表的重命名。单击快速访问工具栏中的“保存”按钮，将该工作簿以“工资表”为名保存。

【知识链接】

1. Excel 2010 启动、工作窗口和退出

首先来学习一下 Excel 2010 程序的启动、工作窗口组成与程序退出操作。

（1）运行 Excel 应用程序

① 通过执行【开始】/【所有程序】/【Microsoft Office 2010】/【Microsoft Excel 2010】命令，即可启动 Microsoft Excel 2010。

② 如果在桌面上或其他目录中建立了 Excel 的快捷方式，直接双击该图标即可。

③ 如果在快速启动栏中建立了 Excel 的快捷方式，直接单击快捷方式图标即可。

④ 按【Win+R】组合键，调出“运行”对话框，输入“excel”，接着单击“确定”按钮，也可以启动 Microsoft Excel 2010。

（2）Excel 的工作窗口组成元素

Excel 工作窗口组成元素如图 5-7 所示，主要包括快速访问工具栏、功能区、名称框、编辑栏、工作表编辑区、表标签、状态栏、标签滚动按钮等，用户可定义某些屏幕元素的显示或隐藏。

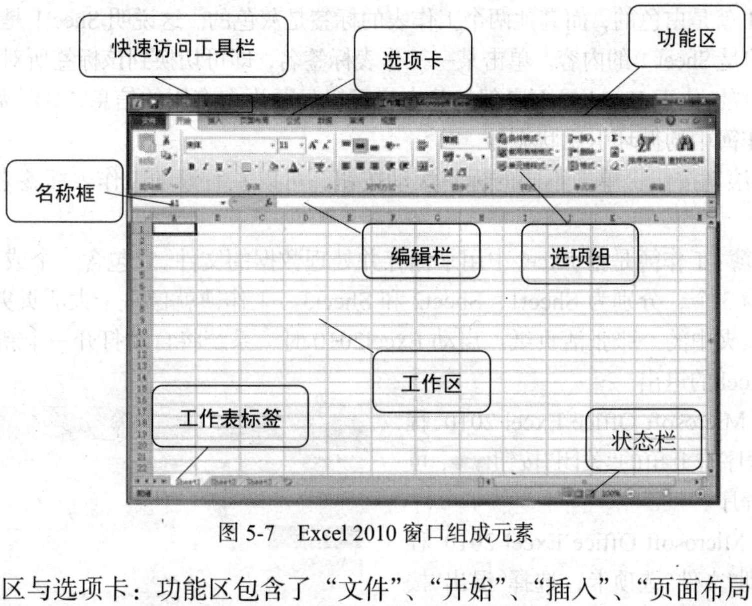

图 5-7　Excel 2010 窗口组成元素

① 功能区与选项卡：功能区包含了“文件”、“开始”、“插入”、“页面布局”、“公式”、“数据”、“审阅”和“视图”8 个选项卡，每个选项卡包含相应的命令。某些选项卡只在需要时才显示。例如，当选择图表后，会显示“图表工具”选项卡，如图 5-7 所示。

② 快速访问工具栏：位于窗口左上角。用于放置用户经常使用的命令按钮，如图 5-7 所示。快速启动工具栏中的命令可以根据用户的需要增加或删除。

③ 选项组：位于功能区中。如“剪贴板”选项组中包括“剪切”、“复制”、“格式刷”、“粘贴”等相关的命令，组合在一起来完成各种任务，如图 5-7 所示。

④ 名称框：名称框是用于显示当前所选的单元格或单元格区域的名称，如 A1。

⑤ 编辑栏：可以用来输入、显示、编辑活动单元格的内容。当单元格的内容为公式时，在编辑栏中可以显示单元格中的公式。

在非编辑状态下，编辑栏的左边只出现 1 个 fx 按钮。在编辑状态下，编辑栏的左边出现 3 个按钮 × ✓ fx，这 3 个按钮的作用如下。

×：取消按钮。单击该按钮，取消本次的输入或修改。

✓：输入按钮。单击该按钮，接受本次的输入或修改。

fx：输入函数按钮。单击该按钮，进行输入公式操作。

⑥ 工作表编辑区：即工作表的编辑区域，由一个个单元格组成，它用于记录数据，并对输入的各种数据进行运算、制作表格等操作。

每个工作表由 16384 列和 1048576 行组成，行与列的相交处为单元格，它是存储数据的基本单元。在工作表中，同一水平位置的单元格构成一行，每行有一个行号，如 1、2、3 等；同一垂直位置的单元格构成一列，每列有一个列标，用英文字母表示，如 A、B、C 等。每一个单元格用所在列的列标和所在行的行号来表示，如单元格 A1 表示其行号为 1，列标为 A。单击某一单元格，它便成为活动单元格，右下角的黑色小方块称为控制句柄，用于单元格的复制和填充。如 B4：B7 则表示单元格区域，表示从 B4 到 B7，连续的、都在第 B 列中从第四行到第七行的 4 个单元格。如 B3：E3 表示从 B3 到 G3，连续的、都在第 3 行中从第 B 列到第 E 列的 4 个单元格。如 B3：D6 表示以 B3 和 D6 作为对角线两端的矩形区域，三列四行共 12 个单元格。

⑦ 工作表标签：显示工作表的名称，白色的标签为当前工作表的标签，图 5-7 中的工作表标签 Sheet1 就是白色的，而其他两个工作表的标签是灰色的。这说明 Sheet1 是当前工作表，屏幕上显示的是 Sheet 1 的内容。单击某一工作表标签名，即可切换到该标签所对应的工作表。

⑧ 状态栏：位于 Excel 界面底部的状态栏可以显示许多有用的信息，如计数、和值、输入模式、工作簿中的循环引用状态等。

⑨ 标签滚动按钮：单击不同的标签滚动按钮，可以左右滚动工作表标签来显示隐藏的工作表。

⑩ 工作簿：工作簿是指 Excel 中用来储存并处理数据的文件。它包含一个或多个工作表，默认状态下为 3 个，分别为 Sheet1，Sheet2 和 Sheet3。工作簿就像一个大活页夹，工作表就像一个大活页夹中的一张张活页纸。启动 Excel2010 时，系统将自动打开一个新的工作簿。

（3）Excel 的退出

① 打开 Microsoft Office Excel 2010 程序后，单击程序右上角的“关闭”按钮，可快速退出主程序。

② 打开 Microsoft Office Excel 2010 程序后，切换到“文件”选项卡，选择“退出”按钮，可快速退出当前开启的 Excel 工作簿，如图 5-8 所示。

③ 直接按【Alt+F4】组合键。

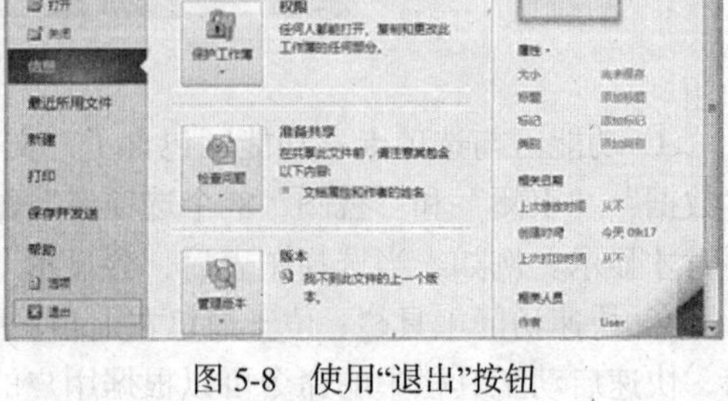

图 5-8 使用“退出”按钮

注意	退出应用程序前没有保存编辑的工作簿，系统会弹出一个对话框，提示保存工作簿。

2. Excel2010 的帮助系统

许多用户在使用 Excel 的过程中遇到问题时都不知所措，第一想法就是查阅相关资料或请教高手，这些方法固然可行，也十分有效，但在此之前一定不要忘了尝试使用 Excel 2010 的“帮助”功能。通过下列操作方法访问“帮助”。

（1）单击 Excel 2010 主界面右上角的按钮，或按【F1】键，打开“Excel 帮助”窗口，如图 5-9 所示。

（2）在“输入要搜索的关键词”文本框中输入需要搜索的关键词，单击“搜索”按钮，即可显示出搜索结果，如图 5-10 所示。

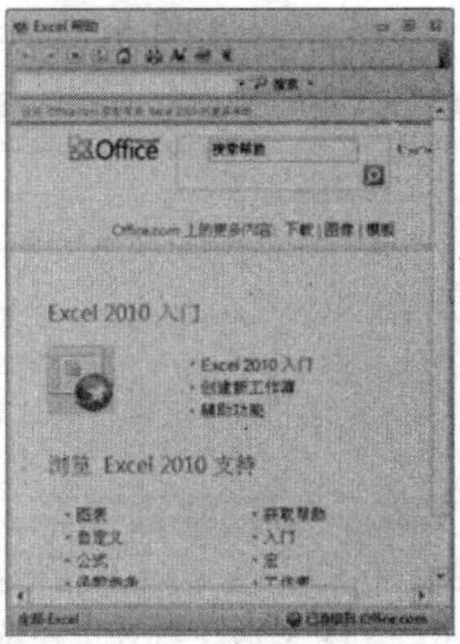

图 5-9 “Excle 帮助”窗口

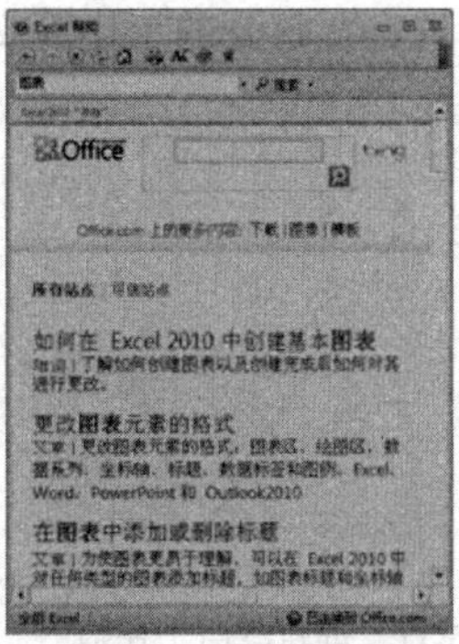

图 5-10 输入要搜索的关键词

3. Excel2010 的基本操作

（1）新建工作簿

创建工作簿有 3 种情况：一是建立空白工作簿；二是根据现有工作簿新建；三是用 Excel 本身所带的模板。

① 建立空白工作簿

创建空白工作簿有 3 种方法，如下所述。

- 启动 Excel 后，立即创建一个新的空白工作簿。
- 按【Ctrl+N】组合键，立即创建一个新的空白工作簿。
- 切换到“文件”选项卡，选择“新建”命令，在“可用模板”窗格中选择“空白工作簿”，接着单击“创建”按钮，立即创建一个新的空白工作簿。或者在“可用模板”窗格中选中双击“空白工作簿”选项也可，如图 5-11 所示。

注意	新创建的空白工作簿，其临时文件名格式为工作簿 1 、工作簿 2 、工作簿 3 ……。生成空白工作簿后，可根据需要输入编辑内容。

② 根据现有工作簿建立新的工作簿

根据现有工作簿建立新的工作簿时，新工作簿的内容与选择的已有工作簿内容完全相同。这是创建与已有工作簿类似的新工作簿最快捷的方法。

- 切换到“文件”选项卡，选择“新建”命令，在“可用模板”窗格中选择“根据内容新建”命令，选择需要的工作簿文档，单击“新建”按钮即可。

③ 根据模板建立工作簿

切换到“文件”选项卡，选择“新建”命令，在“可用模板”窗格中或者在“office.com 模板”中，根据需要进行选择，如图 5-11 所示。

（2）工作簿的打开、保存和关闭

① 工作簿的打开

在我的计算机中双击工作簿的名称，即可启动 Excel 2010，并打开该工作簿。

在 Excel 2010 中切换到“文件”选项卡，选择“打开”命令，弹出“打开”对话框，在“查找范围”列表框中，指定要打开文件所在的驱动器、文件夹或 Internet 位置，在文件夹及文件列表中，选定要打开的工作簿文件，单击“打开”按钮，如图 5-12 所示。

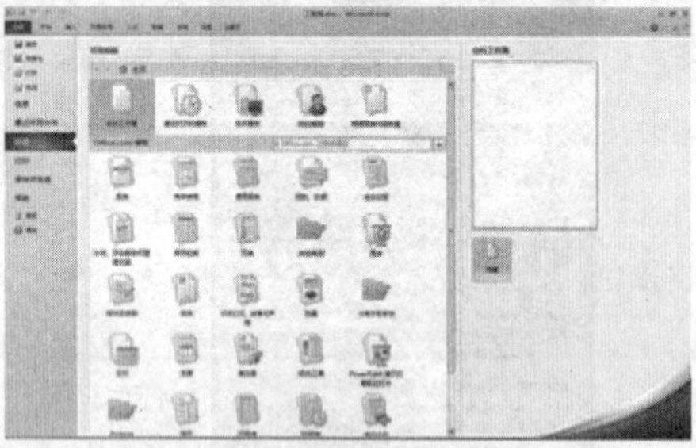

图 5-11　创建空白工作簿

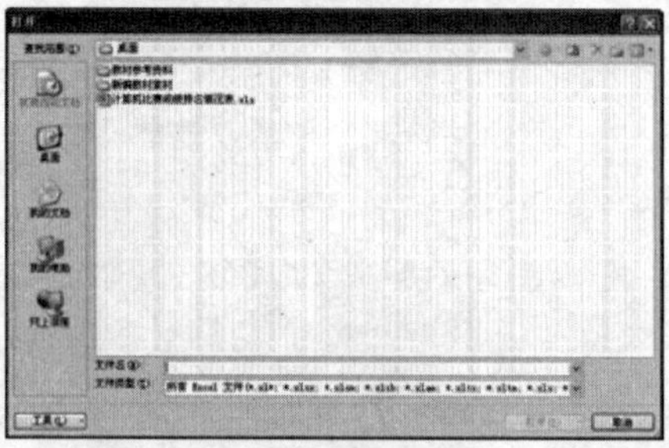

图 5-12　打开工作簿

② 工作簿的保存

常用的保存方法：切换到“文件”选项卡，选择“保存”命令或“另存为”命令。或单击快速访问工具栏的“保存”按钮，或按组合键【Ctrl+S】，即可对当前工作簿进行保存。Excel 默认保存文件类型为“Excel 工作簿”，扩展名为“*.xlsx”。还可以保存其他类型的文件。

③ 工作簿的关闭

关闭工作簿并且不退出 Excel，可以通过下面方法来实现。

切换到“文件”选项卡，选择“关闭”命令，或单击工作簿右边的“关闭”窗口按钮，或按【Ctrl+F4】组合键。

（3）选取工作表

要在工作表中编辑数据，首先必须选择该工作表。

① 选取单张工作表

选取单张工作表。只需单击工作表标签。如果工作表很多，工作表标签不能完全显示在屏幕上，这时可按以下方法选择指定工作表。

- 在工作表中右键单击标签滚动按钮中的任意一种，在弹出的快捷菜单中显示了创建的所有工作表，如图 5-13 所示。
- 单击选择需要的工作表名称，此时被选中的工作表呈白底且突出显示，即为当前工作表，其他工作表标签呈灰底显示，如图 5-13 所示。

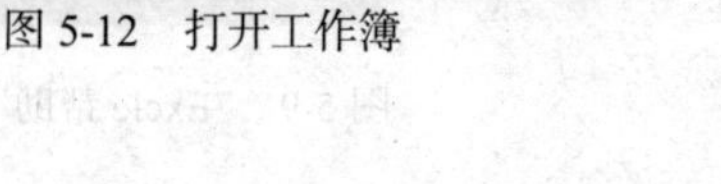

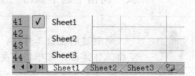

图 5-13　显示创建的所有工作表

② 选择多个工作表

要同时选择多个工作表，可以按【Ctrl】键或【Shift】键，然后用鼠标单击，可以同时选择多张不连续或连续的工作表。注意按住【Shift】键，分别单击两个工作表标签，则两个标签之间的全部工作表都将被选中。按住【Ctrl】键，分别单击两个工作表标签，则这两个工作表将被选中。

③ 选择全部工作表

在工作表中用右键单击工作表标签，在弹出的快捷菜单中选择“选定全部工作表”命令，如图 5-14 所示。

（4）重命名工作表

当新建一个工作簿时，新工作簿中默认有 Sheet1、Sheet2、Sheet33 个工作表，在编辑工作表时，为了清楚地标明不同工作表中包含的内容，往往要对工作表重新命名。

在工作表标签上右键单击，在弹出的快捷菜单中选择“重命名”，即可以对工作表名称重命名或者双击工作表名，工作表名处于编辑状态，输入新的工作表名即完成重命名。双击工作表名，工作表名处于编辑状态，输入新的工作表名即完成重命名。

（5）移动或复制工作表

① 在同一工作簿中复制和移动工作表

- 移动工作表。

在需要移动的工作表标签上按住鼠标左键并横向移动，并且标签的左端会出现一个黑三角。黑三角所指向的位置即为工作表可以移动到的位置。

- 复制工作表。

在需要复制的工作表标签上按住鼠标左键，按住【Ctrl】键，将标签拖到复制目标位置即可。

②在不同工作簿中移动或复制工作表

- 选择所需移动或复制的工作表。
- 用鼠标右键单击工作表标签，从快捷菜单中选择“移动或复制”命令，如图 5-14 所示；打开“移动或复制工作表”对话框，如图 5-15 所示。

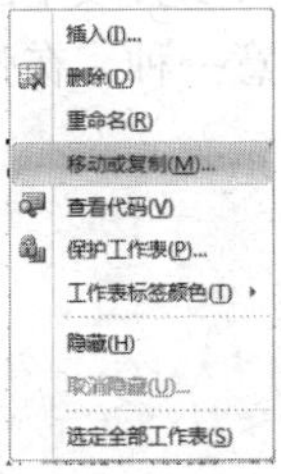

图 5-14 移动或复制工作表

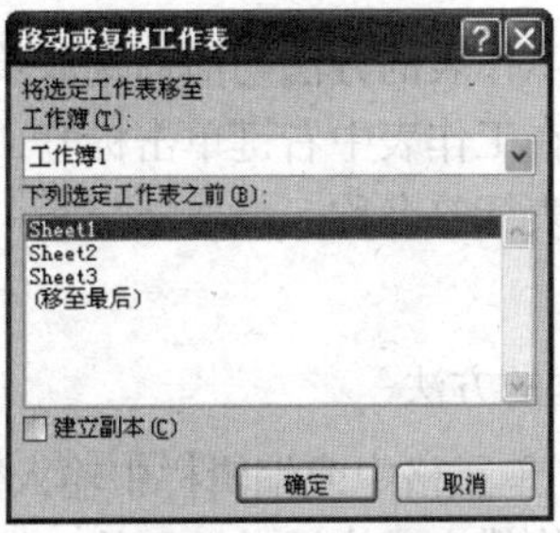

图 5-15 “移动或复制工作表”对话框

- 在“工作簿”列表框中选择所要复制或移动到的目标工作簿。（注意：目标工作簿必须打开。）
- 在“下列选定工作表之前”列表框中选择源工作表插入在目标工作簿中的哪个工作表之前，如果想放在最后，可选择“(移到最后)”。
- 如果是复制工作表，则选中“建立副本”复选框，否则执行的是移动操作。
- 单击“确定”按钮，即完成工作表的复制或移动操作。

（6）插入工作表

默认情况下一个工作簿有 3 张工作表 Sheet1、Sheet2、Sheet3，不够时可增加工作表。

① 选定一张或多张连续工作表（注意：多张工作表必须为连续）。

② 用鼠标右键单击工作表标签（如 Sheet1），从弹出的快捷菜单中（见图 5-16）选择“插入”命令，在打开的“插入”对话框中，在“常用”选项卡中选择“工作表”选项，单击“确定”按钮，如图 5-17 所示。在选定的工作表左边就插入了与选定数目相同的工作表。

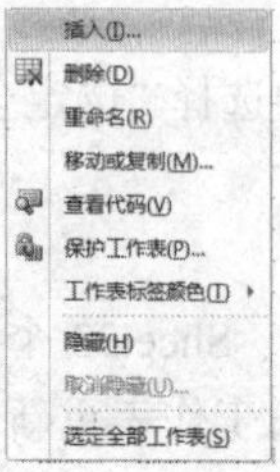

图 5-16　快捷菜单

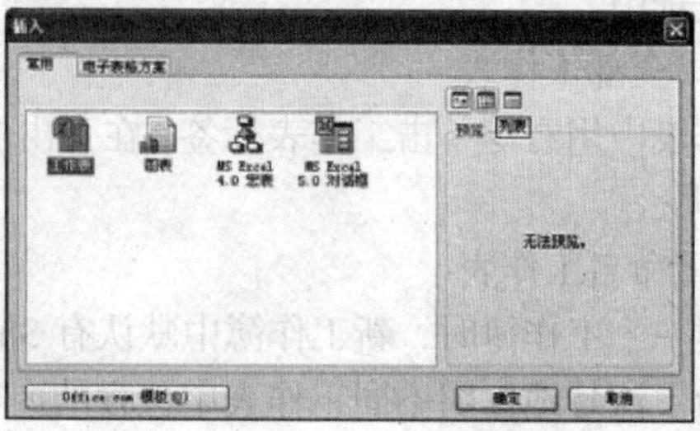

图 5-17　“插入”对话框

或者：

③ 单击工作表标签名称右侧的“插入工作表”按钮也可（注意：按【Shift+F11】组合键也可），如图 5-18 所示。

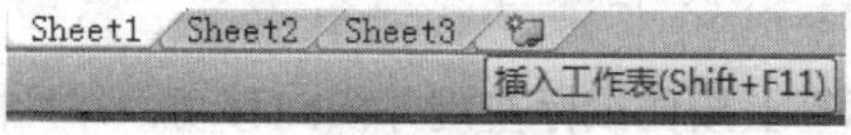

图 5-18　“插入工作表”按钮

（7）切换工作表

要在工作表中进行操作，首先必须激活该工作表，可单击工作表的工作表标签。

① 利用快捷键切换工作表的方法有以下两种。

- 按【Ctrl+Page Down】快捷键可切换到工作簿的后一张工作表。
- 按【Ctrl+Page Up】快捷键可切换到工作簿的前一张工作表。

② 利用鼠标切换工作表

利用鼠标切换工作表的方法与前面选取单张工作表相似，可以直接单击要切换的工作表的工作表标签，或在工作表中右键单击标签，滚动按钮中的任意一种，在弹出的快捷菜单中选择要切换的工作表标签名称。

4. 输入数据

（1）输入数据的方法

Excel 提供了在单元格中或编辑栏中输入数据的方法。

- 选择单元格使之成为活动单元格。活动单元格的名称在名称框中显示，其中数据在编辑栏显示。
- 要输入数据到单元格有两种方法，一种是可以直接在单元格中输入；另一种是将鼠标移到编辑栏单击，即可输入或修改数据。
- 输入完数据后，按【Enter】键或单击编辑栏中的“输入”按钮用“√”确认；按【Esc】键或单击编辑栏中的“取消”按钮，则取消输入。

（2）输入文本

在 Excel 中，文本可以是文字，也可以是数字与空格或其他非数字字符的组合。如需将文字全部显示出来，可以通过改变单元格的宽度来实现。默认情况下，输入的文本型数据在单元格内左对齐。如果要将数字作为文本输入，如邮政编码、手机号码、职工号、身份证号码等，方法有如下 3 种。

- 应先输入一个英文状态的单引号，以示区别。
- 将数字用双引号括起来后，前面再加一个“=”。
- 选定要输入文本的单元格区域，切换到“开始”选项卡，将“数字格式”下拉列表框设置为“文本”选项，然后输入数据。

（3）输入数值

数值是指能用来计算的数据，在 Excel 工作表中，数值只可以为下列字符。

0 1 2 3 4 5 6 7 8 9 + — ( ) , / ¥ $ % . E e

其他的数字与非数字的组合将被视为文本。输入数值时要注意以下几点：

- 输入正数：直接输入，前面不必加“+”号。
- 输入负数：必须在数字前加“—”号，例如“-12”或都给数字加上括号，如“(12)”。
- 输入分数：应先输入“0”和空格，再输入分数。例如“1/4”的正确输入是“0 1/4”。

默认情况下，单元格中最多可显示 11 位数字，如果超出此范围，则自动改为科学计数法显示。当单元格内显示一串“# #”符号时，则表示列宽不够显示此数字，可适当调整列宽以正确显示。数值在单元格内右对齐。

我们可以根据自己的需要来改变数值格式。如果数值为带小数或为货币格式，都可以通过选中单元格，切换到“开始”选项卡，在“数字格式”下拉列表框中进行设置。

（4）输入日期和时间

在 Excel2010 中，用户可以用多种方法来输入同一个日期，如输入日期：“2010 年 9 月 12 日”，可以选择下面任意一种方式：①2010/9/12；②2010-9-12；输入当前日期可以用【Ctrl+;】组合键。

选定包含日期的单元格，然后按【Ctrl+@】组合键，就可以使用默认的日期格式来对一个日期进行格式化。

输入时间的格式为时：分：秒，如 9：35：20 表示 9 点 35 分 20 秒。时间一般以 24 小时制。如果使用 12 小时的时间格式，则需在表示时间数字后面加上 PM 或 P，AM 或 A，(如 7：15PM)，如在同一单元格中输入日期和时间，中间要用空格分开。如 2010-7-10 9：35。输入当前时间可以用【Ctrl+Shift+;】组合键。输入当前日期和时间可以用【Ctrl+;】组合键，然后按空格键，最后按【Ctrl+Shift+;】组合键。

5. 自动输入数据

在 Excel 表格中填写数据时，经常会遇到同一行或同一列上输入一组相同的数据，或有规律性变化的数据，如一月、二月、三月等。对这些数据可以采用填充技术，让它们自动出现在一系列的单元格中。

（1）在同一行或同一列中输入相同的数据

只需要在第一个单元格中输入该数据后，单击该单元格，用鼠标对准该单元格的右下角，使光标变成一个“+”字形（称为“填充句柄”），拖动填充句柄，经过待填充区域，即可向其他单元格中填充数据。

例 1：在 B4：B10 单元格填充数据 6。

- 在第一个单元格中输入该数据，在 B4 单元格中输入数据 6（见图 5-19）。
- 单击该单元格，选定包含初始值的单元格，选定 B4 单元格（见图 5-20）。
- 用鼠标对准该单元格的右下角，使光标变成一个“+”字形（称为“填充柄”），如

图 5-20 所示，拖曳填充柄到最后一个目标 B10 单元格，释放鼠标，结果如图 5-21 所示。

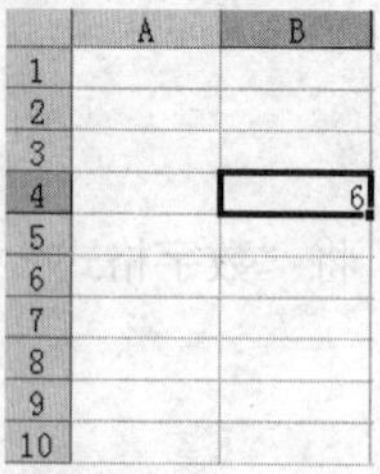

图 5-19 输入数据

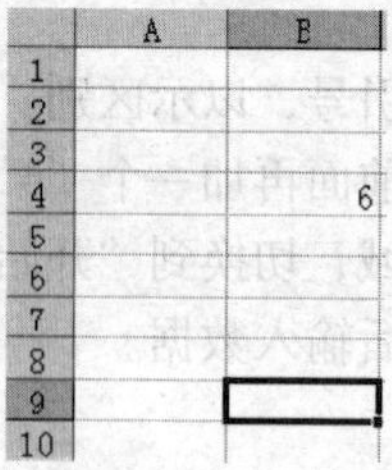

图 5-20 选定单元格

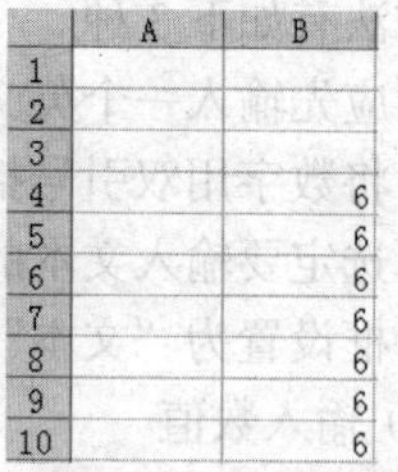

图 5-21 填充效果

（2）序列填充

① 自动填充类数据

如“星期一、星期二、星期三……”，“日、一、二……”等，这些序列是 Excel 已经定义好的，只要某个单元可填入该“序列”中的某个值，拖动“填充柄”便自动填充数据。

表 5-1 Excel 内置序列用鼠标拖动填充方法

输入数据类型	直接拖动填充柄	按【Ctrl】键拖动填充柄
文本	按序列填充	相同数值填充
数字	相同数值填充	序列填充，步长为 1

例 2：在 D3：D9 中用序列填充为星期一到星期日。

第 1 步 在 D3 单元格中输入星期一。

第 2 步 选定 D3 单元格，用鼠标对准该所选单元格的右下角，使光标变成一个“+”字形，直接拖曳填充柄从上向下到最后一个目标 D9 单元格，释放鼠标。

例 3：要输入学生的学号，其中第一位学生的学号已在 A5 单元格中输入，学号为 2010930101，数据类型为文本，如图 5-22 所示，请在 A6：A40 单元格中分别填上 2010930102 ~ 2010930136。

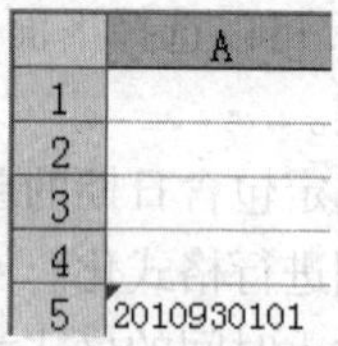

图 5-22 输入数据为文本

第 1 步 选定 A5 单元格。

第 2 步 用鼠标对准该单元格的右下角，使光标变成一个“+”字形，拖曳填充柄向下到最后一个目标 A40 单元格，释放鼠标。

试试看按【Ctrl】键曳动填充柄是什么效果，试比较它们的不同。

在单元格区域中填充文本序列时，需要注意以下 3 点。

第一点：如文本中没有数字，填充操作都是复制初始单元格内容，填充对话框中只有自动填充功能有效，其他方式无效。

第二点：如文本中全为数字，当在文本单元格格式数字作为文本处理的情况下，填充时将按等差序列进行。

第三点：如文本中含有数字，无论用何种方法填充，字符部分不变，数字按等差序列，步长值为 1（从初始单元格开始向右或向下填充步长值为+1，从初始单元格向左或向上填充步长值为-1）变化。如果文本中仅含有一个数字，数字按等差序列变化与数字所处的位置无关；例如，初始单元格的文本为“第 3 名”，从初始单元格开始向右或向下填充结果为“第 4 名”，“第 5 名”，“第 6 名”……如果文本中有两个或两个以上数字时，只有最后面的数字才能按等差序列变化，其余数字不发生变化；例如，初始单元格的文本为“第 1 行第 2 列”，从初始单元格开始向右或向下填充结果为“第 1 行第 3 列”，“第 1 行第 4 列”，“第 1 行第 5 列”……

例 4：在 E1：E100 单元格中分别填充 1 到 100 的数值。

第 1 步 在 E1 单元格中输入 1。

第 2 步 选定 E1 单元格，用鼠标对准该所选单元格的右下角，使光标变成一个“+”字形，按【Ctrl】键，同时拖曳填充柄从上向下到最后一个目标 E100 单元格，释放鼠标。

② 自定义序列

用户可以根据自己需要定义序列，切换到“文件”选项卡，选择“选项”命令，打开“Excel 选项”对话框。切换到“高级”选项卡，单击其中的“编辑自定义列表”按钮，打开“自定义序列”对话框，在“输入序列”文本框中输入自定义的序列项，如图 5-23 所示，在该对话框中单击“添加”按钮，即可定义，如图 5-24 所示。

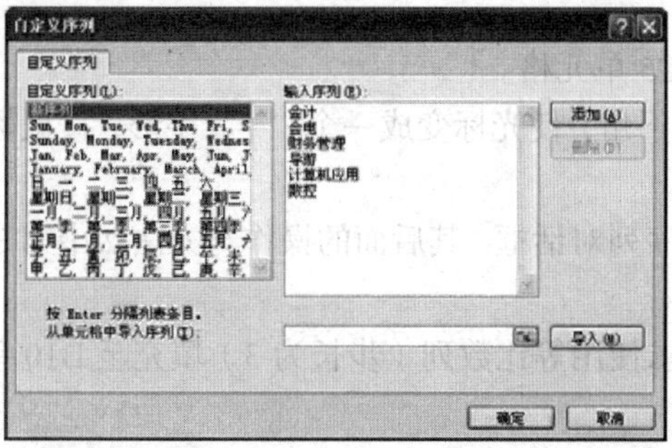

图 5-23 “自定义序列”对话框

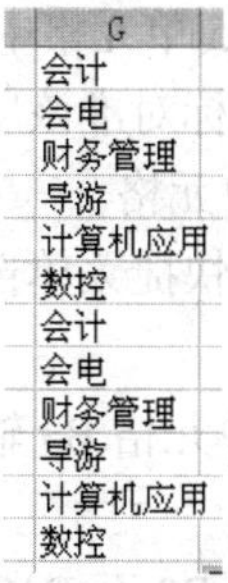

图 5-24 利用自定义序列填充的结果

③ 填充一组规律性变化的数据

使用鼠标填充等差数列

第 1 步 选定填充区域的起始单元格，输入序列的初始值。

第 2 步 选定填充区域的第二个单元格，输入序列的第二个值。

第 3 步 选定填充区域的起始单元格和第二个单元格。

第 4 步 用鼠标拖曳填充柄至需要填充的区域。如要按升序排列，请从上向下或从左到右填充。如要降序排列，请从下向上或从右到左填充。

使用对话框填充任意步长序列

第 1 步 选定起始单元格，输入序列的初始值。

第 2 步 选中要填充的区域。

第 3 步 切换到“开始”选项卡，在“编辑”选项中单击“填充”按钮右侧的箭头按钮，从下拉菜单中选择“系列”命令，打开“序列”对话框，如图 5-25 所示。

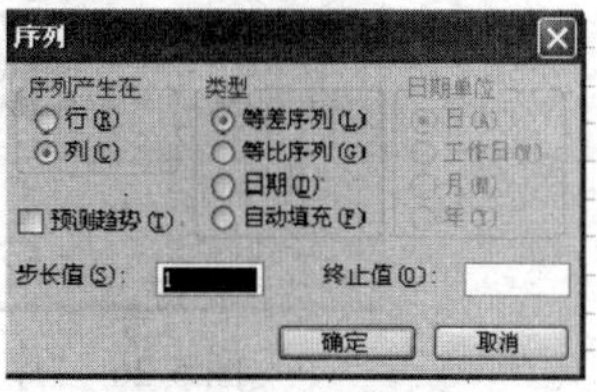

图 5-25 序列对话框

第 4 步 在对话框的“序列产生在”栏中，选择序列填充的方向是“行”或“列”。

第 5 步 在“类型”栏，选择需要填充的类型。

第 6 步 在“步长值”栏中输入一个正数或负数，指定序列中任意两数间的增加或减少的量。在“终止值”栏中确定序列的最后一个值。

第 7 步 单击“确定”按钮。

例 5：从工作表的 C5 单元格开始按照列方向填入 3，6，9，12，15 这样一组数字序列，这是一个等差序列，初值为 3，步长值为 3，可以采用以下几种方法填充。

操作方法 1

第 1 步 在 C5 单元格中输入 3，再在 C6 单元格输入 6。

第 2 步 选定 C5 和 C6 单元格。

第 3 步 用鼠标对准该所选单元格的右下角，使光标变成一个“+”字形，拖曳填充柄从上向下到最后一个目标 C9 单元格，释放鼠标。

操作方法 2

第 1 步 在 C5 单元格中输入 3，选定 C5 单元格。

第 2 步 切换到“开始”选项卡，在“编辑”选项中单击“填充”按钮右侧的箭头按钮，从下拉菜单中选择“系列”命令，打开“序列”对话框，如图 5-26 所示。

第 3 步 在“序列”对话框，选择序列产生在列，类型为等差数列，步长值为 3，终止值为 15，如图 5-26 所示。

第 4 步 单击“确定”按钮。

操作方法 3

第 1 步 在 C5 单元格中输入 3，选定 C5 单元格。

第 2 步 用鼠标对准该所选单元格的右下角，使光标变成一个“+”字形，按鼠标右建拖动填充柄至 C9 单元格。

第 3 步 弹出快捷菜单选择序列，弹出序列对话框。其后面的操作与方法 2 中第 3 步和第 4 步相同。

例 6：已在单元格 B3 输入数据 3，要求使用等比数列（步长为 3）填充至 B10 单元格。

操作方法 1

第 1 步 选定 B3 至 B10 单元格。

第 2 步 切换到“开始”选项卡，在“编辑”选项中单击“填充”按钮右侧的箭头按钮，从下拉菜单中选择“系列”命令，打开“序列”对话框，如图 5-27 所示。

第 3 步 在“序列”对话框，选择“序列产生在”为“列”，设置类型为“等比数列”，“步长值”设置为 3，如图 5-27 所示。

第 4 步 单击“确定”按钮。

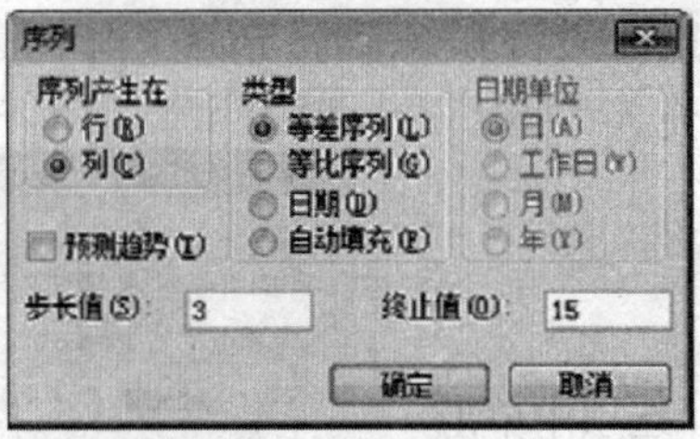

图 5-26 “序列”对话框

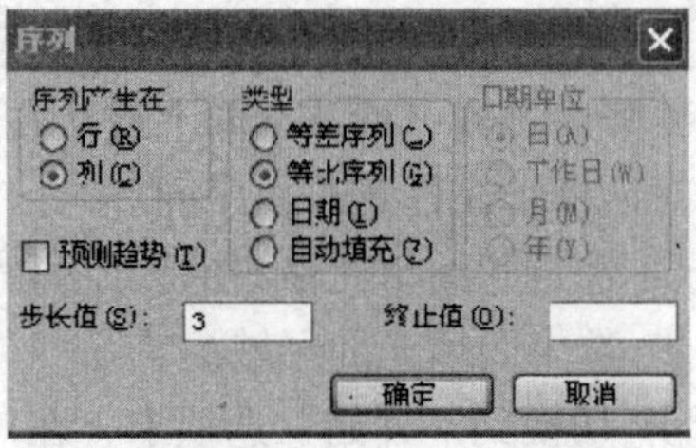

图 5-27 “序列”对话框

操作方法 2

第 1 步 选定 B3 单元格

第 2 步 用鼠标对准该所选单元格的右下角，使光标变成一个“+”字形，用右建拖到填充柄至 B10 单元格。

第 3 步 在弹出的快捷菜单中选择序列，弹出“序列”对话框。其后面操作与方法 1 中第 3 步和第 4 步相同。

实操练习

新建一个工作簿，取名为“我的第一次课堂作业”，保存到自己文件夹中。

以下操作在该工作簿 Sheet1 工作表中进行。

- 在 A6 单元格中输入“我真棒!”，并把它填充到 B6 至 H6 单元格中。
- 在 A7 单元格中输入“001”，并把它填充到 B7 到 H7 单元格中。
- 把 C7 单元格复制到 A8 单元格，并以递增方式填充到 B8 到 H8 单元格中。
- 在 A9 单元格输入数值“520”，并把它填充到 B9 到 G9 单元格中。
- 在 A10 单元格输入数值“520”，并以递增方式填充到 B10 到 G10 单元格中。
- 在 A11 单元格输入数值“520”，并以递减方式填充到 B11 到 G11 单元格中。
- 在 A12 单元格输入数值“2”，把它以递增 2 倍的等比序列向右填充，直到其值变为 1024 为止。
- 自定义序列第一节，第二节，第三节至第八节，将该序列填充至 A15：K15 单元格区域。

以下操作在该工作簿 Sheet2 工作表中进行。

- 如图 5-28 所示，在 Sheet2 中输入以下内容，并将 Sheet2 工作表重命名为成绩表，将该工作簿保存。

图 5-28　计算机 1 班成绩表

6. 编辑数据

单元格中数据输入后可以进行编辑、复制、移动、添加批注等操作。

（1）单元格的选择

选择一个单元格。即一个单元格的激活。操作方法如下。

① 单击该单元格

② 按箭头键，移至该单元格。在单元格名称栏中输入单元格的名称。

（2）选择连续多个单元格

使用鼠标选择：

① 单击需选择区域最左上角的单元格；

② 拖动鼠标左键，沿对角线拖动鼠标，到最右下角的一个单元格，松开鼠标。选定区域都变成灰蓝色。

使用鼠标和键盘选择：

① 单击区域内中第一个的单元格；

② 按住【Shift】键，然后在按住【Shift】键的同时单击该区域中的最后一个单元格。

（3）选择不连续的单元格

使用鼠标和键盘选择：

选择第一个单元格或单元格区域，然后在按住【Ctrl】键的同时选择其他单元格或区域。

（4）选择工作表中所有的单元格

单击工作表左上角的全选按钮，或者直接按【Ctrl+A】组合键，就可以选中所有的单元格。

（5）选择整行或整列

① 选定单行或单列：单击行标题或列标题。

② 选定连续行或连续列：在行标题或列标题间拖动鼠标。或者选择第一行或第一列，然后在按住【Shift】键的同时选择最后一行或最后一列。

③ 于不相邻的行或列：先选中第 1 行或第 1 列，再按住【Ctrl】键，选中其他的行或列。

（6）单元格内容的编辑

要编辑单元格中的部分数据，可以使用编辑栏或直接在单元格中进行修改。

如果只清除单元格内容，而保留其中的批注和单元格格式。只要选定单元格后，按【Delete】键或【BackSpace】键。

如果要清除单元格中的格式、内容、批注，只要选定欲删除数据的单元格区域，然后切换到“开始”选项卡，在“编辑”选项组中，单击“清除”按钮右侧的箭头按钮，只需选择一种相应的方式，如图 5-29 所示。

（7）移动和复制单元格数据

Excel 中移动和复制单元格数据，与 Word 中一样，请查看 Word 中的操作。

Excel 中的数据除了有其具体值以外，还包含格式、公式、批注等内容。而复制单元格数据时，如果只需复制单元格的格式、批注等内容，可以在 Excel 工作表中使用“选择性粘贴”命令。

操作如下所述。

① 选中需要复制的单元格区域，用右键单击被选中的区域，在打开的快捷菜单中选择“复制”命令。

② 如果目标粘贴位置为一个单元格，则用右键单击该单元格；如果目标粘贴位置为一个单元格区域，则用右键单击该区域左上角的单元格，然后在打开的快捷菜单中选择“选择性粘贴”命令，单击所需命令即可，如图 5-30 所示。

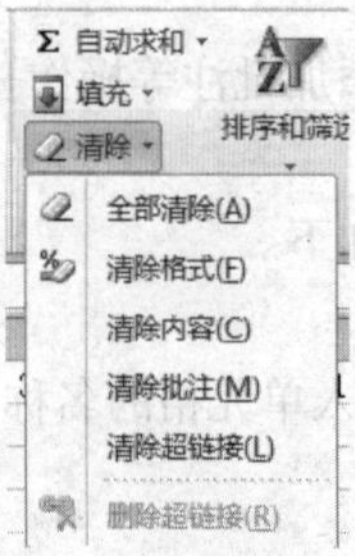

图 5-29 “清除”按钮

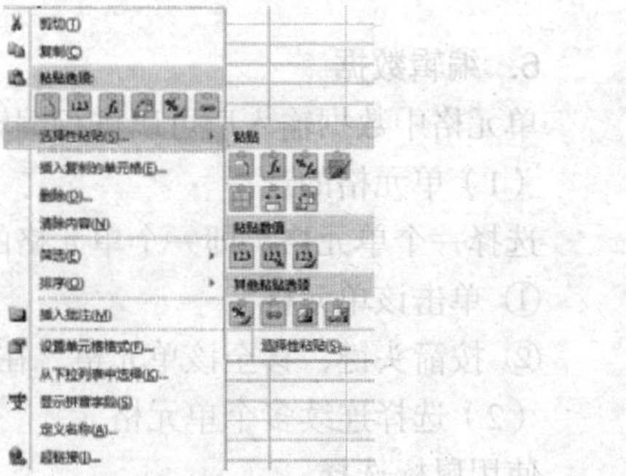

图 5-30 “选择性粘贴”菜单

（8）插入空白单元格、行或列

① 选定要插入新的空白单元格、行、列，执行下列操作之一。

插入新的空白单元格：选定要插入新的空白单元格的单元格区域。注意选定的单元格数目应与要插入的单元格数目相等。

插入一行：单击需要插入的新行之下相邻行中的任意单元格。如要在第 5 行之上插入一行，则单击第 5 行中的任意单元格。

插入多行：选定需要插入的新行之下相邻的若干行。选定的行数应与要插入的行数相等。

插入一列：单击需要插入的新列右侧相邻列中的任意单元格。如要在 B 列左侧插入一列，请单击 B 列中的任意单元格。

插入多列：选定需要插入的新列右侧相邻的若干列。选定的列数应与要插入的列数相等。

② 切换到“开始”选项卡，在“单元格”选项组中单击“插入”下拉按钮，可选择“插入单元格”、“插入工作表行”、“插入工作表列”或“插入工作表”命令，如图 5-31 所示。如果单击“插入单元格”命令，则打开其对话框，如图 5-32 所示。也可从快捷菜单中选择“插入”命令，打开其对话框，选择插入整行、整列或要移动周围单元格的方向，最后单击“确定”按钮。

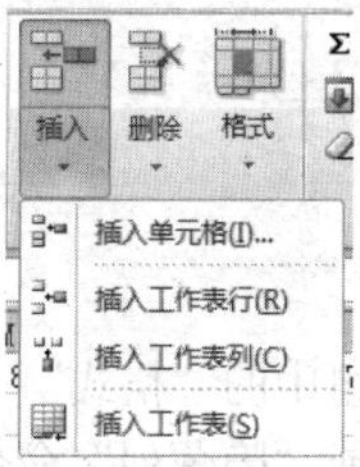

图 5-31 “插入”按钮

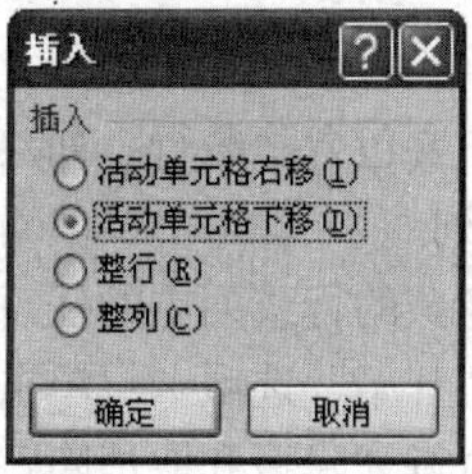

图 5-32 “插入”对话框

（9）删除单元格、行或列

删除单元格，是从工作表中移去选定的单元格以及数据，然后调整周围的单元格填补删除后的空缺。

① 选定需要删除的单元格、行、列或区域。

② 切换到“开始”选项卡，在“单元格”选项组中单击“删除”下拉按钮，在下拉菜单中进行选择，如图 5-33 所示。或从快捷菜单中选择“删除”命令，打开其对话框，如图 5-34 所示，按需要进行选择，并单击“确定”按钮。

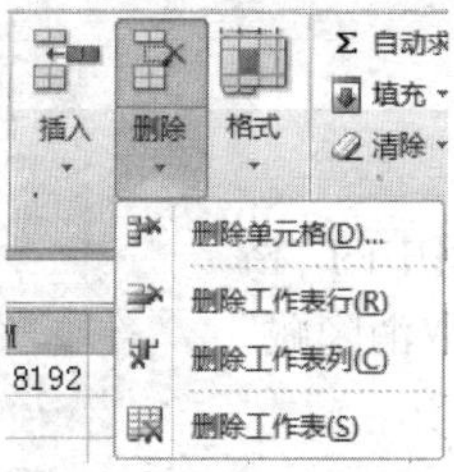

图 5-33 “删除”按钮

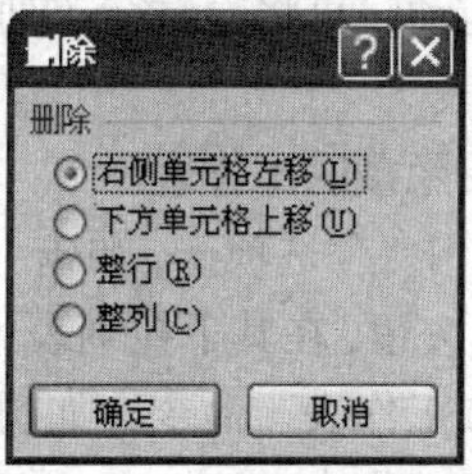

图 5-34 “删除”对话框

7. 批注

Excel 中可以通过插入批注来对单元格添加注释。

插入批注操作方法如下所述。

① 选定要插入批注的单元格。

② 切换到“审阅”选项卡，在“批注”选项组中单击“新建批注”按钮，出现批注输入框。

③ 在输入框中输入批注内容，如图 5-35 所示，单击批注框外部的工作表区域。

图 5-35 批注输入框

注意	单元格右上边角中的红色小三角形表示单元格附有批注。将指针放在红色三角形上时会显示批注。

若要进行编辑、删除、显示、隐藏批注操作，可以选定包含批注的单元格，单击鼠标右键，在弹出快捷菜单中选择相应的菜单命令进行操作。

【能力拓展】

隐藏与恢复工作表

用户在进行数据处理时，为了避免操作失误，需要将数据表隐藏起来。当用户再次查看数据时，可以恢复工作表，使其处于可视状态。

隐藏工作表

隐藏工作表主要包含隐藏行、列及工作表。

① 隐藏行或列

- 选择要隐藏的行或列中的任意一个单元格。
- 切换到“开始”选项卡，单击“单元格”选项组中的“格式”下拉按钮，在其下拉列表中执行“隐藏和取消隐藏”中“隐藏行”或“隐藏列”命令，如图 5-36 所示。

以上操作也可以用鼠标完成，将鼠标指针移到两行（列）的行（列）号之间，当指针变成双向箭头时，将鼠标往上（左）拖动，可隐藏上（左）一行（列）。

② 取消隐藏行或列

- 可以首先选择要取消隐藏的区域，或者单击“全选”按钮或按【Ctrl+A】组合键。
- 切换到“开始”选项卡，单击“单元格”选项组中的“格式”下拉按钮，在其下拉列表中执行“隐藏和取消隐藏”中“取消隐藏行”或“取消隐藏列”命令，如图 5-36 所示。

以上操作也可用鼠标来完成，将鼠标指针移到两行（列）间，指针变成双向箭头时，将鼠标往下（右）拖动，可将隐藏行（列）显示出来。

③ 隐藏工作表

- 激活需要隐藏的工作表。
- 切换到“开始”选项卡，单击“单元格”选项组中的“格式”下拉按钮，在其下拉列表中执行“隐藏和取消隐藏”中“隐藏工作表”命令，如图 5-36 所示。
- 取消隐藏工作表

切换到“开始”选项卡，单击“单元格”选项组中的“格式”下拉按钮，在其下拉列表中执行“隐藏和取消隐藏”中“取消隐藏工作表”命令，如图 5-36 所示。

图 5-36　隐藏与恢复工作表

任务 2　统计与分析教师工资表

【任务描述】

小张将“工资表”原始数据录入后，对“工资表”进行整理，并根据领导要求，统计一些相关数据，小张将对“工资表”进行统计与分析，如图 5-37 所示。

根据原始数据，计算出应发工资、应扣小计、实发工资。接着对数据进行分析，按实发工资进行排名，根据排名标识出“高”、“中”、“低”。统计出最高工资、最低工资、人均工资；统计出实发工资分段人数、所占比例。

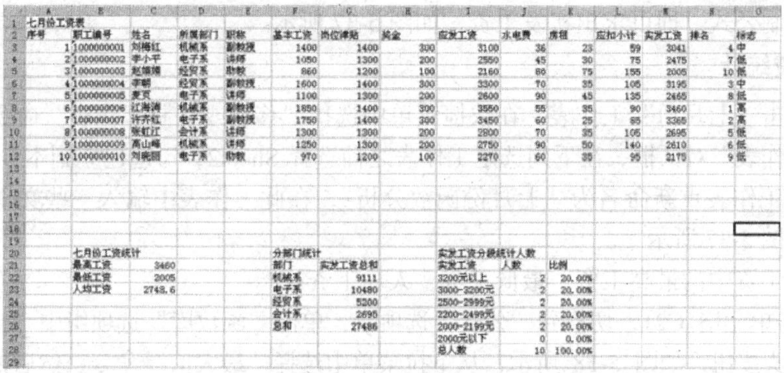

序号	职工编号	姓名	所属部门	职称	基本工资	岗位津贴	奖金	应发工资	水电费	房租	应扣小计	实发工资	排名	标志
1	1000000001	刘梅红	机械系	副教授	1400	1400	300	3100	36	23	59	3041	4	中
2	1000000002	李小平	电子系	讲师	1050	1300	200	2550	45	30	75	2475	7	低
3	1000000003	赵婧媚	经贸系	助教	860	1200	100	2160	80	75	155	2005	10	低
4	1000000004	李明	经贸系	副教授	1600	1400	300	3300	70	35	105	3195	3	中
5	1000000005	麦页	电子系	讲师	1100	1300	200	2600	90	45	135	2465	8	低
6	1000000006	江海涛	机械系	副教授	1850	1400	300	3550	55	35	90	3460	1	高
7	1000000007	许齐红	电子系	副教授	1750	1400	300	3450	60	25	85	3365	2	高
8	1000000008	张虹江	会计系	讲师	1300	1300	200	2800	70	35	105	2695	5	低
9	1000000009	高山峰	机械系	讲师	1250	1300	200	2750	90	50	140	2610	6	低
10	1000000010	刘晓丽	电子系	助教	970	1200	100	2270	60	35	95	2175	9	低

七月份工资统计	
最高工资	3460
最低工资	2005
人均工资	2748.6

分部门统计	
部门	实发工资总和
机械系	9111
电子系	10480
经贸系	5200
会计系	2695
总和	27486

实发工资分段统计人数		
实发工资	人数	比例
3200元以上	2	20.00%
3000-3200元	2	20.00%
2500-2999元	2	20.00%
2200-2499元	2	20.00%
2000-2199元	2	20.00%
2000元以下	0	0.00%
总人数	10	100.00%

图 5-37 “工资表”统计与分析

【技术分析】

- 通过自动求和或者求和函数 SUM，可以计算出应发工资、应扣小计。
- 通过公式实发工资=应发工资-应扣小计，可以计算出实发工资。
- 通过“移动或复制工作表”对话框，对工作表进行复制。
- 通过 MAX、MIN、AVARAGE 函数计算出最高工资、最低工资、人均工资。
- 通过 SUMIF 函数计算部门实发工资和。
- 通过 COUNTIF 函数计算出实发工资分段人数。
- 通过RANK 函数计算出实发工资排名，通过IF 函数可以根据排名标志出“高”、“中”、“低”。

【任务实施】

1. 计算应发工资、应扣小计、实发工资

打开工作簿文件“工资表”，在“七月份”工作表中，进行如下操作。

（1）计算应发工资、应扣小计

① 单击单元格 I3，切换到“公式”选项卡，单击“函数库”选项组中的“自动求和”按钮，如图5-38所示。则单元格区域F3：H3的周围会出虚线框，且单元格I3中显示公式“=SUM（F3：H3）”，按【Enter】键计算出应发工资，将光标对准 I3 单元格，使光标变成一个“+”字形，拖动填充柄至 I12 单元格，复制公式，即可求出应发工资，如图 5-38 所示。

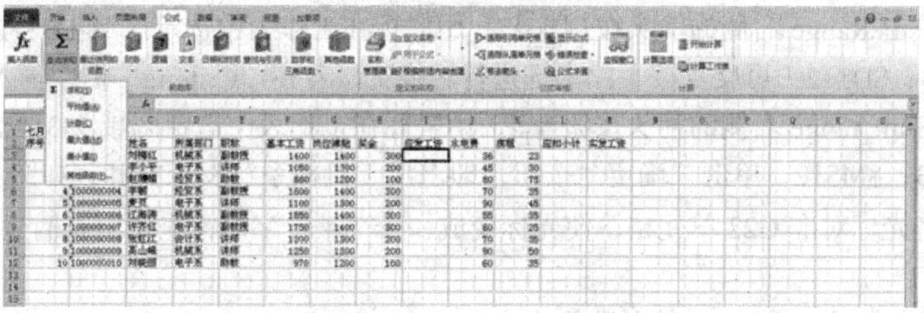

图 5-38 “自动求和”计算应发工资

② 单击单元格 L3，按上述方法可求出“应扣小计”，如图 5-37 所示。

（2）计算实发工资

在单元格 E3 中输入“=”，然后单击单元格 I3，接着输入“-”，再单击 L3，按【Enter】键计算出实发工资。将光标对准 E3 单元格，使光标变成一个“+”字形，拖动填充柄至 E12

单元格，复制公式，即可求出实发工资，如图 5-37 所示。

2. 工资统计

右键单击“七月份”工作表，在快捷菜单中选择“移动或复制工作表”命令，弹出“移动或复制工作表”对话框，在下列选定工作表之前选择 Sheet2，勾选建立副本，单击“确定”按钮。将该工作表重新命名为“七月份函数分析”，在此工作表中输入一些文本，以方便进行分析，如图 5-37 所示。

求实发工资中的最高工资、最低工资，人均工资。

① 单击单元格 C21，切换到“公式”选项卡，单击“函数库”选项组中“自动求和”按钮下方的箭头按钮，如图 5-38 所示，从下拉菜单中选择“最大值”命令，然后拖动鼠标选中实发工资所在的单元格 M3：M12，按【Enter】键计算出实发工资的最高工资，如图 5-39 所示。

② 单击单元格 C22，切换到“公式”选项卡，单击“函数库”选项组中“自动求和”按钮下方的箭头按钮，如图 5-38 所示，从下拉菜单中选择“最小值”命令，然后拖动鼠标选中实发工资所在的单元格 M3：M12，按【Enter】键计算出实发工资的最低工资，如图 5-39 所示。

③ 单击单元格 C23，切换到“公式”选项卡，单击“函数库”选项组中“自动求和”按钮下方的箭头按钮，如图 5-38 所示，从下拉菜单中选择“平均值”命令，然后拖动鼠标选中实发工资所在的单元格 M3：M12，按【Enter】键计算出实发工资的人均工资，如图 5-39 所示。

七月份工资统计	
最高工资	3460
最低工资	2005
人均工资	2748.6

图 5-39　七月份工资统计

3. 分部门统计实发工资和

（1）单击单元格 G22，切换到“公式”选项卡，单击“函数库”选项组中“最近使用的函数”下方的箭头，从下拉菜单中选择 SUMIF 选项，打开“函数参数”对话框，如图 5-40 所示。

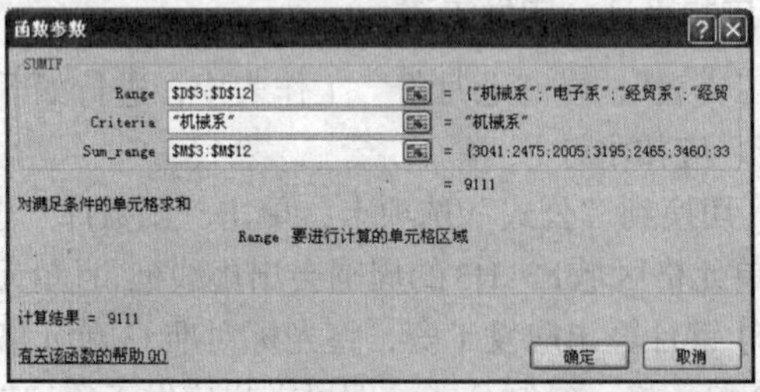

图 5-40　“函数参数”对话框

（2）单击 Range 右侧的箭头按键，用鼠标在工作表中选定区域 D3：D12，将内容修改为$D$3：$D$12（可反复按【F4】键进行转换）接着在“Criteria”框中输入条件“机械系”，单击 Sum_range 右侧的箭头按钮，用鼠标在工作表中选定区域 M3：M12，将内容修改为$M$3：$M$12，单击“确定”按钮，即求出了机械系实发工资和，如图 5-41 所示。

（3）将光标对准 G22 单元格，使光标变成一个“＋”字形，拖动填充柄至单元格 G25，复制公式。

（4）单击单元格 G23，函数参数修改成：“=SUMIF（$D$3：$D$12，“电子系”，$M$3：$M$12）”，即求出电子系实发工资，如图 5-41 所示。

（5）单击单元格 G24，函数参数修改成：“=SUMIF（$D$3：$D$12，“经贸系”，$M$3：$M$12）”，即求出经贸系实发工资，如图 5-41 所示。

分部门统计	
部门	实发工资总和
机械系	9111
电子系	10480
经贸系	5200
会计系	2695
总和	27486

图 5-41　分部门统计实发工资

（6）单击单元格 G25，函数参数修改成："=SUMIF（$D$3：$D$12，"会计系"，$M$3：$M$12）"，即求出会计系实发工资，如图 5-41 所示。

（7）单击单元格 G26，切换到"公式"选项卡，单击"函数库"选项组中的"自动求和"按钮，在编辑框显示"=SUM（G22：G25）"，即求出实发工资总和，如图 5-41 所示。

4. 统计分段人数及比例

（1）统计分段人数

① 单击单元格 J22，切换到"公式"选项卡，单击"函数库"选项组中的"插入函数"按钮，打开"插入函数"对话框。

② 将"或选择类别"下拉列表设置为"全部"，然后在"选择函数"列表框中选择"COUNTIF"选项，如图 5-42 所示，接着单击"确定"按钮，打开"函数参数"对话框。

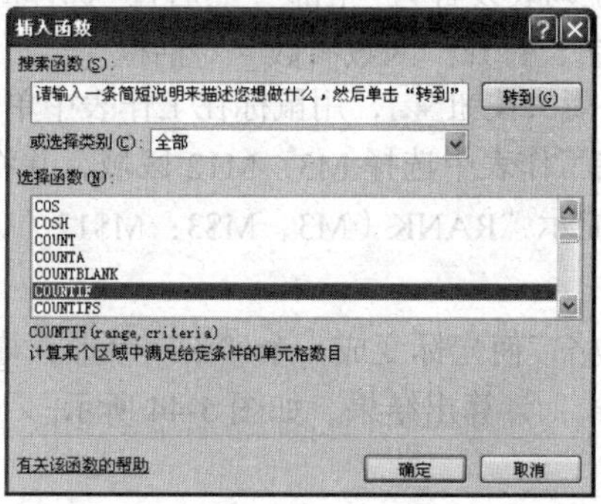

图 5-42 "插入函数"对话框

③单击 Range 右侧的箭头，用鼠标在工作表中选定区域 M3：M12，将内容修改为"$M$3：$M$12"（可反复按【F4】键进行转换），接着在"Criteria"框中输入条件">3200"，单击"确定"按钮，在编辑框显示"=COUNTIF（$M$3：$M$12，">3200"）"，即统计出实发工资大于 3200 元的人数。

④ 再次单击单元格 J22，按【Ctrl+C】组合键复制公式，然后在单元格 J23 中按【Ctrl+V】组合键粘贴公式，并在编辑栏中改为：

"=OUNTIF（$M$3：$M$12，">=3000"）-COUNTIF（$M$3：$M$12，">3200"）"，即统计出实发工资为 3000~3200 元的人数。

⑤ 依次将单元格 J24、J25、J26、J27 中的公式分别设置为：

"=COUNTIF（$M$3：$M$12，">=2500"）-COUNTIF（$M$3：$M$12，">2999"）"；

"=COUNTIF（$M$3：$M$12，">=2200"）-COUNTIF（$M$3：$M$12，">2499"）"；

"=COUNTIF（$M$3：$M$12，">=2000"）-COUNTIF（$M$3：$M$12，">2199"）"；

"=COUNTIF（$M$3：$M$12，"<2000"）"，从而统计出实发工资的分段人数，如图 5-43 所示。

⑥ 单击单元格 J28，切换到"公式"选项卡，单击"函数库"选项组中"自动求和"按钮下方的箭头按钮，如图 5-38 所示，从下拉菜单中选择"计数"命令，然后拖动鼠标选中实发工资所在的单元格 M3：M12，按【Enter】键计算出总人数，如图 5-43 所示。

实发工资分段统计人数		
实发工资	人数	比例
3200元以上	2	20.00%
3000-3200元	2	20.00%
2500-2999元	2	20.00%
2200-2499元	2	20.00%
2000-2199元	2	20.00%
2000元以下	0	0.00%
总人数	10	100.00%

图 5-43 实发工资分段统计人数

（2）统计分段人数的比例

① 单击单元格 K22，在编辑栏中输入“=J22/J$28”，最后按【ENTER】键计算结果。

② 将光标对准 K22 单元格，使光标变成一个“+”字形，拖动填充柄至单元格 K28，复制公式，计算出结果。

③ 选定单元格区域 K22：K28，切换到“开始”选项卡，在数字选项组中选择下拉列表框中的百分比命令，如图 5-43 所示。

5. 计算实发工资排名及标识

（1）计算排名

① 单击单元格 N3，切换到“公式”选项卡，单击“函数库”选项组中的“插入函数”按钮，打开“插入函数”对话框。

② 将“或选择类别”下拉列表设置为“全部”，然后在“选择函数”列表框中选择“RANK”选项，接着单击“确定”按钮，打开“函数参数”对话框。

③ 单击 Number 右侧的箭头按钮，用鼠标在工作表中单击 M3，接着单击“Ref”右侧的箭头按钮，用鼠标在工作表中选择 M3：M12 区域，并将其修改为 M$3：M$12，单击“确定”按钮，在编辑框显示“RANK（M3，M$3：M$12）”，即计算出序号为“1”员工的实发工资排名。

④ 将光标对准 N3 单元格，使光标变成一个“+”字形，拖动填充柄到单元格 N12，复制公式，计算出结果，如图 5-44 所示。

N	O
排名	标志
4	中
7	低
10	低
3	中
8	低
1	高
2	高
5	低
6	低
9	低

图 5-44　排名及标志

（2）计算标志

排名在第 1、2 名，标志为高；排名在第 3、4 名，标志为中，其余标志为低。

① 单击单元格 O3，在该单元格输入公式“=IF（N3<=2，"高"，IF（N3<=4，"中"，"低"））”，计算出序号为“1”员工的标志。

② 将光标对准 O3 单元格，使光标变成一个“+”字形，拖动填充柄到到单元格 012，复制公式，计算出结果，如图 5-44 所示。

③ 将该工作簿进行保存。

【知识链接】

在 Excel2010 中，我们除了在工作表中输入数据外，还能使用公式对数值进行计算。Excel 2010 通过在单元格中输入公式和函数，并对表中数据进行统计、求平均值及其他更复杂的运算，Excel 提供了强大的数据计算功能。

公式是对单元格中的数据进行计算的等式，可以用来对数据执行各种运算，例如加法、减法、乘法、除法或比较运算。

1. 公式的使用

（1）公式的输入。

公式一般可以直接输入，其操作方法如下。

① 选定要输入公式的单元格。

② 在编辑栏或单元格中输入“=”；再输入公式内容（数值、运算符、函数、单元格引用或名称）。

③ 按【Enter】键或单击编辑栏中的“确认”按钮 ，将计算结果显示在单元格内。

（2）公式中的运算符

公式中的运算符包括算术运算符、比较运算符、文本运算符和引用运算符 4 种。

① 算术运算符：算术运算符用于完成基本的数学运算，例如+（加号）、－（减号）、*（乘号）、/（除号）、%（百分号）、^（乘幂符号）。

② 比较运算符：它可以用来比较两个数值的大小。例如=（等号）、>（大于号）、<（小于号）、>=（大于或等于号）、<=（小于或等于号）、<>（不等号）。

③ 文本连接运算符：文本运算符“&”可以用来将多个文本连接成组合文本。如“衡阳财经”&“工业职业”&“技术学院”，结果为：“衡阳财经工业职业技术学院”。

④ 引用运算符：可以将单元格区域进行合并计算。引用运算符有：（冒号）区域运算符、（逗号）联合运算符 、（空格）交叉运算符。比如 B1：E7 表示引用 B1 到 E7 之间的所有单元格（以 B1 和 E7 为顶点的长方形区域）。SUM（A3：B3，A2：B2）将 A3：B3 和 A2：B2 两个区域合并为一个。SUM（A3：B3 B3：H3），B3 是同时属于两个引用 A3：B3、B3：H3 区域。

（3）编辑公式

可以对工作表中的公式进行修改、移动和复制等操作。

① 修改公式。若发现某单元格中的公式有错误，则必须对该公式进行修改，其操作步骤为：选中包含要修改公式的单元格，此时在编辑栏上将显示出该公式；在编辑栏中对该公式进行修改；修改完毕后，按【Enter】键即可。

② 移动公式。在工作表中，可以将公式移到其他单元格中。值得注意的是，当移动公式时，公式中的单元格引用并不改变，比如公式中引用了单元格 A1 和 A2，当移动该公式到其他单元格时（D5 单元格），公式中将仍然引用单元格 A1 和 A2，即绝对引用，如图 5-45 所示。下面讲解怎样移动公式。

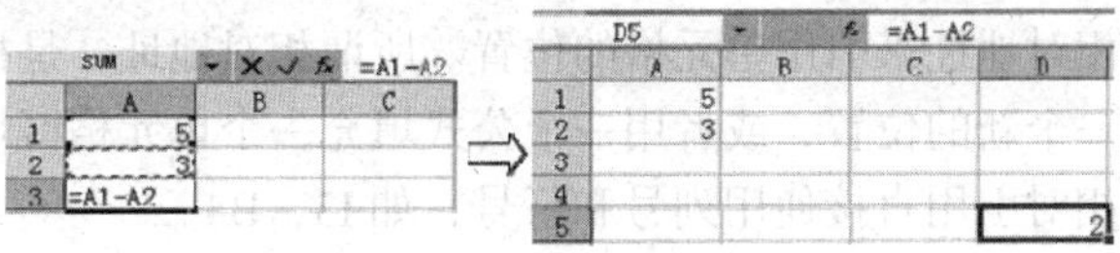

图 5-45　公式的移动

- 使用鼠标拖动移动公式。对于近距离公式的移动操作，可以利用鼠标拖动的方法来实现，其具体操作方法为：选中包含要移动公式的单元格，将鼠标指针移到选定单元格的边框上，按鼠标左键，将选定单元格拖到目标单元格上，释放鼠标左键即可。
- 使用选项卡移动公式。对于远距离公式的移动操作，可以通过选项卡来实现，其具体操作步骤为：选中包含要移动公式的单元格；切换到“开始”选项卡，在剪贴板选项组，单击“剪切”按钮或按【Ctrl+X】快捷键；选中移动公式的目标单元格，单击“粘贴”按钮或按【Ctrl+V】快捷键，即完成了移动公式的操作。

③ 复制公式。在复制公式时，单元格绝对引用不变，但单元格相对引用会发生变化。例如，公式中引用了单元格 A1（相对引用）和单元格$A$2（绝对引用），当复制公式时，公式中的绝对引用$A$2 不会改变，而相对引用 A1 会发生变化，即公式中引用的将不是单元格 A1，而是 D3，如图 5-46 所示。下面介绍如何复制公式。

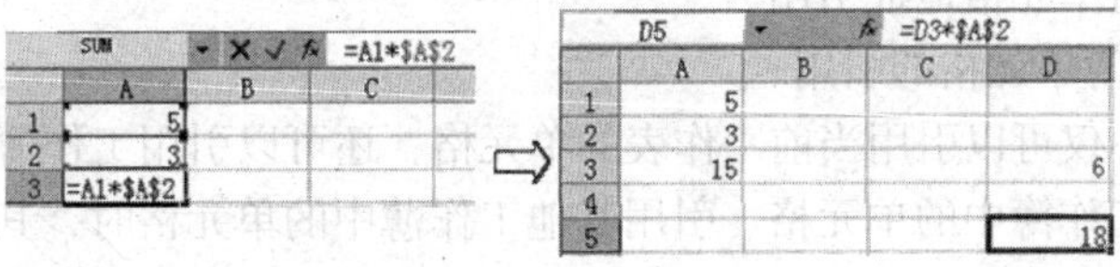

图 5-46　复制公式

- 使用鼠标拖动复制公式。对于近距离公式的复制操作，可以利用鼠标拖动的方法来实现，其具体操作方法为：选中包含要复制公式的单元格，将鼠标指针移到选定单元格的边框上，按鼠标左键并按【Ctrl】键，然后将选定单元格拖到目标单元格上，释放鼠标左键即可。
- 使用选项卡复制公式。对于远距离公式的复制操作，可以通过选项卡来实现，其具体操作步骤为：选中包含要复制公式的单元格；切换到"开始"选项卡，在剪贴板选项组中，单击"复制"按钮或按【Ctrl+C】快捷键；选中复制公式的目标单元格，单击"粘贴"按钮或按【Ctrl+V】快捷键，即完成了复制公式的操作。
- 使用填充柄复制公式。使用单元格右下角的填充柄，可以将公式复制到相邻的单元格中，其操作步骤为：选中包含要复制公式的单元格；移动鼠标到填充柄上，按鼠标左键，拖动鼠标覆盖需要填充的单元格；释放鼠标左键，即可完成复制操作。

2. 单元格的引用

在工作表中，每一个单元格都有自己唯一的行、列坐标，在 Excel 2010 中单元格的行、列坐标称单元格的引用。在公式中可以使用单元格引用来代替单元格中的具体数据。通过引用，可以在公式中使用工作表中不同部分的数据，或者在多个公式中使用同一个单元格中的数据，还可以引用同一个工作簿中不同工作表中的单元格，和不同工作簿中的单元格数据。下面讲解 Excel 2010 中的 4 种引用类型：相对引用、绝对引用、混合引用、不同工作簿单元格的引用。

（1）相对引用

相对引用是指公式所在的单元格与公式中引用的单元格之间的相对位置。若公式所在的单元格的位置发生改变，则公式中引用的单元格的位置也随之发生变化。在使用公式时，默认情况下，一般使用相对地址来引用单元格的位置。所谓相对地址，是指当把一个含有单元格地址的公式复制到一个新的位置，或者用一个公式填充一个单元格区域时，公式中的单元格地址会随之改变。相对引用直接使用列号和行号，如 I3，B4。

（2）绝对引用

绝对引用是指被引用的单元格与公式所在的单元格的位置关系是绝对的，不管将该公式粘贴到哪个单元格，公式中所引用的还是原来单元格中的数据。默认情况下，复制公式中的单元格地址所采用的是相对地址方式，即相对引用。但是特殊情况下，不需要复制的公式中的单元格地址发生变化，这时候就必须使用绝对地址引用。所谓绝对地址引用，就是将公式复制或者填充到目标位置，公式中固定单元格地址保持不变。要达到这一目的，可以通过"冻结"单元格地址来实现，也就是在列号和行号之前加上"$"，例如$A$2、$B$5 都是绝对引用。

（3）混合引用

混合引用是一种介于相对引用和绝对引用之间的引用，也就是说，引用单元格的行和列之中一个是相对的，一个是绝对的。混合引用有两种：一种是行绝对，列相对，例如 E$20；另一种是行相对，列绝对，例如$E20。有些情况下，在复制公式时只需行或者列不变，这时就需要使用混合引用。所谓混合引用，是指在一个单元格地址引用中，既包含绝对单元格地址引用，又包含相对单元格地址引用。

（4）不同工作簿单元格的引用

在 Excel 中，不仅可以引用当前工作表的单元格，还可以引用工作簿中其他工作表的单元格，或引用其他工作薄中的单元格。引用其他工作薄中的单元格时，其引用格式是：

【工作簿名】工作表名!单元格地址

例如在当前工作簿中引用工作簿 Book3 中的 Sheet1 工作表中 A1 单元格，可表示为：

[Book3]Sheet1! $A$1

3. 使用函数

Excel 函数即是预先定义，执行计算、分析等处理数据任务的特殊公式。Excel 中提供了大量的内置函数。函数的格式为：函数名（【参数 1】【，参数 2】……），函数名必须有，参数可有一个或多个，也可没有参数，但函数名和一对圆括号是必需的。

函数的语法。

函数是一些预定义的公式，通过使用一些称为参数的特定数值，按特定的顺序或结构执行计算。在 Excel 2010 中，函数是一个已经提供给用户的公式，并且具有一个描述性的总称。因为函数是公式的概括，所以函数的语法与公式的语法一致，但要注意以下几点。

① 函数是一种特殊的公式，因此所有的函数都要以“=”开始；函数与公式不同，公式是在工作表中对数据进行分析处理的等式，可以引用同一工作表中的其他单元格、同一工作簿但不同工作表中的单元格，以及其他工作簿中的工作表中的单元格；函数是预定义的内置公式，使用被称为参数的特定数值，并按被称为语法的特定顺序进行计算。

② 函数名与括号之间没有空格，括号要紧跟在数字之后，参数之间要用逗号隔开，逗号和参数之间也不要插入空格或其他字符；每一个函数都包括一个语法行。

③ 如果一个函数的参数行后面跟有省略号（……），表明可以使用多个该种数据类型的参数；名称后带有一组空格号的函数不需任何参数，但是使用时必须带括号，以使 Excel 能够识别该函数。

4. 函数的输入

如果要在工作表中使用函数，首先要输入函数。函数的输入可以采用手工输入和使用函数向导两种方法输入。手工输入比较简单，但需记住函数的名称、参数和作用。使用函数向导输入，虽然过程较复杂，但不需要记住函数的名称、参数和参数顺序。

（1）手工输入函数

对于一些简单的函数，可以采用手工输入的方法。手工输入函数的方法和在单元格中输入一个公式的方法相同。可以先在编辑栏中输入一个“=”，然后直接输入函数本身。

（2）使用函数向导输入函数

对于一些比较复杂的函数或者参数比较多的函数，则一般使用函数向导来输入。利用函数向导输入函数，可以按系统一步一步地输入比较复杂的函数，避免在输入过程中发生错误。

① 选定要插入函数的单元格，然后使用下列方法打开“插入函数”对话框。

切换到“公式”选项卡，在“函数库”选项组（见图 5-47）中单击某个函数分类，从下拉菜单中选择所需的函数。

在“函数库”选项组中单击“插入函数”按钮。

按【Shift+F3】组合键。

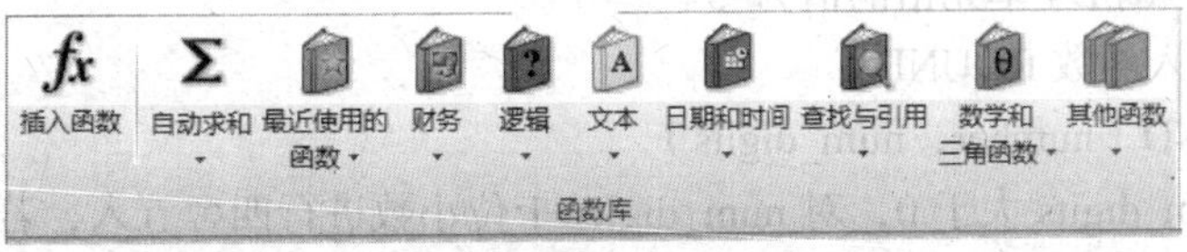

图 5-47 “函数库”选项组

② “插入函数”对话框会显示函数类别的下拉列表。在“或选择类别”下拉列表框中

选择要插入的函数类别，从“选择函数”列表框中选择要使用的函数，然后单击“确定”按钮，打开“函数参数”对话框。

③ 在参数框中输入数值、单元格或单元格区域，或者在工作表中引用单元格或单元格区域。

④ 单击“确定”按钮，在单元格中显示出公式的结果。

（3）使用自动求和

选定要参与求和的数值所在的单元格区域，然后切换到“公式”选项卡，在“函数库”选项组中单击“自动求和”按钮，将自动出现求和函数以及求和数据区域。

单击“自动求和”按钮右侧的箭头按钮，会弹出一个下拉菜单，其中包含了其他常用函数。

5. 常用函数

（1）求和函数 SUM

语法：SUM（number1，number2，…）

功能：返回单元格区域中所有数值的和。

例如：在 B2：B4 单元中分别输入数值 2、3、4，在 C2 单元格中输入函数 SUM（B2：B4，5），则 C2 单元格的值为 14。

（2）求平均值函数 AVERAGE

语法：AVERAGE（number1，number2，…）

功能：AVERAGE 计算参数的算术平均值。

例如：在 B2：B4 单元中分别输入数值 2、3、4，在 C2 单元格中输入函数 AVERAGE（B2：B4，7），则 C2 单元格的值为 4。

（3）求最大值函数 MAX

语法：MAX（number1，number2，…）

功能：返回一组数值中的最大值，忽略逻辑值和文本字符。

（4）求最小值函数 MIN

语法：MIN（number1，number2，…）

功能：返回一组数值中的最小值，忽略逻辑值和文本字符。

例如：在 B2：B4 单元中分别输入数值 2、3、4，B2 单元格至 B4 单元格中，B4 单元格的值与函数 MAX（B2：B4）的值相同；B2 单元格的值与函数 MIN（B2：B4）的值相同。

（5）计数函数 COUNT

语法：COUNT（value1，value2，…）

功能：计算参数表中的数字参数和包含数字的单元格的个数。

（6）取整函数 INT

语法：INT（number）

功能：将任意实数向下取整为最接近的整数。

例如：在 C4 单元格中输入函数 INT（4.7），则 C4 单元格的值为 4；在 D4 单元格中输入函数 INT（-4.7），则 D4 单元格的值为-5。

（7）四舍五入函数 ROUND

语法：ROUND（number，num_digits）

功能：当 num_digits 大于 0，对 num_digits+1 位小数进行四舍五入，若有“入”则入到第 num_digits 位；当 num_digits 小于 0 时，对小数点左边第 num_digits 位整数进行四舍五入，若“入”则入到小数点左边第 num_digits+1 位上。

例如：在 C6 单元格中输入函数 ROUND（2.86，1），则 C6 单元格的值为 2.9；在 D6 单元格中输入函数ROUND(2.841,1),则D6单元格的值为2.8;在E6单元格中输入函数ROUND（28.6，−1），则 E6 单元格的值为 30。

（8）取子串函数

① LEFT（）

语法：LEFT（text，num_chars）

功能：从一个文本字符串的第一个字符开始，截取指定数目的字符。

例如：在 F6 单元格中输入函数 LEFT（“衡阳财工院”，2），则 F6 单元格的值为“衡阳”。

② RIGHT

语法：RIGHT（text，num_chars）

功能：从一个文本字符串的最后一个字符开始，截取指定数目的字符。

例如：在 G6 单元格中输入函数 RIGHT（“衡阳财工院”，3），则 G6 单元格的值为“财工院”。

特别提醒：Num_chars 参数必须大于或等于 0，如果忽略，则默认其为 1；如果 num_chars 参数大于文本长度，则函数返回整个文本。

实操练习：

打开“我的第一次课堂作业”工作簿，将成绩表工作表打开，使用公式和函数按照要求对该工作表的成绩进行分析与统计。

【能力拓展】

1. 行列转置

在工作表中进行行和列转换，即是把复制区域的顶行数据变成粘贴区域的最左列，而复制区域的最左列变成粘贴区域的顶行。操作步骤如下。

（1）选定要转换的单元格区域，如图 5-48 所示。

（2）切换到“公式”选项卡，在“剪贴板”选项组中选择“复制”命令，或快捷菜单中的“复制”命令。

（3）选定粘贴区域的左上角单元格。此例选择 A8 单元格。注意：粘贴区域必须在复制区域以外。切换到“公式”选项卡，在“剪贴板”选项组中单击“粘贴”命令下拉按钮，再单击“转置”按钮，或者单击鼠标右键，在弹出的快捷菜单中选择“转置”命令，如图 5-49 所示。

	A	B	C
1	货物编号	销售数量	单价
2	A001	25	78
3	A002	90	83
4	A003	89	90
5			

图 5-48　选定区域

	A	B	C	D
1	货物编号	销售数量	单价	
2	A001	25	78	
3	A002	90	83	
4	A003	89	90	
5				
6				
7				
8	货物编号	A001	A002	A003
9	销售数量	25	90	89
10	单价	78	83	90

图 5-49　行列转置结果

2. 保护工作表

保护工作表是指禁止对工作表进行编辑，防止被他人修改。具体操作步骤如下。

（1）切换到“审阅”选项卡，在“更改选项组”选区中单击“保护工作表”按钮，或者用鼠标右键单击工作表标签，从快捷菜单中选择“保护工作表”命令，弹出“保护工作表”对话框，如图 5-50 所示。

（2）在对话框中选中“保护工作表及锁定的单元格内容”复选框，然后在“取消工作表保护时使用的密码”框中输入密码，再在“允许此工作表的所有用户”列表框中选择用户都可进行的选项，如图 5-50 所示。

（3）单击“确定”按钮，出现“确认密码”对话框。

（4）在“确认密码”对话框中再次输入密码，单击“确定”按钮，该工作表将处于保护状态。

3. 取消工作表保护

工作表被保护之后，其中的相关内容不再允许修改，要重新编辑该表，需要取消工作表的保护，操作步骤如下。

（1）选择要取消保护的工作表。

（2）切换到“审阅”选项卡，在“更改”选项组中单击“撤销工作表保护”按钮，或者用鼠标右键单击工作表标签，从快捷菜单中选择“撤销工作表保护”命令，弹出“撤销工作表保护”对话框，如图 5-51 所示。

（3）在文本框中输入密码，单击“确定”按钮。

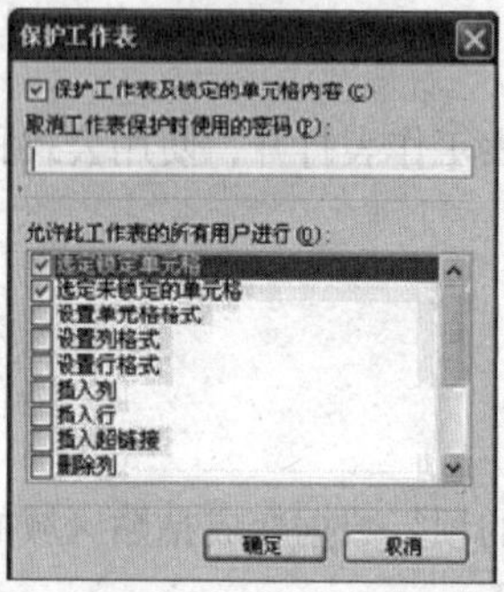

图 5-50 “保护工作表”对话框

图 5-51 撤销工作表保护

4. 保护/共享工作簿

（1）保护工作簿

Excel 2010 提供了保护工作簿的功能，可以防止对工作簿进行插入、删除、移动、改名及保护窗口不被移动或改变大小等操作。其操作步骤如下。

① 打开需要保护的工作簿。

② 切换到“审阅”选项卡，在“更改”选项组中单击“保护工作簿”按钮，弹出“保护工作簿”对话框，如图 5-52 所示。在保护工作簿中两个多选项的含义如下。

结构：可禁止工作表的插入、删除、移动、改名、隐藏。

窗口：可保护工作表窗口不被移动、缩放、隐藏或关闭。

③ 在“保护工作簿”对话框中的“密码”文本框中输入“密码”，单击“确定”按钮，出现“确认密码”对话框。

④ 在“确认密码”对话框中再次输入密码，单击“确定”按钮，该工作簿将处于保护状态。

取消工作簿保护步骤与取消工作表保护相似，只要将取消工作表保护操作步骤中的工作表改成工作簿即可。

（2）共享工作簿

如果希望多个人可以同时在单个工作簿上进行工作，那么可以将该工作簿设置为共享工作簿。共享工作簿允许多个网上使用者同时改变工作簿的值、格式和其他元素，而所有保存了工作簿的人都可得到别人所做的修改。若要共享工作簿，其操作步骤如下。

① 打开需要共享的工作簿，切换到“审阅”选项卡，在“更改”选项组中单击“共享

工作簿”按钮。

② 弹出“共享工作簿”对话框，选择“编辑”选项卡，选中“允许多用户同时编辑，同时允许工作簿合并”复选框，如图 5-53 所示。

③ 单击“确定”按钮，弹出提示对话框，如图 5-54 所示。

④ 单击“确定”按钮，工作簿的标题栏中即显示了“共享”两字。

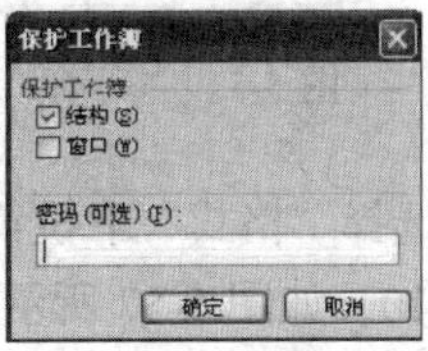

图 5-52 “保护工作簿”对话框

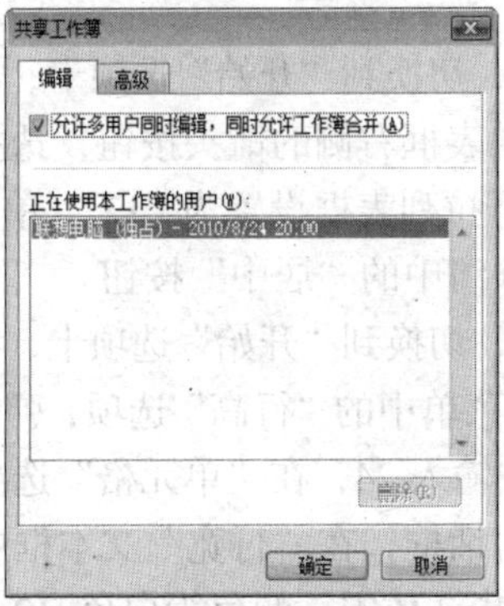

图 5-53 “共享工作簿”对话框

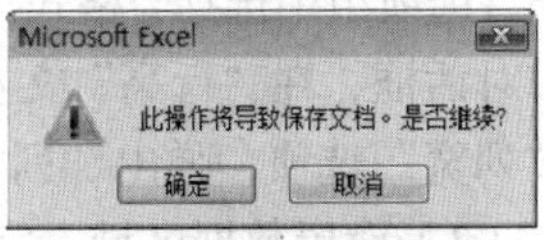

图 5-54 提示对话框

任务 3 美化教师工资表

【任务描述】

小张对“工资表”进行统计与分析后，觉得输入的数据的字体、字号大小、颜色等没有达到要求，经过技术分析，对工作表外观进行设计，可以使工作表更便于编辑，窗口更美观，如图 5-55 所示。

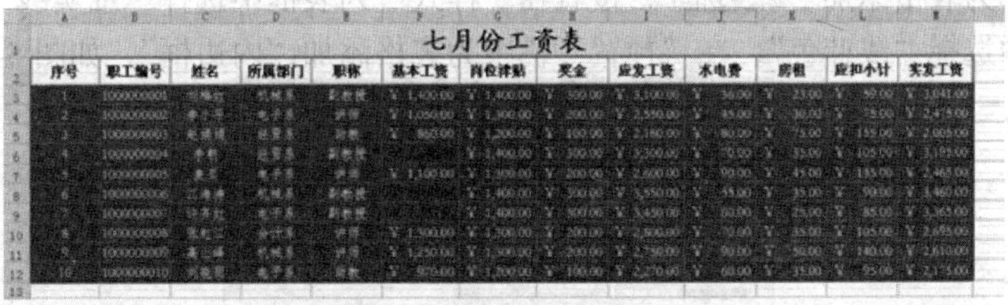

图 5-55 教师工资表美化图

【技术分析】

通过“字体”选项组、“对齐方式”选项组、“数字”选项组、“样式”选项组，将“工资表”的数据进行格式化处理，以便获得更加美观的效果。

【任务实施】

打开“工资表”工作簿，将“七月份”工作表中进行如下操作。

（1）设置标题行：行高 30，字体为楷体、字号为 24、合并及居中、加粗、黄色底纹。

① 选中标题行 A1：M1 单元格，切换到“开始”选项卡，单击“对齐方式”选项组中的“合并后居中”按钮，使标题行居中显示。在“字体”选项组中单击“字体”下拉列表框右侧的箭头按钮，选择列表框中的“楷体”选项，将“字号”下拉列表框设置为“24”，单击“加粗”

按钮，单击“填充颜色”按钮右侧向下的箭头，选择“黄色”。

② 选中标题行单元格 A1，切换到“开始”选项卡，在“单元格”选项组中选择“格式”下拉菜单中的“行高”选项，弹出“行高”对话框，在“行高”文本框中输入 30 即可，如图 5-56 所示。

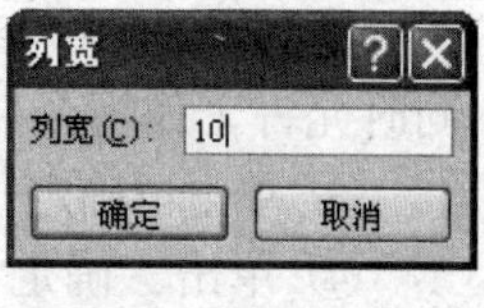

图 5-56 “行高”对话框

（2）设置表头行：字体为宋体、加粗、字号为 12，居中，行高为 24 和列宽为 10。

① 选中 A2：M2 单元格区域，切换到“开始”选项卡，在“字体”选项组中单击“字体”下拉列表框右侧的箭头按钮，选择列表框中的“宋体”选项，将“字号”下拉列表框设置为“12”，单击“加粗”按钮，单击“对齐方式”选项组中的“居中”按钮。

图 5-57 “列宽”对话框

② 选中 A2：M2 单元格区域，切换到“开始”选项卡，在“单元格”选项组中选择“格式”下拉菜单中的“行高”选项，弹出“行高”对话框，在“行高”文本框中输入 24，在“单元格”选项组中选择“格式”下拉菜单中的“列宽”选项，弹出“列宽”对话框，在“行宽”文本框中输入 10，如图 5-57 所示。

（3）设置数据区域：字体为华文仿宋，颜色为白色 12 号，居中，蓝色底纹。

选中为 A3：M12 单元格区域，切换到“开始”选项卡，单击“对齐方式”选项组中的“居中”按钮，使数据区域居中显示。在“字体”选项组中单击“字体”下拉列表框右侧的箭头按钮，选择列表框中的“华文访宋”选项，将“字号”下拉列表框设置为“12”，单击“填充颜色”按钮右侧的向下箭头，选择“蓝色”，单击“字体颜色”按钮右侧的向下箭头，选择“白色”。

（4）添加边框：外框线红色双实线，内框线浅蓝色细实线。

选中为 A2：M12 单元格区域，切换到“开始”选项卡，在“字体”选项组中单击“边框”按钮，选择“其他边框”命令，弹出“设置单元格格式”对话框，并切换到“边框”选项卡，然后在“样式”列表框中选择“双实线”，在“颜色”下拉列表框中选择“红色”，在“预置”栏中为表格添加“外边框”，接着在“样式”列表框中选择“细实线”，在“颜色”下拉列表框中选择“浅蓝色”，在“预置”栏中为表格添加“内边框”，如图 5-58 所示。

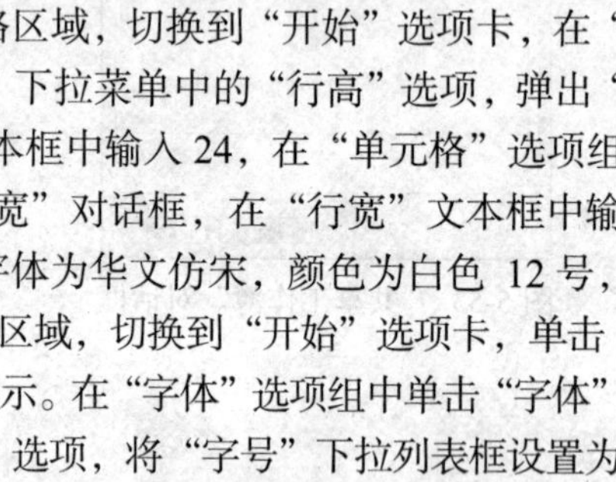

图 5-58 “设置单元格格式边框”选项卡

（5）添加货币符号

选中为 F3：M12 单元格区域，切换到“开始”选项卡，在“数字”选项组中，在“数字格式”下拉列表框中选择“会计专用”选项。

（6）设置条件格式，设置基本工资大于 1500 元的数据用倾斜、红色字体显示。

① 选中为 F3：F12 单元格区域，切换到“开始”选项卡，在“样式”选项组中单击“条件格式”按钮，从下拉菜单中选则“新建规则”命令，弹出“新建格式规则”对话框。

② 选择“选择规则类型”列表框中的“只为包含以下内容的单元格设置格式”选项，将“编辑规则说明”组中的条件下拉列表框设置为“大于”，并在后面的数据框中输入数字

"1500"，如图 5-59 所示。

③ 接着单击"格式"按钮，打开"设置单元格格式"对话框，在"字体"选项卡中，选择"字形"组合框中的"倾斜"选项，将"颜色"下拉列表框设置为"主题颜色"组中的"红色，强调文字颜色 2，加深 25%"，如图 5-60 所示。单击"确定"按钮，返回"新建格式规则"对话框。单击"确定"按钮，关闭"新建格式规则"对话框。

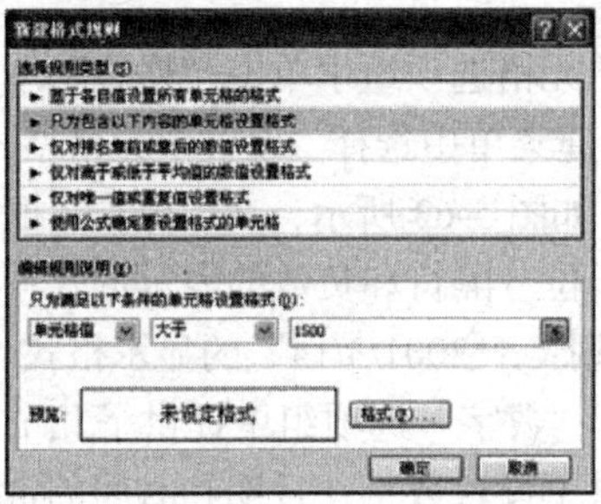

图 5-59 "新建格式规则"对话框色

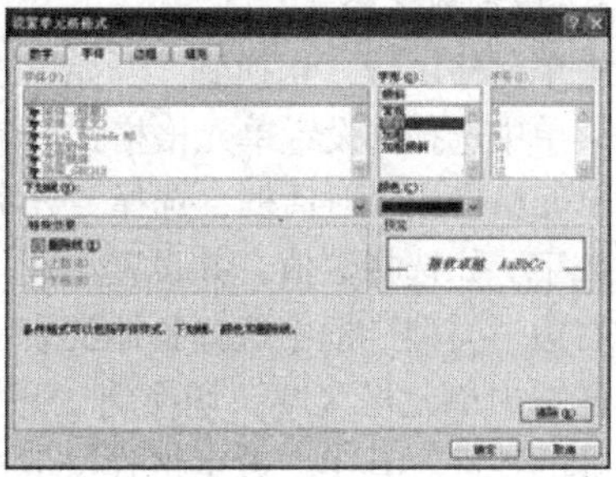

图 5-60 "设置单元格格式字体"选项卡

【知识链接】

1. 工作表格式化

（1）设置字体格式

选中单元格区域，切换到开始选项卡，在单元格选项组中单击"格式"下拉按钮，在下拉菜单中选择"设置单元格格式"命令，或在快捷菜单中选择"设置单元格格式"命令，打开"单元格格式"对话框，选择"字体"选项卡，如图 5-61 所示，在该选项卡中可以设置字体、字形、字号、下画线、颜色、特殊效果等。

注意

在 Excel 中设置字体格式的方法与 Word 类似。选定单元格区域，切换到"开始"选项卡，使用"字体"选项组中的"字体"、"字号"下拉列表框，或共他控件即可设置字体格式。

（2）设置对齐方式

在输入数据时，文本靠左对齐，数字、日期和时间靠右对齐。用户可以在不改变数据类型的情况下，改变单元格中数据的对齐方式。

选中单元格区域，切换到开始选项卡，在单元格选项组中单击"格式"下拉按钮，在下拉菜单中选择"设置单元格格式"命令，或在快捷菜单中选择"设置单元格格式"命令，打开"单元格格式"对话框，选择"对齐"选项卡，如图 5-62 所示，在该选项卡中可以设置文本对齐方式、文本方向、文本控件等。

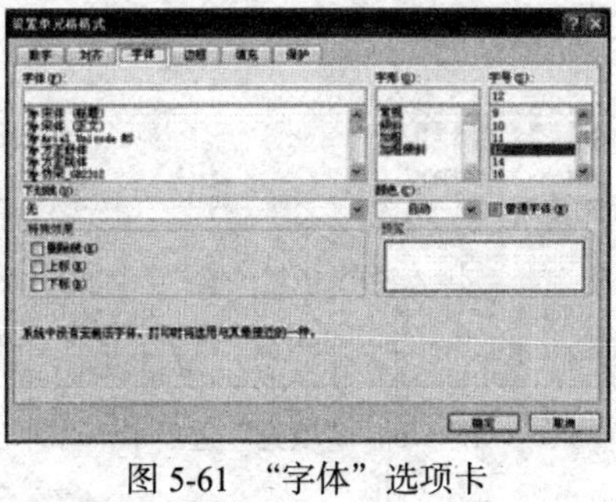

图 5-61 "字体"选项卡

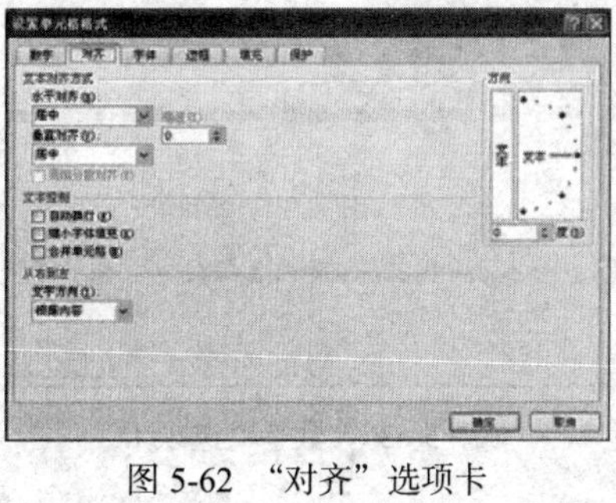

图 5-62 "对齐"选项卡

同样选中单元格区域，切换到“开始”选项卡，在“对齐方式”选项组中单击某个水平或垂直对齐按钮，可以改变文本在水平或垂直方向中的对齐方式；单击“方向”按钮，从下拉菜单中选择适当的命令，能够实现文本角度的调整；单击“自动换行”按钮，可以使超过单元格宽度的文本型数据以多行形式显示；单击“合并后居中”按钮，可以使所选单元格合并为一个单元格，将数据居中。

（3）设置数字格式

选中单元格区域，切换到“开始”选项卡，在单元格选项组中单击“格式”下拉按钮，在下拉菜单中选择“设置单元格格式”命令，或在快捷菜单中选择“设置单元格格式”命令，打开“单元格格式”对话框，选择“数字”选项卡，如图 5-63 所示，在“分类”框中选择要设置的数字。如选择数值，并设置小数位数、使用千位分隔符和负数的表示形式；如选择日期，在右边“类型”框中选择具体的表示形式，如选择“*2001/3/14”的显示格式。

同样选中单元格区域，切换到“开始”选项卡，“数字”选项组中提供了几个快速设置数字格式的控件。其中“数字格式”下拉列表框提供了设置数字、日期和时间的常用选项；单击“会计数字格式”按钮，可以在数字前面添加货币符号，并且增加两位小数；单击“百分比样式”按钮，能够实现将数字乘以 100，并在后面加上百分号；单击“千分分隔样式”按钮，将在数字中加入千位分离符；单击“增加小数位数”或“减少小数位数”按钮，可以设置数字的小数位。

（4）设置边框和底纹

① 设置边框

选中单元格区域，切换到“开始”选项卡，在单元格选项组中单击“格式”下拉按钮，在下拉菜单中选择“设置单元格格式”命令或在快捷菜单中选择“设置单元格格式”命令，打开“单元格格式”对话框，选择“边框”选项卡，如图 5-58 所示，可以进行“线条”、“颜色”、“边框”的选择。

同样选中单元格区域，切换到“开始”选项卡，在“字体”选项组中单击“边框”按钮，然后从下拉菜单中选择适当的边框样式。在该下拉菜单中选择“其他边框”命令，可以打开“单元格格式”对话框并切换到“边框”选项卡。

② 设置底纹

选中单元格区域，切换到“开始”选项卡，在单元格选项组中单击“格式”下拉按钮，在下拉菜单中选择“设置单元格格式”命令或在快捷菜单中选择“设置单元格格式”命令，打开“单元格格式”对话框，选择“填充”选项卡，如图 5-64 所示，可以进行“背景色”填充、“图案颜色”、“图案样式”等的选择。

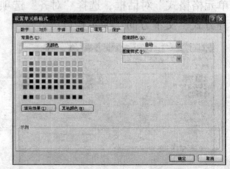

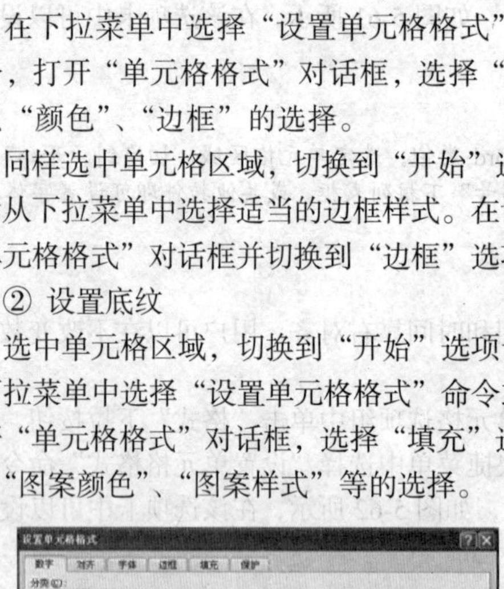

图 5-63 “数字”选项卡

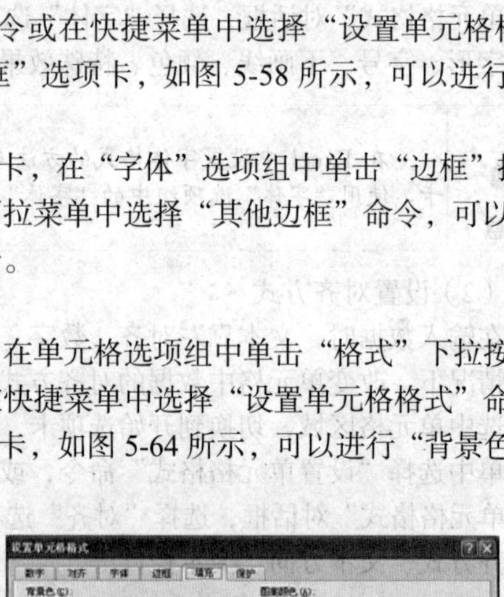

图 5-64 “填充”选项卡

同样选中单元格区域，切换到“开始”选项卡，在“字体”选项组中单击“填充颜色”按钮右侧的箭头按钮，从下拉列表中选择所需的颜色。

2. 条件格式

条件格式是指当指定条件为真时，系统自动应用于单元格的格式，如单元格底纹或字体颜色。例如在单元格格式中突出显示单元格规则时，可以设置满足某一规则的单元格突出显示出来。

（1）设置条件格式

① 选中要设置条件格式的单元格区域。

② 切换到“开始”选项卡，在“样式”选项组中单击“条件格式”下拉按钮，从下拉菜单中选择设置条件的方式，如图 5-65 所示。

图 5-65　条件格式下拉菜单

当默认条件格式不满足用户需求时，可以对条件格式进行自定义设置，操作步骤已在任务中介绍。

（2）更改或删除条件格式

如果要更改格式，切换到“开始”选项卡，在“样式”选项组中单击“条件格式”下拉按钮，在菜单中选择“条件格式规则管理器”命令，单击“编辑规则”按钮，即可进行更改，如图 5-66 所示。

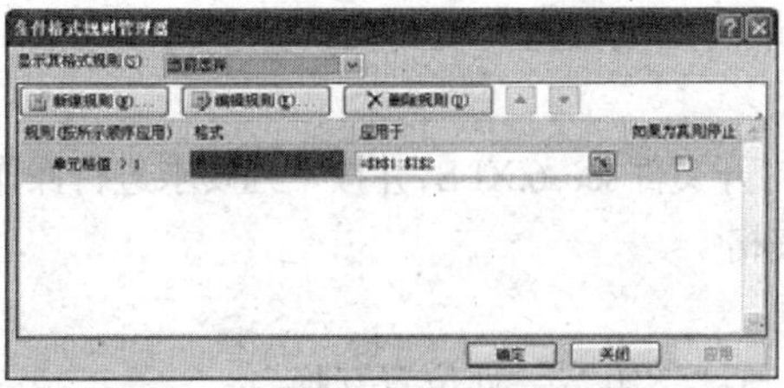

图 5-66　条件格式规则管理器

要删除一个或多个条件，切换到“开始”选项卡，在“样式”选项组中单击“条件格式”下拉按钮，从菜单中选择“清除规则”中相应的命令，也可在“条件格式规则管理器”中单击“删除规则”按钮，打开其对话框，接着选中要删除条件的复选框即可。

3. 套用表格样式

利用系统的“套用表格样式”功能，可以快速地对工作表进行格式化，使表格变得美观大方。系统预定义了 17 种表格的格式。操作步骤如下所述。

（1）选中要设置格式的单元格或区域。

（2）切换到“开始”选项卡，单击“样式”选项组中的“套用表格样式”下拉按钮，从弹出的菜单中选择一种表格格式。

（3）弹出“套用表格式”对话框，如图 5-67 所示，确认表数据的来源区域是否正确。如果希望标题出现在套用格式的表中，选中“表包含标题”复选框，单击“确定”按钮即可。

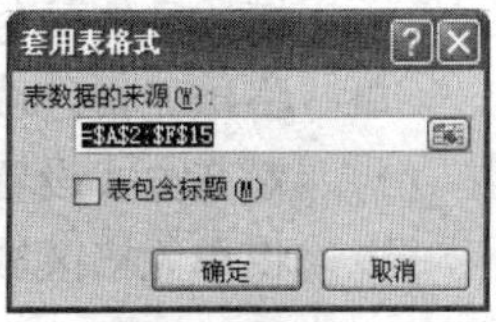

图 5-67　“套用表格式”对话框

4. 行高和列宽的设置

创建工作表时，在默认情况下，所有单元格具有相同的宽度和高度，输入的字符串超过列宽时，超长的文字在左右有数据时被隐藏，数字数据则以“#######”显示。可通过行高和列宽的调整来显示完整的数据。

（1）鼠标拖动

① 将鼠标移到列标或行号上两列或两行的分界线上，拖动分界线以调整列宽和行高，如图 5-68 所示。

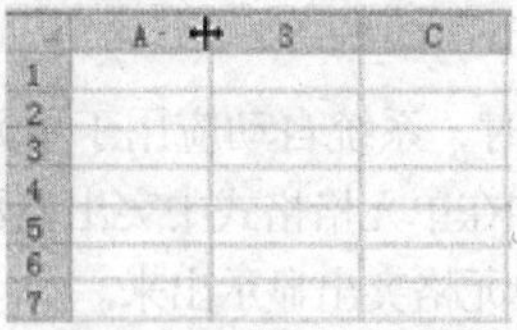

图 5-68　拖动分界线

② 鼠标双击分界线，列宽和行高会自动调整到最适当大小。

说明：用鼠标单击某一分界线，会显示有关的列宽度和行高度信息。

（2）行高和列宽的精确调整

① 切换到“开始”选项卡，在“单元格”选项组中的“格式”下拉菜单中进行以下设置，如图 5-69 所示。

② 执行下列操作之一。

选择“列宽”、“行高”或“默认列宽”，打开相应的对话框，输入需要设置的数据。

选择“自动调整列宽”或“自动调整行高”命令，选定列中最宽的数据为宽度，或选定最高的数据为高度自动调整。

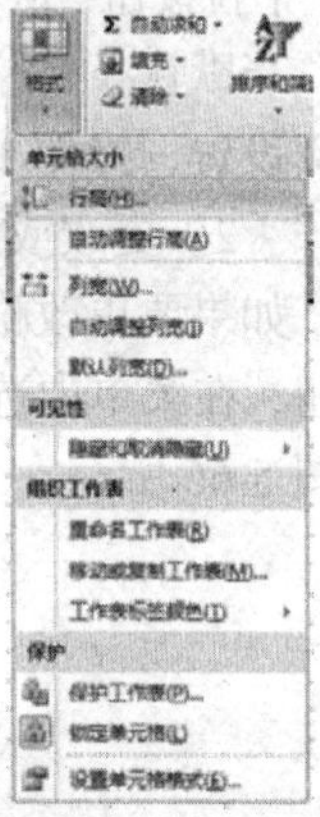

图 5-69　格式下拉菜单

实操练习

1. 在电子表格软件中打开文件sc6-6.XLS,并按下列要求进行操作。

（1）设置工作表及表格

① 设置工作表行、列。

- 将“职称”一列与“学历”一列位置互换。
- 将“王洪飞”行上方的一行（空行）删除。
- 在“姓名”所在行的上方插入一行，将行的高度设置为 8。
- 将“衡阳市二十二中学教师工资表”所在行的高度设置为 24.00。

② 设置单元格格式。

- 将单元格区域 A2：H2 合并及居中；设置字体为华文宋体、字号为 20 号、加粗、字体颜色为白色；设置深蓝色的底纹。
- 将单元格区域 A4：H4 的对齐方式设置为水平居中、垂直居中；设置字体为华文行楷、字体颜色为深红色；设置黄色的底纹。
- 将单元格区域 A5：A16 及 E5：H16 的字体设置为华文行楷；设置橙色的底纹，将对齐方式设置为水平居中、垂直居中。
- 将单元格区域 B5：D16 的对齐方式设置为水平居中；设置字体为华文楷体；设置红色，淡色 80%的底纹。

③ 设置表格边框线：将单元格区域 A4：H16 的外边框线设置为深蓝色的双实线，将单元格区域 A4：H4 的下边框线设置为深红色粗实线，其余所有单元格区域设置为单实线。

④ 插入批注：为 H7 单元格插入批注“最高工资”。

⑤ 重命名并复制工作表：将 Sheetl 工作表重命名为“工资表”，并将此工作表复制到 Sheet2 工作表中。

（2）具体结果请参照样图 5-70，将该工作簿保存。

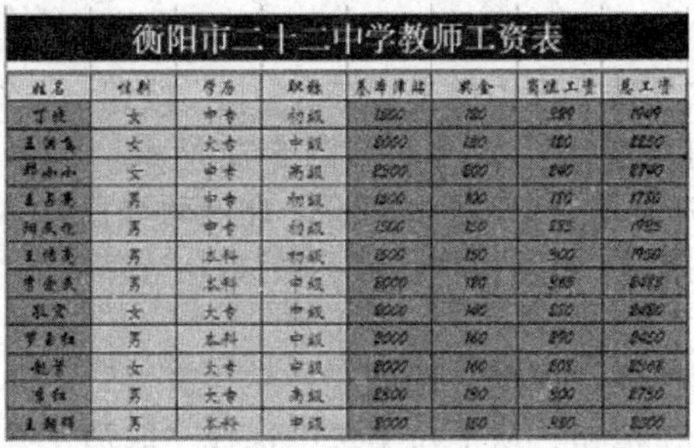

图 5-70　sc6-6 样图

2. 在电子表格软件中打开文件 sc6-9.XLS，并按下列要求进行操作。

（1）设置工作表及表格

① 设置工作表行、列。

- 设置表格第一列的宽度为 11．00。
- 将“D”列（空列）删除。
- 将“液晶电视机”一行移至“平均增长率”一行的上方。
- 将“B”、“C”、“D”、“E”列的宽度设置为 9。

② 设置单元格格式。

- 将单元格区域 A1：E1 合并及居中；设置字体为华文仿宋，字号为 16，字体颜色为浅蓝色，加粗；设置底纹图案为黄色，图案样式为粗对角线。
- 将单元格区域 B2：C2 进行合并及居中。
- 将单元格区域 D2：E2 进行合并及居中。
- 将单元格区域 A2：E9 的对齐方式设置为水平居中、垂直居中；字体为华文楷体，字号为 12。
- 将单元格区域 A2：E8 字体颜色设置为红色，底纹填充效果设置为双色，颜色 1 设置为蓝色，淡色设置为 80%，颜色 2 设置为白色。将单元格区域 A9：E9，底纹填充设置为深蓝，字体颜色设置为白色。

③ 设置表格边框线：将表格的外边框线设置为绿色的粗实线；将单元格区域 A2：E9 内边框线设置为紫色的虚线，将 A2：E2 顶端边框线设置为红色的双实线。

④ 插入批注：为 E4 单元格插入批注“所占比例最高”。

⑤ 重命名并复制工作表：将 Sheetl 工作表重命名为“所占比例表”，并将此工作表复制到 Sheet2 工作表中。

（2）具体结果，请参照样图 5-71，将该工作簿保存。

全国视听产品增长预测及湖南所占比例				
	2009-2012 年均增长率（%）		湖南市场 所占比例（%）	
	全国	湖南	2009年	2012年
液晶电视机	2.5	6.0	22.1	25.1
便携式音响	2.4	2.0	25.0	24.0
家庭音响	1.0	0.2	10.0	2.0
汽车音响	19.0	10.0	10.0	20.0
激光视盘机	3.0	5.0	6.0	10.0
平均增长率	5.6	4.6	14.6	16.2

图 5-71　sc6-9 样图

【能力拓展】

窗口操作

（1）窗口的冻结

当表格行数很多需要向后翻动时，如果希望标题行停在最前面而不会被滚走，则需要对窗口进行冻结。

方法为：单击标题行下一行中的任意单元格，然后切换到“视图”选项卡，在“窗口”选项组中单击“冻结窗口”按钮，从下拉菜单中选择“冻结拆分窗格”命令，如图 5-72 所示。

此时，标题行的下方将显示一个黑色的线条，在拖动垂直滚动条浏览表格下方的数据时，标题行将固定不被移动，始终显示在数据上方。

如果要取消冻结，切换到“视图”选项卡，在“窗口”选项组中单击“冻结窗口”按钮，从下拉菜单中选择“取消冻结窗格”命令。

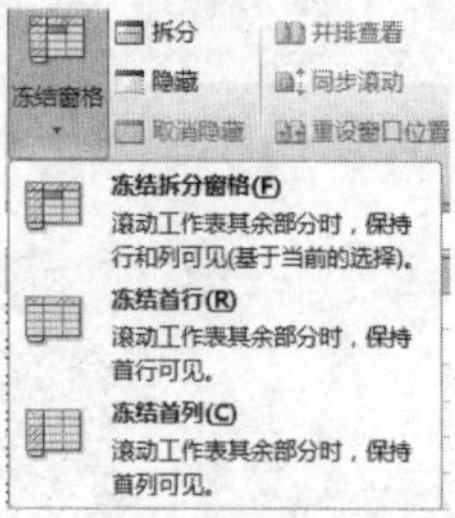

图 5-72 “冻结窗口”下拉菜单

（2）窗口的拆分

对于较大的表格，由于屏幕的限制无法显示全部的单元格。有时又希望在同一屏幕中显示相距很远的单元格，这时可通过窗口的拆分来完成。方法：根据实际要求，选中某一行或某一列或某一个单元格，然后切换到“视图”选项卡，在“窗口”选项组中单击“拆分”按钮，如图 5-72 所示，即可完成窗口的拆分。

任务 4 管理与分析教师工资表

【任务描述】

小张用公式与函数对“工资表”进行统计与分析后，发现有一些问题没有解决，如以下问题。

（1）按部门排序，所属部门相同的情况下按实发工资进行排序，如图 5-73 所示。

序号	职工编号	姓名	所属部门	职称	基本工资	岗位津贴	奖金	应发工资	水电费	房租	应扣小计	实发工资
10	1000000010	刘晓丽	电子系	助教	970	1200	100	2270	60	35	95	2175
5	1000000005	麦页	电子系	讲师	1100	1300	200	2600	90	45	135	2465
2	1000000002	李小平	电子系	讲师	1050	1300	200	2550	45	30	75	2475
7	1000000007	许齐红	电子系	副教授	1750	1400	300	3450	60	25	85	3365
8	1000000008	张虹江	会计系	讲师	1300	1300	200	2800	70	35	105	2695
9	1000000009	高山峰	机械系	讲师	1250	1300	200	2750	90	50	140	2610
1	1000000001	刘梅红	机械系	副教授	1400	1400	300	3100	36	23	59	3041
6	1000000006	江海涛	机械系	副教授	1850	1400	300	3550	55	35	90	3460
3	1000000003	赵娟娟	经贸系	助教	860	1200	100	2160	80	75	155	2005
4	1000000004	李朝	经贸系	副教授	1600	1400	300	3300	70	35	105	3195

图 5-73 排序结果

（2）只显示会计系或电子系的数据，如图 5-74 所示。

序号	职工编号	姓名	所属部门	职称	基本工资	岗位津贴	奖金	应发工资	水电费	房租	应扣小计	实发工资
2	1000000002	李小平	电子系	讲师	1050	1300	200	2550	45	30	75	2475
5	1000000005	麦页	电子系	讲师	1100	1300	200	2600	90	45	135	2465
7	1000000007	许齐红	电子系	副教授	1750	1400	300	3450	60	25	85	3365
8	1000000008	张虹江	会计系	讲师	1300	1300	200	2800	70	35	105	2695
10	1000000010	刘晓丽	电子系	助教	970	1200	100	2270	60	35	95	2175

图 5-74 自动筛选结果

（3）将副教授或者是实发工资大于 2600 元的教师筛选出来，如图 5-75 所示。

31	序号	职工编号	姓名	所属部门	职称	基本工资	岗位津贴	奖金	应发工资	水电费	房租	应扣小计	实发工资
32	1	1000000001	刘梅红	机械系	副教授	1400	1400	300	3100	36	23	59	3041
33	4	1000000004	李朝	经贸系	副教授	1600	1400	300	3300	70	35	105	3195
34	6	1000000006	江海涛	机械系	副教授	1850	1400	300	3550	55	35	90	3460
35	7	1000000007	许齐红	电子系	副教授	1750	1400	300	3450	60	25	85	3365
36	8	1000000008	张虹江	会计系	讲师	1300	1300	200	2800	70	35	105	2695
37	9	1000000009	高山峰	机械系	讲师	1250	1300	200	2750	90	50	140	2610

图 5-75 高级筛选结果

（4）按照不同的部门，统计教师的“奖金”、“应发工资”、“实发工资”的平均值，如图 5-76 所示。

D	E	F	G	H	I	J	K	L	M
所属部门	职称	基本工资	岗位津贴	奖金	应发工资	水电费	房租	应扣小计	实发工资
电子系 平均值				200	2717.5				2620
会计系 平均值				200	2800				2695
机械系 平均值				266.6667	3133.333				3037
经贸系 平均值				200	2730				2600
总计平均值				220	2853				2748.6

图 5-76　分类汇总结果

（5）统计出不同的部门、不同的职称的教师的“奖金”、“应发工资”、“实发工资”的平均值，如图 5-77 所示。

D	E	F	G	H	I	J	K	L	M
所属部门	职称	基本工资	岗位津贴	奖金	应发工资	水电费	房租	应扣小计	实发工资
	副教授 平均值			300	3450				3365
	讲师 平均值			200	2575				2470
	助教 平均值			100	2270				2175
电子系 平均值				200	2717.5				2620
	讲师 平均值			200	2800				2695
会计系 平均值				200	2800				2695
	副教授 平均值			300	3325				3250.5
	讲师 平均值			200	2750				2610
机械系 平均值				266.6667	3133.333				3037
	副教授 平均值			300	3300				3195
	助教 平均值			100	2160				2005
经贸系 平均值				200	2730				2600
总计平均值				220	2853				2748.6

图 5-77　嵌套分汇总结果

（6）统计出不同的部门、不同的职称的教师，以及同一部门、相同的职称、不同的职称的“水电费”、“房租费”的总和，如图 5-78 所示。

行标签	列标签 电子系 求和项:水电费	求和项:房租	会计系 求和项:水电费	求和项:房租	机械系 求和项:水电费	求和项:房租	经贸系 求和项:水电费	求和项:房租	求和项:水电费汇总	求和项:房租汇总
副教授	60	35			91	58	70	35	221	118
讲师	135	75	70	35	90	50			295	160
助教	60	35					80	75	140	110
总计	255	135	70	35	181	108	150	110	656	388

图 5-78　数据透视表结果

【技术分析】

- 通过“排序”对话框，可以按指定的列对数据区域进行排序。
- 通过“自动筛选”，可以筛选出简单条件的数据。
- 通过“高级筛选”对话框，可以筛选出复杂条件的数据。
- 通过“分类汇总”对话框，可以按某一字段对数据进行平均值计算。
- 通过“分类汇总”嵌套，可以按多个字段对数据进行平均值计算。
- 通过“创建数据透视表”对话框和“数据透视表字段列表”窗格，可以快速汇总大量数据的交互式方法。

【任务实施】

在任务实施之前，我们将工作簿“工资表”中的“七月份”工作表，复制多个工作表，分别命名为“七月份 1”、“七月份 2”、一直到“七月份 6”，为方便以下进行的操作。

（1）对“所属部门”（升序）排序，在所属部门相同的情况下按“实发工资”（升序）进行排序。

① 在“七月份 1”工作表中，单击数据区域的任意单元格，然后切换到“数据”选项卡，单击“排序和筛选”选项组中的“排序”按钮，打开“排序”对话框。

② 将“主要关键字”下拉列表框设置为“所属部门”，次序为“升序”；单击“添加条件”按钮，将“次要关键字”下拉列表框设置为“实发工资”，次序为升序，如图 5-79 所示。

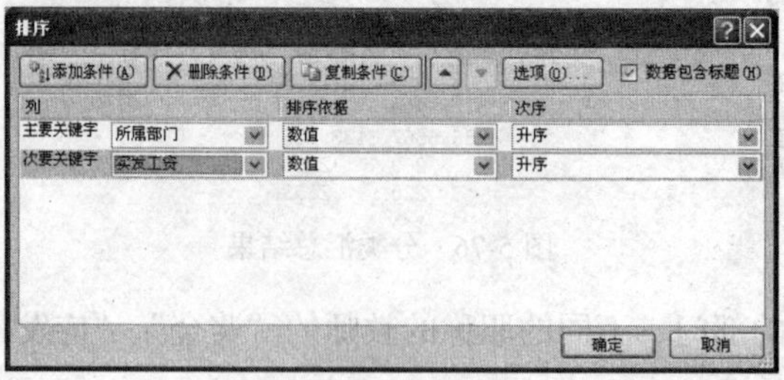

图 5-79 “排序”对话框

③ 单击“确定”按钮，结果如图 5-73 所示。

（2）只显示会计系或电子系的数据

① 在“七月份 2”工作表中，单击数据区域的任意单元格，然后切换到“数据”选项卡，单击“排序和筛选”选项组中的“筛选”按钮，工作表的列标题全部变成下拉列表框。

② 单击“所属部门”右侧的下拉箭头，从下拉菜单中取消选中“(全选)”复选框，并选中“电子系”和“会计系”复选框，如图 5-80 所示。

③ 单击“确定”按钮，即可显示符合条件的数据，如图 5-74 所示。

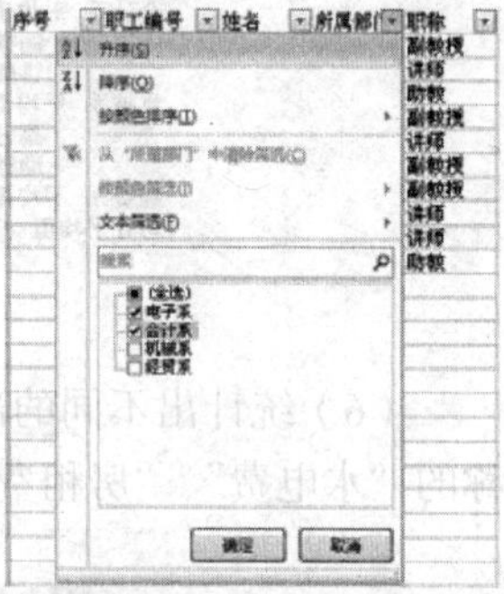

图 5-80 自动筛选

（3）将副教授或者是实发工资大于 2600 元的教师筛选出来。

① 在“七月份 3”工作表中选择单元格区域 A2：M2，然后按【Ctrl+C】组合键复制，将光标移至 A21，然后按【Ctrl+V】组合键粘贴。

② 在单元格 E22、M23 中分别输入“副教授”，“>2600”，完成条件区域设置，如图 5-81 所示。

2	序号	职工编号	姓名	所属部门	职称	基本工资	岗位津贴	奖金	应发工资	水电费	房租	应扣小计	实发工资
3	1	1000000001	刘梅红	机械系	副教授	1400	1400	300	3100	36	23	59	3041
4	2	1000000002	李小平	电子系	讲师	1050	1300	200	2550	45	30	75	2475
5	3	1000000003	赵娟娟	经贸系	助教	860	1200	100	2160	80	75	155	2005
6	4	1000000004	李朝	经贸系	副教授	1600	1400	300	3300	70	35	105	3195
7	5	1000000005	麦页	电子系	讲师	1100	1300	200	2600	90	45	135	2465
8	6	1000000006	江海涛	机械系	副教授	1850	1400	300	3550	55	35	90	3460
9	7	1000000007	许乔红	电子系	副教授	1750	1400	300	3450	60	25	85	3365
10	8	1000000008	张虹江	会计系	讲师	1300	1300	200	2800	70	35	105	2695
11	9	1000000009	高山峰	机械系	讲师	1250	1300	200	2750	90	50	140	2610
12	10	1000000010	刘晓丽	电子系	助教	970	1200	100	2270	60	35	95	2175
13													
14													
15													
16													
17													
18													
19													
20													
21	序号	职工编号	姓名	所属部门	职称	基本工资	岗位津贴	奖金	应发工资	水电费	房租	应扣小计	实发工资
22					副教授								
23													>2600

图 5-81 筛选条件设置

③ 将光标移至数据区域中，切换到“数据”选项卡，单击“排序和筛选”选项组中的“高级”按钮，打开“高级筛选”对话框。

④ 在“方式”栏中选中“将筛选结果复制到其他位置”单选按钮，由于“列表区域”框中的区域已自动指定，将光标移至“条件区域”框中，然后选定单元格区域 A21：M23，接着将光标移至“复制到”框中，单击单元格 A31 指定筛选结果放置的起始单元格，如图 5-82 所示。

⑤ 单击“确定”按钮，筛选出的结果如图 5-75 所示。

（4）按照不同的部门，统计教师的“奖金”、“应发工资”、“实

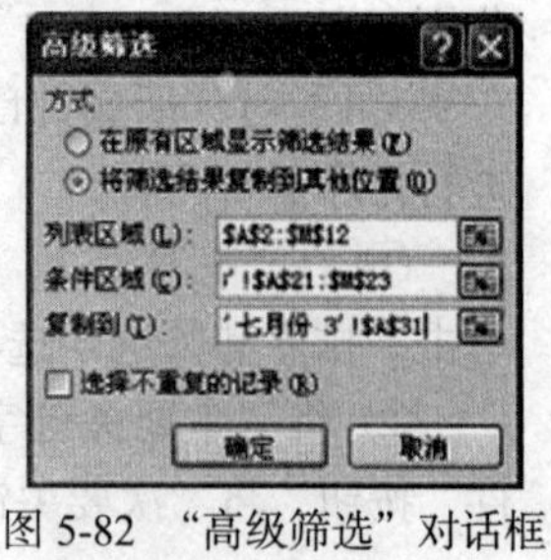

图 5-82 “高级筛选”对话框

发工资”的平均值。

1）按照所属部门进行排序。

① 在“七月份4”工作表，将光标移到“所属部门”的数据区域。

② 切换到“数据”选项卡，单击“排序和筛选”选项组的升序按钮，即按所属部门进行了升序排序。

2）分类汇总。

① 将光标置于数据区域中，然后切换到“数据”选项卡，单击“分级显示”选项组中的“分类汇总”按钮，打开“分类汇总”对话框。

② 将“分类字段”下拉列表框设置为“所属部门”，将“汇总方式”下拉列表框设置为“求平均值”，在“选定汇总项”列表框中选择“奖金”、“应发工资”、“实发工资”，如图5-83所示。

③ 单击“确定”按钮，即完成了分类汇总，如图5-83所示。

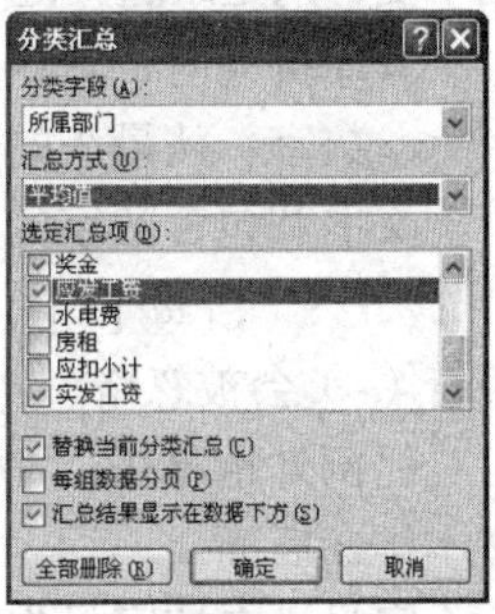

图5-83 “分类汇总”对话

（5）统计出不同的部门、不同的职称的教师的“奖金”、“应发工资”、“实发工资”的平均值。

1）按照所属部门、职称进行排序。

① 在“七月份5”工作表中，单击数据区域的任意单元格，然后切换到“数据”选项卡，单击“排序和筛选”选项组中的“排序”按钮，打开“排序”对话框。

② 在“主要关键字”下拉列表框中设置“所属部门”，次序为“升序”；单击“添加条件”按钮，将“次要关键字”设置为“职称”，次序为升序。

③ 单击“确定”按钮，即完成了两个字段的排序。

2）嵌套分类汇总

① 将光标置于数据区域中，然后切换到“数据”选项卡，单击“分级显示”选项组中的“分类汇总“按钮，打开“分类汇总”对话框。

② 将“分类字段”设置为“所属部门”，将“汇总方式”设置为“求平均值”，在“选定汇总项”列表框中选择“奖金”、“应发工资”、“实发工资”，如图5-84所示。单击“确定”按钮，即完成了对所属部门的分类汇总。

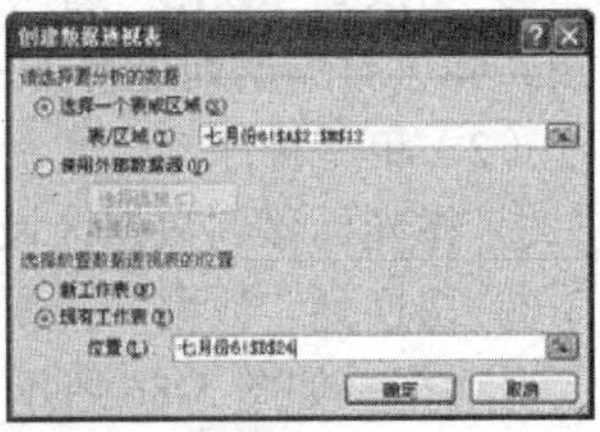

图5-84 “创建数据透视表”对话框

③ 将光标置于数据区域中，然后切换到“数据”选项卡，单击“分级显示”选项组中的“分类汇总”按钮，再次打开“分类汇总”对话框。

④ 将“分类字段”设置为“职称”，将“汇总方式”设置为“求平均值”，在“选定汇总项”列表框中选择“奖金”、“应发工资”、“实发工资”，取消选中“替换当前分类汇总”复选框，然后单击“确定”按钮，完成分类汇总的嵌套操作，如图5-77所示。

（6）统计出不同的部门、不同的职称的教师以及同一部门、相同的职称、不同的职称的“水电费”、“房租费”的总和。

① 在“七月份6”工作表中，单击数据区域的任意单元格，然后切换到“插入”选项卡，单击“表格”选项组的“数据透视表”按钮，打开“创建透视表”对话框。

② 选择一个表或区域保持默认的选项，选择放置数据透视表的位置，单选“现有工作表”，并单击当前工作表中的D24，如图5-84所示。

③ 在“数据透视表字段列表”任务窗格中，如图5-85所示，从“选择要添加到报表的

字段”列表框中，将“职称”字段拖到“行标签”文本框中，将“所属部门”字段拖曳到“列标签”文本框中，将“水电费”、“房租费”字段拖到“数值”文本框中，结果如图 5-78 所示。

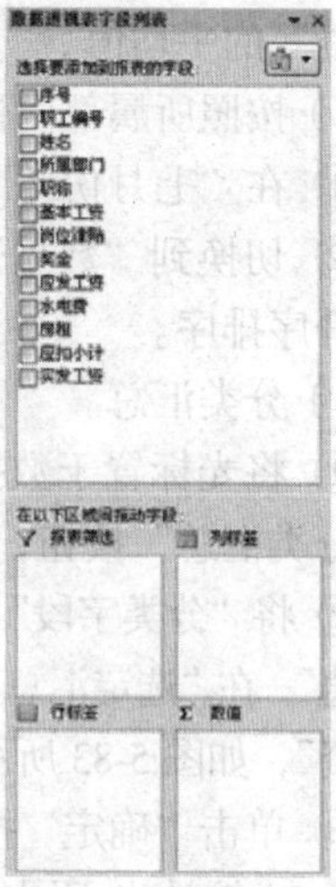
图 5-85　数据透视表字段列表

【知识链接】

1. 排序

系统的排序功能可以将表中列的数据按照升序或降序排列，排列的列名通常称为关键字。进行排序后，每个记录的数据不变，只是跟随关键字排序的结果记录顺序发生了变化。

升序排列时，默认的次序如下所述。

数字：从最小的负数到最大的正数。

文本和包含数字的文本：从 0~9（空格）！" # $ % &（）* ， ./ ：；? @ [\ ] ^ _ ` { | } ~ + < = >A~Z。撇号（'）和连字符（-）会被忽略。

但例外情况是：如果两个文本字符串除了连字符不同外，其余都相同，则带连字符的文本排在后面。

字母：在按字母先后顺序对文本项进行排序时，从左到右按字符进行排序。

逻辑值：FALSE 在 TRUE 之前。

错误值：所有错误值的优先级相同。

空格：空格始终排在最后。

降序排列的次序与升序相反。

（1）单列排序

① 将光标移到需要排序的数据列某一个单元格。

② 切换到“数据”选项卡，单击“排序和筛选”选项组中的升序按钮，或“降序排序”按钮，即可对数据列进行排序。

（2）单行排序

① 将光标移到数据区域的任意单元格。

② 切换到“数据”选项卡，单击“排序和筛选”选项组中的“排序”按钮，打开“排序”对话框，如图 5-86 所示。

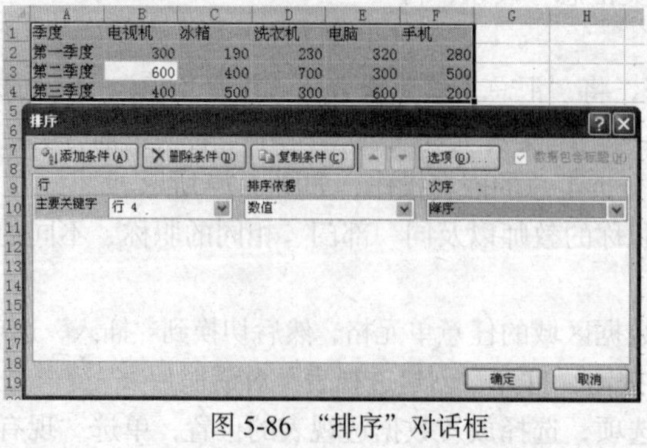

图 5-86　“排序”对话框

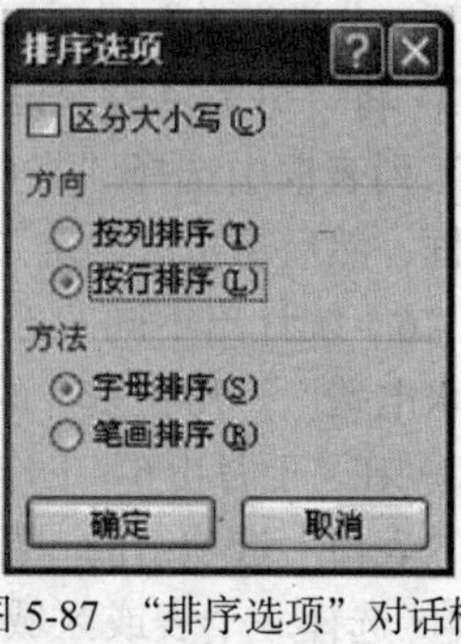

图 5-87　“排序选项”对话框

③ 单击“选项”按钮，打开“排序选项”对话框，在“方向”组中单击“按行排序”单选按钮，如图 5-87 所示，单击“确定”按钮，返回“排序”对话框。

④ 单击“主要关键字”下拉列表框右侧的箭头按钮，从弹出的列表中选择“行 4”作为排序关键字的选项，在“次序”下拉列表框中选择“降序”按项，然后单击“确定”按钮，结果如 5-88 所示。

A	B	C	D	E	F
季度	电脑	冰箱	电视机	洗衣机	手机
第一季度	320	190	300	230	280
第二季度	300	400	600	700	500
第三季度	600	500	400	300	200

图 5-88　按行排序后的结果

（3）多列排序

多个关键字排序是当主要关键字的数值相同时，按照次要关键字的次序进行排列，次要关键字的数值相同时，按照第三关键字的次序排列。

① 需要排序的区域中，单击任意单元格。

② 切换到“数据”选项卡，单击“排序和筛选”选项组中的“排序”按钮，打开“排序”对话框，如图 5-79 所示。

③ 在设置完“主要关键字”以及排序的次序后，就可以设置“次要关键字”和“第三关键字”以及排序的次序。

单击“选项”按钮，打开“排序选项”对话框，如图 5-87 所示，可设置区分大小写、按行排序、按笔划排序等复杂的排序。

2. 筛选

利用数据筛选可以方便地查找符合条件的行数据，筛选有自动筛选和高级筛选两种。自动筛选包括按选定内容筛选，它适用于简单条件。高级筛选适用于复杂条件。一次只能对工作表中的一个区域应用筛选。与排序不同，筛选并不重排区域。筛选只是暂时隐藏不必显示的行。

（1）自动筛选

① 单击要进行筛选的区域中的单元格。

② 切换到“数据”选项卡，单击“排序和筛选”选项组中的“筛选”按钮，工作表的列标题全部变成下拉列表框，如图 5-80 所示。

③ 单击下拉按钮，可选择要查找的数据，如图 5-80 所示。

④ 如果要取消筛选，切换到“数据”选项卡，单击“排序和筛选”选项组中的“筛选”按钮。

注意	在对第一个字段进行筛选后，如果再对第二个字段进行筛选，这时是在第一个字段筛选结果的基础上进行再次筛选。

（2）高级筛选

自动筛选只能对某列数据进行两个条件的筛选，并且在不同列之间同时筛选时，只能是“与”关系。对于其他筛选条件，就需要使用高级筛选。

① 指定一个条件区域。即在数据区域以外的空白区域中输入要设置的条件，如图 5-81 所示。

② 单击要进行筛选的区域中的单元格，切换到“数据”选项卡，单击“排序和筛选”选项组中的“高级”命令，打开其对话框，如图 5-82 所示。

下面对筛选结果的位置进行选择。

若要通过隐藏不符合条件的数据行来筛选区域，选择“在原有区域显示筛选结果”选项。

若要通过将符合条件的数据行复制到工作表的其他位置来筛选区域，选择“将筛选结果复制到其他位置”选项，然后在“复制到”编辑框中单击鼠标左键，再单击要在该处粘贴行的区域的左上角。

③ 在“条件区域”编辑框中，输入条件区域的引用。如果要在选择条件区域时，暂时将“高级筛选”对话框移走，可单击其“折叠”按钮压缩对话框，用鼠标拖动选择条件区域。

④ 单击“确定”按钮，效果如图 5-75 所示。

注意	对于复合条件，同一行表示条件之间的“与”关系，在不同行表示“或”关系。

3. 分类汇总

数据分类汇总就是将数据按类进行汇总分析处理。在 Excel 中使用分类汇总，不需要创建公式，Excel 将自动创建公式、插入分类汇总与总和行，并自动分级显示数据。利用分类汇总可以很方便地对数据清单中的数据进行小计和合计。

（1）简单汇总

① 选择汇总字段，并进行升序或降序排序。如前面任务中就按“工资表”中“所属部门”进行排序。

② 将光标置于数据区域中，然后切换到“数据”选项卡，单击“分级显示”选项组中的“分类汇总”按钮，打开“分类汇总”对话框，如图 5-83 所示。

③ 设置分类字段、汇总方式、汇总项、汇总结果的显示位置。

在“分类字段”框中选定分类的字段。如前面任务中选择“所属部门”。

在“汇总方式”框中指定汇总函数，如求和、平均值、计数、最大值等，前面任务中选择“求平均值”。

在“选定汇总项”框中选定汇总函数进行汇总的字段项，前面任务中选择“奖金”、“应发工资”、“实发工资”字段。

④ 分级显示汇总数据

在分类汇总表的左侧可以看到分级显示的“123”3 个按钮标志。“1”代表总计，“2”代表分类合计，“3”代表明细数据。

- 单击按钮“1”将显示全部数据的汇总结果，不显示具体数据。
- 单击按钮“2”将显示总的汇总结果和分类汇总结果，不显示具体数据。
- 单击按钮“3”将显示全部汇总结果和明细数据。
- 单击“+”和“–”按钮，可以打开或折叠某些数据。

分级显示也可以通过切换到“数据”选项卡，单击“分级显示”选项组中的“显示明细数据”按钮或“隐藏明细数据”按钮。

（2）嵌套汇总

对汇总的数据还想进行不同的汇总，如前面任务中按“所属部门”进行汇总后，又要求按“职称”进行汇总，即要再次进行分类汇总。

① 选择多个汇总字段，并将其进行升序或降序排序。

② 将光标置于数据区域中，然后切换到“数据”选项卡，单击“分级显示”选项组中的“分类汇总”按钮，打开“分类汇总”对话框，按第一关键字对数据区域进行分类汇总。

③ 再次打开“分类汇总”对话框，在“分类字段”下拉列表框中选择“次要关键字”

选项，并取消选中“替换当前分类汇总”复选框。

④ 单击“确定”按钮，即可叠加多种分类汇总。

4. 数据透视表（图）的使用

数据透视表可以将数据的排序、筛选和分类汇总 3 个过程结合在一起，可以转换行和列的位置，用来查看源数据的不同汇总结果，可以显示不同页面以筛选数据，还可以根据需要显示所选区域中的明细数据，非常便于用户在一个清单中重新组织和统计数据。

（1）数据透视表组成元素

数据透视表的组成如下所述。

页字段：页字段用于筛选整个数据透视表，是数据透视表中指定为页方向的源数据列表中的字段。

行字段：行字段是在数据透视表中指定为行方向的源数据列表中的字段。

列字段：列字段是在数据透视表中指定为列方向的源数据列表中的字段。

数据字段：数据字段提供要汇总的数据值。常用数字字段，可用求和函数、平均值等函数合并数据。

（2）数据透视表的新建

利用数据透视表可以进一步分析数据，可以得到更为复杂的结果，操作步骤如下。

① 单击需要建立数据透视表的数据清单中任意一个单元格。

② 切换到“插入”选项卡，单击“表格”选项组中的“数据透视表”按钮，打开“创建透视表”对话框，如图 5-84 所示。

③ 在弹出的“创建数据透视表”对话框中的“请选择要分析的数据”栏中，选中“选择一个表或区域”单选项，在“表/区域”文本框中输入或使用鼠标选取引用位置，如图 5-84 所示，选择的是“七月份 6!$A$2：$M$12”。

④ 在“选择放置数据透视表的位置”栏中选中“现有工作表”单选项，在“位置”文本框中输入数据透视表的存放位置，如图 5-84 所示，输入的是“七月份 6!$D$24”，如图 5-84 所示。

⑤ 单击“确定”按钮，一个空的数据透视表将添加到指定的位置，并显示数据透视表字段列表，以便我们可以开始添加字段、创建布局和自定义数据透视表。

（3）数据透视表的编辑

默认建立的数据透视表只是一个框架，要得到相应的分析数据，则需要根据实际情况合理地设置字段，同时也需要进行相关的设置操作。

1）添加字段

① 在“选择要添加到报表的字段”列表框，选中所需字段，然后单击鼠标右键，打开下拉菜单，弹出“添加到报表筛选”、“添加到行标签”、“添加到列标签”命令选项，如图 5-89 所示。即可让字段显示在指定位置，同时数据透视表也做相应的显示（即不再为空）。

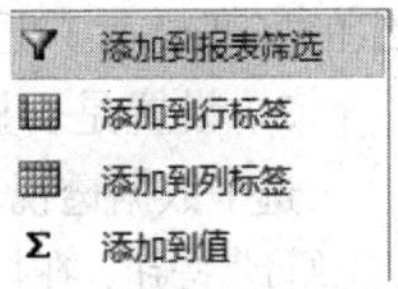

图 5-89 命令选项

② 或者从“选择要添加到报表的字段”列表框中，将“字段”拖到相应的位置也可，如前面任务中，就是从“选择要添加到报表的字段”列表框中，将“职称”字段拖曳到“行标签”文本框中，将“所属部门”字段拖曳到“列标签”文本框中，将“水电费”、“房租费”字段拖到“数值”文本框中。

2）删除字段

要实现不同的统计结果，需要不断地调整字段的布局，因此对于之前设置的字段，如果不需要，可以将其从“列标签”或“行标签”中删除，在“字段列表”中取消其前面的选中状态即可。

3）更改默认的汇总方式

当设置了某个字段为数值字段后，数据透视表会自动对数据字段中的值进行合并计算。数据透视表通常为包含数字的数据字段使用 SUM 函数（求和），而为包含文本的数据字段使用 COUNT 函数（求和）。如果想得到其他的统计结果，如求最大最小值、求平均值等，则需要修改对数值字段中值的合并计算类型。

① 如将“水电费”、“房租费”字段拖到“数值”文本框中，字段为“数值”字段（默认汇总方式为“求和”）。在“数值”文本框中单击“水电费”数值字段，打开下拉菜单，如图 5-90 所示，选择“值字段设置”命令，如图 5-91 所示。

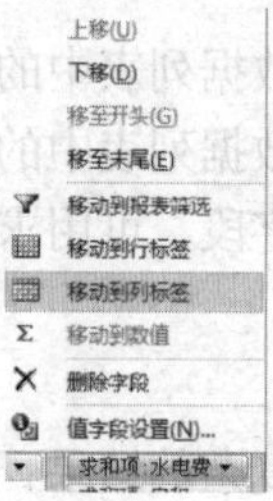

图 5-90　下拉菜单

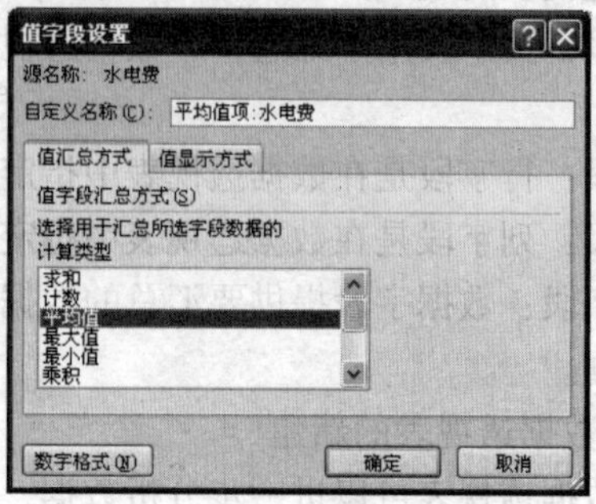

图 5-91　“值字段设置”对话框

② 打开“值字段设置”对话框。选择“汇总方式”标签，在列表中可以选择汇总方式，如此处选择“平均值”，如图 5-91 所示。单击“确定”按钮，即可更改默认的求和汇总方式为平均值，即计算出水电费的平均值。

（4）数据透视表的设置与美化

建立数据透视表之后，在“数据透视表工具→设计”菜单的“布局”选项组中提供了相应的布局选项，可以设置分类汇总项的显示位置、是否显示总计列、调整新的报表布局等。另外，在 Excel 2010 中还提供了可以直接套用的数据透视表样式，方便快速美化编辑完成的数据透视表。

1）设置分类汇总项的显示位置

当行标签或列标签不只一个字段时，则会产生一个分类汇总项，该分类汇总项默认显示在组的顶部，可以通过设置更改其默认显示位置。

① 选中数据透视表，单击“数据透视表工具”中的“设计”选项卡，在“布局”选项组中单击“分类汇总”按钮。

② 从下拉菜单中选择“在组的底部显示所有分类汇总”命令，可以看到数据透视表中组的底部显示了汇总项。

2）设置是否显示总计项

选中数据透视表，单击“数据透视表工具”中的“设计”选项卡，在“布局”选项组中单击“总计”按钮，在打开的下拉菜单中可以选择是否显示“总计”项，或在什么位置上显示“总计”。

3）美化数据透视表

① 选中数据透视表任意单元格，单击“数据透视表工具”中的“设计”选项卡，在“数据透视表样式”选项组中可以选择套用的样式，单击右侧的按钮可以打开下拉菜单，有多种样式可供选择。

② 选中样式后，单击一次鼠标，即可应用到当前数据透视表中。

4）利用数据透视表创建数据透视图

数据透视图是以图形形式表示的数据透视表，与图表和数据区域之间的关系相同，各数据透视表之间的字段相互对应。下面介绍如创建数据透视图。

① 单击数据透视表的任意单元格，然后切换到“选项”选项卡，在“工具”选项组中单击“数据透视图”按钮。打开“插入图表”对话框，从列表框中选择图表类型。

② 单击“确定”按钮，即可在工作表中插入数据透视图。

通过“数据透视图工具”可以对数据透视图进行所需的设置。

实操练习

1．打开电子表格 SC7-2.XLS，按下列要求操作。

（1）公式（函数）应用：使用 Sheetl 工作表中的数据，计算“实发工资”，结果放在相应的单元格中。

（2）数据排序：使用 Sheet2 工作表中的数据，以“基本工资”为主要关键字降序排序。

（3）数据筛选：使用 Sheet3 工作表中的数据，筛选出“部门”为工程部并且“基本工资”大于等于 900 的记录。

（4）高级筛选：使用 Sheet3-2 工作表中的数据，筛选出职称为“工程师”或者“基本工资”大于等于 900 的记录。

（5）数据合并计算：使用 Sheet4 工作表“利达公司一月份所付工程原料款”和“利达公司二月份所付工程原料款”中的数据，在“利达公司前两个月所付工程原料款”中进行“求和”合并计算。

（6）数据分类汇总：使用 Sheet5 工作表中的数据，以“部门”为分类字段，将“基本工资”与“实发工资”进行“平均值”分类汇总。

（7）数据分类汇总：使用 Sheet5-2 工作表中的数据，以“部门”和“职称”为分类字段，将“基本工资”与“实发工资”进行“平均值”嵌套分类汇总。

（8）使用“数据源”工作表中的数据，以“项目工程”为分页，以“原料”为行字段，以“日期”为列字段，以“金额”为求和项，从 Sheet6 工作表 Al 单元格起建立及数据透视表。

2．在电子表格软件中打开文件 SC7-10.XLS，按下列要求操作。

（1）公式（函数）应用：使用 Sheetl 工作表中的数据，计算“总分”和“平均分”，结果分别放在相应的单元格中。

（2）数据排序：使用 Sheet2 工作表中的数据，以“英语”为主要关键字，“体育”为次要关键字升序排序。

（3）数据筛选：使用 Sheet3 工作表中的数据，筛选出“系别”为给排水并且各科成绩均大于等于 70 的记录。

（4）数据合并计算：使用 Sheet4 工作表中的数据，在“公共课各班平均分”中进行“平均值”合并计算。

（5）数据分类汇总：使用 Sheet5 工作表中的数据，以“系别”为分类字段，将各科成绩分别进行“最大值”分类汇总示。

（6）建立数据透视表：使用“数据源”工作表中的数据，以“系别”为分页，以“班级”为行字段，以各科考试成绩为平均值项，从 Sheet6 工作表的 A1 单元格起建立及数据透视表。

【能力拓展】

合并计算

“合并计算”功能是将多个区域中的值合并到一个新区域中，利用此功能可以为数据计算提供很大便利。

下面讲解合并求最大值计算。

① 某工作簿中包含 4 张工作表，前 3 张分别为 5 月 1 日、5 月 2 日、5 月 3 日菜市场蔬菜价格，最后一张合并计算工作表，计算出这 3 天蔬菜价格的最大值。

② 在合并计算工作表中单击 A2 单元格，切换到“数据”选项卡，在“数据工具”选项组中单击“合并计算”按钮，打开的“合并计算”对话框。

③ 在打开的“合并计算”对话框中单击“函数”下拉列表框，在弹出的列表中选择“求最大值”，接着在“引用位置”中通过折叠对话框按钮指定要加入合并计算的源区域，即 5 月 1 日工作表中相应的区域。

④ 再次单击“引用位置”框右侧的展开对话框按钮，返回对话框，可以看到单元格引用出现在“引用位置”框中。单击“添加”按钮，将在“所有引用位置”列表框中增加一个区域。

⑤ 重复引用位置的操作，直到选定所有要合并计算的区域，然后单击“合并”按钮，接着单击“添加”按钮，将输入的引用位置添加到“所引用位置”列表。

⑥ 在“合并计算”对话框中选中“首行”和“最左例”复选框，如图 5-92 所示。单击“确定”按钮，在“合并计算”工作表中即可得到合并求最大值计算的结果。

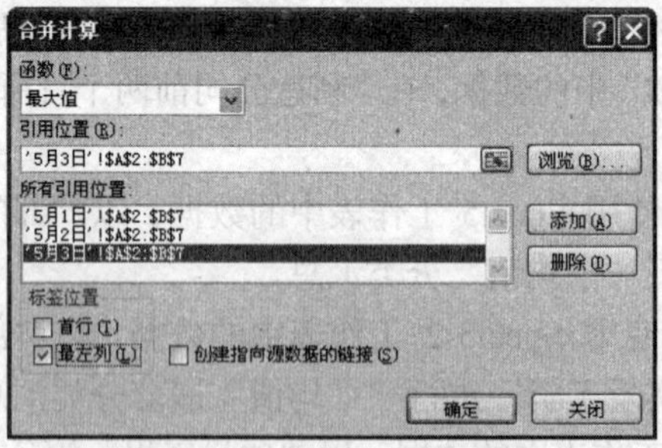

图 5-92 “合并计算”对话框

任务 5 制作教师工资表分析图表

【任务描述】

小张对“工资表”中的数据用了 Excel 中管理与分析功能进行分析后，发现将所需的数据制作图表比原来的分析要直观、立体，为此他将教师的基本工资、应发工资、实发工资做成了柱状图来表现。后来，他又添加了两个教师的工资，并在图表中体现出来，并做了美化处理，如图 5-93 所示。为了更好地反映数据的变化趋势，他将图表类型修改成了折线图，如图 5-94 所示。

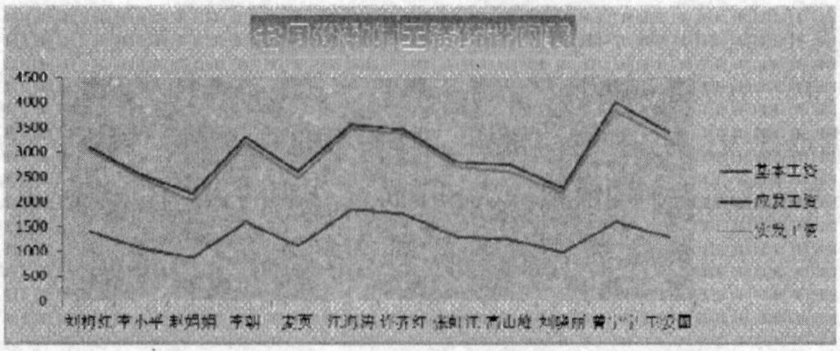

图 5-93 美化的柱状图

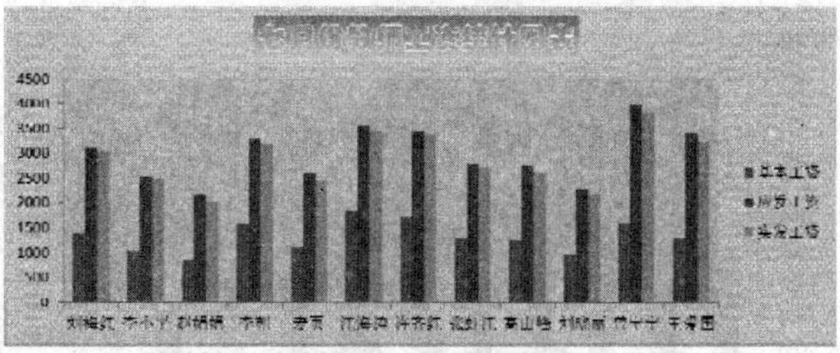

图 5-94　工资折线图

【技术分析】

通过选中所需的数据区域，在单击“图表”选项组中的“图表类型”按钮，可以快速地创建所需图表。

通过“编辑数据系列”对话框，可以向已经创建好的图表中添加相关的数据。

通过“设计”选项卡中的相关命令，可以重新选择图表的数据、更换图表布局等。

通过“布局”选项卡中的相关命令，可以对图表进行美化处理。

【任务实施】

1．创建工资表柱形图

（1）小张教师的工资信息输入到“工资表”工作簿中，我们利用其原始数据，使用图表向导创建嵌入式柱形图。

（2）将选中的数据区域姓名、基本工资、应发工资、实发工资数据切换到“插入”选项卡，如图 5-95 所示，单击“图表”选项组中的“柱形图”按钮，从下拉菜单中选择“簇状柱形图”选项，图表在工作表中创建完成，如图 5-96 所示。

序号	职工编号	姓名	所属部门	职称	基本工资	岗位津贴	奖金	应发工资	水电费	房租	应扣小计	实发工资
1	1000000001	刘梅红	机械系	副教授	1400	1400	300	3100	36	23	59	3041
2	1000000002	李小平	电子系	讲师	1050	1300	200	2550	45	30	75	2475
3	1000000003	赵娟娟	经贸系	助教	860	1200	100	2160	80	75	155	2005
4	1000000004	李丽	经贸系	副教授	1600	1400	300	3300	70	35	105	3195
5	1000000005	袁贝	电子系	讲师	1100	1300	200	2600	90	45	135	2465
6	1000000006	江海涛	机械系	副教授	1850	1400	300	3550	55	35	90	3460
7	1000000007	许齐红	电子系	副教授	1750	1400	300	3450	60	25	85	3365
8	1000000008	张虹江	会计系	讲师	1300	1300	200	2800	70	35	105	2695
9	1000000009	高山峰	机械系	讲师	1250	1300	200	2750	90	50	140	2610
10	1000000010	刘晓丽	电子系	助教	970	1200	100	2270	60	35	95	2175

图 5-95　选中区域

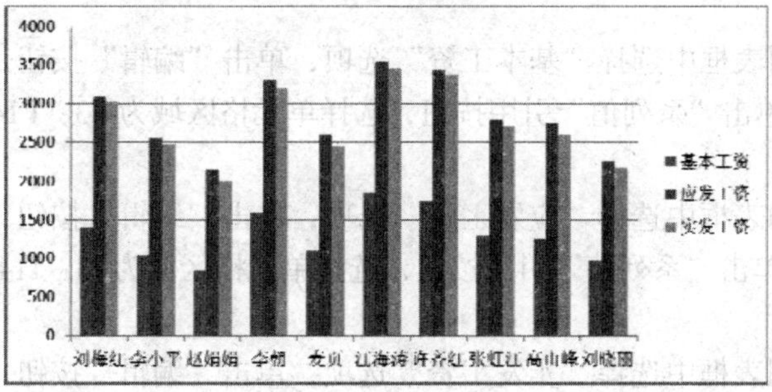

图 5-96　初步制作的图表

（3）为了使图表美观，需要对创建图表进行一些修改。单击图表，切换到“布局”选项卡，单击“标签”选项组中的“图表标题”按钮，从下拉菜单中选择“图表上方”命令。然后在文字“图表标题”上单击，重新输入标题文本“七月份教师工资统计工作”。

（4）将鼠标指针移至图表边框的控制点上，当指针变为双向箭头时，拖动鼠标到合适的位置，如图 5-97 所示。

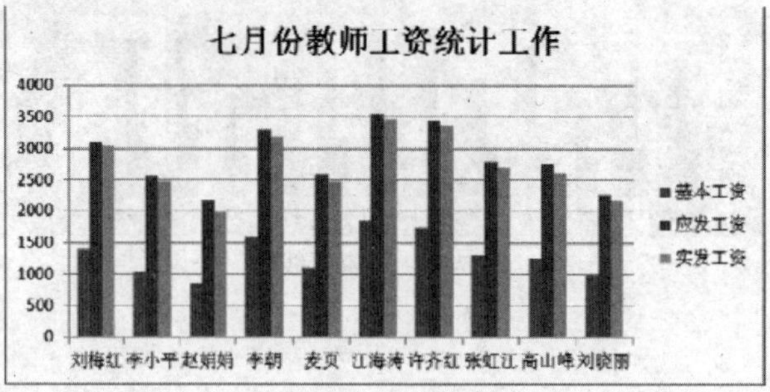

图 5-97 添加标题的图表

2. **向统计图表中添加数据**

小张在制作图表时，处长要求临时再添加两位教师的数据，并且需在图表上有所反映。

（1）小张对工作表重新编辑，将新增教师的信息追加进去，如图 5-98 所示。

序号	职工编号	姓名	所属部门	职称	基本工资	岗位津贴	奖金	应发工资	水电费	房租	应扣小计	实发工资
1	100000001	刘梅红	机械系	副教授	1400	1400	300	3100	36	23	59	3041
2	100000002	李小平	电子系	讲师	1050	1300	200	2550	45	30	75	2475
3	100000003	赵娟娟	经贸系	助教	860	1200	100	2160	80	75	155	2005
4	100000004	李朝	经贸系	副教授	1600	1400	300	3300	70	35	105	3195
5	100000005	麦页	电子系	讲师	1100	1300	200	2600	90	45	135	2465
6	100000006	江海涛	机械系	副教授	1850	1400	300	3550	55	35	90	3460
7	100000007	许齐红	电子系	副教授	1750	1400	300	3450	60	25	85	3365
8	100000008	张虹江	会计系	讲师	1300	1300	200	2800	70	35	105	2695
9	100000009	高山峰	机械系	讲师	1250	1300	200	2750	90	50	140	2610
10	100000010	刘晓丽	电子系	助教	970	1200	100	2270	60	35	95	2175
11	100000011	管宁宁	会计系	副教授	1600	1400	1000	4000	90	80	170	3830
12	100000012	王爱国	会计系	助教	1300	1300	800	3400	70	90	160	3240

图 5-98 新增信息工作表

（2）右键单击图表区，从快捷菜单中选择“选择数据”命令，打开“选择数据源”对话框，如图 5-99 所示。

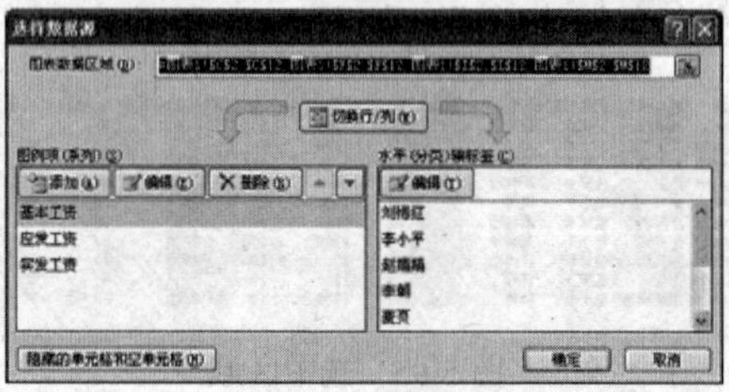

图 5-99 “选择数据源”对话框

（3）在下拉列表框中选择“基本工资”选项，单击“编辑”按钮，打开“编辑数据系列”对话框。然后单击“系列值”引用按钮，选择单元格区域为 F3：F14，如图 5-100 所示，单击“确定”按钮。

（4）在下拉列表框中选择“应发工资”选项，单击“编辑”按钮，打开“编辑数据系列”对话框。然后单击“系列值”引用按钮，选择单元格区域为 I3：I14，如图 5-101 所示，单击“确定”按钮。

（5）在下拉列表框中选择“实发工资”选项，单击“编辑”按钮，打开“编辑数据系列”对话框。然后单击“系列值”引用按钮，选择单元格区域为 M3：M14，如图 5-102 所示，单击“确定”按钮。

（6）在“水平（分类）轴标签”文本框中单击“编辑”按钮，打开“轴标签”对话框。然后单击“轴标签区域”引用按钮，选择单元格区域为 C3：C14，如图 5-103 所示，单击“确定”按钮。

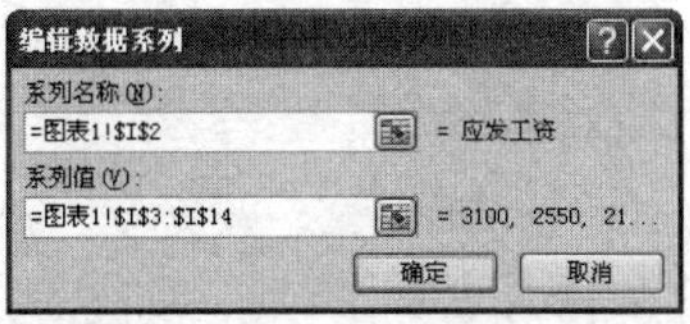

图 5-100　基本工资编辑数据系列

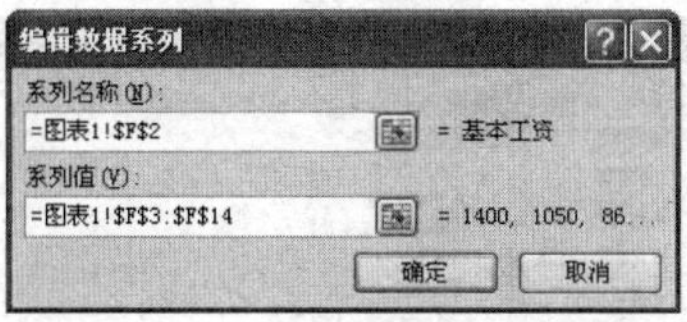

图 5-101　应发工资编辑数据系列

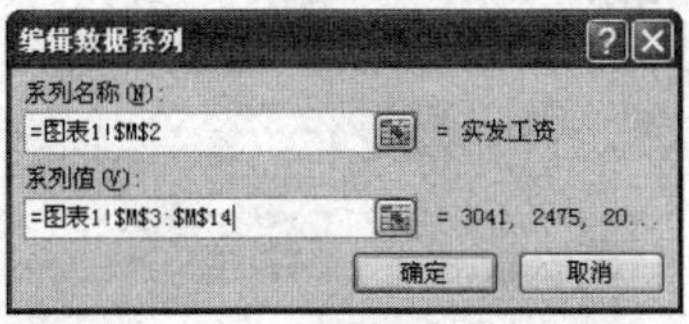

图 5-102　实发工资编辑数据系列

图 5-103　“轴标签”对话框

（7）图表中出现了添加的数据区域，结果如图 5-104 所示。

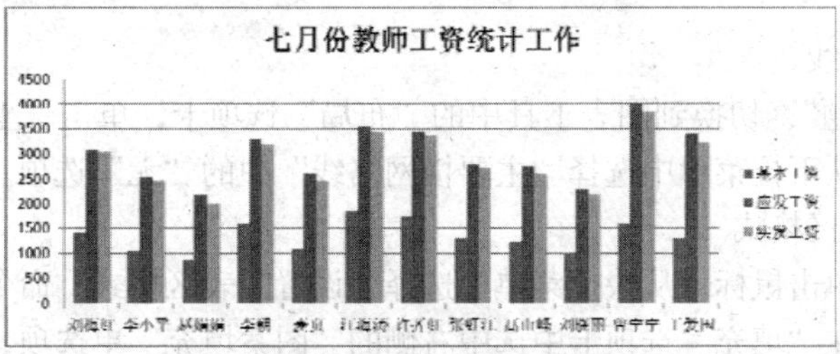

图 5-104　新增数据图表

另外在图表中添加数据有一种简便的方法：选中添加的数据区域，进行复制操作（Ctrl+C）；选中图表，进行粘贴操作（Ctrl+V）。例如：图 5-103 的图表中添加了“曾宁宁”、“王爱国”的基本工资、应发工资、实发工资数据，我们也可以这样操作：在工作表区域选中“曾宁宁”、“王爱国”的基本工资、应发工资、实发工资单元格区域，通过按住【Ctrl】键，来选择不连续区域，最后选择的区域为：C13：C14，F13：F14，I13：I14，M13：M14；按【Ctrl+C】组合键复制，再选中图表，按【Ctrl+V】组合键粘贴即可。

3. 对图表进行美化

（1）图表标题

① 修改图表标题

- 将图表标题修改为“七月份教师工资统计图表”，选中“图表标题”，在其选中边框中单击，可对其标题进行修改。

② 对图表标题进行填充

- 选中“图表标题”，切换到图表工具中的“布局”选项卡，单击“标签”选项组中的“图表标题”按钮，从下拉菜单中选择“其他标题选项”命令，打开“设置图表标题格式”对话框。
- 在“填充”选项卡中选中右侧的“渐变填充”单选按钮，然后在“预设颜色”列表框中选择“雨后初晴”，如图 5-105 所示。

③ 对图表标题字体、字号进行设置

- 在图表标题区域右键单击鼠标，从快捷菜单中选择“字体”命令，打开“字体”对话框。在“中文字体”下拉列表框中选择“华文彩云”，将字号的“大小”设置为“18”，将字体颜色设置为“白色”，单击“确定”按钮，如图 5-106 所示。

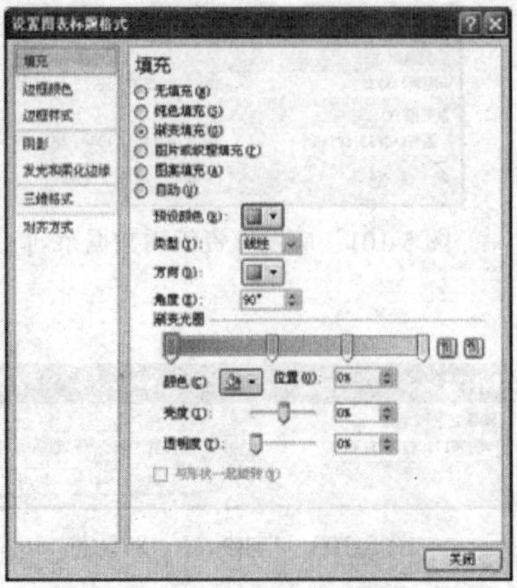

图 5-105 “设置图表标题格式”对话框

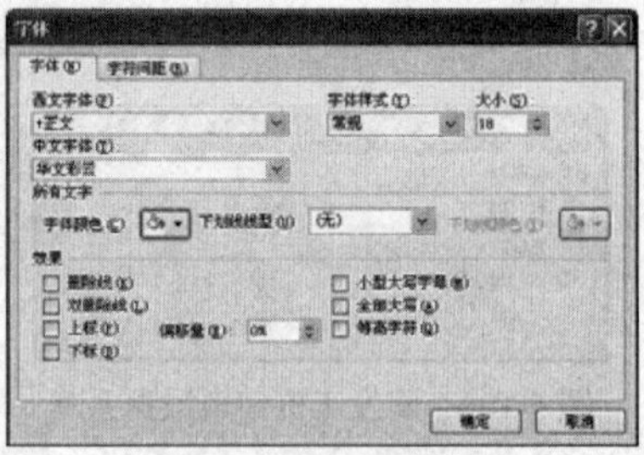

图 5-106 “字体”对话框

（2）删除网格线

选中“图表标题”，切换到图表工具中的“布局”选项卡，单击“坐标轴”选项组中的“网格线”按钮，从下拉菜单中选择“主要横网络线”中的“无”选项。

（3）设置图表区格式

在图表区右键单击鼠标，从快捷菜单中选择“设置图表区格式”命令，弹出“设置图表区格式”对话框，在“填充”选项卡中选中右侧的“图案填充”单选项，然后在下方的列表框中选择“40%”选项，将前景色设置为紫色，淡色 60%，如图 5-107 所示。

（4）绘图区格式设置

在图表绘图区中右键单击鼠标，从快捷菜单中选择“设置绘图区格式”命令，弹出“设置绘图区格式”对话框，在“填充”选项卡中选中右侧的“图片或纹理填充”单选项，然后在“纹理”的下拉菜单中选择“花束”选项，如图 5-108 所示。

图 5-107 “设置图表区格式”对话框

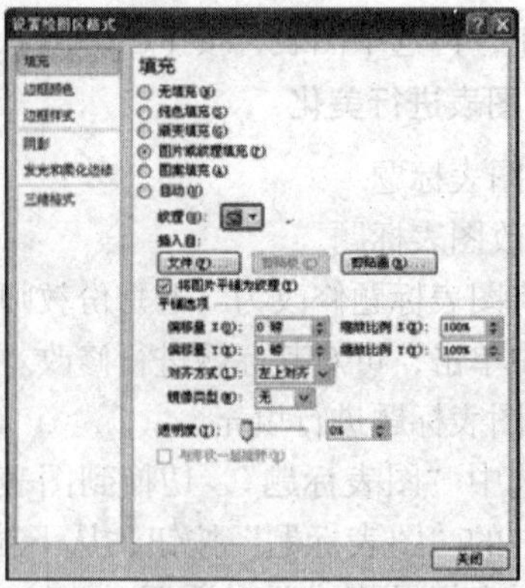

图 5-108 “设置绘图区格式”对话框

通过对图表的美化，最终效果图如图 5-93 所示。

4. 更改图表类型

为了更好地反映数据的变化趋势，小张将图表类型更改为“折线图”。

（1）选中图表，切换到“设计”选项卡，单击“类型”选项组中的“更改图表类型”

按钮，打开“更改图表类型”对话框，或者在图表区右键单击鼠标，在快捷菜单中选择“更改图表类型”命令，打开“更改图表类型”对话框。

（2）在“图表类型”列表框中选择“折线图”，然后从右侧列表框“折线图”栏中选择“折线图”选项，如图 5-109 所示。

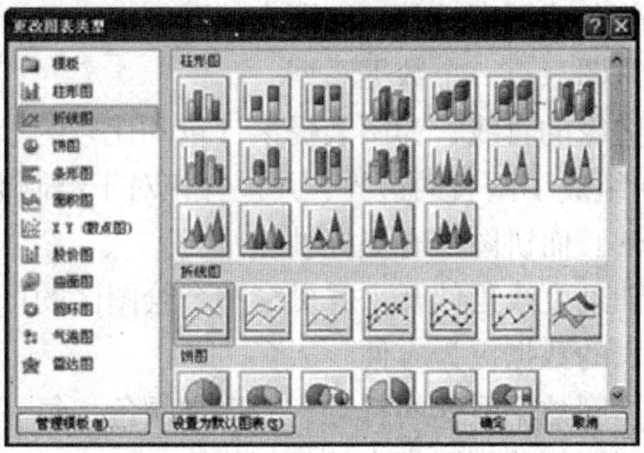

图 5-109 “更改图表类型”对话框

（3）单击“确定”按钮，结果如图 5-94 所示。

5. 图表的行与列交换

（1）右键单击图表区，从快捷菜单中选择“选择数据”命令，打开“选择数据源”对话框，如图 5-99 所示。

（2）在打开“选择数据源”对话框中，单击“切换行/列”按钮，然后单击“确定”按钮，图表的行、列实现了互换，结果如图 5-110 所示。

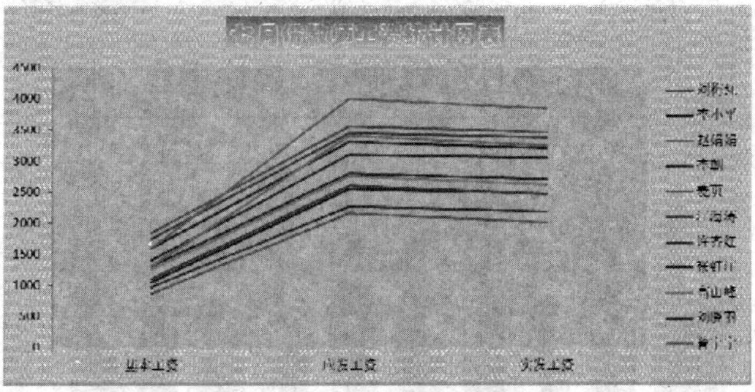

图 5-110 行与列交换后的图表

【知识链接】

图表就是将工作表中的数据以各种统计图表的形式显示，与工作表数据相比，图表能形象地反映出数据的对比关系及趋势，可以将抽象的数据形式化，当数据源发生变化时，图表中对应的数据也会自动更新。

1. 图表结构与分类

（1）图表结构

Excel 中的图表有两种，一种是嵌入式图表，它和创建图表的数据源放置在同一张工作表中；另一种是独立图表，它是一张独立的图表工作表。

Excel 为用户建立直观的图表提供了大量的预定义模型，每一种图表类型又有若干种子类型。此外，用户还可以自己定制格式。

图表由以下元素构成，如图 5-111 所示。

- 图表区：整个图表及包含的所有对象。
- 图表标题：图表的标题。
- 数据系列：在图表中绘制的相关数据点，这些数据源自数据表的行或列。每个数据系列具有唯一的颜色或图案，并且在图表的图例中表示。可以在图表中绘制一个或多个数据系列。饼图只有一个数据系列。
- 坐标轴：绘图区边缘的直线，为图表提供计量和比较的参考模型。分类轴（x 轴）和数值轴（y 轴）组成了图表的边界，并包含相对于绘制数据的比例尺，z 轴是三维图表的第三坐标轴。而饼图没有坐标轴。
- 网格线：从坐标轴刻度线延伸开来并贯穿整个绘图区的可选线条系列。网格线使用户查看和比较图表的数据更为方便。
- 图例：用于标记不同数据系列的符号、图案和颜色，每一个数据系列的名字作为图例的标题，可以把图例移到图表中的任何位置。

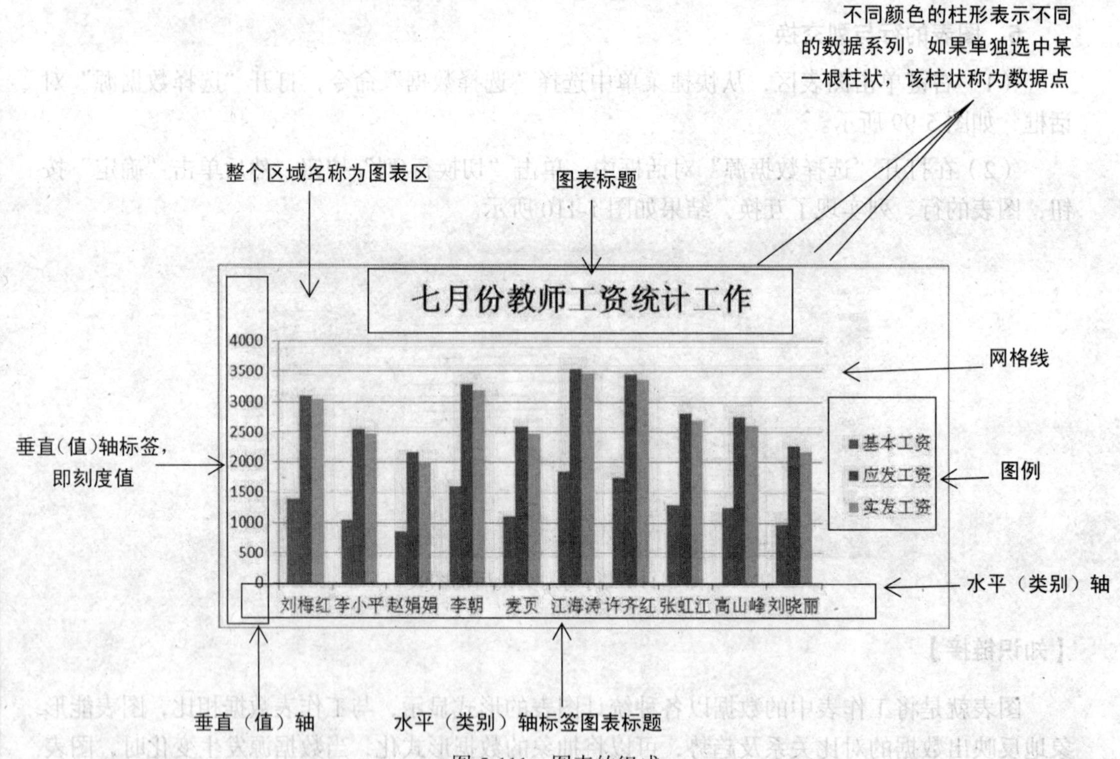

图 5-111　图表的组成

（2）常用图表的分类

Excel 提供的图表类型有 11 种之多，用户使用时要记住一个原则，尽量使用最简单的图表，下面对几种常见的图表进行介绍。

① 柱形图：是 Excel 默认的图表类型，用长条显示数据点的值。用来显示一段时间内数据的变化或者各组数据之间的比较关系。通常横轴为分类项，纵轴为数值项。

② 条形图：类似于柱形图，强调各个数据项之间的差别情况。纵轴为分类项，横轴为数值项，这样可以突出数值的比较，如图 5-112 所示。

③ 折线图：将同一系列的数据在图中表示成点，并用直线连接起来，适用于显示某段时间内数据的变化及其变化趋势。

④ 饼图：只适用于单个数据系列间各数据的比较，显示数据系列中每一项占该系列数值总和的比例关系，如图 5-113 所示。

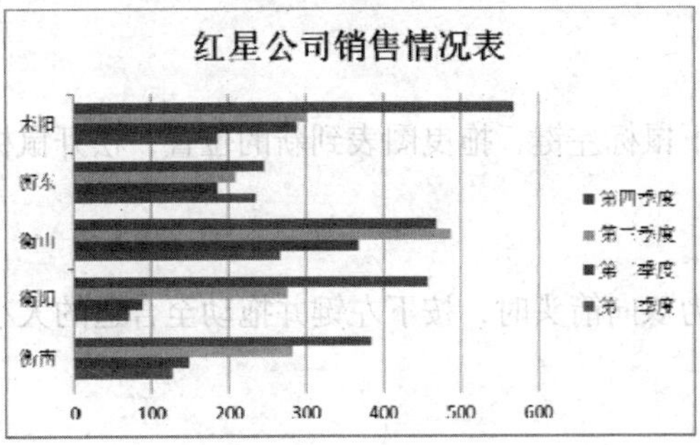

图 5-112　条形图

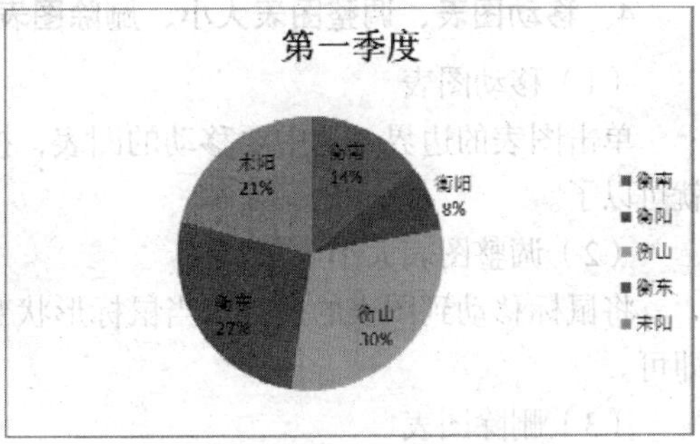

图 5-113　饼图

⑤ 散点图：用于比较几个数据系列中的数值，也可以将两组数值显示为 xy 坐标系中的一个系列。它可按不等间距显示出数据，有时也称为簇，多用于科学数据分析，如图 5-114 所示。

⑥ 面积图：将每一系列数据用直线段连接起来，并将每条线以下的区域用不同颜色填充。面积图强调幅度随时间的变化，通过显示所绘数据的总和，说明部分和整体的关系，如图 5-115 所示。

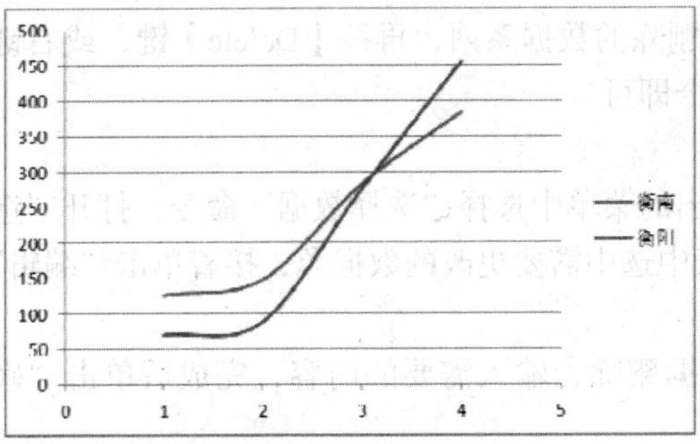

图 5-114　散点图

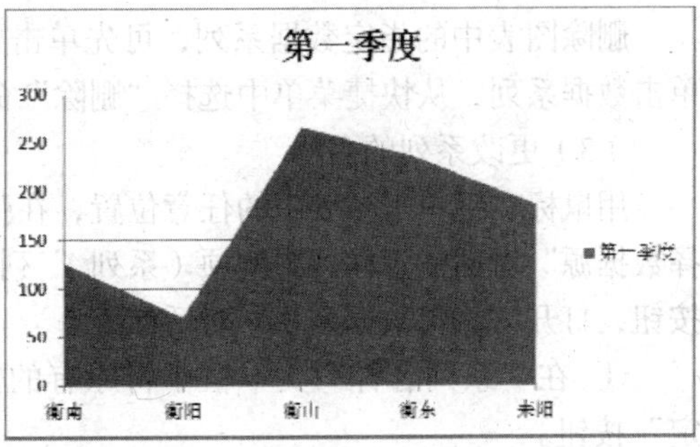

图 5-115　面积图

2. 图表的新建

创建图表的一般步骤是：先选定创建图表的数据区域。选定的数据区域可以连续，也可以不连续。注意，如果选定的区域不连续，每个区域所在的行或所在列有相同的矩形区域；如果选定的区域有文字，文字应在区域的最左列或最上行，以说明图表中数据的含义。建立图表的具体操作如下所述。

（1）选定要创建图表的数据区域。

（2）切换到“插入”选项卡，单击“图表”选项组，选择要创建的图表的类型，即可在工作表中创建图表。

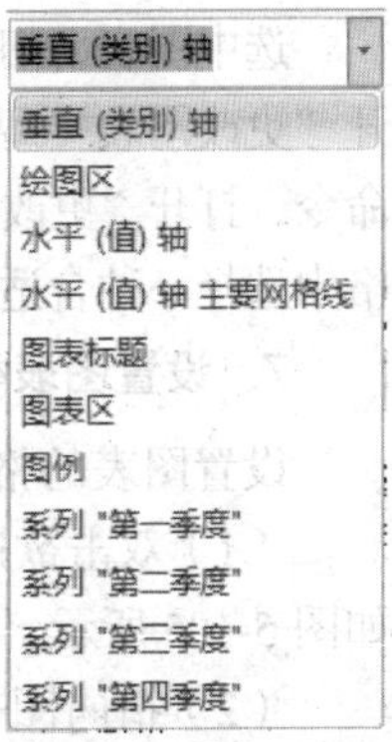

图 5-116　“图表元素”下拉列表框

3. 如何选中图表选项

图表创建完毕后，可以根据需要重新设置或修改图表的标题、坐标轴、图例和数据标志等选项，首先选择需要设置的选项，选中图表选项操作如下：单击图表选项，将其选定或者单击图表的任意位置，切换到图表工具中的“格式”选项卡，在“当前所选内容”选项中单击“图表元素”下拉列表框右侧的箭头按钮，从下拉列表框中选择图表选项，如图 5-116 所示。

4. 移动图表、调整图表大小、删除图表

（1）移动图表

单击图表的边界，选中要移动的图表，按下鼠标左键，拖曳图表到新的位置，松开鼠标就可以了。

（2）调整图表大小

将鼠标移动到图表的边界，当鼠标形状变为双向箭头时，按下左键并拖动至合适的大小即可。

（3）删除图表

选中图表后，直接按【Delete】键，或者选中图表，切换到“开始”选项卡，单击“编辑”选项组中的“清除”按钮，选择“全部清除”命令。

5. 编辑图表中的数据

（1）增加数据

- 右键单击图表区，从快捷菜单中选择“选择数据”命令，打开“选择数据源”对话框。
- 在该对话框中单击“添加”按钮。打开“编辑数据系列”对话框，在对话框中设置需要添加的系列名称和系列值。

（2）删除数据

删除图表中的指定数据系列，可先单击要删除的数据系列，再按【Delete】键，或右键单击数据系列，从快捷菜单中选择“删除”命令即可。

（3）更改系列的名称

用鼠标右键单击图表中的任意位置，在弹出的菜单中选择“选择数据”命令，打开“选择数据源”对话框。在“图例项（系列）”列表中选中需要更改的数据源，接着单击“编辑”按钮，打开“编辑数据系列”对话框。

① 在“系列名称”文本框中将原有的数据删除，输入需要的内容，完成后单击“确定”按钮。

② 返回到“选择数据源”对话框中，再次单击“确定”按钮即可完成修改。

6. 更改图表的类型

选中图表，切换到“设计”选项卡，单击“类型”选项组中的“更改图表类型”按钮，打开“更改图表类型”对话框，或者在图表区中右键单击，在快捷菜单中选择“更改图表类型”命令，打开“更改图表类型”对话框，在对话框左侧选择一种合适的图表类型，接着在右侧窗格中选择一种合适的图表样式，单击“确定”按钮，即可看到更改后的结果，如图 5-94 所示。

7. 设置图表格式

设置图表的格式是指对图表中各个元素进行文字、颜色、外观等格式的设置。

（1）双击欲进行格式设置的图表元，如双击图表区，打开“设置图表区格式”对话框，如图 5-105 所示。

（2）指向图表元素，用右键单击，从快捷菜单中选择该图表对象格式设置命令，打开图表对象格式对话框，如图 5-108 所示。

实操练习

1．打开任务 3 实操练习中的文件“sc6-6.XLS”，继续完成以下操作。

（1）在 Sheet1 中使用“姓名”和“总工资”两列中的数据创建一个圆环图。

（2）在 Sheet2 工作表中设置表格标题为打印标题。

（3）最终效果图如图 5-117 所示。

2．打开任务 3 实操练习中的文件“sc6-9.XLS”，继续完成以下操作。

（1）在 Sheet1 中单元格区域“A3：B8”的数据创建一个三维簇状条形图，添加相应的图表标题。

（2）在 Sheet2 工作表的第 9 行上方插入分页线，设置表格标题为打印标题。

（3）最终效果图如图 5-118 所示。

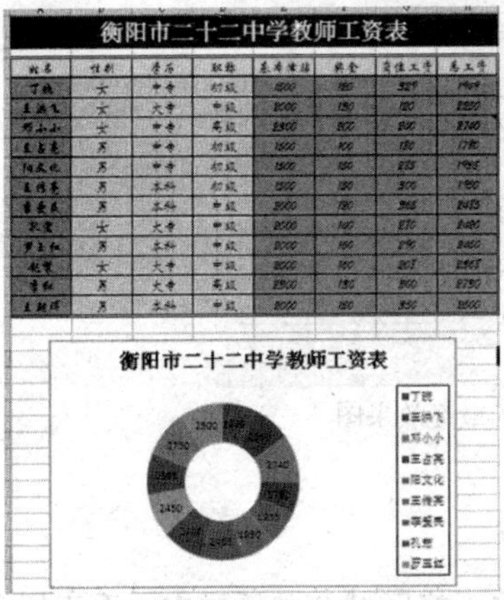

图 5-117　sc6-6.xls 文件的最终效果图

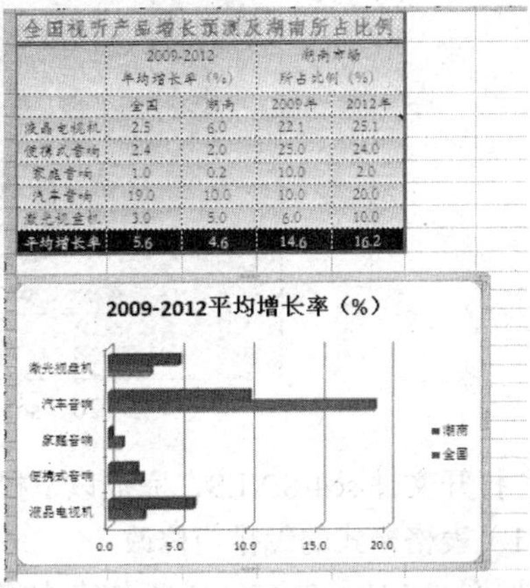

图 5-118　sc6-9.xls 文件的最终效果图

3．打开文件 sc5-17.XLS，完成以下操作

（1）创建图表：按照图 5-119，选取 Sheet1 中适当的数据，在 Sheet1 中创建一个簇状柱形图。

（2）设定图表的格式：按照图 5-119，将图表的标题格式设置为华文彩云、常规 16 号、蓝色，将图例中的文字设置为隶书、9 号、深蓝，并添加边框线、黑色实线，设置宽度为 1.25 磅。

（3）修改图表中的数据：按照图 5-119，将电子产品四月的数据标志改为 60，字体颜色为深红，在图中相应的位置显示出来，从而改变工作表中的数据。

（4）为图表添加外部数据：按照图 5-119，从 Sheet2 中添加化工产品的各月数据。

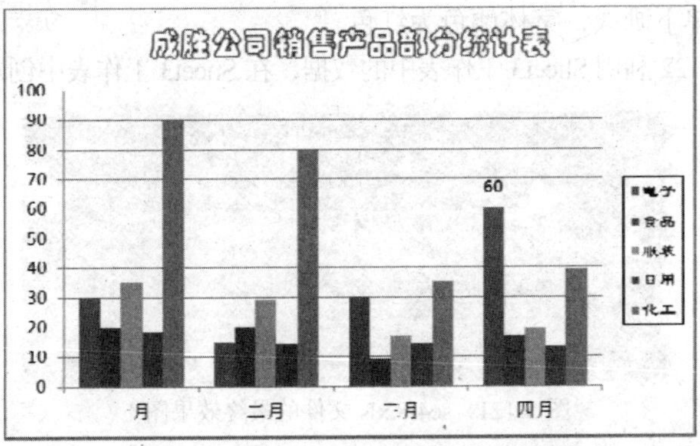

图 5-119　sc5-17.xls 文件的最终效果图

4．打开文件 sc5-20.XLS，完成以下操作

（1）创建图表：按照图 5-120，选取 Sheet1 中适当的数据，在 Sheet1 中创建一个折线图的工作表。

（2）图表的格式修定：按照图 5-120，将图表的标题格式设置为隶书、常规 18 号、紫色；将图表区的背景设置为羊皮纸纹理的填充效果；将图例中的字体设置为 8 号，边框颜色为紫色实线，宽度为 1 磅，背景设置为图案填充 50%，前景色为浅绿；将绘图区的背景设置为雨后初晴的填充效果。

（3）添加误差线：选定图表中“理想商用计算机”系列，为图表添加一条“垂直误差线”，以“负偏差”的形式显示，“定值”为 100。

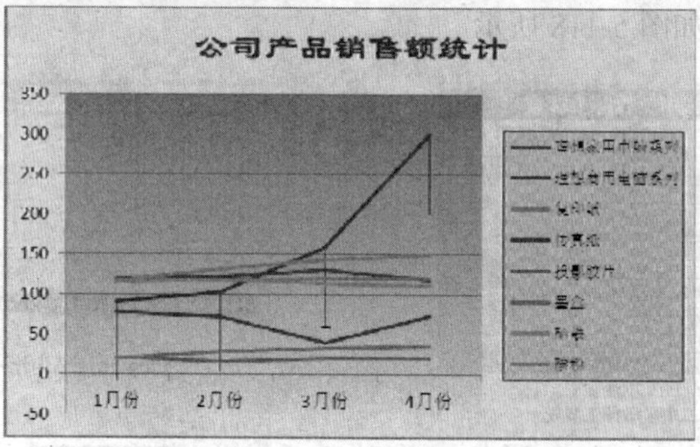

图 5-120　sc5-20.xls 文件的最终效果图

5．打开文件 sc4-8.XLS，完成以下操作

（1）表格格式的编排与修改。

按照图 5-121，在 Sheet1 工作表中将 A1：F1 单元格区域合并后居中，垂直居中；设置标题字体为隶书，字号为 20 磅，行高为 23。

按照图 5-121，在 Sheet1 工作表中将 A2：A3，B2：B3，C2：D2，E2：F2，A4：A6，A7：A9 分别合并后垂直居中。将数字区域设置为水平居中格式。

按照图 5-121，在 Sheet1 工作表中将“概率”2 列数据设置为百分比格式；“利润”2 列数据设置为会计专用格式，应用货币符号。

按照图 5-121 在 Sheet1 工作表中将各列列宽设置为 10，将表格中的所有文字及数值水平居中。

按照图 5-121 为 Sheet1 工作表添加背景。

（2）如所完成操作与效果图不一致，以实际操作为主。

（3）利用条件格式将 Sheet2 工作表的“第二年”中“利润”数据区中大于或等于 7000 的数据设置为添加单下画线，字体颜色为红色。

（4）按照图 5-122 利用 Sheet3 工作表中的数据，在 Sheet3 工作表中创建一个簇状柱形图表。

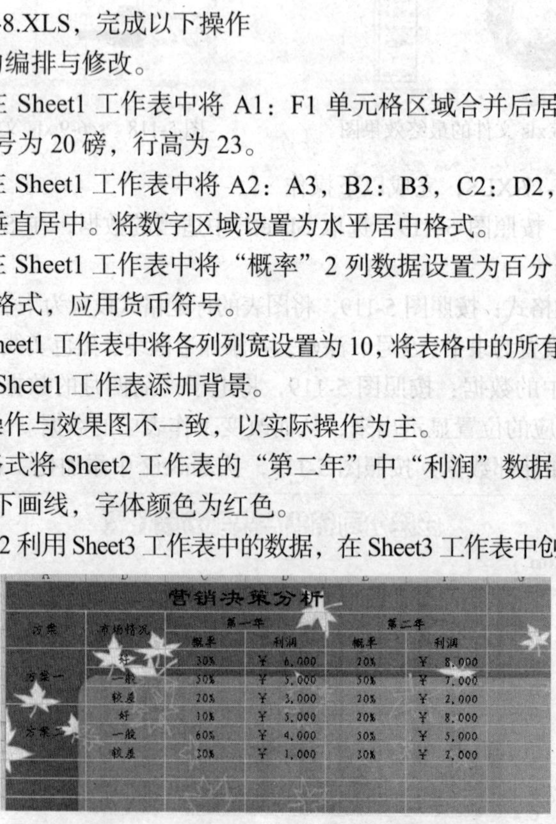

营销决策分析

方案	市场情况	第一年		第二年	
		概率	利润	概率	利润
方案一	好	30%	¥ 6,000	20%	¥ 8,000
	一般	50%	¥ 5,000	50%	¥ 7,000
	较差	20%	¥ 3,000	20%	¥ 2,000
方案二	好	10%	¥ 5,000	20%	¥ 8,000
	一般	60%	¥ 4,000	50%	¥ 5,000
	较差	30%	¥ 1,000	30%	¥ 2,000

图 5-121　sc4-8.xls 文件的最终效果图 1

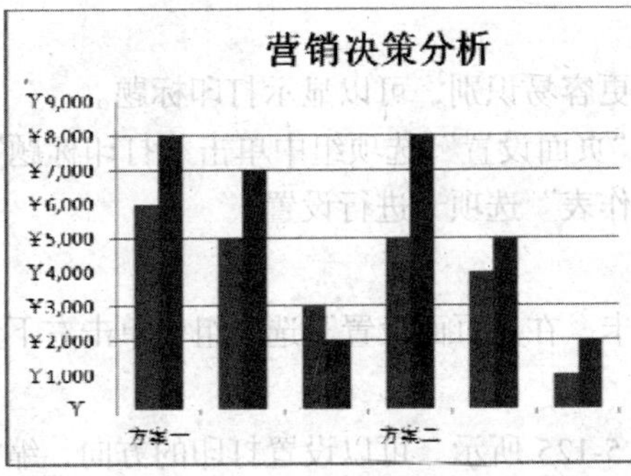

图 5-122　sc4-8.xls 文件的最终效果图 2

【能力拓展】

打印工作表

当建立、编辑和美化工作表之后，通常要做的工作就是把它打印出来。为了使打印的表格清晰、美观，可以增加页眉、页脚等页面设置，还可以在屏幕上预览打印的效果。

1. 页面设置选项组

切换到“页面布局”选项卡，在“页面设置”选项组（见图 5-123）中可以对要打印的工作表进行相关设置。

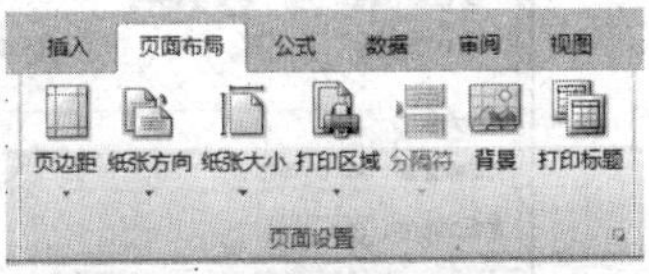

图 5-123　“页面布局”选项卡

（1）设置纸张大小

设置纸张大小就是设置以多大的纸张进行打印。

① 切换到“页面布局”选项卡，在“页面设置”选项组中单击“纸张大小”按钮，从下拉菜单中选择所需的纸张，如图 5-124 所示。

② 如果要自定义纸张大小，选择“其他纸张大小”命令，打开“页面设置”对话框，切换到“页面”选项卡进行设置。

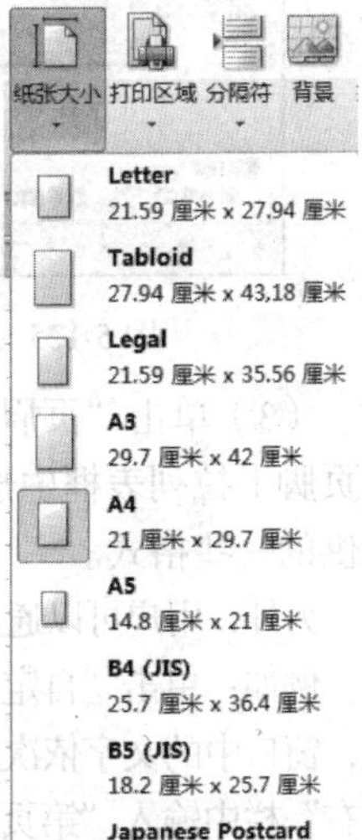

图 5-124　“纸张大小”菜单

（2）设置纸张方向

设置纸张方向就是设置页面是横向打印还是纵向打印。切换到“页面布局”选项卡，在“页面设置”选项组中单击“纸张方向”按钮，从下拉菜单中选择“纸张方向”命令。

（3）设置页边距

① 切换到“页面布局”选项卡，在“页面设置”选项组中单击“页边距”按钮，从下拉菜单中选择一种页边距方案。

② 如果要自定义页边距，选择“自定义边距”命令，打开“页面设置”对话框，然后切换到“页边距”选项卡进行设置。

（4）设置打印区域

如果要打印部分区域，首先选定要打印的区域，然后切换到“页面布局”选项卡，在“页面设置”选项组中单击“打印区域”按钮，从下拉菜单选择“设置打印区域”命令。

（5）设置打印标题

如果要使行和列在打印后更容易识别，可以显示打印标题。

切换到“页面布局”，在“页面设置”选项组中单击“打印标题”按钮，打开“页面设置”对话框，然后切换到“工作表”选项卡进行设置。

2. **“页面设置”对话框**

切换到“页面布局”选项卡，在“页面设置”选项组中单击右下角的按钮，打开“页面设置”对话框。

（1）“页面”选项卡如图 5-125 所示。可以设置打印的方向、缩放比列、纸张大小、打印质量、起始页码等内容。例如在“方向”区中，设置页面打印方向为“横向”，在“缩放”区中确定缩放比例为 100%，在“纸张大小”列表框中选择打印纸 A4，起始页码为自动。

（2）单击“页边距”选项卡，如图 5-126 所示。可以设置数据到页边之间的距离，包括上、下、左、右，以及页眉、页脚与页边距的距离。可以设置表格内容的居中方式为“水平”或“垂直”。“水平”居中指在左右页边距之间水平居中显示表格；“垂直”居中指在上下页边距之间垂直居中显示表格，两者同时选中时，工作表在打印纸上同时使用水平居中和垂直居中。

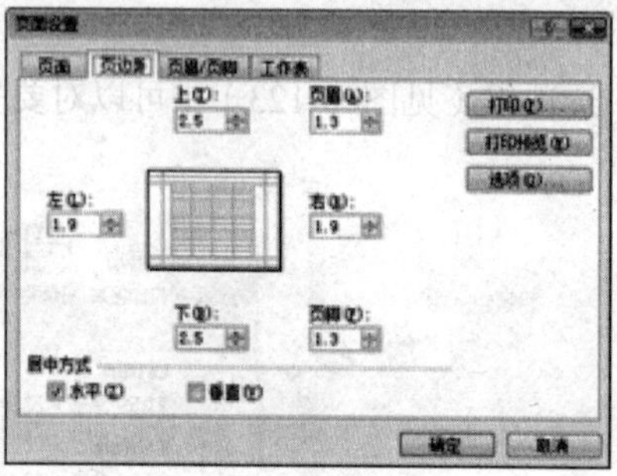

图 5-125 “页面”选项卡

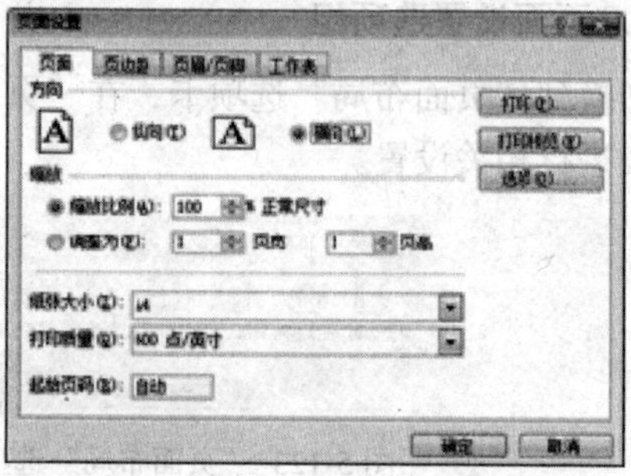

图 5-126 “页边距”设置选项卡

（3）单击“页眉/页脚”选项卡，如图 3-127 所示。定义页眉或页脚的方法，是在页眉或页脚下拉列表框中选择需要的页眉或页脚。设在页眉或页脚下拉列表框中的选项是 Excel 提供的一些格式。

另外，用户可以通过单击“自定义页眉”按钮或“自定义页脚”按钮，来实现页眉或页脚的设置。例如：单击“自定义页眉”按钮，弹出新对话窗。Excel 将页眉分为“左”、“中”、“右” 3 个栏，窗口中的文字依次解释了窗口中 7 个按钮的作用。首先在“左”栏中输入“衡阳财工院”；在“右”栏中输入“第页/共页”，然后移动光标到“第”和“页”之间，单击“页码”按钮，再将光标移动到“共”和“页”之间，单击“总页码”按钮 。单击“确定”按钮，如图 3-128 所示。

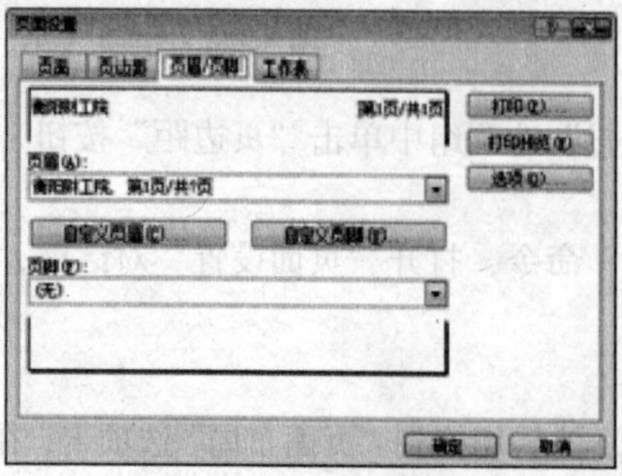

图 5-127 “页眉/页脚”选项卡

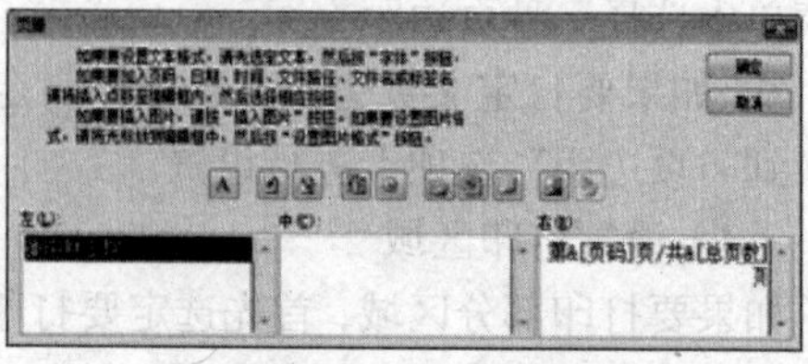

图 5-128 自定义页眉对话框

（4）进入“工作表”选项卡，如图 5-129 所示。可设置需要打印工作表的特定区域，在“打印区域”文本框中输入该区域或单击按钮，然后用鼠标在工作表中选择要打印的单元格区域；如果要打印的工作表内容较长，需输出多页，且每页要打印相同的行、列标题，则可以在“打印标题”选区中的“顶端标题行”和“左端标题列”文本框中输入其所在的行号或列号，或单击按钮后用鼠标选择工作表中作为标题的行或列。

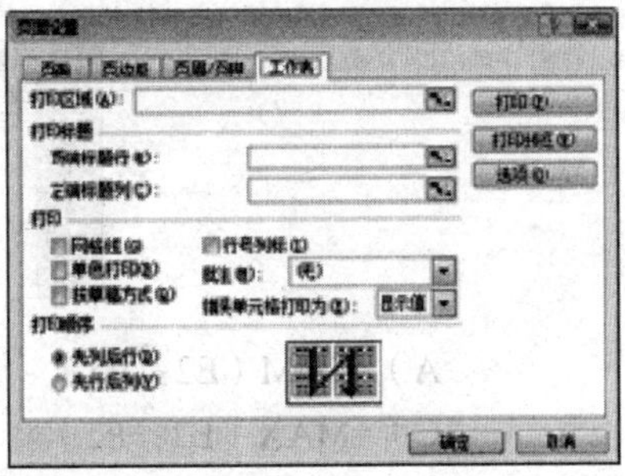

图 5-129 “工作表”选项卡

项目训练

1. 单项选择题

（1）在 Excel 中，函数 COUNT（2，"4"，"b"）的值为_____。

A）1　　B）2　　C）3　　D）4

（2）当工作表中未对小数位数进行特殊设置时，函数 INT（202.35）的值为_____。

A）202　　B）202.3　　C）202.35　　D）200

（3）在 Excel 中，利用鼠标“拖动”在某一列或某一行中“自动填充”数据的正确方法是_____。

A）选中待复制数据的单元格→将鼠标指针移到“填充柄”上→当鼠标指针变成空心“十”字形时，向下或向右拖动鼠标即可复制

B）选中待复制数据的单元格→将鼠标指针移到“填充柄”上→当鼠标指针变成实心“十”字形时，向下或向右拖动鼠标即可复制

C）选中待复制数据的单元格→直接向下或向右拖动鼠标即可复制

D）选中待复制数据的单元格→再一手按住【Ctrl】键不放，拖动鼠标即可

（4）一个 Excel 的工作簿中所包含的工作表的个数是_____。

A）只能是 1 个　　B）只能是 2 个　　C） 只能是 3　　D） 可能超过 3 个

（5）现要将某工作表的 D2 单元格的内容复制到 J5 单元格，下列操作中，错误的是_____。

A）单击 D2 单元格→按【Ctrl+V】组合键→单击 J5 单元格→按【Ctrl+C】组合键

B）单击 D2 单元格→单击工具栏“复制”按钮→单击 J5 单元格→按【Ctrl+V】组合键

C）单击 D2 单元格→按【Ctrl+C】组合键→单击 J5 单元格→单击工具栏中的“粘贴”按钮

D）单击 D2 单元格→单击工具栏“复制”按钮→单击 J5 单元格→单击工具栏中的“粘贴”按钮

（6）在 Excel 的默认设置下，下列哪个操作可以增加一张新的工作表_____。

A）右键单击工作表标签条，从弹出菜单中选“插入”命令

B）单击工具栏中的“新建”按钮

C）从“文件”菜单中选择“新建”命令

D）右键单击任意单元格，从弹出菜单中选“插入”命令

（7）在如下工作表的 E6 单元格中填写总成绩的最低分，应使用下述哪个计算公式____。

	A	B	C	D	E
1	学号	姓名	笔试成绩	操作成绩	总成绩
2	1	方玉琴	70	60	130
3	2	王宇昂	80	36	116
4	3	王美会	80	86	166
5	4	文尔斯	75	74	149
6					

A）=SUM（E2：E5）　　B）=AVERAGE（E2：E5）

C）=MAX（E2：E5）　　D）=MIN（E2：E5）

（8）在如下工作表中，A1 单元格至 F1 单元格中哪个单元格的值与函数 MAX（A1：F1）的值相同____。

	A	B	C	D	E	F
1	1	2	3	4	5	0
2	3					
3						

A）F1　　B）D1　　C）C1　　D）E1

（9）已在某工作表的 F1、G1 单元格中分别填入了 3.5 和 4.5，并将这 2 个单元格选定，然后向左拖动填充柄，在 E1、D1、C1 中分别填入的数据是______。

	A	B	C	D
1	89.45	59.5	76.2	
2				

A）0.5、1.5、2.5　　B）2.5、1.5、0.5

C）3.5、3.5、3.5　　D）4.5、4.5、4.5

（10）在如下工作表中，在未对小数位数进行特殊设置的情况下，函数 ROUND（B1，0）的值为_____。

A）59.0　　B）59　　C）59.　　D）60

（11）给 Excel 工作表改名的正确操作是_____。

A）右键单击工作表标签中的某个工作表名，从弹出菜单中选择“重命名”命令

B）单击工作表标签中的某个工作表名，从弹出菜单中选择“插入”命令

C）右键单击工作表标签中的某个工作表名，从弹出菜单中选择“插入”命令

D）单击工作表标签中的某个工作表名，从弹出菜单中选择“重命名”命令

（12）在单元格中输入字符串 3300929 时，应输入______。

A）3300929B　　B）“3300929”　　C）'3300929　　D）3300929'

（13）在 Excel 单元格引用中，B5：E7 包含_____。

A）2 个单元格　　B）3 个单元格

C）4 个单元格　　D）12 个单元格

（14）以下单元格地址中，_______是相对地址。

A）$A$1　　B）$A1　　C）A$1　　D）A1

（15）在 Excel 工作表中，已创建好的图表中的图例_____。

A）按【Delete】键可将其删除　　B）不可改变其位置

C）只能在图表向导中修改　　D）不能修改

（16）当向 Excel 工作表单元格输入公式时，使用单元格地址 D$2 引用 D 列 2 行单元格，该单元格的引用称为______。

A）绝对地址引用　　B）交叉地址引用

C）混合地址引用　　D）相对地址引用

（17）关于删除工作表的叙述错误的是______。

A）工作表的删除是永久性删除，不可恢复

B）右键单击当前工作表标签，再从快捷菜单中选“删除”命令可删除当前工作表

C）执行“编辑/删除工作表”菜单命令可删除当前工作表

D）误删了工作表，可单击工具栏的“撤销”按钮撤消删除操作

（18）关于图表的错误叙述是______。

A）当工作表区域中的数据发生变化时，由这些数据产生的图表的形状会自动更新。

B）图表可以放在一个新的工作表中，也可嵌入在一个现有的工作表中

C）只能以表格列作为数据系列

D）选定数据区域时最好选定带表头的一个数据区域

（19）可用______表示 Sheet2 工作表的 B9 单元格。

A）=Sheet2!B9　　B）=Sheet2：B9

C）=Sheet2.B9　　D）=Sheet2$B9

（20）设 A1 单元格中的公式为=AVERAGE（C1：E5），将 C 列删除后，A1 单元格中的公式将调整为______。

A）=AVERAGE（C1：D5）　　B）出错

C）=AVERAGE（D1：E5）　　D）=AVERAGE（C1：E5）

（21）为了区别“数字”与“数字字符串”数据，Excel 要求在输入项前添加______符号来区别。

A）'　　B）@　　C）#　　D）"

（22）下列操作中，不能在 Excel 工作表的选定单元格中输入公式的是______。

A）选择“编辑”菜单中的“对象...”命令

B）单击工具栏中的“粘贴函数”按钮

C）选择“插入”菜单中的“函数”命令

D）单击“编辑公式”按钮，再从左端的函数列表中选择所需函数

（23）下面关于工作表与工作簿的论述正确的是______。

A）一个工作簿保存在一个文件中

B）一个工作簿的多张工作表类型相同，或同是数据表，或同是图表

C）一张工作表保存在一个文件中

D）一个工作簿中一定有 3 张工作表

（24）在 Excel 中，下列______是输入正确的公式形式。

A）==sum（d1：d2）　　B）='c7+c1

C）=8^2　　D）>=b2*d3+1

（25）在 Excel 中，下面操作序列将选取______区域：单击 A2 单元格，按【F8】键，单击 E8 单元格，单击 D9 单元格，再按【F8】键。

A）E8：D9　　B）A2：E8　　C）A2：E9　　D）A2：D9

（26）在 Excel 中，选取整个工作表的方法是________。

A）按【Ctrl+A】组合键

B）选择“编辑”/“全选”命令

C）单击 A1 单元格，然后按住【Shift】键单击当前屏幕右下角的单元格

D）单击 A1 单元格，然后按住【Ctrl】键单击工作表右下角的单元格

（27）在 Excel 中，有时需要对不同的文字进行标示，使其满足同一标准。为此，Excel 提供了两个特殊的符号来执行这一工作。“?”是两个特殊的符号之一。该符号表示__________。

A）一个或任意个字符

B）任意字符

C）只有该符号后面的文字符合准则

D）除了该符号后面的文字外，其他都符合准则

（28）在 Excel 中，在选择了内嵌图表后，改变它的大小的方法是________。

A）按【+】号或【-】号　　B）用鼠标拖拉图表边框上的控制点

C）按【↑】键或【↓】键　　D）用鼠标拖拉它的边框

（29）在向 Excel 工作表的单元格里输入公式，运算符有优先顺序，下列________说法是错误的。

A）百分比优先于乘方　　B）字符串连接优先于关系运算

C）乘方优先于负号　　D）乘和除优先于加和减

（30）作为数据的一种表示形式，图表是动态的，当改变了其中________之后，Excel 会自动更新图表。

A）*x* 轴上的数据　　B）标题的内容

C）所依赖的数据　　D）*y* 轴上的数据

2. 操作题

（1）打开工作簿文件 XM1.XLS 进行如下操作。

- 将工作表 Sheet1 的 A1：C1 单元格合并为一个单元格，内容居中，计算“数量”列的“总计”项及“所占比例”列的内容（所占比例=数量/总计，所占比例为“百分比”形式），将工作表命名为“人力资源情况表”。
- 取“人力资源情况表”的“人员类型”列和“所占比例”列的单元格内容（不包括“总计”行），建立“分离型饼图”，系列产生在列，数据标志为“显示百分比”，标题为“人力资源情况图”，插入到表的 A9：E29 单元格区域内

（2）创建工作簿文件“XM2.XLS”，要求在 XM2.XLS 中完成以下操作。

- 在 Sheet1 工作表中建立如下内容，并用函数求出每个人的全年工资，表格中的所有数据为紫色、19 磅、居中放置，并自动调整行高和列宽，数值数据加美元货币符号，表格标题为绿色，合并居中，工作表命名为“工资表”。

	A	B	C	D	E	F
1	工资表					
2	姓名	1～3	4～6	7～9	10～12	全年
3	程东	3500	3802	4020	4406	15728
4	王梦	3468	3980	5246	4367	17061
5	刘莉	4012	3908	3489	5216	16625
6	王芳	3688	3766	3685	4589	15728

- 将工资表复制为一个名为“排序”的新工作表，在“排序”工作表中，按全年工资从高到低排序，全年工资相同时，按 10～12 月工资从大到小排，结果保存在 XM2.XLS 中。
- 将工资表复制为一张新工作表，并为此表数据（第 1 行、第 6 列除外）创建“簇状柱形图”，横坐标为“各季度”，图例为“姓名”，工作表名为“图表”，图表标题为“工资图表”。结果保存在 XM2.XLS 中。

（3）打开工作簿文件 XM3.XLS 或者 XM3A 进行如下操作。

- 打开工作簿文件 XM3.XLS，将工作表 Sheet1 的 A1：D1 单元格合并为一个单元格，

内容居中；计算“销售额”列（销售额=销售数量×单价），将工作表命名为“图书销售情况表”。

- 打开工作簿文件 XM3A.XLS，对工作表内的数据清单的内容按主要关键字为“总成绩”的递减次序和次要关键字为“学号”的递增次序进行排序，排序后的工作表还保存在 XM3A.XLS 工作簿文件中，工作表名不变。

（4）打开工作簿文件 XM4.XLS 进行如下操作。

- 将工作表 Sheet1 的 A1：D1 单元格合并为一个单元格，内容居中；计算“总计”行的内容，将工作表命名为“费用支出情况表”。
- 选择“季度”、“工资”、“办公费用”和“房租”列，建立“簇状柱形图”（“总计”项不计），图表标题为“汇总表”，系列产生在“列”，数据标志为显示“值”，并将其嵌入 A6：F20 区域中，完成后按原文件名保存。

（5）打开工作簿文件 XM5.XLS 进行如下操作。

- 将工作表 Sheet1 的 A1：D1 单元格合并为一个单元格，内容居中；计算“增长比例”列的内容［增长比例=（此月销量-上月销量）/此月销量］，将工作表命名为“近两月销售情况表”。
- 取“近两月销售情况表”的“产品名称”列和“增长比例”列的单元格内容，建立“柱形圆锥图”，*x* 轴上的项为“产品名称”（系列产生在“列”），标题为“近两月销售情况图”。插入到表的 A7：F18 单元格区域内。

（6）打开工作簿文件 XM6.XLS 或者 XM6A 进行如下操作。

- 打开工作簿文件 XM6.XLS 文件，将 Sheet1 工作表的 A1：E1 单元格合并为一个单元格，水平对齐方式，设置为居中；计算各单位 3 种奖项的合计，将工作表命名为“各单位获奖情况表”，选取“各单位获奖情况表”的 A2：D8 单元格区域的内容，建立“簇状柱形图”，*x* 轴为单位名，图表标题为“获奖情况图”，不显示图例，显示数据表和图例项标示，将图插入到工作表的 A10：E25 单元格区域内。
- 打开工作薄文件 XM6A.XLS，对工作表“数据库技术成绩单”内数据清单的内容按主要关键字“系别”的降序次序和次要关键字“学号”的升序次序进行排序（将任何类似数字的内容排序），对排序后的数据进行自动筛选，条件为考试成绩大于或等于 80，并且实验成绩大于或等于 17，工作表名不变，工作薄名不变。

（7）打开工作簿文件 XM7.XLS 或者 XM7A 进行如下操作。

- 打开 XM7.XLS 文件：将 Sheet1 工作表的 A1：E1 单元格合并为一个单元格，内容水平居中；计算“同比增长”列的内容（同比增长=（07 年销售量–06 年销售量）/06 年销售量，百分比型，保留小数点后两位）；如果“同比增长”所在列的内容高于或等于 20%，在“备注”列内给出信息“较快”，否则内容“ ”（一个空格）（利用 IF 函数）；选取“月份”列（A2：A14）和“同比增长”列（D2：D14）数据区域的内容，建立“数据点折线图”（系列产生在“列”），标题为“销售同比增长统计图”，清除图例；将图插入到表的 A16：F30 单元格区域内，将工作表命名为“销售情况统计表”，保存 XM7.XLS 文件。
- 打开 XM7A.XLS，对工作表“图书销售情况表”内数据清单的内容，按主要关键字“经销部门”的降序次序和次要关键字“季度”的升序次序进行排序，对排序后的数据进行高级筛选（在数据表格前插入 3 行，条件区域设在 A1：F2 单元格区域），条件为社科类图书且销售量排名在前二十名，工作表名不变，保存 EXC.XLS 工作簿。

（8）打开工作簿文件 XM8.XLS 进行如下操作。

- 在 Sheet1 工作表中建立如下内容，并用公式求出每个人的月平均工资，并为其添加人民币符号，保留两位小数，表中数据 15 磅、居中，行高 22，列宽 15。标题倾斜加下画线、合并居中。工作表命名为“工资表”。
- 将工资表复制为一个名为“筛选”的新工作表，在“筛选”工作表中，将月平均工资在 5000 元以下的筛选出来，结果保存在 XM8.XLS 中。
- 将工资表复制为一张新工作表，将表中第 6 列删除，并在第 4 行前添加一行，设置姓名为陈峰，将表格外框设置为紫色双实线，内线为粉红色单实线，工作表命名设置为“修改”，结果保存在 XM8.XLS 中。

项目六

PowerPoint 2010 演示文稿

教学目标

- 掌握文本的输入与编辑、幻灯片的基本操作，能创建和编辑简单的演示文稿。
- 掌握各种对象的插入方法，并能对各种对象进行适当的处理。
- 能对演示文稿的外观（静态）进行修饰，包括背景、图片处理及母版的设计。
- 掌握演示文稿的动态制作，能对演示文稿的放映过程进行控制。
- 逐步提供学生利用演示文稿传递自己的思想和情感、完成作品创作的能力。
- 培养学生自主学习、合作学习的能力，鼓励学生相互协作，培养团队合作精神。

教学内容

- 演示文稿的含义及功能。
- Powerpoint 2010 的基本操作。
- 文本的处理与段落格式的设置。
- 幻灯片对象的插入与编辑。
- 超链接的使用，设置对象动画效果，幻灯片切换。
- 排练时间和录制旁白、幻灯片放映控制、演示文稿文件类型的修改。

本项目以制作一个演示文稿——“牛牛会计师事务所”公司宣传稿为例，通过详尽的描述，介绍了 Microsoft Office PowerPoint 2010 的有关知识和操作技能。通过学习，可以快速掌握 PowerPoint 2010 的基本操作技能，熟悉制作演示文稿的完整流程，并能根据需要独立制作出符合要求的演示文稿。

PowerPoint 2010 是 Microsoft Office 2010 办公套装软件中的一个重要组成部分，专门用于设计、制作信息展示等领域（如演讲、作报告、各种会议、产品演示、商业演示等）的各种电子演示文稿。

在信息社会里，经常需要进行诸如：宣传企业（个人）形象、展示企业（个人）风采、介绍新产品等展示和演讲工作，这些工作能否取得成功，关键是演讲者能否将其想要表达的主要内容给现场观众留下深刻的印象。传统的照本宣科或即兴发挥式演讲难以使观众抓住演讲重点，此时，若能将演讲内容制作成演示文稿（幻灯片）简明扼要地展示在观众面前，辅以必要图片甚至视频剪辑，再加上演讲人现场激情的演讲，那么这项工作必将取得成功。

但为了减少不必要的操作，我们还是要遵循一定的流程。一般演示文稿的具体制作阶段，我们可以参照以下流程。

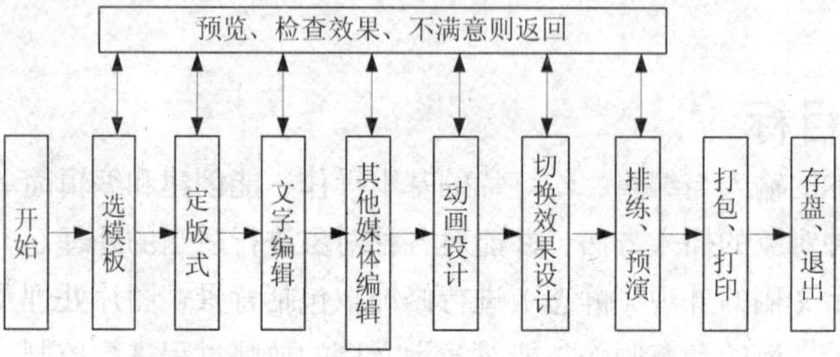

这个流程中的有些步骤顺序是可以调整的。

任务 1　幻灯片静态制作

PowerPoint 2010 的启动与退出和 Office 2010 套件中的其他成员类似，这里就不再赘述。下面主要介绍演示文稿的基本操作。

任务 1.1　PowerPoint 2010 的基本操作

【任务描述】

制作一个简单的演示文稿介绍“牛牛会计师事务所”的基本情况。

（1）启动 PowerPoint 2010。

（2）创建演示文稿框架。选择一个自己喜欢的主题，如“流畅”，统一风格。

（3）新建 4 张幻灯片，其主题分别为“牛牛会计师事务所”、“服务宗旨”、“业务范围”、“公司简介”，具体文本内容如图 6-1 所示。

（4）设置第 1 张幻灯片版式为“标题幻灯片”，设置第 4 张幻灯片（公司简介）版式为“两栏内容”，其余幻灯片版式为“标题和内容”，其他幻灯片版式设置为“标题和内容”。

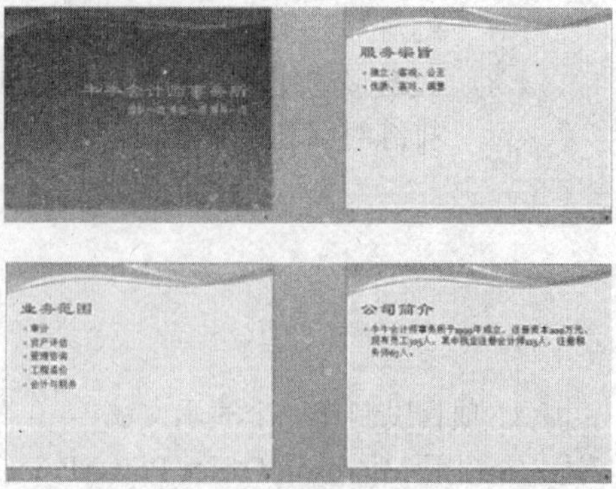

图 6-1　新建的 4 张幻灯片的文字内容

（5）调整幻灯片的顺序。将该演示文稿中的第 4 张幻灯片“公司简介”移动到第 1 张幻灯片后面，成为第 2 张幻灯片。将第 1 张幻灯片复制到第 4 张幻灯片后面，成为第 5 张幻灯片，觉得不合适，又将第 5 张幻灯片删除。

（6）保存演示文稿至“我的文档”，命名为“牛牛会计师事务所”，最终效果如图 6-2 所示。

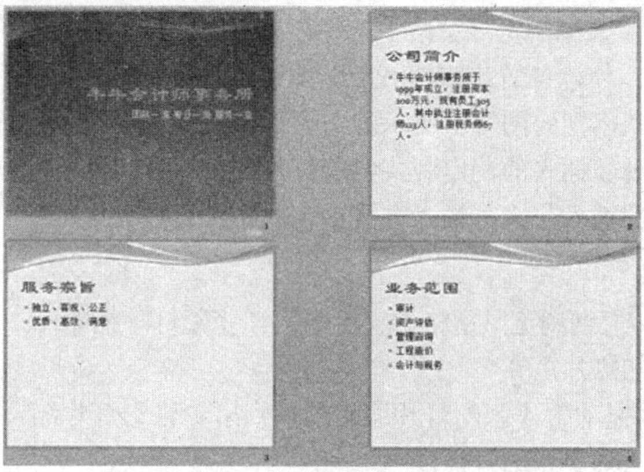

图 6-2　任务 1.1 效果

【任务实施】

1. 启动 PowerPoint 2010

单击【开始】按钮，选择【开始】/【所有程序】/【Microsoft Office】/【Microsoft Office PowerPoint 2010】命令。

2. 新建文件

执行【文件】选项卡中的【新建】命令，呈现图 6-3 所示的【可用的模板和主题】窗格。

在【主页】栏中，找到【主题】，并用鼠标左键单击，出现图 6-4 所示界面，从中选取“流畅”选项。

图 6-3 【可用的模板和主题】窗格

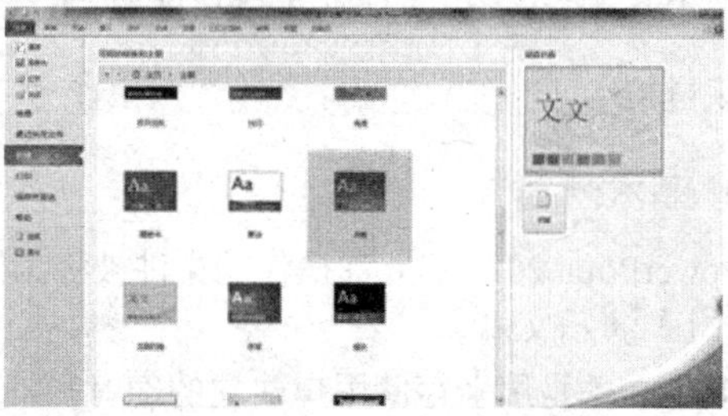

图 6-4　选取“流畅”主题

3. 输入文本

在第 1 张幻灯片的标题文本占位符中输入“牛牛会计师事务所”，在副标题文本占位符中输入“团队一流 专业一流 服务一流”。

小知识	当建立空白演示文稿时，系统自动生成一张标题幻灯片，其中包括两个虚线框，框中有提示文字，这个虚线框称为占位符。占位符是预先安排的对象插入区域，对象可以是文本、图片、表格等，单击不同的占位符，即可插入相应的对象。单击占位符，提示文字消失，出现闪动的插入点，直接输入所需文本即可。 文本占位符是预先安排的文本插入区域，若希望在其他区域增添文本内容，可以在适当位置插入文本框，并在其中输入文本。与占位符不同，文本框中没有出现提示文字，只有闪动的插入点，在文本框中输入所需文本即可。

4. 插入幻灯片

在左侧的“幻灯片/大纲浏览”窗格中，单击第 1 张幻灯片缩略图（或者单击第 1 张幻灯片缩略图之后的位置，使该位置出现横线），单击【开始】选项卡中【幻灯片】组的【新建幻灯片】下拉按钮，从出现的图 6-5 所示的幻灯片版式列表中选择“标题和内容”选项，则在当前幻灯片后面出现新插入的制定版式的幻灯片。

其他 3 张幻灯片的插入与文本输入方式，在此不再赘述。

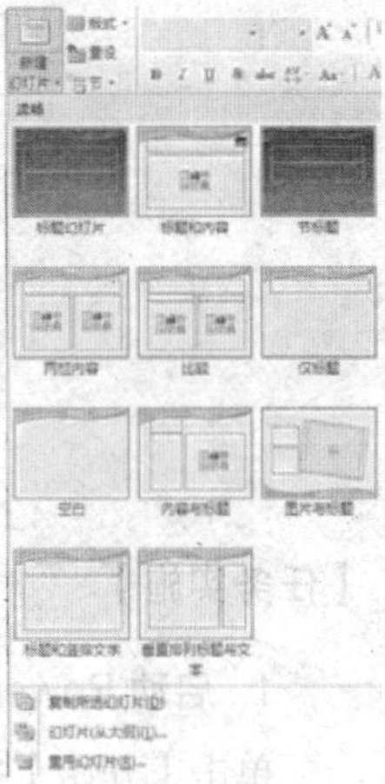

图 6-5　选择幻灯片版式

5. 调整幻灯片顺序

（1）在“幻灯片/大纲浏览”窗格中，单击第 4 张幻灯片缩略图，即可选定第 4 张幻灯片。

（2）用鼠标直接拖动第 4 张幻灯片缩略图到第 1 张幻灯片缩略图后面，即可成为第 2 张幻灯片。

（3）选定第 1 张幻灯片缩略图，执行【开始】选项卡中【剪贴板】组的【复制】命令，将鼠标移至第 4 张幻灯片缩略图后面，执行【开始】选项卡中【剪贴板】组的【粘贴】命令，即可将第一张幻灯片复制到第 4 张幻灯片后面，成为第 5 张幻灯片。

（4）选定要删除的第 5 张幻灯片缩略图，按删除键即可。或者用右键单击第 5 张幻灯片缩略图，在出现的快捷菜单中选择【删除幻灯片】命令，也可删除第 5 张幻灯片。

6. 保存演示文稿

执行【文件】选项卡中的【保存】命令，弹出【另存为】对话框，在【保存位置】中选择“我的文档”，在【文件名】一栏中输入“牛牛会计师事务所”，在【保存类型】一栏中选择“演示文稿”，单击【保存】按钮即可。

【知识链接】

1. 基本概念

PowerPoint 2010 建立和操作的文件被称为演示文稿，一个演示文稿由若干张幻灯片组成。

（1）演示文稿

演示文稿是用来存储用户建立的幻灯片。一个演示文稿对应一个扩展名为.pptx 的文件，该类文件的图标是P。

（2）幻灯片

幻灯片是演示文稿的基本组成单位，一张幻灯片就是演示文稿的一页，每张幻灯片的内容既相互独立又相互联系。制作一个演示文稿的过程就是制作一张张幻灯片的过程。

2. PowerPoint 2010 的窗口组成

PowerPoint 2010 的主界面窗口中包含下列组成部分：标题栏、菜单栏、工具栏、状态栏以及演示文稿编辑窗口，如图 6-6 所示。

图 6-6　PowerPoint 2010 的主界面窗口

3. 幻灯片的视图模式

视图是指当前演示文稿的不同显示方式。为了便于演示文稿的编排，PowerPoint 2010 根据不同的需要提供不同的视图模式，如“普通”视图、“幻灯片浏览”视图、“阅读”视图和“幻灯片放映”视图、“备注页”视图和“母版”视图 6 种视图。例如“普通”视图下可以同时显示“幻灯片”窗格、“幻灯片/大纲浏览”窗格和“备注”窗格，而“幻灯片放映”视图下可以放映当前演示文稿。

为了方便地切换各种不同视图，可以执行【视图】选项卡中的命令，也可以通过 PowerPoint 2010 窗口状态栏左下角的视图控制区域，如图 6-7 所示，实现各种视图之间的切换，以及调整幻灯片在窗口中显示的比例大小。

图 6-7　视图控制区域

（1）“普通”视图

执行【视图】功能选项卡中【演示文稿视图】组的【普通视图】命令，可以切换到“普通”视图。

“普通”视图是创建演示文稿的默认视图。在“普通”视图下，窗口由 3 个窗格组成：左侧的“幻灯片流浪/大纲”窗格、右侧上方的“幻灯片”窗格和右侧下方的“备注”窗格。可以同时显示演示文稿的幻灯片缩略图（或大纲）、幻灯片和备注内容。3 个窗格的大小可以调节，只要拖动两部分之间的分界线即可。其中，“幻灯片浏览/大纲”窗格可以显示幻灯片的缩略图或文本内容，这取决于该窗格上面的“幻灯片”和“大纲”选项卡。

“普通”视图可以用于撰写或设计幻灯片的内容，也可以对幻灯片进行复制、移动、删除等基本操作。

（2）“幻灯片浏览”视图

执行【视图】选项卡中【演示文稿视图】组的【幻灯片浏览】命令，可以切换到“幻灯片浏览”视图。

在幻灯片浏览视图中，可以在屏幕上同时看到演示文稿中的所有幻灯片，这些幻灯片是以缩略图形式显示的，它们整齐地排列在幻灯片浏览窗口中，如图 6-8 所示。在幻灯片浏览视图中，可以进行以下的操作。

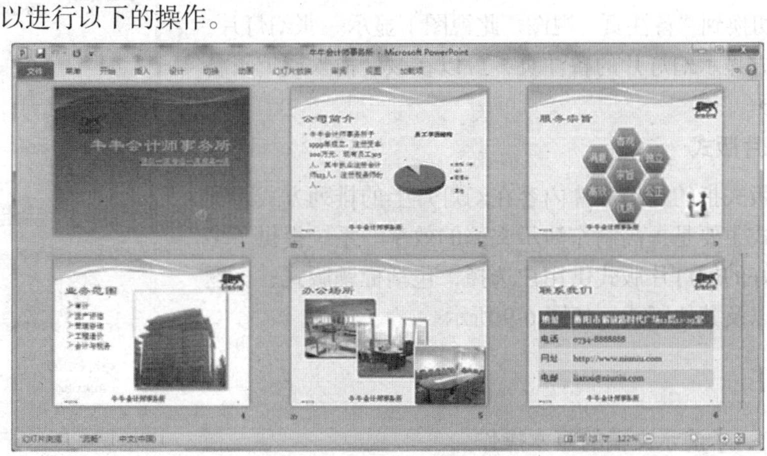

图 6-8　幻灯片浏览视图

① 选定幻灯片：用鼠标单击某一张幻灯片缩略图，即可选择一张幻灯片；利用【Ctrl】键和单击可选定多张不连续的幻灯片缩略图；利用【Shift】键和单击可选定多张连续的幻灯

片缩略图；利用【Ctrl＋A】快捷键即可选中所有幻灯片缩略图。

② 插入幻灯片：单击【开始】选项卡中【幻灯片】组的【新建幻灯片】下拉按钮，从出现的“幻灯片版式”列表中选择一种版式（如“标题和内容”），则在当前幻灯片后面出现新插入的制定版式的幻灯片。

③ 删除幻灯片：选定要删除的目标幻灯片缩略图，按删除键即可。或者用右键单击目标幻灯片缩略图，在出现的菜单中选择【删除幻灯片】命令，也可删除目标幻灯片。

④ 移动幻灯片：选定要移动的目标幻灯片缩略图，拖动鼠标到需要移动的位置，或者通过【开始】选项卡中【剪贴板】组的【剪切】和【粘贴】命令，也可实现幻灯片的移动。

⑤ 复制幻灯片：使用【Ctrl＋D】、【Ctrl＋C】和【Ctrl＋V】快捷键，或者通过【开始】选项卡中【剪贴板】组的【复制】和【粘贴】命令，也可实现幻灯片的复制。

（3）“阅读”视图

打开演示文稿，选择【视图】选项卡中【演示文稿视图】组的【阅读视图】命令，就切换到了幻灯片阅读视图。

当进入幻灯片阅读视图时，将演示文稿作为适应窗口大小的幻灯片放映查看。当进入幻灯片放映视图时，演示文稿的每张幻灯片以全屏幕方式显示出来。此时按空格键或者单击鼠标左键，可以播放下一张幻灯片或下一个动画效果；按退格键可以回到上一张幻灯片或上一个动画效果；按【Esc】键可以退出放映模式，返回编辑模式。也可以在放映的过程中单击鼠标右键，在打开的快捷菜单中选择放映内容。

（4）“放映”视图

选择窗口状态栏中视图控制区域的【幻灯片放映】按钮，就切换到了幻灯片放映视图。或者选择【幻灯片放映】选项卡中的相关命令，可以自定义幻灯片放映。

（5）“母版”视图

设置幻灯片的背景颜色、图案、默认的文本字符格式，以及幻灯片显示或打印时的页眉、页脚信息，则可用母版视图实现。

（6）“备注页”视图

执行【视图】选项卡中【演示文稿视图】组的【备注页】命令，可以切换到“备注页”视图。此视图下显示一张幻灯片，在幻灯片下方显示幻灯片的备注页，可以在该处输入或编辑备注页的内容。

4. 幻灯片版式

幻灯片版式指的是幻灯片内容在幻灯片上的排列方式，利用幻灯片版式主要是提高制作演示文稿的效率。系统提供了多种预先定义好的幻灯片版式供用户选择，包括标题版式、标题和内容版式以及其他版式，如图 6-9 所示。

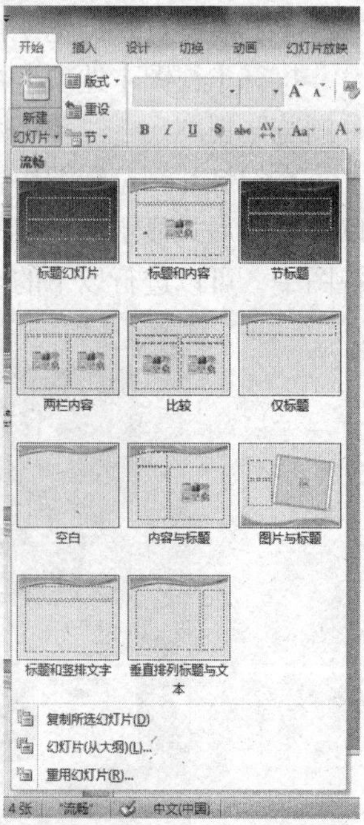

图 6-9 【幻灯片版式】列表

【能力扩展】

【实训 1.1】演示文稿的基本操作

实训目标：

通过本实训，使读者熟练利用上面阐述的方法，建立一个采用 PowerPoint 2010 设计的演示文稿。

实训要求

（1）建立以“衡山.pptx”为名称的演示文稿，并保存到“我的文档”文件夹里。

（2）选择一个主题，如“跋涉”。设置第1张幻灯片为“标题”版式，标题文字内容为“五岳独秀 文明奥区”，副标题文字内容为“走进神奇的南岳衡山”。

（3）设置第 2 张幻灯片为“标题和内容”版式，在此可以做一些文字内容的描述，比如衡山的简单介绍，内容靠近主题，并引出下文即可。

（4）设置第3张幻灯片的版式为“图片与标题”，输入相应的文字，如对祝融峰景区的文字描述。

（5）插入两张空白幻灯片，版式可任选。

（6）交换第4张和第5张幻灯片的位置。

（7）将新插入的最后两张新幻灯片删除。

（8）效果如图6-10所示，保存所做的操作，并关闭演示文稿。

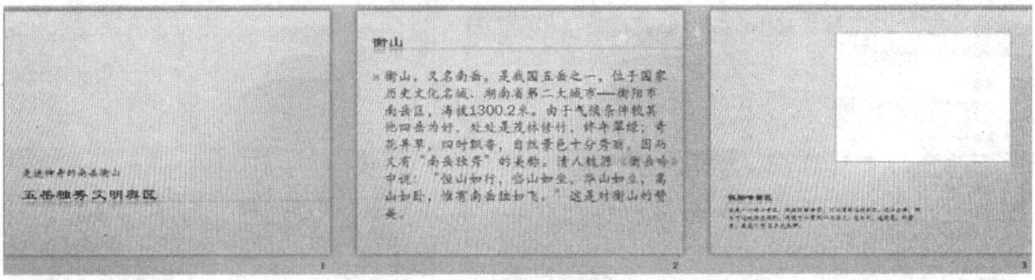

图6-10 实训1.1效果图

任务1.2 文本的处理与段落格式的设置

【任务描述】

打开“牛牛会计师事务所.pptx”文件，进行如下设置。

（1）将第1张幻灯片中的标题“牛牛会计师事务所”的字体设置为66号，加粗，其他不变。

（2）将第2张幻灯片中的正文文本的行距设置为“1.25行”。

（3）将第3张幻灯片中的正文文本“独立、客观、公正”和“优质、高效、满意”的字体颜色设置为红色，加粗，其他不变。

（4）将第4张幻灯片中的正文文本的项目符号改为➤，大小为文本的140%。

（5）以原文件名保存，效果如图6-11所示。

图6-11 任务1.2效果

【任务实施】

（1）选择第 1 张幻灯片中的文本“牛牛会计师事务所”，执行【格式】选项卡中【字体】组右侧的下拉按钮，弹出【字体】对话框，如图6-12所示。在【字号】列表框中选择“66”，在【字形】列表框中选择“加粗”，

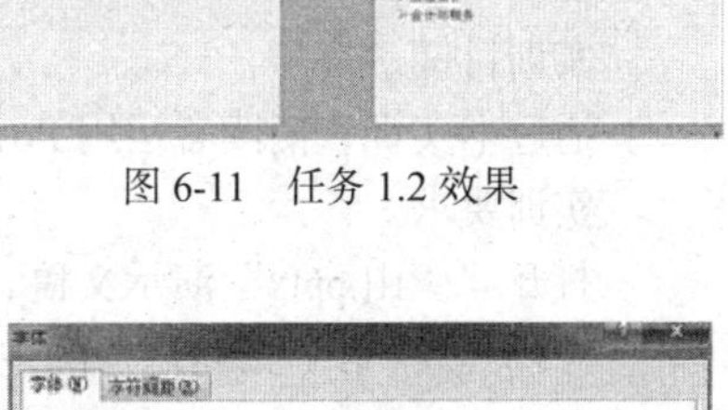

图6-12 【字体】对话框

其他设置不变，单击【确定】按钮即可。

（2）选择第 2 张幻灯片中的正文文本，执行【格式】选项卡中【段落】组右侧的下拉按钮。在弹出的【段落】对话框中，在【行距】选项区中选择“多倍行距”选项，在【设置值】栏中输入“1.2”，如图 6-13 所示，单击【确定】按钮即可。

（3）选择第 3 张幻灯片中的文本“独立、客观、公正”和“优质、高效、满意”，执行【开始】选项卡中【字体】组右侧的下拉按钮，弹出【字体】对话框，在【颜色】列表框中选择“红色”，在【字形】列表框中选择“加粗”，其他设置不变，单击【确定】按钮即可。

（4）选择第 4 张幻灯片中的正文文本，单击【开始】选项卡中【段落】组的【项目符号】下拉按钮，弹出【项目符号和编号】对话框，如图 6-14 所示。在【项目符号】选项卡中选择“➢”，在【大小】选项区内选择“140%”字高，单击【确定】按钮即可。

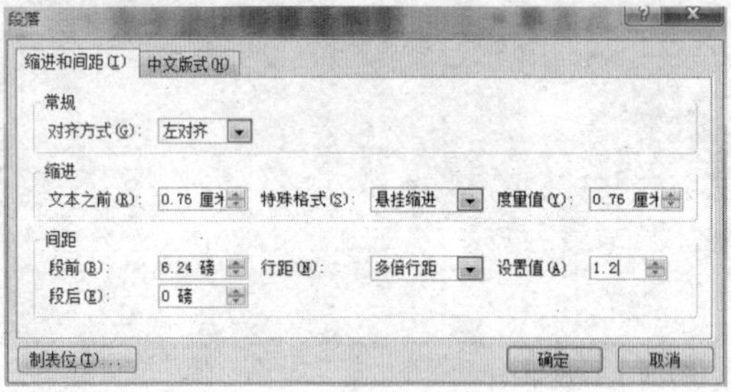

图 6-13 【段落】对话框

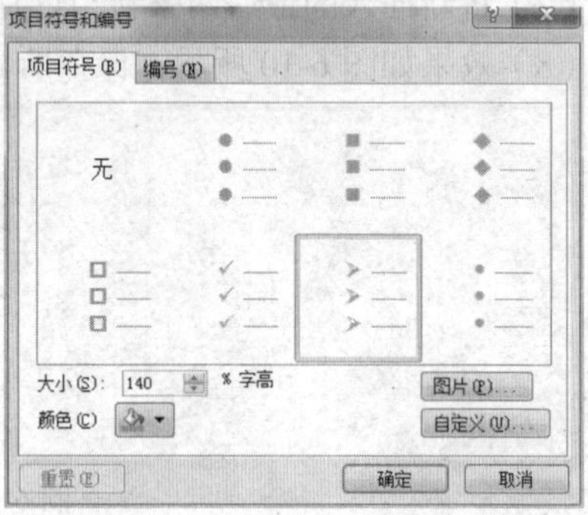

图 6-14 【项目符号和编号】对话框

【知识链接】

在演示文稿中，并不需要太多的文字，幻灯片中的文字应该精炼而且醒目，具有吸引力，需要对文字进行格式化处理。对幻灯片中的文字进行编辑和格式设置，与 Word 2010 相似，在实际操作时可以借鉴 Word 2010 的操作技巧，如复制、剪切、查找与替换、设置字体、段落、项目符号和编号等。

【能力扩展】

【实训 1.2】文本的处理与段落格式的设置

实训目标

通过本实训，使读者运用 PowerPoint 2010 进行文字和段落的编排。

实训要求

打开“衡山.pptx”演示文稿，进行如下操作。

（1）设置第 1 张幻灯片的主标题文字格式为：隶书、54 号字、红色；副标题为隶书、40 号字。

（2）设置第 2 张幻灯片内容区域的段落格式为：左对齐；段前、段后分别为 1 磅和 2 磅；项目符号为 ➢。

（3）以原文件名保存文稿，并关闭演示文稿。

任务 1.3　幻灯片对象的插入与编辑

【任务描述】

打开“牛牛会计师事务所.pptx”文件，进行如下设置。

（1）选择第 2 张幻灯片（公司简介），将下表的数据以图表的形式反映出来。

	员工学历结构
本科（学士）	89.10%
硕博士	3.20%
其他	7.70%

具体要求为：在该张幻灯片中按图 6-15 所示插入图表。图表类型为三维饼图，图例项为 3 项，其名字与比例分别为“本科（学士）”、“硕博士”、“其他”，数值分别为“89.10%”、“3.20%”、“7.70%”，填充颜色分别为绿色、红色、黄色。

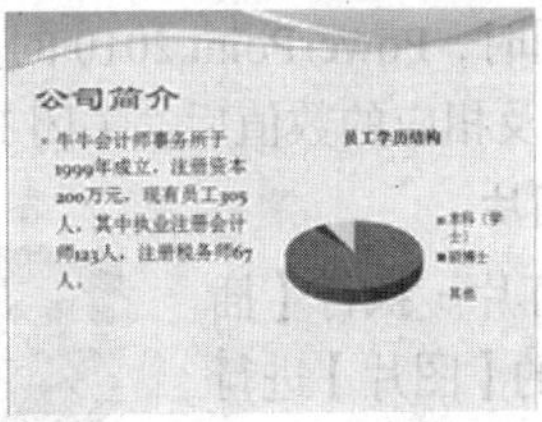

图 6-15　第 2 张幻灯片效果

图 6-16　第 1 张幻灯片效果

（2）选择第 1 张幻灯片，插入 1 张来自文件的图片（“Logo 标志”），效果如图 6-16 所示。添加一张新幻灯片，作为第 5 张幻灯片，版式为“标题和内容”，主题为“办公场所”。在该张幻灯片中插入 3 张来自文件的图片（“办公场所 1”、“办公场所 2”、“办公场所 3”），将所有图片的大小设置为 200%，按图 6-17 所示调整 3 张图片的位置。

（3）添加一张新幻灯片，作为第 6 张幻灯片，版式为“标题和内容”，主题为“联系我们”。在该张幻灯片中插入 2 列 4 行的表格，输入相应的文字，并对表格进行适当的调整（如表格大小、文字大小、对齐方式等），效果如图 6-18 所示。

图 6-17　第 5 张幻灯片效果

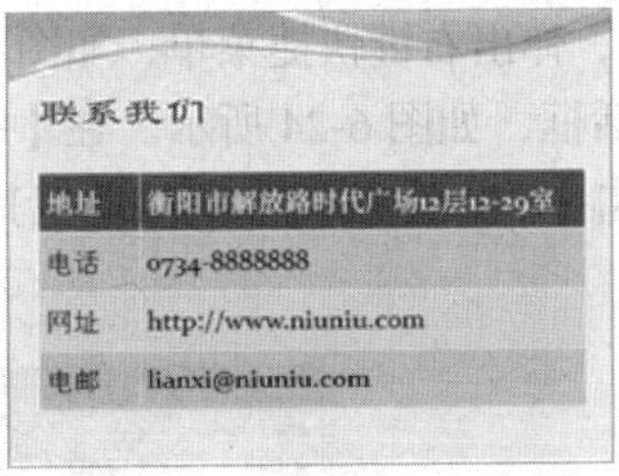

图 6-18　第 6 张幻灯片效果

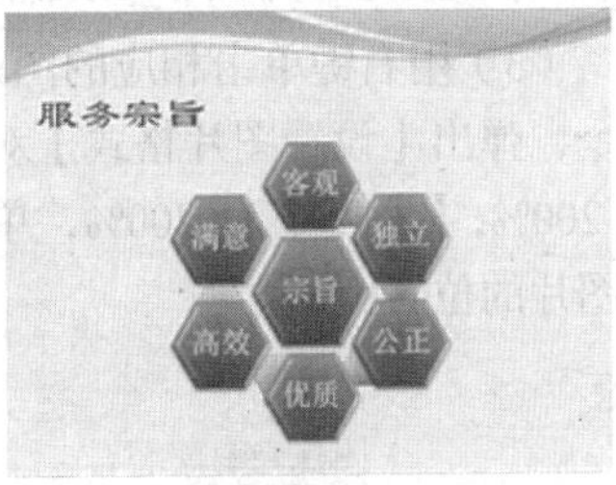

图 6-19　第 3 张幻灯片效果

（4）在第 1 张幻灯片中插入音频文件（“茉莉花.MP3”）。

（5）对第 3 张幻灯片运用“转换为 SmartArt 图形”命令，将其效果设为：布局选择“循环-六边形射线型”，样式选择“三维嵌入”，效果如图 6-19 所示。

（6）完成操作后以原文件名保存。

【任务实施】

1. 插入图表

（1）选择第 2 张幻灯片，执行【插入】选项卡中【插图】组的【图表】命令，或者将鼠标放在内容区域，直接单击内容区域中的图标，如图 6-20 所示。

（2）在打开的【插入图表】对话框中，如图 6-21 所示，选择合适的图表类型，如【饼图】中的“三维饼图”，单击【确定】按钮。

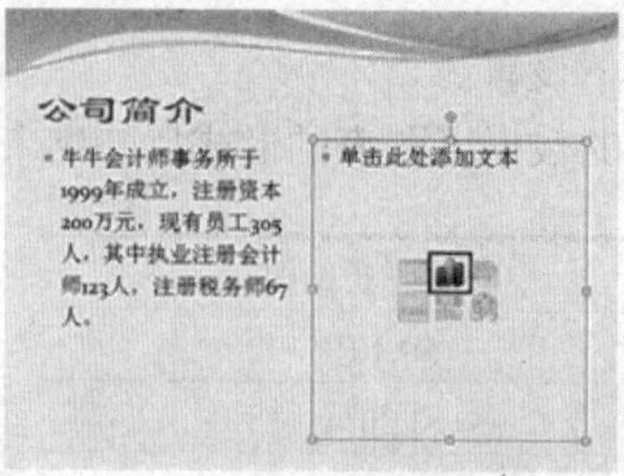

图 6-20　单击【内容】区域中的图标

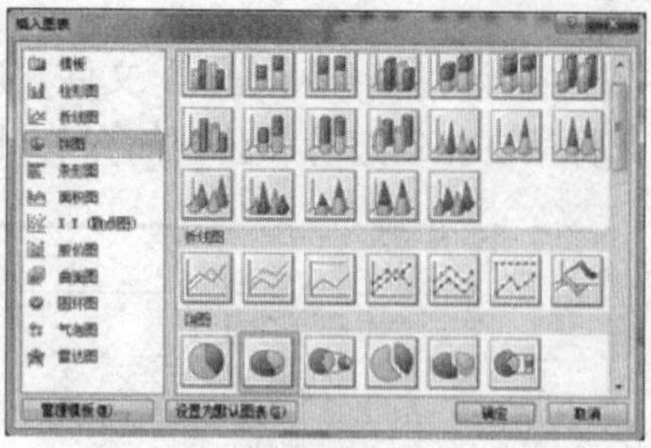

图 6-21　【插入图表】对话框

（3）插入该图表的同时，PowerPoint 2010 的界面右侧会产生一个 Excel 表格，根据需要输入横轴和纵轴的类别以及相应的数值后，关闭 Excel 表格即可，效果如图 6-22 所示。

2. 在幻灯片中插入图片

（1）选择第 1 张幻灯片。执行【插入】选项卡中【图像】组的【图片】进行命令，或者将鼠标放在内容区域，直接单击内容区域中的图标。打开插入图片对话框，选择图片进行插入，这时图片便插入到当前的幻灯片中。

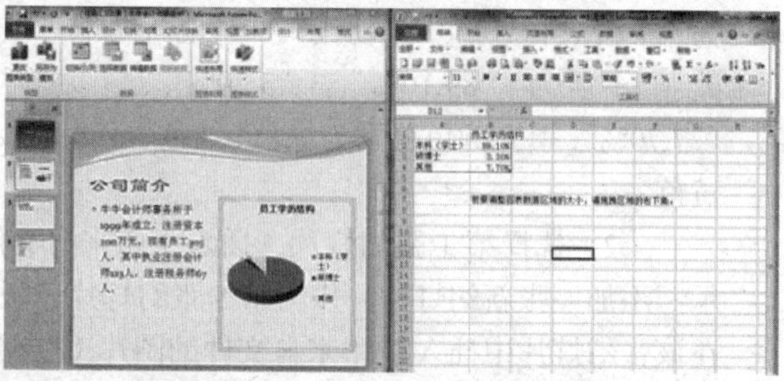

图 6-22　根据实际数值编辑插入的图表

（2）在第 4 张幻灯片后插入一张新的幻灯片，版式选择“标题和内容”。在标题区域输入“办公场所”。执行【插入】选项卡中【图像】组的【图片】命令，或者将鼠标放在内容区域，直接单击内容区域中的图标。打开【插入图片】对话框，选择相应的图片插入，这时图片便插入到当前的幻灯片中。

（3）用右键单击相应的图片，弹出右键快捷菜单，如图 6-23 所示；选择【大小和位置】命令，弹出【设置图片格式】对话框，如图 6-24 所示。在【缩放比例】选区中设置【高度】为 200%，【宽度】为 200%，单击【关闭】按钮。类似地把其他需要的图片插入，并适当调整图片的位置。

图 6-23　右键单击图片，弹出快捷菜单

图 6-24　【设置图片格式】对话框

3. 在幻灯片中插入表格

（1）在第 5 张幻灯片后插入一张新的幻灯片，版式选择“标题和内容”。在标题区域输

入文字“联系我们”。

（2）执行【插入】选项卡中【表格】组的【表格】命令，或者将鼠标放在内容区域，直接单击内容区域中的图标。在打开的【插入表格】对话框中，输入行数和列数，单击【确定】按钮，便可将图片插入到当前的幻灯片中。

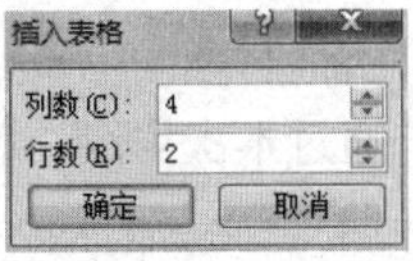

图 6-25 【插入表格】对话框

（3）按图 6-25 所示输入表格中的数据。适当地对表格进行相关的格式设置（如列宽、大小、对齐方式等）即可。

4. 在幻灯片中插入音频

（1）选择第 1 张幻灯片。执行【插入】选项卡中【媒体】组的【音频】命令，选定声音文件 “茉莉花.mp3”。

（2）在插入声音对象的过程中，会弹出一个声音控制框，如图 6-26 所示，根据需要设置音乐播放的起止点、声音大小等。

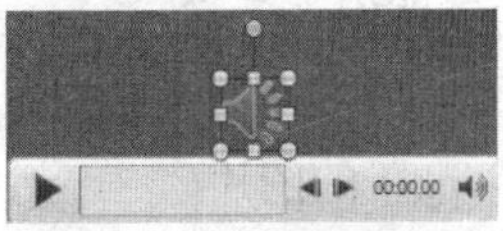

图 6-26 声音控制框

5. 插入 SmartArt 图形

（1）选择第 3 张幻灯片文本框，执行【插入】选项卡中【插图】组的【SmartArt】命令，弹出【选择 SmartArt 图形】对话框，如图 6-27 所示。根据需要选择图形，选中“循环”中的“六边形射线”，单击【确定】按钮后出现图 6-28 所示的操作框，在相应的位置里输入文本内容。

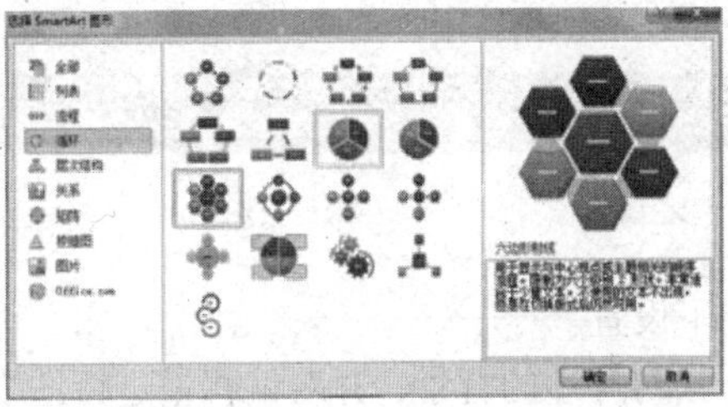
图 6-27 【选择 SmartArt 图形】对话框

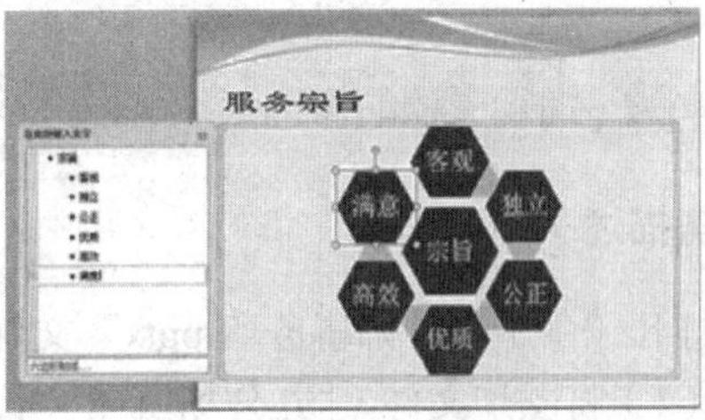

图 6-28 编辑 SmartArt 图形

（2）选择该 SmartArt 图形，单击【SmartArt 工具栏】选项卡【设计】功能区【SmartArt 样式】组中的“嵌入”命令，如图 6-29 所示。

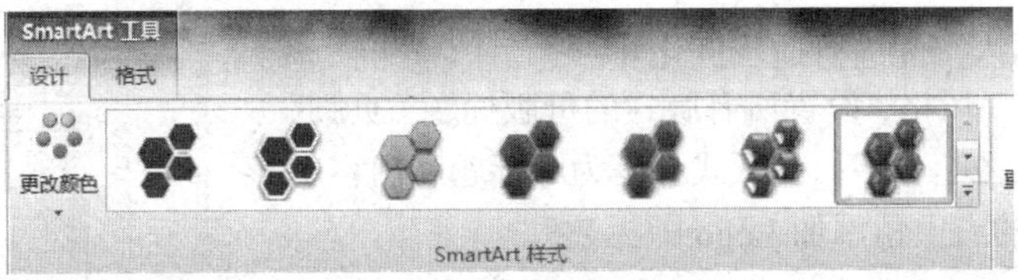

图 6-29 【SmartArt 工具栏】选项卡【设计】功能区【SmartArt 样式】

【知识链接】

幻灯片中的对象包含很多内容，如图片、图示、剪贴画、表格、图表、自选图形、声音、影片等，可以通过【插入】选项卡中相应的命令来完成操作。此外，其中的绝大部分对象都有相应的版式对应。我们只需要选择相应的版式，然后按提示操作就可以了。

转换“SmartArt 图形”是 PowerPoint 2010 中特有的功能。将文本转换为 Smart 图形使文字内容更加直观，同时可以插入相应的图片产生视觉上的影响。但不是任何文字都有必要进行转换，因此在转换前应根据整体文稿的需求而定。

【能力扩展】

【实训 1.3】对象的插入与编辑。

实训目标

通过本次实训，熟练应用幻灯片的各种版式，如在幻灯片中插入对象，及对对象的各种操作。

实训要求

打开“衡山.pptx”演示文稿，进行如下操作。

（1）在第 3 张幻灯片放入“祝融峰.jpg”的图片。

（2）在第 3 张幻灯片后面插入一张幻灯片成为第 4 张幻灯片，幻灯片的版式为“仅标题”。

（3）选择第 4 张幻灯片，在标题栏中输入标题内容后，根据标题内容插入有关图片。标题文字内容为“南岳云雾茶”，然后可以放 2 张南岳云雾茶的照片。

图 6-30　实训 1.3 效果图

（4）效果如图 6-30 所示，以原文件名保存文稿，并关闭演示文稿。

任务 1.4　演示文稿的修饰

【任务描述】

打开“牛牛会计师事务所.pptx”文件，进行如下设置。

（1）将图片文件（“办公场所 4”）设置为第 4 张幻灯片的背景，并对偏移量进行适当调整：左 40%，右 10%，上 20%，下 10%。

（2）添加页眉和页脚，要求幻灯片显示自动更新日期，在除首页外的幻灯片上显示幻灯片的编号，页脚要求显示“牛牛会计师事务所”字样，并应用于所有的幻灯片。

（3）对已插入图片进行适当优化。

（4）为了统一风格，设置所有版式的母版标题“页脚”部分字体为加粗、24 号字；在版式凡是为【标题和内容】的幻灯片的页面的右上角添加 Logo 图标。

图 6-31 【设置背景格式】对话框

【任务实施】

1. 设置幻灯片背景

需要说明的是，我们在设置幻灯片的背景色时，由于一般都选择了相应的模板，我们设置的背景色可能会被模板的颜色遮盖，这时根据情况决定是否选择【设置背景格式】对话框中【填充】选项卡的【隐藏背景图形】复选项。

（1）选定第 4 张幻灯片，在幻灯片页面上单击鼠标右键，从弹出的快捷菜单中选择【设置背景格式】命令，打开该对话框。

（2）选择其中的【填充】选项卡，选择【图片或纹理填充】选项，单击【文件…】按钮，选择相应的图片“办公场所 4”，并按图 6-31 所示修改偏移量。

上述操作也可以通过选择【设计】选项卡中【背景】组的【背景样式】设置背景格式，如图 6-32 所示。

图 6-32 【填充效果】对话框

2. 添加页眉和页脚

（1）选择任意一张幻灯片，执行【插入】选项卡中【文本】组的【页眉和页脚】命令，弹出【页眉和页脚】对话框。

（2）如果希望幻灯片自动更新日期和时间，可在【页眉和页脚】对话框中，选中【日期和时间】复选项，并选择【自动更新】命令即可。

（3）如果想给每张幻灯片添加编号，则选中【幻灯片编号】复选项，这样就可以在幻灯片上添加编号，选中【标题幻灯片中不显示】选项，这样第一张标题幻灯片不显示编号。

（4）选中【页脚】复选项，在【页脚】文本框中输入“牛牛会计事务所”字样，这样每页都显示页脚“牛牛会计事务所”，效果如图 6-33 所示。

（5）如果希望每页都显示日期、文本、编号，单击【全部应用】按钮，应用于该演示文稿中的所有幻灯片，设置后的效果如图 6-34 所示。

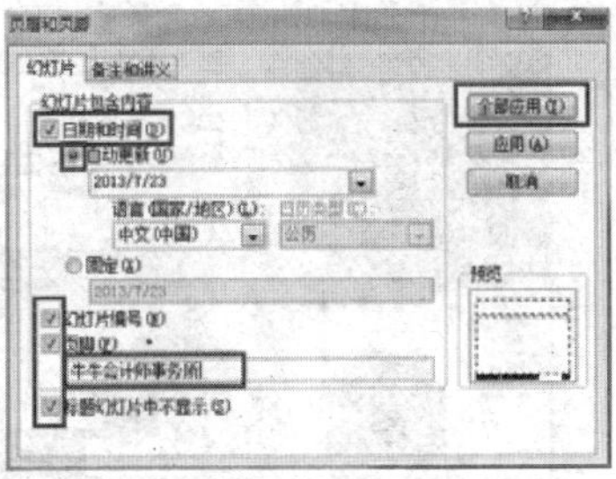

图 6-33 【页眉和页脚】对话框

图 6-34 添加“页眉和页脚”效果图

3. 优化图片

选择第 1 张幻灯片，可以看到 Logo 标志的背景比较明显，当有了 PowerPoint 2010 后，去除类似的背景就不用专业的图像编辑工具了。首先单击图片，在工具栏中选择【图片工具】命令，进入后单击【删除背景】按钮，进入图像编辑界面，如图 6-35 所示。

图 6-35 背景消除编辑界面

此时我们看到需要删除背景的图像中多出了一个矩形框，通过移动这个矩形框来调整图像中需要保留的区域，还可以通过【标记要保留的区域】和【标记要删除的区域】进行微调，如图 6-36 所示。选择保留区域后，单击【保留更改】按钮，这样图像中的背景就会自动删除了，效果如图 6-37 所示。

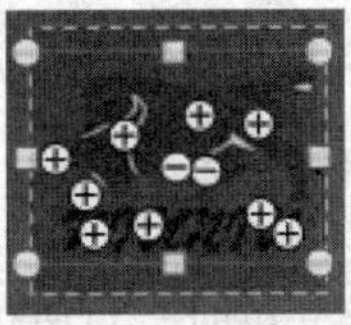

图 6-36 标记要保留和要删除的区域

图 6-37 【删除背景】效果图

提示：PowerPoint 2010 提供的【删除背景】功能只是一个傻瓜式的背景删除功能，没有颜色编辑和调节功能，因此太复杂的图片背景无法一次性去除。

4. 设置幻灯片母版

（1）执行【视图】选项卡中【母版视图】组的【幻灯片母版】命令，切换到幻灯片母版视图，如图 6-38 所示。此时会发现所有版式都出现在幻灯片窗口中，根据需要修改。

图 6-38 “幻灯片母版”视图

（2）在【幻灯片母版】中找到版式为“图片和标题”的母版，用右键单击图 6-39 所示的对话框。选择“页脚”区域的文字，设置格式，字号为 24 号，加粗。

（3）选择版式为“标题和内容”的母版，在右上方插入“Logo 图标”，如图 6-40 所示。

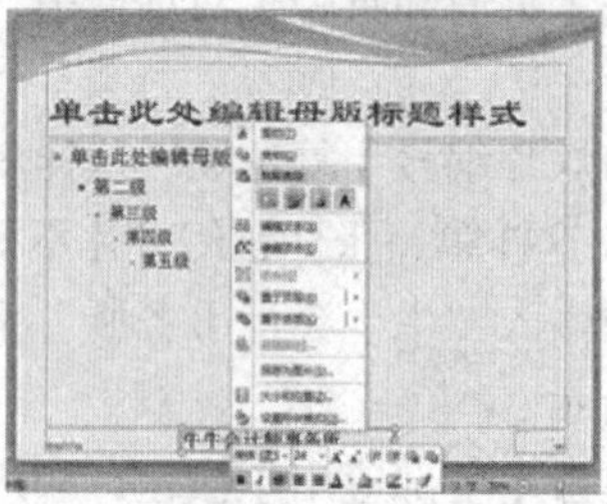

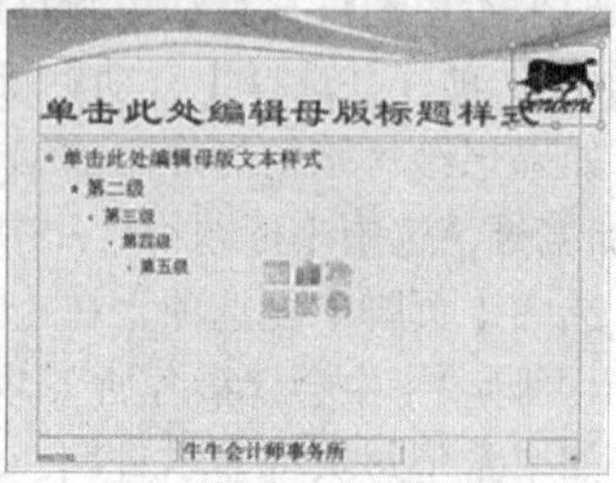

图 6-39 修改页脚文字格式为“加粗”、“24 号” 图 6-40 在【标题和内容】版式插入图标

（4）完成以上操作后，执行【幻灯片母版】选项卡中的【关闭母版视图】命令，幻灯片出现图 6-41 所示的效果：即所有幻灯片页脚文字为“加粗”，字号为“24”；第 3、4、6 张幻灯片右上角插入了 Logo 标志，因为只有该 3 张幻灯片使用了【标题和内容】版式。

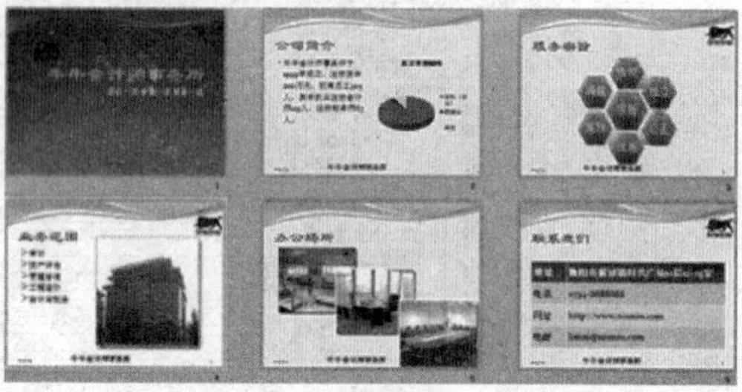

图 6-41 任务 1.4 效果

【知识链接】

PowerPoint 2010 功能十分强大，可以支持我们制作带有个性的幻灯片，比如可以进行如下设置：设置幻灯片背景、设置幻灯片的页眉页脚、对插入的图片进行优化、编辑母版等。

1. 设计背景格式

PowerPoint 2010 专门提供了对背景格式的设置方法。我们可以通过更改幻灯片的颜色、阴影、图案或者纹理，改变幻灯片的背景格式。当然我们也可以通过使用图片作为幻灯片的背景，不过在幻灯片或者母版上只能使用一种背景类型。

2. 幻灯片页眉页脚的设置

页眉是指幻灯片文本内容上方的信息，页脚是指在幻灯片文本内容下方的信息，我们可以利用页眉和页脚来为每张幻灯片添加日期、时间、编号和页码等。

3. 对图片进行优化编辑

以往在制作一份产品演示文稿时，总要借助一些图片编辑工具对产品的照片进行裁剪、缩放、美化等编辑后再插入幻灯片中，制作起来比较麻烦。现在有了 PowerPoint 2010，我们可以直接使用图片的编辑、美化功能，更加方便、快捷地制作出个性演示文稿。

（1）屏幕图片截取、裁剪

在制作演示文稿时，我们经常需要抓取桌面上的一些图片，如程序窗口、电影画面等，在以前我们需要安装一个图像截取工具才能完成。而在 PowerPoint 2010 中新增了一个屏幕截图功能，这样即可轻松截取、导入桌面图片。

（2）去除图片背景

如果我们插入幻灯片中的图片背景和幻灯片的整体风格不统一，就会影响幻灯片播放的效果，这时我们可以对图片进行调整，去除掉图片上的背景。

（3）添加艺术特效，让图片更有个性

如果我们添加到幻灯片中的图片，按照统一尺寸摆放在文档中，总是让人感觉中庸不显个性，也不会引起他人的注意。在 PowerPoint 2010 中增加了很多艺术样式和版式，这样我们就可以非常方便地打造一张张有个性的图片了。

4. 幻灯片母版

幻灯片母版是存储关于模板信息的设计模板的一个元素，这些模板信息包括字形、占位符大小、位置、背景设计和配色方案。PowerPoint 2010 演示文稿中的每一个关键组件都拥有一个母版，如：幻灯片、备注和讲义。母版是一类特殊的幻灯片，幻灯片母版控制了某些文本特征，如字体、字号、字型和文本的颜色；还控制了背景色和某些特殊效果，如阴影和项目符号样式；包含在母版中的图形及文字将会出现在每一张幻灯片及备注中。所以，如果在一个演示文稿中使用幻灯片母版的功能，就可以做到整个演示文稿格式统一，从而减少工作量，提高工作效率。使用母版功能可以更改以下几方面的设置。

（1）标题、正文和页脚文本的字形。

（2）文本和对象的占位符位置。

（3）项目符号样式。

（4）背景设计和配色方案。

幻灯片母版的目的是对幻灯片进行全局更改（如替换字形），并使该更改应用到演示文稿中的所有幻灯片。

可以像更改任何幻灯片一样更改幻灯片母版，幻灯片母版中各占位符的功能如下。

（1）自动版式的标题区：用于设置演示文稿中所有幻灯片的标题文字格式、位置和大小。

（2）自动版式的对象区：用于设置幻灯片的所有对象的格式，以及各级文本的文字格式、位置和大小，及项目符号的格式。

（3）日期区：用于给演示文稿中的每一张幻灯片自动添加日期，并决定日期的位置、日期文本的格式。

（4）页脚区：用于给演示文稿中的每一张幻灯片添加页脚，并决定页脚文字的格式。

（5）数字区：用于给演示文稿中的每一张幻灯片自动添加序号，并决定序号的位置、序号文字的格式。

【能力扩展】

【实训 1.4】背景设置、页眉和页脚的设置，并对图片进行优化

实训目标

通过本实训，使读者运用 PowerPoint 2010 进行背景设置、页眉和页脚的设置，并对图片进行优化。

实训要求

打开“衡山.pptx”演示文稿，进行如下操作。

（1）设置演示文稿的页眉和页脚，要求幻灯片显示幻灯片的放映日期，在除首页外的幻灯片上显示幻灯片的编号；页脚要求显示“南岳衡山”字样，并应用于所有幻灯片。

（2）增加一张“空白”版式的幻灯片，作为第5张幻灯片，设置背景为一张“禹王城”图片。

（3）对该幅图片自行进行优化处理。

（4）效果如图6-42所示，以原文件名保存文稿，并关闭演示文稿。

图6-42 实训1.4效果

任务2 制作动态效果

为了使幻灯片在演示时获得一种动态效果，需要为幻灯片设置切换效果、动画效果、动作按钮及超链接。

任务2.1 超级链接的使用

【任务描述】

打开“牛牛会计师事务所.pptx”文件，进行如下设置。

要求在播放演示文稿“牛牛会计师事务所.pptx”时，单击第1张幻灯片的“团队一流 专业一流 服务一流”时，就能直接转换到第3张幻灯片“服务宗旨”；当单击第3张幻灯片上某一标记（如“握手.jpg”的图片）时，能直接返回到第1张幻灯片。

【技术分析】

（1）插入超链接的方法

① 利用【插入】选项卡中【链接】组的【超链接】命令。

② 在要插入超链接的对象上单击鼠标右键，在弹出的快捷菜单中选择【超链接】命令，在弹出的【插入超链接】对话框中进行相应的设置。

（2）超链接的编辑和删除

① 在超链接的文本或对象上单击鼠标右键，从弹出的菜单中选择【编辑超链接】命令，可以对超链接进行编辑，在弹出的【编辑超链接】对话框中进行相应的设置。

② 在超链接的文本或对象上单击鼠标右键，从弹出的快捷菜单中选择【删除超链接】命令。

【任务实施】

1. 对文字设置超链接

打开“牛牛会计师事务所.pptx”，选择第1张幻灯片的“团队一流 专业一流 服务一流”文字，在文字上单击右键，在弹出的快捷菜单上选择【超链接……】命令，弹出【插入超链接】对话框，我们要链接的是本演示文稿中的第3张幻灯片，在【链接到】下面选择【本文档中的位置】选项，单击【屏幕提示……】按钮，可以输入屏幕提示；在“请选择文档中的位置”下选择“3.服务宗旨”选项，单击【确定】按钮就设置了超链接，如图 6-43 所示。

2. 对图片设置超链接

（1）在第 3 张幻灯片上插入一个“握手.jpg”的图片，并调整图片的大小及位置，效果如图 6-44 所示。

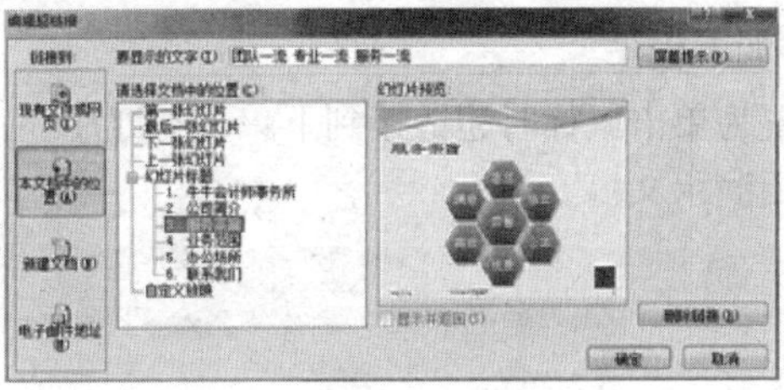

图 6-43 【插入超链接】对话框

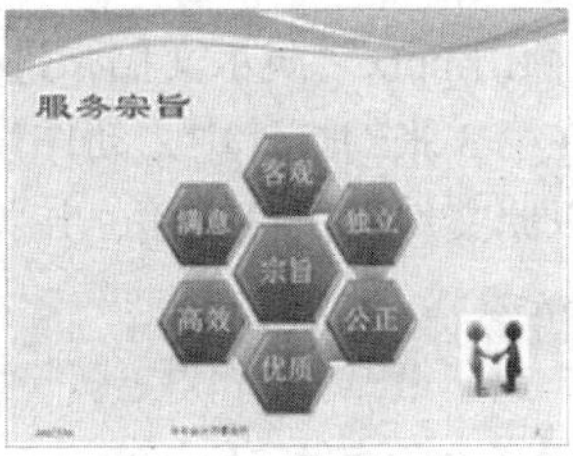

图 6-44 第 3 张幻灯片插入图片（握手）效果

（2）单击该图片，执行【插入】选项卡中【链接】组的【动作】命令，如图 6-45 所示；弹出【动作设置】对话框，在该对话框中进入“单击鼠标”选项卡，选择【超链接到】单选项，在其下拉列表中选择位置；选择“第一张幻灯片”，如图 6-46 所示。

图 6-45 选择【动作】选项

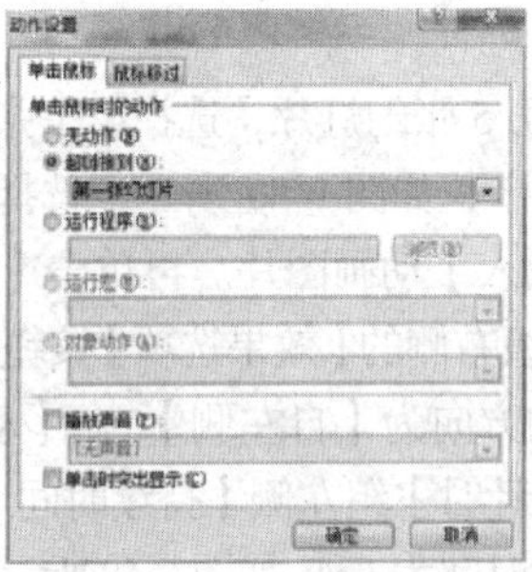

图 6-46 【动作设置】对话框

【知识链接】

用 PowerPoint 制作的演示文稿在播放时，默认情况下是按幻灯片的先后顺序放映，不过，我们完全可以在幻灯片中设计一种链接方式，使得单击某一对象时能够跳转到预先设定的任意一张幻灯片、其他演示文稿、Word 文档、其他文件或 Web 页。

创建超级链接时，起点可以是幻灯片中的任何对象（文本或图形），激活超级链接的动作可以是【单击鼠标】或【鼠标移过】，还可以把两个不同的动作指定给同一个对象。例如，使用单击激活一个链接，使用鼠标移动激活另一个链接。

如果文本在图形之中，可分别为文本和图形设置超级链接，代表超级链接的文本会添加下画线，并显示配色方案指定的颜色，从超级链接跳转到其他位置后，颜色就会改变，这样就可以通过颜色来分辨访问过的链接。

通过超级链接可以使演示文稿具有人机交互性，大大提高其表现能力，被广泛应用于教学、报告会、产品演示等方面。

在幻灯片中添加超级链接有两种方式：设置动作按钮和通过将某个对象作为超级链接点建立超级链接。

【能力扩展】

【实训 2.1】设置超链接

实训目标

通过本实训，使读者运用 PowerPoint 2010 进行插入超链接练习。

实训要求

打开“衡山.pptx”演示文稿，进行如下操作。

（1）在第 3 张幻灯片中，动作设置为单击鼠标时超链接到下一页幻灯片。

（2）以原文件名保存文稿，并关闭演示文稿。

任务 2.2 设置对象动画效果

【任务描述】

打开“牛牛会计师事务所.pptx”文件，对第 5 张幻灯片（办公场所）中的 3 张图片的动画效果进行设置。第 1 张图片：飞入，自左侧，快速（1 秒）；第 2 张图片：轮子、8 轮辐图案，中速（2 秒）；第 3 张图片：浮出、上浮，速度默认。

【任务实施】

（1）选择第 5 张幻灯片，选择第 1 张图片，单击【动画】选项卡，如图 6-47 所示，选择【动画】功能组中的【飞入】动画图片。再单击【动画】选项卡中【动画】组右侧的【效果选项】按钮，选择【飞入】的方向为【自左侧】；在【动画】选项卡中【计时】组左侧【持续时间】栏调整动画持续时间为1秒，如图6-48所示。

图 6-47 【动画】效果工具栏

图 6-48 选择【效果选项】

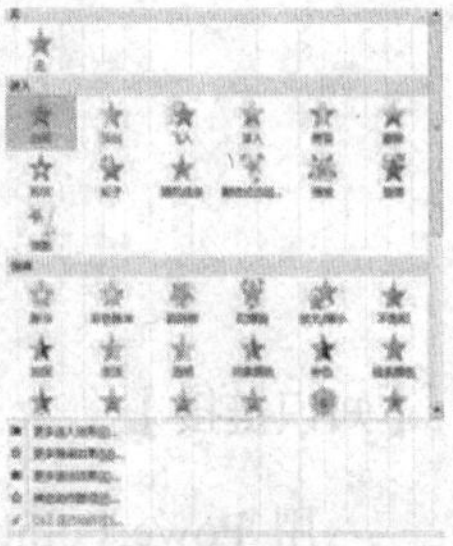

图 6-49 其他【动画】效果

（2）选择第 2 幅图片。此时，如果在列出的效果中没有合适的，可以单击【动画】右下角的下拉按钮，选择更多的进入效果，如图 6-49 所示。在此我们选择【轮子】效果，再单击【效果选项】，选择【8 轮辐图案】，将【持续时间】设置为 1 秒。

（3）使用同样的方法，我们可以进行第 3 幅图片的设置。

提示

（1）单击【动画】功能选项卡中【高级动画】组的【动画窗格】按钮，调出【动画窗格】，如图 6-50 所示。单击相应对象右下角处的下拉按钮，弹出下拉菜单，选择【效果选项……】命令，弹出图 6-51 所示的对话框，即可设置方向、触发的状态、延迟时间等内容。

（2）选择要添加多个动画效果的文本或对象。在【动画】选项卡上的【高级动画】组中，单击【添加动画】按钮，如果有多个对象需要设置相同的动画效果，在 PowerPoint 2010 中就可以使用【动画刷】功能，轻松一刷，烦恼去无踪，如图 6-52 所示。

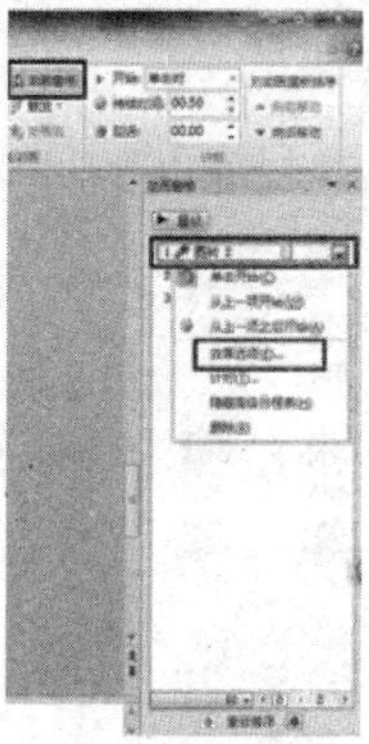

图 6-50　选择效果选项

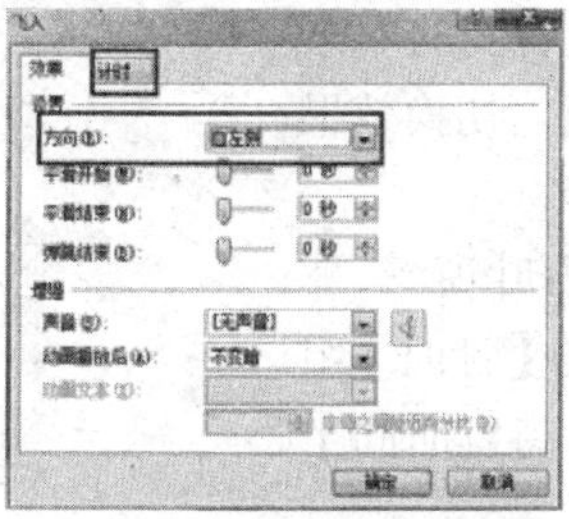

图 6-51 【飞入】效果设置

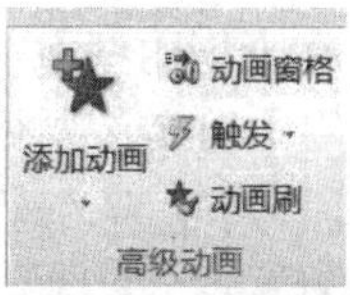

图 6-52　高级动画及动画刷

【知识链接】

动画是 PowerPoint 2010 中最吸引人的地方了，我们前面所做的演示文稿都是静态的，如果只让观众看一些静止的文字，时间长了，就会让人产生昏昏欲睡的感觉。PowerPoint 2010 中有以下 4 种不同类型的动画。

（1）“进入”动画。对象的“进入”动画是指对象进入播放画面时的动画效果，包括使对象逐渐淡入焦点、从边缘飞入幻灯片，或者跳入视图中等。

（2）“退出”动画。对象的“退出”动画是指播放画面中的对象离开播放画面的动画效果，包括使对象飞出幻灯片、从视图中消失或者从幻灯片旋出等。

（3）“强调”动画。“强调”动画主要对播放画面中的对象进行突出显示，起强调的作用，包括使对象缩小或放大、更改颜色或沿着其中心旋转等。

（4）“路径”动画。对象的“路径”动画是指播放画面中的对象按指定路径移动的动画效果，使用这些效果可以使对象上下移动、左右移动，或者沿着星形或圆形图案移动。

当然，你可以单独使用任何一种动画，也可以将多种效果组合在一起。例如，可以对一个文本应用“强调”进入效果及“陀螺旋”强调效果，使它旋转起来。

在 PowerPoint 2010 中，可以利用【动画】选项卡中的命令添加任意动画效果，并且可以自定义动画效果。

【能力扩展】

【实训 2.2】设置对象动画效果

实训目标

通过本实训，使读者运用 PowerPoint 2010 设置动画效果。

实训要求

打开“衡山.pptx”，将第 4 张幻灯片中的两张图片分别添加动画“翻转式由远及近”、“向上擦除”，以原文件名保存文稿，并关闭演示文稿。

任务 2.3　幻灯片切换

【任务描述】

打开“牛牛会计师事务所.pptx”，设置第 2 张幻灯片图片出现的效果为“百叶窗，风铃声，持续时间 2.00 秒”。

【任务实施】

（1）选择第 2 张幻灯片，单击【切换】选项卡中【切换到此幻灯片】组右侧的下拉按钮，显示图 6-53 所示的对话框。切换效果分为细微型、华丽型和动态内容。

（2）在【华丽型】中选择百叶窗。

（3）在【切换】选项卡中的【计时】组中，设置【声音】为“风铃”，【持续时间】为“02.00 秒”。

（4）保存所做的修改，关闭演示文稿。

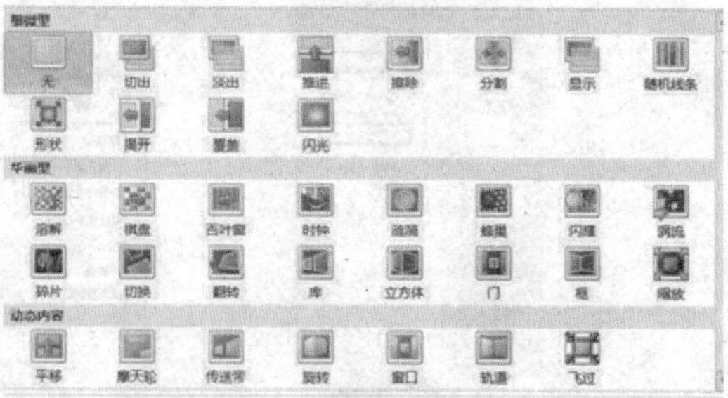
图 6-53 【切换方式】选项

【知识链接】

幻灯片的切换是指从一张幻灯片变换到另一张幻灯片的过程，是向幻灯片添加视觉效果的另一种方式，也称为换页。幻灯片切换效果是指从一张幻灯片移到下一张幻灯片时，在幻灯片放映时出现的动画效果，可以控制切换效果的速度，添加声音，甚至可以对切换效果的属性进行自定义。

【能力扩展】

【实训 2.3】幻灯片切换

实训目标

通过本实训，使读者运用 PowerPoint 2010 设置幻灯片切换。

实训要求

打开“衡山.pptx”，设置第 2 张幻灯片的切换效果：分割、切换方式为鼠标单击，切换时的声音为微风，以原文件名保存文稿，并关闭演示文稿。

任务 3 检验输出效果

任务 3.1 排练计时和录制旁白

【任务描述】

打开“牛牛会计师事务所.pptx”，进行录制旁白和排练计时操作。对前 5 张幻灯片进行排练计时，记录排练计时的时间；在幻灯片的切换中，使用每隔排练计时的时间作为幻灯片的切换时间间隔；给第 3 张幻灯片录制旁白，并保存录制旁白的时间。

【任务实施】

（1）排练计时前，选择【幻灯片放映】选项卡中【设置】组的【设置幻灯片放映】命令，弹出【设置放映方式】对话框，如图 6-54 所示，放映幻灯片设置为“从 1 到 5”，然后单击【确定】按钮。

（2）选择任意一张幻灯片，选择【幻灯片放映】选项卡中【设置】组的【录制幻灯片演示】下拉按钮，选择【从头开始录制……】选项，弹出【录制幻灯片演示】对话框，如图 6-55 所示。

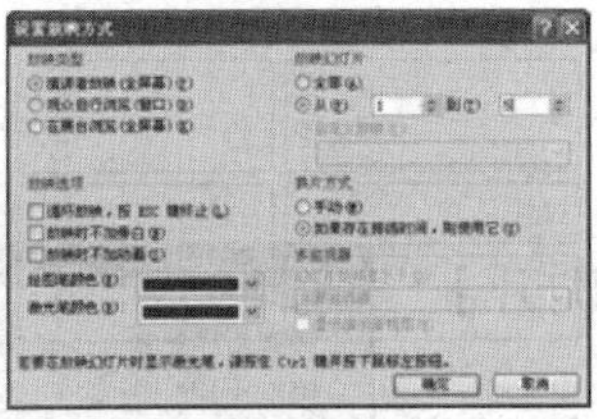

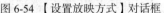

图 6-54 【设置放映方式】对话框

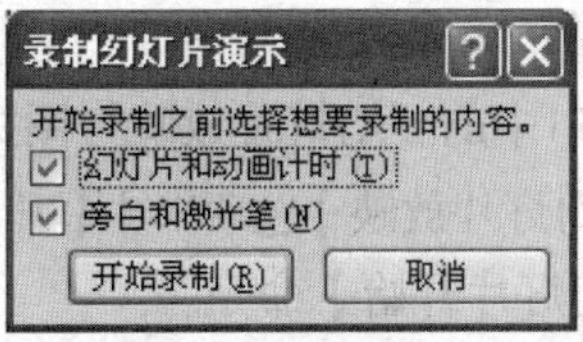

图 6-55 “录制幻灯片演示”对话框

（3）单击【开始录制】按钮，则进入幻灯片放映方式，如图 6-56 所示，此时可以开始排练计时。在放映到第 3 张幻灯片时，注意录制旁白。

（4）在录制的过程中，如果单击【暂停】按钮，将会出现图 6-57 所示的对话框。

（5）到第 5 张幻灯片播放结束后，根据之前的设置，此时结束放映，并出现图 6-58 所示的对话框。

图 6-56 “录制”控制

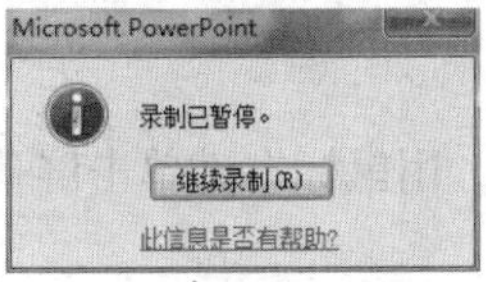

图 6-57 录制暂停

图 6-58 结束放映后是否保存计时时间

（6）退出后视图状态变化为幻灯片普通视图。

演示文稿制作完成后，需要通过放映或打印等输出方式来检验制作效果。

小知识	当演讲人不能出席演示文稿会议时，或需要自动放映演示文稿时，或其他人从 Internet 上直接访问演示文稿时，可以在放映演示文稿时添加旁白。旁白是指演讲者对演示文稿的解释，在播放幻灯片的过程中可以同时播放的声音，要想录制和收听旁白，要求计算机要有声卡、扬声器和麦克风。 如果对幻灯片的整体放映时间难以把握，或者是有旁白幻灯片的放映，或者是每隔多长时间进行自动切换的幻灯片，这时采用排练计时功能来设置演示文稿的自动放映时间就非常有用。

【能力扩展】

【实训 3.1】录制旁白和排练计时

打开“衡山.pptx”，进行如下的操作。

（1）给第 2 张幻灯片录制旁白，并保存录制旁白的时间。

（2）对整个演示文稿进行排练计时，记录排练计时的时间。

（3）在幻灯片的切换中，使用每隔排练计时的时间，设置幻灯片切换时间间隔。

（4）以原文件名保存文稿，并关闭演示文稿。

任务 3.2 幻灯片放映控制

1. 放映 PowerPoint 演示文稿

（1）从第一张幻灯片开始放映

① 选择任意一张幻灯片，执行【幻灯片放映】选项卡中【开始放映幻灯片】组的【从头开始】命令。

② 选择第一张幻灯片，执行【幻灯片放映】选项卡中【开始放映幻灯片】组的【从当

前幻灯片开始】命令。

（2）从当前幻灯片开始放映

① 单击窗口中的“幻灯片放映”图标。

② 执行【幻灯片放映】选项卡中【开始放映幻灯片】组的【从当前幻灯片开始】命令。

通常情况下，对演示文稿进行放映时，系统默认为“全部”状态，即所有幻灯片全部参与放映。如果只需要放映其中一部分幻灯片，则可以执行【幻灯片放映】选项卡中【设置】组的【设置放映方式】命令，对放映进行设置。在【设置放映方式】对话框中，可以对放映类型、换片方式、幻灯片放映分辨率等选项进行修改，如图 6-59 所示。

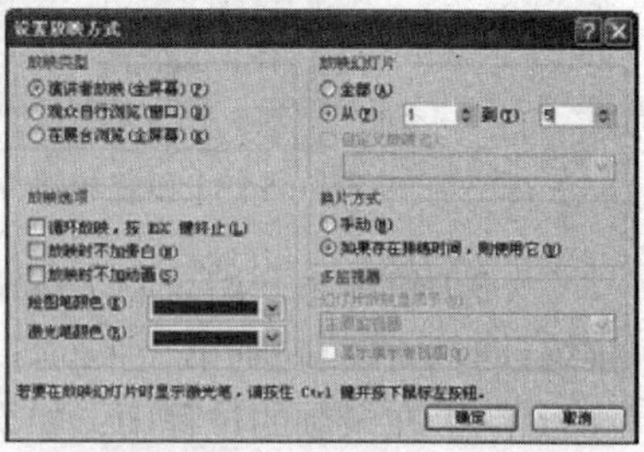

图 6-59 【设置放映方式】对话框

2. 定位至幻灯片

在放映过程中可以控制放映某一页，用鼠标右键单击屏幕，弹出快捷菜单，如图 6-60 所示，选择快捷菜单中相应的命令即可。

3. 结束放映

如果要提前结束放映，按【ESC】键，或用右键单击屏幕，弹出快捷菜单，选择“结束放映”命令即可。

4. 使用“绘图笔”进行标记

具体方法如下。

（1）在放映过程中用鼠标右键单击屏幕，从弹出的快捷菜单中选择【指针选项】命令，可以选择一种绘图笔，包括“圆珠笔”、“毡尖笔”等，如图 6-61 所示。

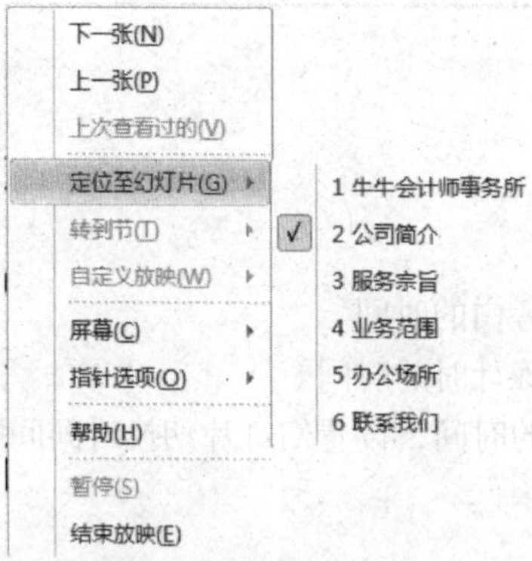

图 6-60 【定位至幻灯片】菜单命令

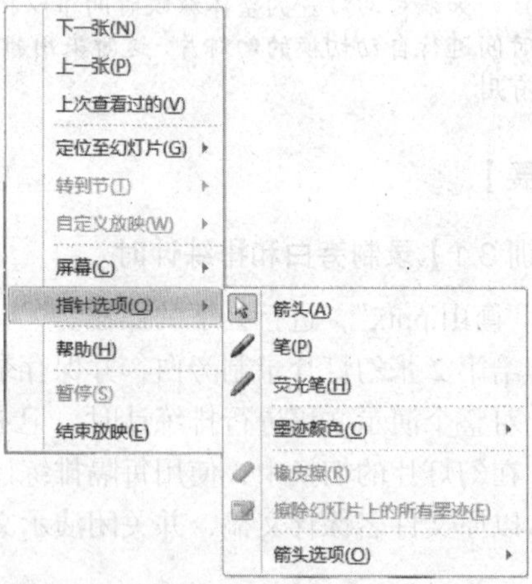

图 6-61 【指针选型】菜单命令

（2）如果要更改绘图笔的颜色，可以选择【墨迹颜色】命令，从中选择绘图笔的颜色。

（3）按住鼠标左键，在幻灯片上可以直接书写、做记号，但不会修改幻灯片本身的内容。

（4）如果要擦除标注内容，可以使用【橡皮擦】或者【擦除幻灯片上的所有墨迹】令来删除标记。

任务 3.3 演示文稿文件类型的修改

【任务描述】

将“牛牛会计师事务所.pptx”转换为 PDF 格式的文档，并将其打包成 CD。

【任务实施】

（1）选择【文件】选项卡中的【保存并发送】命令，即可看到图 6-62 所示的【文件类型】。

（2）在【文件类型】中选择“创建 PDF/XPS 文档”，则可以创建 PDF 格式的文件，创建结束后，在指定路径下保存图标。

（3）在【文件类型】中选择“打包成 CD”选项，弹出【打包成 CD】对话框，如图 6-63 所示。

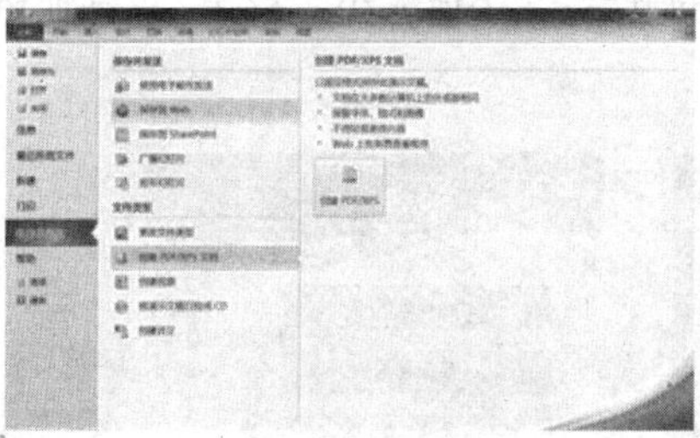

图 6-62 【文件类型】修改

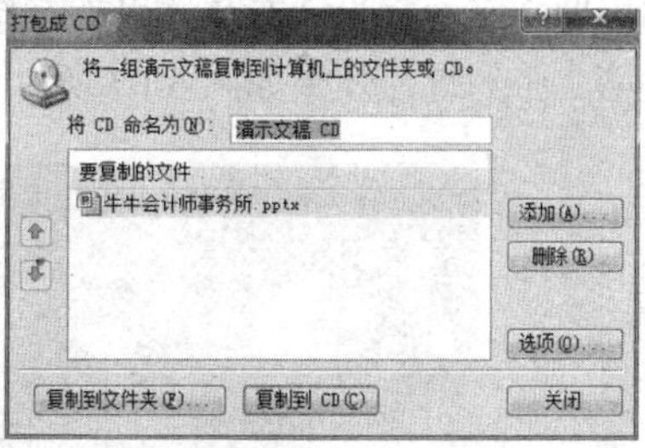

图 6-63 【打包成 CD】对话框

此时可以给 CD 重新命名，同时可以设置要复制的文件，单击【添加……】按钮，打开【添加文件】对话框，从中选择要一起包含进 CD 的幻灯片文件，如图 6-64 所示。

（4）选择好需要打包成 CD 的内容后，单击【打包成 CD】对话框中的【复制到文件夹】按钮，在弹出的【复制到文件夹】对话框中设定文件夹的名称为“我的 PPT”、保存位置为“我的文档”，单击【确定】按钮，如图 6-65 所示，PowerPoint 2010 就会将文件保存到相应的文件夹中。

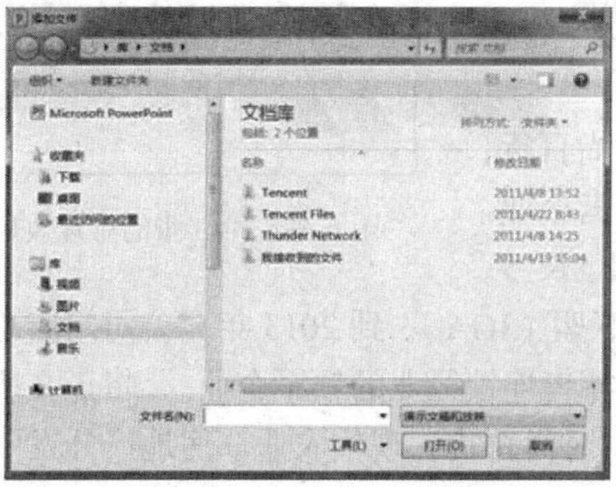

图 6-64 【添加文件】对话框

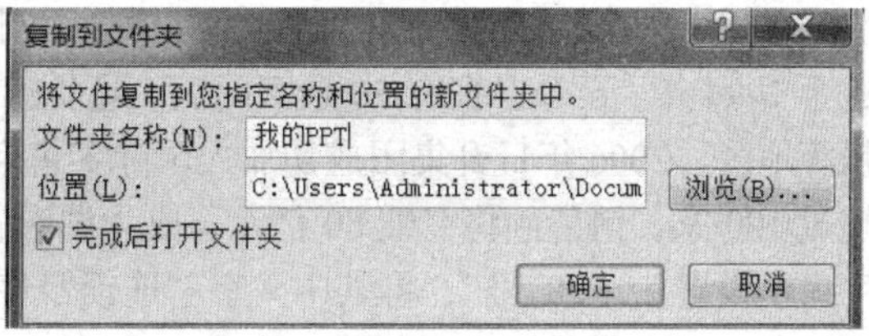

图 6-65 【复制到文件夹】对话框

小知识	有时我们需要把幻灯片拿到其他计算机上运行，或者是把我们的作品刻录成 CD 保存起来，还有时我们希望自己的 PPT 以 PDF 格式保存，这时可以使用 PowerPoint 2010【文件类型】功能。

任务 4　制作公司简介的演示文稿

【任务描述】

学生小牛在日升集团有限公司工作，为了宣传公司形象，扩大公司的知名度，让广大客户进一步了解公司，公司要小牛制作一个“日升集团有限公司简介.pptx”的演示文稿。

制作好的公司简介演示文稿共由 7 张幻灯片组成，具体要求如下。

（1）演示文稿选用“波形”主题。

（2）利用母版，在所有幻灯片左上角插入图片（日升 Logo 标志），并删除该图片的背景。

（3）在所有幻灯片（除首页外）页脚位置输入文字“日升集团有限公司”，字体大小“20 号”。

（4）第 1 张幻灯片效果如图 6-66 所示。

① 设置为【标题】版式。标题文字内容为“日升集团有限公司”，格式不变。

② 副标题文字内容为“有梦这里就有您的舞台”，字体大小“32 号”，其他格式不变。

（5）第 2 张幻灯片效果如图 6-67 所示。

图 6-66　第 1 张幻灯片效果

图 6-67　第 2 张幻灯片效果

① 设置为【标题和内容】版式。标题文字内容为“主要内容”，其他格式不变。

② 在“内容”区域插入 SmartArt 图形，垂直框列表，彩色范围-强调文字颜色 5 至 6，字体大小为“32 号”，字体颜色为“黑色”，居中对齐，其他格式不变。

图 6-68　第 3 张幻灯片效果

（6）第 3 张幻灯片效果如图 6-68 所示。

① 设置为【标题和内容】版式。标题文字内容为“公司概况”。

② 正文文字内容为“我们是一家集连锁零售、时尚百货、现代农业、房地产开发等多元化经营为一体的大型民营企业。创建于 1994 年，至今已拥有 50 余家门店，遍及衡阳、长沙、郴州等地区。2006 年日升集团成功加入国际零售商联盟（IGA）。到 2013 年，公司门店总数将超过 100 家，销售额将突破 80 亿元，成为湖南省零售连锁行业的领军企业。”将正文所有文字大小设置为“28 号”，将其中文字“连锁零售、时尚百货、现代农业、房地产开发”设置为红色加粗，其他格式不变。

（7）第 4 张幻灯片效果如图 6-69 所示。

① 设置为【标题和内容】版式。标题文字内容为“经营业务”。

② 在“内容”区域插入 3 张图片（物流中心、房地产项目、蔬菜基地），适当调整位置及大小。

（8）第 5 张幻灯片效果如图 6-70 所示。

图 6-69　第 4 张幻灯片效果

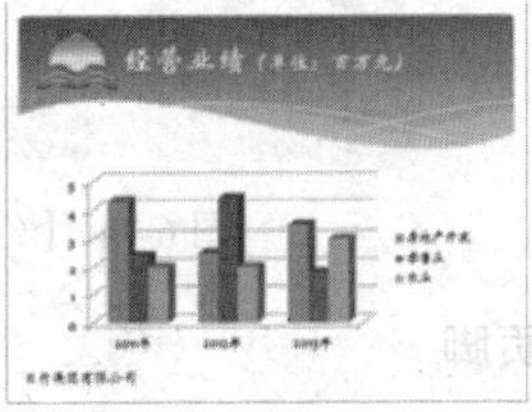

图 6-70　第 5 张幻灯片效果

① 设置为【标题和内容】版式。标题文字内容为“经营业绩（单位：百万元）”，其中文字“（单位：百万元）”大小设置为“28 号”。

② 在“内容”区域插入图表“三维簇状柱形图”。

（9）第 6 张幻灯片效果如图 6-71 所示。

图 6-71　第 6 张幻灯片效果

① 设置为【空白】版式。

② 插入艺术字：设置文字内容为“我们欢迎您的加入”，效果为“填充-蓝色，强调文字颜色 1，金属棱台，映像”。

（10）设置超链接。分别对第 2 张幻灯片的“公司简介”、“经营业务”和“经营业绩”设置超链接到第 3、4、5 张幻灯片。第 3、4、5 张幻灯片均插入一张图片（“返回按钮”），并设置超链接到第 2 张幻灯片。

（11）设置幻灯片对象动画。对第 4 张幻灯片的 3 张图片进行动画设置（自选）。

（12）设置幻灯片切换。选择第 3 张幻灯片，设置幻灯片为“溶解”，声音效果为“照相机，时间 02.00 秒”。

完成设置后，以“日升集团有限公司.pptx”文件名保存。

【任务实施】

1. 演示文稿选用“波形”主题。

新建一个演示文稿，选择【文件】选项卡中的【新建】命令，【主题】选择“波形”，如图 6-72 所示。

图 6-72　选择“波形”主题

2. 演示文稿母版的设计

（1）选择【视图】选项卡中的【幻灯片母版】命令，弹出图 6-73 所示的【幻灯片母版】视图。

（2）在【幻灯片母版】左上角插入所需的图片（日升 Logo 标志）

（3）在页脚位置输入文字“日升集体有限公司”，选择虚线框中对应的文本，选择【格式】选项卡中【字体】组的相关命令，或单击鼠标右键，在弹出的快捷菜单中设置文本的格式。

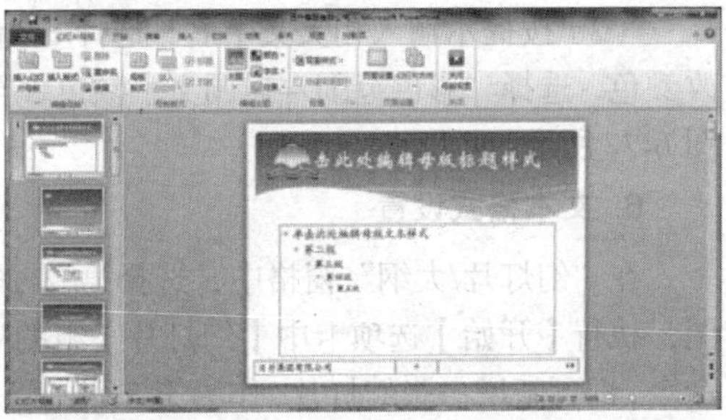
图 6-73　“幻灯片母版”视图

（4）完成后，单击【幻灯片母版视图】

工具栏中的【关闭母版视图】按钮，如图 6-74 所示。

图 6-74 【幻灯片母版视图】工具栏

3. 添加页眉页脚

执行【插入】选项卡中【文本】组的【页眉和页脚】命令，打开图 6-75 所示的【页眉和页脚】对话框，按图进行相关设置即可。

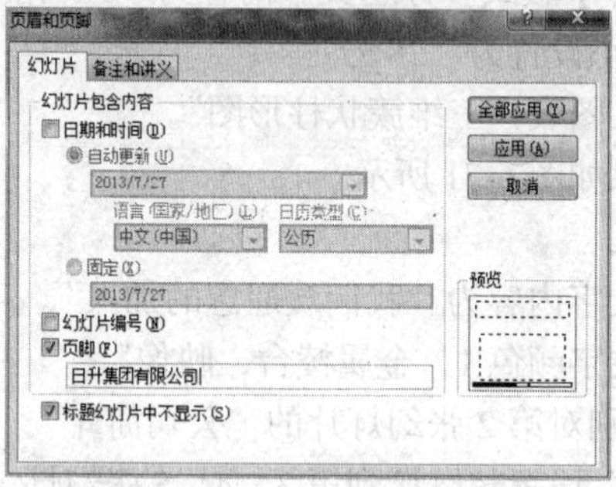

图 6-75 【页眉和页脚】对话框

4. 幻灯片中文字的编排

（1）在幻灯片普通视图下，选择第 1 张幻灯片，设置为【标题幻灯片】版式，单击主标题虚线框，输入文字“日升集团有限公司”，然后在标题区以外任意处单击结束输入，副标题在虚线框中输入文字“有梦这里就有您的舞台”。

（2）选择文字“有梦这里就有您的舞台”，设置为“32 号”。

其他幻灯片的文本输入就是采用此种方法制作。

5. 插入 SmartArt 图形

（1）在“幻灯片/大纲”窗格中，选择第 1 张幻灯片的缩略图，执行【开始】选项卡中【幻灯片】组的【新建幻灯片】命令，即可新增一张幻灯片，作为第 2 张幻灯片，设置为【标题和内容】版式，在标题栏中输入文字“主要内容”。在内容区域中选择插入 SmartArt 图形，弹出图 6-76 所示对话框，选择“垂直框列表”选项。

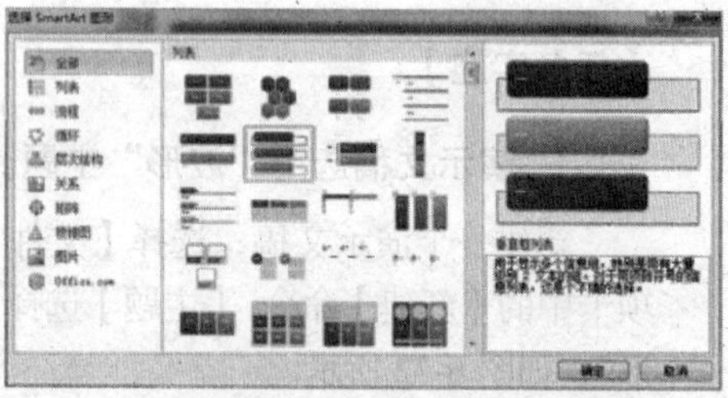

图 6-76 【选择 SmartArt 图形】演示文稿

（2）按提示输入相关文字后，选择 SmartArt 图形，更改颜色，选择“彩色范围—强调文字颜色 5 至 6”选项，如图 6-77 所示。

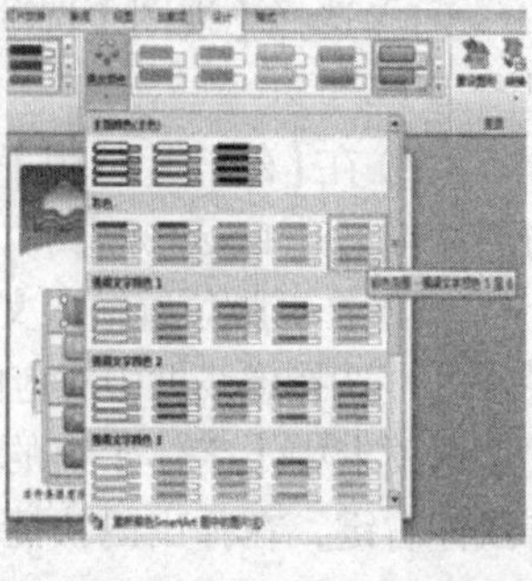

图 6-77 更改 SmartArt 图形颜色

6. 文本格式设置

在“幻灯片/大纲”窗格中，选择第 2 张幻灯片的缩略图，执行【开始】选项卡中【幻灯片】组的【新建幻灯片】命令，即可新增一张幻灯片，作为第 3 张幻灯片，设置为【标题和内容】版式，在标题栏中输入文字“公司简介”。对文字格式的设置参照第 4 步。

7. 插入图片

（1）在“幻灯片/大纲”窗格中，选择第 3 张幻灯片的缩略图，执行【开始】选项卡中【幻灯片】组的【新建幻灯片】命令，即可新增一张幻灯片，作为第 4 张幻灯片，在标题栏中输入文字“经营业务”。

（2）执行【插入】选项卡中【图像】组的【图片】命令，在打开的【插入图片】对话框中选取需要插入的图片，然后单击对话框上的【插入】按钮。

（3）图片将出现在幻灯片中，根据需要对幻灯片中的图片进行适当的移动和缩放即可。

8. 添加图表

（1）在“幻灯片/大纲”窗格中，选择第 4 张幻灯片的缩略图，执行【开始】选项卡中【幻灯片】组的【新建幻灯片】命令，即可新增一张幻灯片，作为第 5 张幻灯片，设置为【标题和内容】版式，在标题栏中输入文字“经营业绩”。

（2）执行【插入】选项卡中【插图】组的【图表】命令，弹出【插入图表】对话框，如图 6-78 所示，选择“三维簇状柱形图”，单击【确定】按钮。

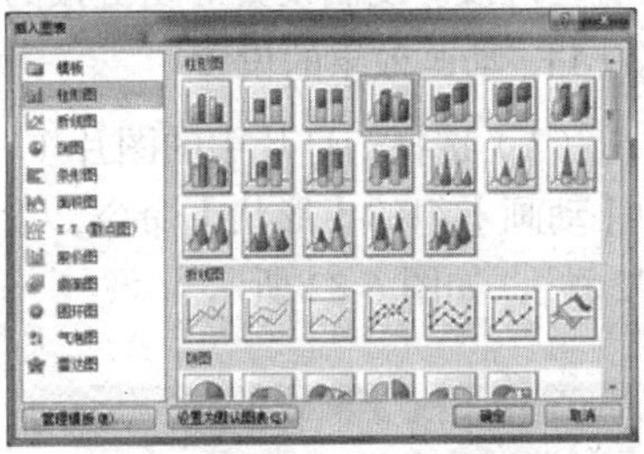

图 6-78 【插入图表】对话框

（3）幻灯片中出现一个图表占位符和一个与之匹配的数据表格，数据表格中已有一些默认的数据。根据需要，修改数据表格中的相关数据和行列标题，还可以扩充数据区域，如图 6-79 所示。

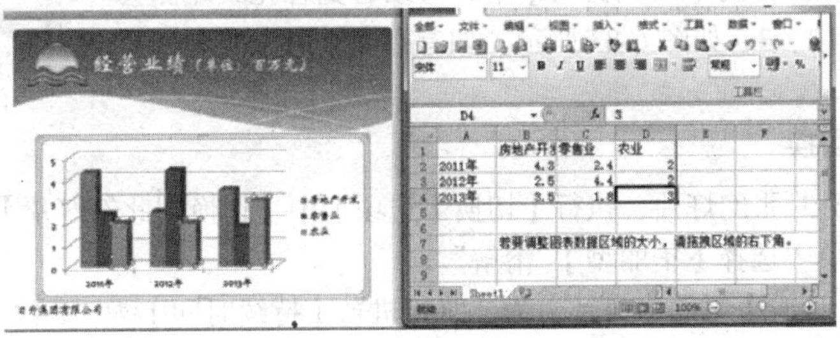

图 6-79 编辑数据

9. 插入艺术字

在“幻灯片/大纲”窗格中，选择第 5 张幻灯片的缩略图，执行【开始】选项卡中【幻灯片】组的【新建幻灯片】命令，即可新增一张幻灯片，作为第 6 张幻灯片，设置为【空白】版式，执行【插入】选项卡中【文本】组的【艺术字】命令，在下拉列表框中选择“填充-蓝色，强调文字颜色 1，金属棱台，映像”选项，在相应的位置输入文字“我们欢迎您的加入让我们与日升共成长”，如图 6-80 所示。

图 6-80 选择艺术字

10. 超链接的建立

（1）打开第 2 张幻灯片，选中需要建立超链接的第一个对象——“公司简介”列表框，右键单击鼠标，在快捷菜单中选择“超链接”命令。

（2）在弹出的图 6-81 所示的【编辑超链接】对话框中，选择“本文档中的位置”选项，在【请选择文档中位置】下拉列表框中选取被超链接的目标对象“3.公司简介”幻灯片，【幻灯片预览】区将显示该幻灯片的缩略图。

（3）单击【确定】按钮，超链接建立完成。

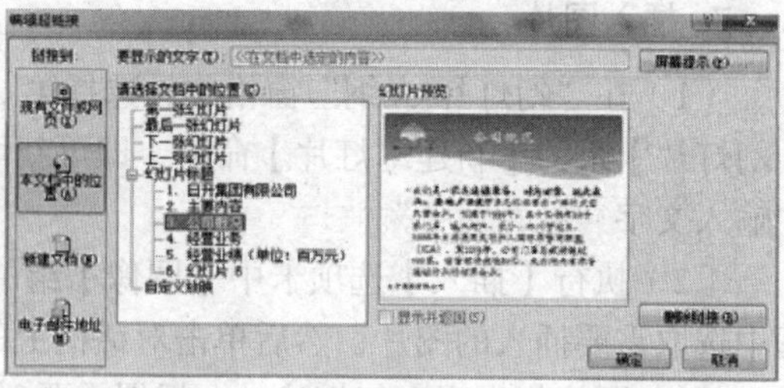

图 6-81 【编辑超级链接】对话框

（4）按此方式对“经营业务”、“经营业绩”设置超链接。

（5）打开第 3 张幻灯片，插入一张图片（“返回按钮”），按此方法对图片“返回按钮”设置超链接。复制设置好超链接的“返回按钮”图片，粘贴到第 4、5 张幻灯片中。

11. 动画效果的设置

（1）选择幻灯片中的图片（“别墅区”），执行【动画】选项卡中【动画】组的【形状】命令，设置【计时】组的【持续时间】为“2 秒”，如图 6-82 所示。

图 6-82 设置动画效果

（2）按此方式设置其他两张图片的动画。

（3）执行【动画】选项卡中【高级动画】组的【动画窗格】命令，在弹出的【动画窗格】中，可以看到各元素左侧会出现顺序标志 1、2、3，如图 6-83 所示。如有必要，可以实现调整动画播放的顺序。

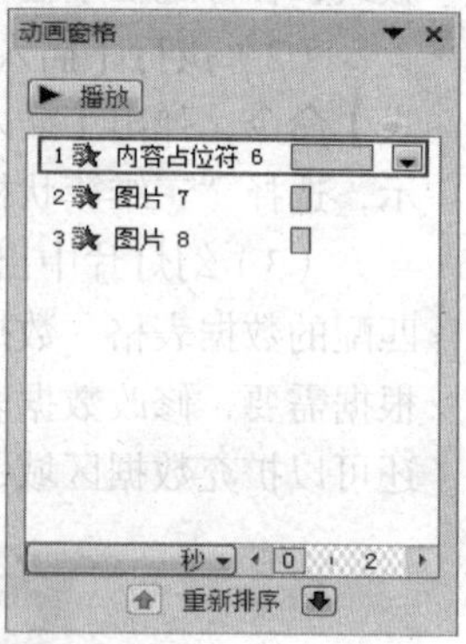

图 6-83 动画窗格

12. 幻灯片切换

（1）选择第 3 张幻灯片，执行【切换】选项卡中【切换到此幻灯片】组右侧的下拉按钮，在弹出的菜单中选择【华丽型】“溶解”。

（2）设置【计时】组的【声音】为“照相机”，【持续时间】为“2 秒”。

项目训练

1. 单选题

（1）一个 PowerPoint 2010 演示文稿是由若干个________组成。

A）幻灯片　B）图片和工作表　C）Office 文档和动画　D）电子邮件

（2）在 PowerPoint 2010 普通视图窗口中，当前幻灯片的序号及幻灯片的总页数等信息显示在___。

A）状态栏　B）工具栏　C）视图方式按钮　D）菜单栏

（3）在 PowerPoint 2010 的各种视图中，________用户可以看到画面变成上下两部分，上面是一张缩小了的幻灯片，下面的方框可以输入幻灯片的一些备注信息。

A）备注页视图　B）幻灯片浏览视图

C）幻灯片视图　D）幻灯片放映视图

（4）在 PowerPoint 2010 的幻灯片浏览视图下，不能完成的操作是________。

A）调整个别幻灯片位置　　B）删除个别幻灯片
C）编辑个别幻灯片内容　　D）复制个别幻灯片

（5）在 PowerPoint 2010 中，有关选定幻灯片的说法中错误的是________。
A）在幻灯片浏览视图下，单击幻灯片，即可选定
B）在幻灯片浏览视图下，利用【Ctrl】键和单击可选定多张不连续的幻灯片
C）在幻灯片浏览视图下，利用【Shift】键和单击可选定多张连续的幻灯片
D）在幻灯片浏览视图下，不可选定多张幻灯片

（6）PowerPoint 2010 中，在浏览视图下，按住【Ctrl】键并拖动某幻灯片，可以完成_____操作。
A）移动幻灯片　　B）复制幻灯片
C）删除幻灯片　　D）选定幻灯片

（7）在 PowerPoint 2010 的各种视图中，________可以同时浏览多张幻灯片，便于选择、添加、删除、移动幻灯片等操作。
A）备注页视图　　B）幻灯片浏览视图
C）幻灯片普通视图　　D）幻灯片放映视图

（8）在 PowerPoint 2010 中，若想将选中的文字移动，下面的说法正确的是________。
A）先将选中的文字“剪切”到剪贴板，然后将光标定位到要移动的位置，按“粘贴”按钮
B）先将选中的文字“复制”到剪贴板，然后将光标定位到要移动的位置，按“粘贴”按钮
C）先将选中的文字“剪切”到剪贴板，然后将光标定位到要移动的位置，按“复制”按钮
D）按住【Ctrl】键，然后将选中的文字拖动到要移动的位置

（9）在 PowerPoint 2010 中，在幻灯片中插入多媒体内容的说法中，错误的是________。
A）可以插入声音　　B）可以插入音乐
C）可以插入影片　　D）不可以插入图片

（10）在 PowerPoint 2010 中，关于图片的来源，下面说法中错误的是________。
A）剪贴画中的图片　　B）来自文件的图片
C）来自扫描仪的图片　　D）来自打印机的图片

（11）在 PowerPoint 2010 中，有关幻灯片背景设置的下列说法中错误的是________。
A）可以为幻灯片设置不同的颜色、图案或者纹理的背景
B）可以使用图片为幻灯片设置背景
C）可以为单张幻灯片进行背景设置
D）不可以同时为当前演示文稿中的所有幻灯片设置背景

（12）PowerPoint2010 中，有关幻灯片母版中的页眉页脚，下列说法错误的是________。
A）页眉或页脚是加在演示文稿中的注释性内容
B）典型的页眉/页脚内容是日期、时间以及幻灯片编号
C）在打印演示文稿的幻灯片时，页眉/页脚的内容也可打印出来
D）不能设置页眉和页脚的文本格式

（13）在 PowerPoint2010 中，下列说法错误的是________。
A）可以在幻灯片中插入“批注”　　B）不可以在幻灯片中插入自选图形
C）可以在幻灯片中插入“时间和日期”　　D）可以在幻灯片中插入“幻灯片编号”

（14）在空白幻灯片中不可以直接插入________。
A）文本框　　B）超链接　　C）艺术字　　D）表格

（15）在 PowerPoint 2010 中，下列说法正确的是________。

A）不可以在幻灯片中插入超级链接

B）可以在幻灯片中插入声音和影像

C）不可以在幻灯片中插入艺术字

D）不可以在幻灯片中插入剪贴画和自定义图像

（16）下列有关幻灯片叙述错误的是________。

A）它是演示文稿的基本组成单位　　B）可以插入图片、文字

C）可以插入各种超链接　　D）单独一张幻灯片不能形成放映文件

（17）在 PowerPoint 2010 中，下列说法中错误的是________。

A）超级链接可以创建在任何文本或对象上

B）可以链接到同一文稿中的其他位置

C）如果文本在图形中，不能为文本设置超级链接

D）代表超级链接的文本一般会添加下画线

（18）在 PowerPoint 2010 中，下列有关创建超级链接的说法中错误的是________。

A）可以创建跳转到其他文件或 Web 页的超级链接

B）可以创建跳转到本演示文稿中其他幻灯片的超级链接

C）不能创建跳转到新建演示文稿的超级链接

D）可以创建跳转到电子邮件地址的超级链接

（19）在 PowerPoint 2010 中，下列说法中错误的是________。

A）可以在幻灯片浏览视图中更改幻灯片上动画对象的出现顺序

B）可以在幻灯片普通视图中设置动画效果

C）可以在幻灯片浏览视图中设置幻灯片切换效果

D）可以在幻灯片普通试图中设置幻灯片切换效果

（20）如要终止幻灯片的放映，可直接按________键。

A）Ctrl+C　　B）Esc　　C）End　　D）Alt+F4

2. 操作题

（1）以“北京市旅游景点”为主题，制作演示文稿，具体要求如下。

① 演示文稿包含 3 张幻灯片，按照图 6-84 输入文本，3 张幻灯片均选择“标题和正文”版式。

【操作提示】：执行【开始】选项卡中【幻灯片】组的【版式】命令。

② 将第 1 张幻灯片中标题字设置为“行楷”、加粗、红色（RGB 颜色模式：247,0,0）、阴影。

【操作提示】：选择第 1 张幻灯片的标题，执行【开始】选项卡中的【字体】命令，进行相应的设置。

③ 在第 2 张幻灯片插入图片“故宫.jpg”，在第 3 张幻灯片插入图片“颐和园.jpg”，且对图片进行相应的格式设置（如放置到相应的位置，调整图片的大小）。

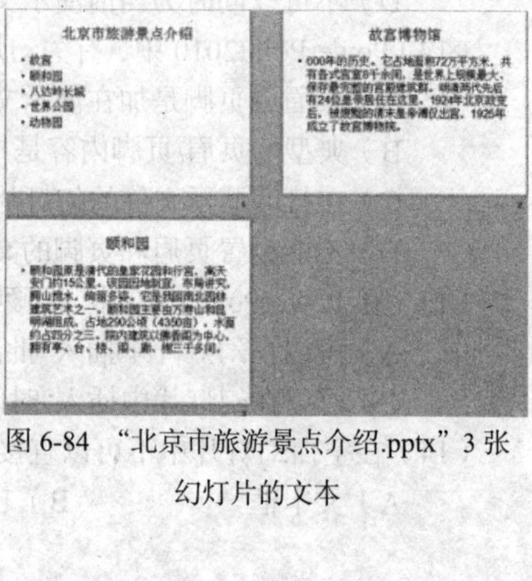

图 6-84 “北京市旅游景点介绍.pptx” 3 张幻灯片的文本

【操作提示】：选择第 2 张幻灯片，执行【插入】选项卡中【图像】组的【图片】命令，选择相

应的图片。选择第 3 张幻灯片，执行【插入】选项卡中【图片】组的【来自文件中的图片】命令，选择相应的图片。

④ 在第 1 张幻灯片中插入声音文件“轻音乐.mid”。

【操作提示】：选择第 1 张幻灯片，执行【插入】选项卡中【媒体】组的【音频】命令，选择相应的声音。

⑤ 设置第 1 张幻灯片的切换效果为从全黑淡出，速度为慢速，换页方式为单击鼠标换页。设置第 2 张幻灯片的切换效果为溶解，速度为中速，换页方式为单击鼠标换页。设置第 3 张幻灯片的切换效果为向左擦除，速度为中速，换页方式为单击鼠标换页，声音为疾驰。

【操作提示】：分别选择第 1、2、3 张幻灯片，执行【切换】选项卡中【切换到此幻灯片】组的相应命令，进行相应的设置。

⑥ 设置第 2 张和第 3 张幻灯片中图片的动画效果为水平百叶窗，风铃的声音，单击鼠标启动动画。

【操作提示】：分别选择第 2 张和第 3 张幻灯片中的图片，分别执行【动画】选项卡中【动画】组相应的命令，进行相应的设置。

⑦ 以“北京市旅游景点介绍.pptx”命名保存到“我的文档”中。在幻灯片浏览效果下，演示文稿的最终效果如图 6-85 所示。

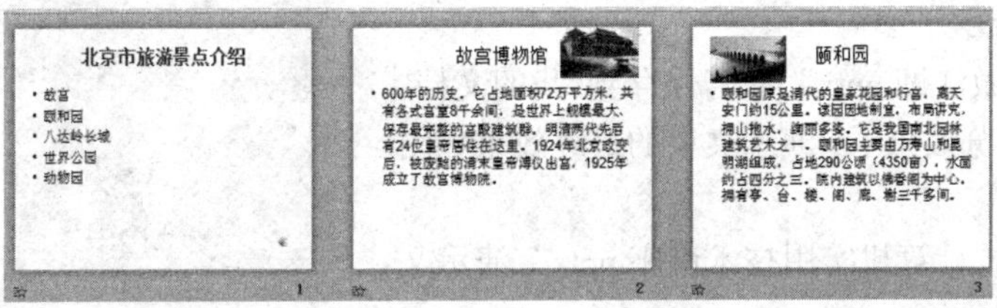

图 6-85 “北京市旅游景点介绍.pptx”在“幻灯片浏览”视图下的最终效果

（2）以“笑傲江湖”为主题，制作演示文稿，具体要求如下。

① 演示文稿包含 4 张幻灯片，按照图 6-86 输入文本，制作 4 张幻灯片。

② 第 1 张幻灯片选择“标题”版式，第 2 张幻灯片选择“标题和内容”版式，第 3 张幻灯片选择“标题，文本和剪贴画”版式。

【操作提示】：执行【开始】选项卡中【幻灯片】组的【版式】命令。

③ 在第 3 张幻灯片插入图片“人影.wmf”。

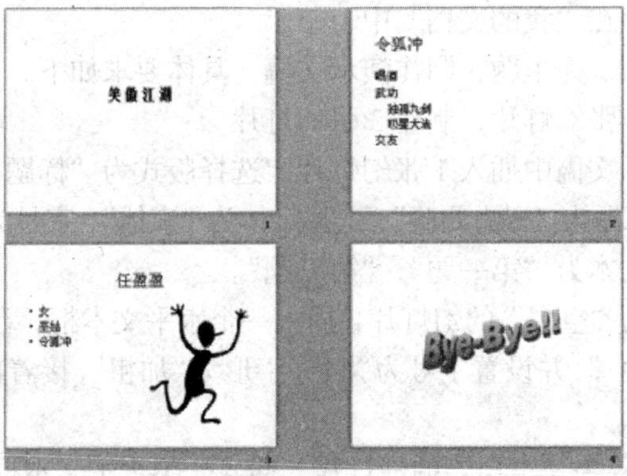

图 6-86 “笑傲江湖.pptx”在“幻灯片浏览”视图下的初始效果

【操作提示】：选择第 3 张幻灯片，执行【插入】选项卡中【图像】组的【图片】命令，选择相应的图片。

④ 将第 1 张幻灯片的主标题“笑傲江湖”的字体设置为“黑体”，字号不变。

【操作提示】：选择第 1 张幻灯片中的“笑傲江湖”，执行【开始】选项卡【字体】组中相应的命令，并进行设置。

⑤ 给第 1 张幻灯片设置页脚为“杭州中智”。

【操作提示】：选择第 1 张幻灯片，执行【插入】选项卡中【文本】组的【页眉和页脚】命令，在页脚文本框中输入“杭州中智”。

⑥ 将第 2 张幻灯片的背景设置为“信纸”纹理。

【操作提示】：选择第 2 张幻灯片，执行【设计】选项卡中【背景】组的【背景样式】命令，在弹出的【设置背景格式】对话框中，选择【填充】中的【图片或纹理填充】选项，【纹理】选择“信纸”。

⑦ 给第 3 张幻灯片的剪贴画建立超链接，链接到“上一张幻灯片”。

【操作提示】：选择第 3 张幻灯片中的剪贴画，执行【插入】选项卡中【链接】组的【链接】命令，进行相应的设置。

⑧ 将演示文稿的应用“跋涉”主题。

【操作提示】：执行【设计】选项卡中【主题】组的【跋涉】命令。

⑨ 以“笑傲江湖.pptx”命名保存到“我的文档”中。在幻灯片浏览效果下，演示文稿的最终效果如图 6-87 所示。

图 6-87 “笑傲江湖.pptx”在“幻灯片浏览”视图下的最终效果

（3）打开“计算机实用技术讲座.pptx”演示文稿，进行如下操作。

① 设置第 1 张幻灯片的背景纹理为“羊皮纸”。

② 设置第 2 张幻灯片的标题文字“Windows 应用技术”的字体为“方正姚体”，字号不变。

③ 将第 2 张幻灯片的切换方式设置为“垂直百叶窗”。

④ 设置第 4 张幻灯片中的正文文本的动画效果为“随机线条”，其他为默认设置。

⑤ 把第 9 张幻灯片文本框中的文本“http://www.hzcnit.com”，修改为“http://www.hycgy.com”，并把该文本的超链接改为“http://www.hycgy.com”。

⑥ 以原文件名保存在“我的文档”中。

（4）以“智能测试”为主题，制作演示文稿，具体要求如下。

① 演示文稿包含 3 张幻灯片，制作 3 张幻灯片。

② 请在打开的演示文稿中插入 1 张幻灯片，选择版式为“标题和文本”。

③ 在标题处添加标题为“智力测验”，选择字体为“宋体”，字号为“60”，字形为“加粗”。

④ 在文本处添加文本为“第一题”，“第二题”。

⑤ 插入 1 张版式为“空白”的幻灯片，插入一个水平文本框，在文本框中插入文本“你能用线提起一块豆腐吗？”，并设置字号为“54”，字形为“加粗”，接着再插入图片“豆腐.jpeg”，将图片大小设置为 200%。

⑥ 再插入 1 张版式为“空白”的幻灯片，插入一个水平文本框，文本框的内容为“什么是幸福？”，并设置字号为“54”，字形为“加粗”，然后在第 3 张幻灯片中插入图片“幸福.jpeg”，将图片大小设置为 50%。

⑦ 对第 1 张幻灯片中的“第一题”进行动作设置，使其在单击鼠标时超级链接到第 2 张幻灯片，然后对“第二题”进行动作设置，使其在单击鼠标时链接到第 3 张幻灯片。

⑧ 以“智力测试.pptx”命名保存到“我的文档”文件夹中。在幻灯片浏览效果下，演示文稿的最终效果如图 6-88 所示。

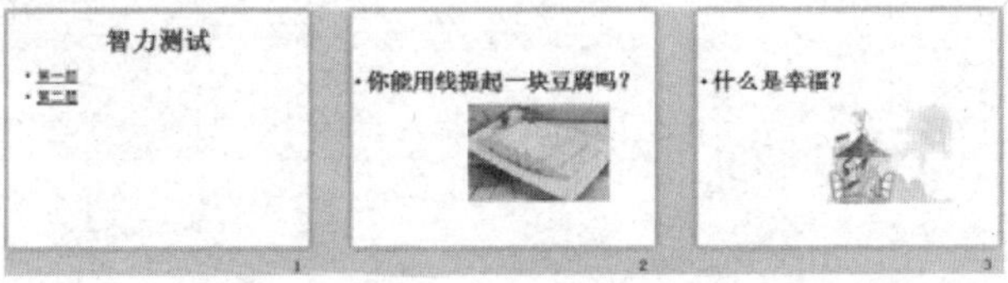

图 6-88 “智力测试.pptx”在【幻灯片浏览】下的最终效果

（5）以“新年祝福”为主题，制作命名为“新年贺卡.pptx”的演示文稿。

新年将至，用 PowerPoint 2010 制作贺卡，送给父母、老师、亲朋好友及同学，以表示对他们良好的祝愿！各幻灯片具体内容不做要求，可参考图 6-89。

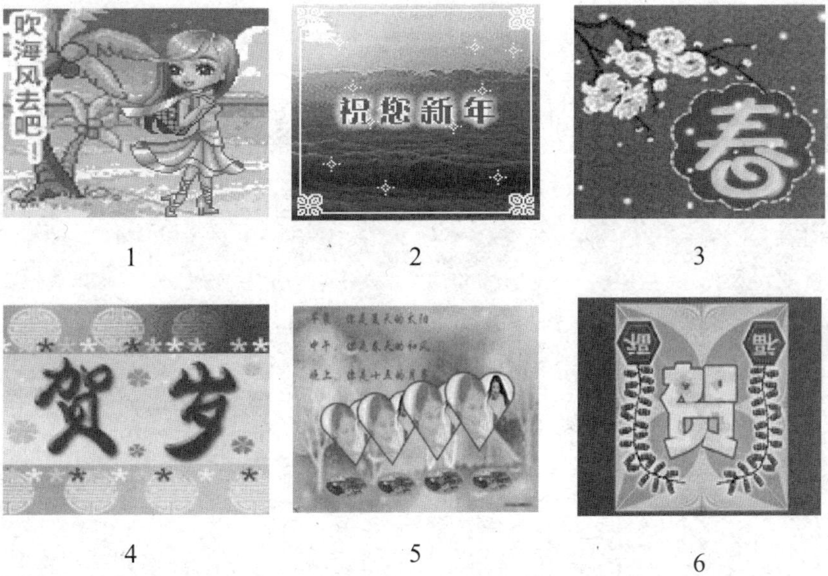

图 6-89 “新年贺卡.pptx”在“幻灯片浏览”视图下的参考效果

【操作提示】：在用 PowerPoint 2010 制作贺卡时，除了要设计出精美的画面外，还要有动画效果和背景声音的配合，才能使贺卡具有栩栩如生的效果。因此在制作贺卡前，先要搜集素材，包括图形和声音，可以从网上收集，也可采用专用软件自己制作。

素材准备好之后，就可以开始制作。用 PowerPoint 2010 制作贺卡大致可分成两个部分，即贺卡的静态部分和动态部分。静态部分包括版式和背景的设置，动态部分包括各部分的出现方式和幻灯片的切换方式。

项目七

计算机网络知识

教学目标

- 理解计算机网络的一些基本概念，熟悉计算机网络的分类及组成。
- 了解 OSI 参考模型与 IEEE 802 局域网系统标准。
- 了解 Internet 的接入方式，能根据需要将计算机通过相关设备接入因特网。

教学内容

- 掌握计算机网络通用知识。
- 了解计算机网络基本技术。

现在计算机应用离不开网络，虽然小牛平时也上网聊天、看新闻等，但她对网络方面的相关知识了解并不多。本项目主要介绍了当前常见的一些网络设备以及宽带上网的基本途径，并对网络基本技术进行了简单介绍，使小牛掌握一些网络方面的基础知识，为以后更好地使用计算机进行工作提供必要的帮助。

任务 1 掌握计算机网络通用知识

【任务描述】

现在是网络时代，任何公司或个人几乎都离不开计算机网络。本任务主要是让小牛学习一些基本的网络知识，了解计算机网络的基本组成，从而认识计算机网络的常用介质和网络设备，以便能更好地利用计算机这个现代化工具为工作、生活服务。

【任务实施】

1. 掌握计算机网络的概念

计算机网络是现代计算机技术与通信技术相结合的产物，它是以硬件资源、软件资源和信息资源共享以及信息传递为目的，在统一的网络协议控制下，将地理位置分散的许多独立的计算机系统连接在一起所形成的网络。

1969 年，美国国防部高级研究计划局（ARRA）将多个大学、公司和研究所的多台计算机互连，形成 ARPAnet 网（简称 ARPA 网）。该网最初只有 4 个节点，1983 年达到 100 多个节点。ARPA 网通过有线、无线与卫星通信线路，使网络覆盖了从美国本土到夏威夷与欧洲的广阔地域。ARPA 网是计算机网络发展的一个重要标志。20 世纪 70 年代末，国际标准化组织（ISO）正式制定并颁布了“开放系统互连参考模型”（OSI/RM），80 年代，各种符合 OSIRM 与协议标准的远程计算机网络、局部网络与城市地区计算机网开始广泛应用，到了 90 年代中期，Internet 得到了广泛应用，它是迄今为止全球最为成功和覆盖面最大的国际网络。人们借助于多媒体技术，利用互联网进行声音、图像同步传输，促进了世界各国的科技文化及经济贸易的交流与发展。

2. 了解计算机网络的功能

计算机网络有许多功能，主要功能如下。

（1）数据通信

数据通信即实现计算机与终端、计算机与计算机间的数据传输，是计算机网络最基本的功能，也是实现其他功能的基础。如电子邮件、传真、远程数据交换等。

（2）资源共享

实现计算机网络的主要目的是共享资源。一般情况下，网络中可共享的资源有硬件资源、软件资源和数据资源，其中共享数据资源最为重要。

（3）远程传输

计算机已经由科学计算向数据处理方面发展，由单机向网络方面发展，且发展的速度很快。分布在很远的用户可以互相传输数据信息，互相交流，协同工作。

（4）集中管理

计算机网络技术的发展和应用，已使得现代办公、经营管理等发生了很大的变化。目前，已经有了许多 MIS 系统、OA 系统等，通过这些系统可以实现日常工作的集中管理，提高工作效率，增加经济效益。

（5）实现分布式处理

网络技术的发展，使得分布式计算成为可能。对于大型的课题，可以分为许许多多的小题目，由不同的计算机分别完成，然后再集中起来解决问题。

（6）负载平衡

负载平衡是指工作被均匀地分配给网络上的各台计算机。网络控制中心负责分配和检测，当某台计算机负载过重时，系统会自动转移部分工作到负载较轻的计算机中去处理。

3. 了解计算机网络的分类

（1）按网络的作用范围划分

① 局域网（Local Area Network，LAN）

局域网是计算机通过高速线路相连组成的网络。地理范围一般从几十米至数公里，通常安装在一个实验室、一栋大楼、一个学校或一个单位内。局域网组建方便，使用灵活，是目前计算机网络发展中最活跃的分支。

② 广域网（Wide Area Network，WAN）

广域网覆盖的地理范围从数百公里至数千公里，甚至上万公里，可以是一个地区或一个国家，甚至世界几大洲。广域网用于通信的传输装置和介质一般由电信部门提供，能实现广大范围内的资源共享。但随着多家经营政策的落实，也出现了其他部门自行组网的现象。在我国，除电信网外，还有广电网、联通网等为用户提供远程通信服务。

③ 城域网（Metropolitan Area Network，MAN）

城域网介于 LAN 和 WAN 之间，其范围通常覆盖一个城市或地区，距离从几十公里到上百公里。城域网是对局域网的延伸，用于局域网之间的连接。

随着网络技术的发展，新型的网络设备和传输媒体的广泛应用，距离的概念逐渐淡化，局域网以及局域网互连之间的区别也逐渐模糊。同时，越来越多的企业和部门开始利用局域网以及局域网互连技术组建自己的专用网络，这种网络覆盖整个企业，范围可大可小。

（2）按网络管理性质划分

① 公共网

公用网由电信部门或其他提供通信服务的经营部门组建、管理和控制，网络内的传输和转接装置可供任何部门和个人使用。

② 专用网

专用网是由某个部门或公司组建并专用，不允许其他部门或单位使用。

（3）按传输介质划分

① 有线网

有线网是指采用双绞线、同轴电缆以及光纤作为传输介质的计算机网络。双绞线网通过专用的各类双绞线来组网，是目前最常见的连网方式。

② 无线网

无线网是指使用电磁波作为传输介质的计算机网络，它可以传送无线电波和卫星信号，目前这种连网方式费用较高，速率较低。

（4）按频带占用方式分类

计算机网络按信号频带占用方式分类，可分为基带网和宽带网等类型。

（5）按网络拓扑结构分类

计算机网络的拓扑结构是指连接网络设备的物理线缆的铺设形式，它影响着整个网络的设计、功能、可靠性及通信费用。常见的有总线型、星形、环形和网状拓扑等。

4. 了解计算机网络的组成

（1）计算机网络的物理组成

计算机网络的物理组成主要有主机、终端、通信处理机和通信设备等。

① 主机：主计算机是计算机网络中承担数据处理的计算机系统，可以是单机系统，也可以是多机系统。

② 终端：终端是网络中用量大、分布广的设备。

③ 通信控制处理机：也称前端处理机，是主计算机与通信线路单元间设置的计算机，负责通信控制和通信处理工作。

④ 通信设备：是数据传输设备，包括集中器、信号变换器和多路复用器等。集中器设置在终端较集中的地方，它把若干个终端用低速线路先集中起来，再与高速通信线路连接。信号变换器提供不同信号间的变换，不同传输介质采用不同类型的信号变换器。

⑤ 通信线路：通信线路是用来连接上述各部分并在各部分之间传输信息的载体。

（2）计算机网络的系统组成

从计算机网络系统组成的角度看，典型的计算机网络从逻辑功能上可以分为资源子网和通信子网两部分。

① 资源子网

资源子网由主机、终端、终端控制器、连网外设、各种软件资源与信息资源组成。资源子网负责全网的数据处理业务，并向网络用户提供各种网络资源与网络服务。

② 通信子网

通信子网由通信控制处理机、通信线路与其他通信设备组成，完成网络数据传输、转发等通信处理任务。

（3）计算机网络的软件

网络软件是实现网络功能必不可少的软环境。网络软件包括：网络协议软件、网络通信软件、网络操作系统、网络管理软件和网络应用软件等。

5. 认识常用网络设备

（1）网络服务器及网卡

网络服务器是为网络用户提供特定服务的计算机设备。

服务器按其提供的服务内容，大致可分为如下几种。

文件服务器：为网络用户提供支持文件共享，负责网络用户所需文件的读取、存储及用户对文件所拥有权限的设置的专用服务器。

打印服务器：为网络用户提供打印服务，负责管理网络打印机、打印队列及用户对打印队列权限的设置的专用服务器。

网卡又称网络接口卡（或 NIC 卡），主要用于网络中各设备到网络系统的连接。它在 OSI 模型的物理层和数据链路层上运作。

（2）中继器与集线器

中继器与集线器是一种放大模拟信号或数字信号的网络连接设备，通常具有两个端口。它接收传输介质中的信号，将其复制、调整和放大后再发送出去，从而使信号能传输得更远，延长信号传输的距离。中继器不具备检查和纠正错误信号的功能，它只是转发信号。它在 OSI 模型的物理层上运作，与介质有关，而与协议无关。

图 7-1 集线器

集线器（又称 Hub），如图 7-1 所示，是构成局域网的最常用的连接设备之一。集线器是局域网的中央设备，它的每一个端口可以连接一台计算机，局域网中的计算机通过它来交换信息。常用的集线器可通过两端装有 RJ-45 连接器的双绞线与网络中计算机上安装的网卡相连，每个时刻只有两台计算机可以通信。

利用集线器连接的局域网叫共享式局域网。集线器实际上是一个拥有多个网络接口的中继器，不具备信号的定向传送能力。

（3）网桥与网关

网桥用于连接两个不同类型的局域网，可用于将一个网络分解为多个相互隔离的不同结构的网络段，并保持其整体仍为一个单一网络。它在OSI模型的数据链路层运作。网桥的工作与传输介质有关，它将监视所有段的全部传输，并检查每个帧的目的硬件地址。网桥的另一个重要特征是其消除了中继器关于“在源与目的站之间介入的中继器数目不能超过四个”的限制。

网关是用于连接局域网和广域网、广域网和广域网，可对不兼容的协议（网络）之间（数据）进行转换，它可以在OSI模型的任何一层工作，也可同时在多层工作。一般情况下不使用网关，这是因为：第一，网关必须在根本不兼容的协议之间进行转换，所以运行速度较低；第二，网关的安装和维护都较困难，且提供的转换常常是不完善的，特别是在OSI模型的高层。

（4）路由器

图7-2　路由器

路由器（见图7-2）是一种连接多个网络或网段的网络设备，它能将不同网络或网段之间的数据信息进行“翻译”，以使它们能够相互“读”懂对方的数据，实现不同网络或网段间的互连，构成一个更大的网络。目前，路由器已成为各种骨干网络内部之间、骨干网之间一级骨干网和因特网之间连接的枢纽。校园网一般就是通过路由器连接到因特网上的。

路由器的工作方式与交换机不同，交换机利用物理地址（MAC地址）来确定转发数据的目的地址，而路由器则是利用网络地址（IP地址）来确定转发数据的地址。另外路由器具有数据处理、防火墙及网络管理等功能。路由器与网桥相比，在功能上类似，但与介质无关；在结构上要复杂得多，且需要更复杂的配置。

（5）交换机

交换机又称交换式集线器，在网络中用于完成与它相连的线路之间的数据单元的交换，是一种基于MAC（网卡的硬件地址）识别，完成封装、转发数据包功能的网络设备，如图7-3所示。在局域网中可以用交换机来代替集线器，其数据交换速度比集线器快得多。这是由于集线器不知道目标地址在何处，只能将数据发送到所有的端口。而交换机中会有一张地址表，通过查找表格中的目标地址，把数据直接发送到指定端口。

图7-3　交换机

利用交换机连接的局域网叫交换式局域网。在用集线器连接的共享式局域网中，信息传输通道就好比一条没有划出车道的马路，车辆只能在无序的状态下行驶，当数据和用户数量超过一定的限量时，就会发生抢道、占道和交通堵塞的现象。交换式局域网则不同，就好比将上述马路划分为若干车道，保证每辆车能各行其道，互不干扰。交换机为每个用户提供专用的信息通道，除非两个源端口企图同时将信息发往同一个目的端口，负责各个源端口与各自的目的端口之间可同时进行通信而不发生冲突。

除了在工作方式上与集线器不同之外，交换机在连接方式、速度选择等方面与集线器基本相同。

6. 认识计算机网络传输介质

传输介质，就是连接网络设备（计算机）的介质。网络传输介质的选择对网络的性能和可靠性有着不可忽视的重要性，网络的大部分问题都是由网络传输介质和连接器故障引起的。

（1）双绞线

双绞线是由两根具有绝缘保护层的铜导线组成。把两根具有绝缘层的铜导线按一定节距互相绞在一起，可降低信号干扰的程度，每一根导线在传输中辐射出来的电波会被另一根线上发出的电波抵消。它适合于近距传输，一般广泛应用于语音和100Mbit/s的网络数据传输。

局域网中所使用的双绞线分为两类，即屏蔽双绞线（STP，Shielded Twisted Pair）和非屏蔽双绞线（UTP，Unshielded Twisted Pair）。屏蔽双绞线由外部保护层、屏蔽层与多对双绞线组成。非屏蔽双绞线由外部保护层与多对双绞线组成。

现在大多数局域网中使用的双绞线有4对（8根）线，每根各自有绝缘层的铜质细线，颜色分别为白橙、橙、白绿、绿、白蓝、蓝、白棕、棕，8根细线最外层由绝缘层保护。

（2）同轴电缆

同轴电缆是由内导体、绝缘层、外导体及外部保护层组成。内导体由一层绝缘体包裹，位于外导体的中轴上，它或是单股实心线，或是绞合线（通常是铜制的）。外导体也由绝缘层包裹，或是金属包层，或是金属网。同轴电缆的最外层是能够起保护作用的塑料外皮，即外部保护层。同轴电缆外导体的结构使其不仅能够充当导体的一部分，还能起到屏蔽作用，这种屏蔽一方面能防止外部环境造成的干扰，另一方面能阻止内层导体的辐射能量干扰其他导线。

同轴电缆既可以传输模拟信号，又可传输数字信号。在长途传输模拟信号过程中，大约每隔几千米就需要使用放大器，频率越高，放大器的间距就越小。传输数字信号时，大约每隔千米就需要使用中继器，数据传输速率越高，中继器的间距就越小。

（3）光纤

光纤的完整名称叫作“光导纤维”（Optical Fiber），由能传导光波的石英玻璃纤维外加保护层构成。石英玻璃纤维是用纯石英经特别的工艺拉成的细丝，其直径比头发丝还要细（50～100μm）。相比金属导线来说，具有重量轻、线径细的特点。用光纤传输电信号时，在发送端先要将其转换成光信号，而在接收端又要由光检测器还原成电信号。在目前来说，已经实现在一根光纤的传输速率在100 Gbit/s以上，而且这个速率还远远不是光纤的传输速率的极限。

光纤主要有两大类，即单模光纤和多模光纤。

（4）无线介质

可以在自由空间利用电磁波发送和接收信号进行通信就是无线传输。地球上的大气层为大部分无线传输提供了物理通道，就是常说的无线传输介质。目前较常使用的无线介质有红外线、激光、微波等。

任务2 了解计算机网络基本技术

【任务描述】

本任务作为扩展任务，主要是让小牛了解计算机网络的基本工作原理，特别是对日常生活中常用的局域网有一个基本的认识。

【任务实施】

1. 了解计算机网络的拓扑结构

计算机网络的物理连接方式叫作网络的拓扑结构。常见的网络的拓扑结构主要有星形拓扑、总线型拓扑和环形拓扑3种。另外在它们的基础上进行扩展，发展出树形拓扑、网状拓扑和混合型拓扑等。日常中最常见的网络一般都是使用星形拓扑结构进行连接的。

（1）星形拓扑结构

在星形拓扑结构中，每个节点都由一个单独的通信线路连接到中心节点（公用中心交换设备，如交换机、Hub 等）上。中心节点控制全网的通信，任何两个节点的相互通信都必须经过中心节点，如图 7-4 所示。

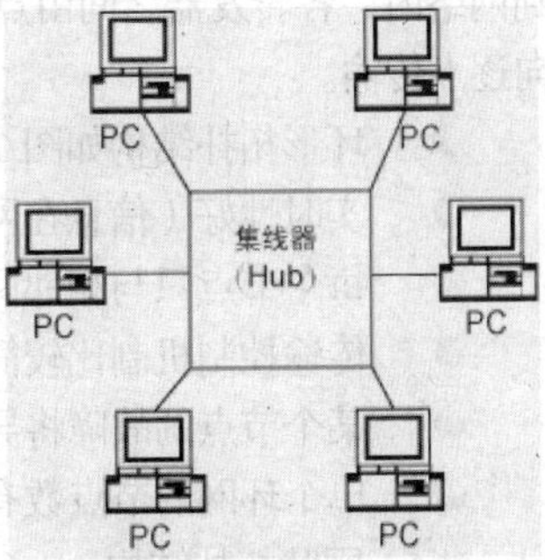

图 7-4　星形拓扑结构

信息的传输是通过中心节点的存储转发技术实现的，并且只能通过中心节点与其他站点通信。中心节点执行集中式通信控制策略，因此中心节点相当复杂，而各个站点的通信处理负担都很小。星形网采用的交换方式有电路交换和报文交换，尤以电路交换更为普遍。这种结构一旦建立了通道连接，就可以无延迟地在连通的两个站点之间传送数据。

星形网的特点如下。

- 网络结构简单，便于管理（集中式）。
- 每台入网计算机均需物理线路与处理机互连，线路利用率低。
- 处理机负载重，因为任何两台入网计算机之间交换信息都必须通过中心处理机。
- 入网主机故障不影响整个网络的正常工作，中心处理机的故障将导致网络瘫痪。

（2）总线型拓扑结构

总线型拓扑通常也称为“直线型总线”，因为它将计算机连成直线。使用总线拓扑的网络通常有一根连接所有计算机的长线缆，所有的节点都通过相应的硬件接口直接连接到该长线缆上，任何连接在总线上的计算机都能在总线上发送信号，并且所有计算机都能接收信号。总线型网络使用广播式传输技术，总线上的所有节点都可以发送数据到总线上，数据沿总线传播。但是，在任何时候只允许一个站点发送数据。当一个节点发送数据并在总线上传播时，数据可以被总线上的其他所有节点接收。各站点在接收数据后，分析目的物理地址再决定是否接收该数据。

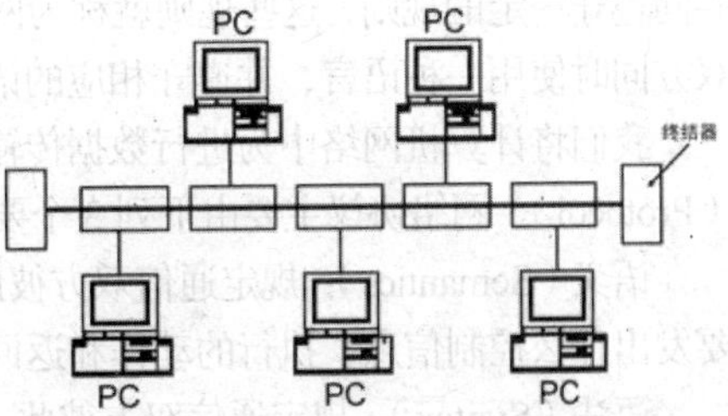

图 7-5　总线型拓扑结构

在每个总线型网络的末端都有一个 50Ω的称为终结器的电阻器。终结器的作用是在信号到达目的地后终止信号。如果没有终结器，总线型网络上的信号将在网络两端之间无休止地传输，这种现象称为信号反射，新的信号不能通过。

粗、细同轴电缆以太网就是这种结构的典型代表。总线型拓扑结构如图 7-5 所示。

总线网的特点如下。

- 多台机器共用一条传输信道，信道利用率较高。
- 同一时刻只能由两台计算机能信。
- 单个节点的故障影响整个网络的工作。
- 网络的延伸距离有限，节点数有限。

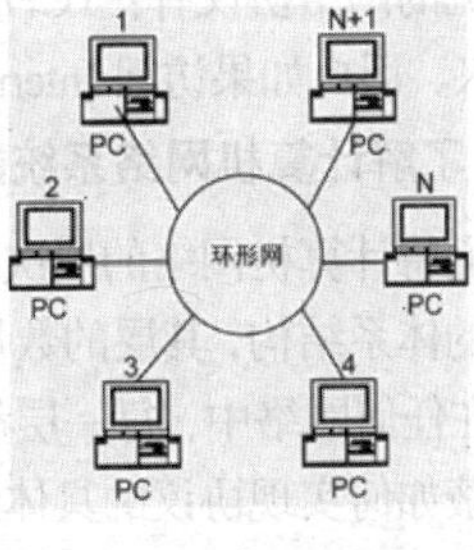

图 7-6　环形拓扑结构

（3）环形拓扑结构

环形拓扑由各节点首尾相连形成一个闭合环型线路，与总线型拓扑结构不同，它不需要终结器。环形网络中的信息传送是单向的，即沿一个方向从一个节点传到另一个节点，经过每台计算机，每台计算机都可作为中继器，用来增强信号，并将此信号传送给下一台计算机。

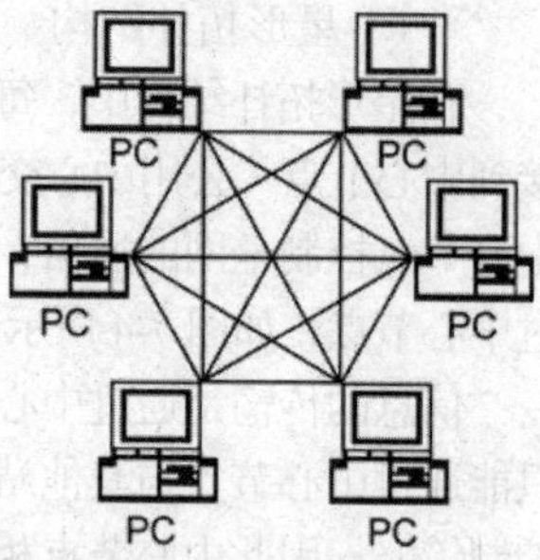

图 7-7　网状拓扑结构

在实际的网络实现中，环形网络的各个节点是通过转发器连到网络内，各转发器之间由点到点链路首尾连接，信息沿环路单向逐点传输。

- 环形拓扑结构如图 7-6 所示，环形网的特点如下。
- 实时性好（信息在网中传输的最大时间固定）。
- 每个节点只与相邻两个节点有物理链路。
- 传输控制机制比较简单。
- 某个节点的故障将导致物理瘫痪。
- 单个环网的节点数有限。

（4）网状拓扑结构

利用专门负责数据通信和传输的节点机构成的网状网络，入网设备直接接入节点机进行能信。网状网络通常利用冗余的设备和线路来提高网络的可靠性，因此，节点机可以根据当前的网络信息流量有选择地将数据发往不同的线路，如图 7-7 所示。

适应场合：主要用于地域范围大、入网主机多的环境，常用于广域网络。

2. 了解计算机网络协议

网络协议即网络中（包括互联网）传递、管理信息的一些规范。计算机之间的相互通信需要共同遵守一定的规则，这些规则就称为网络协议。其实，网络协议就好像是语言规则，只有交谈双方同时使用一种语言，并遵守相应的语言规则时，彼此之间才能够听得懂。

我们将计算机网络中为进行数据传输而建立的一系列规则、标准或约定的集合称为网络协议（Protocol）。网络协议主要由下列 3 个要素组成。

语义（Semantics）：规定通信双方彼此“讲什么”，即确定协议元素的类型，如规定通信双方要发出什么控制信息、执行的动作和返回的应答等。

语法（Syntax）：规定通信双方彼此“如何讲”，即确定协议元素的格式，如数据和控制信息的格式、编码及信号电平等。

定时（Timing）：规定通信双方彼此“何时讲”，即确定信息交流的次序和速率匹配等。

计算机网络是一个庞大、复杂的系统，网络的通信也不是一个网络协议可以描述清楚的，因此，在计算机网络中存在多种协议，每一种协议都有其设计目标和需要解决的问题，同时，每一种协议也有优点和使用限制。这些协议相互作用，协同工作，共同完成整个网络的信息通信，处理所有的通信问题和其他异常情况。

常见的网络协议有：TCP/IP、IPX/SPX 协议、NetBEUI 协议等。在局域网中用得比较多的是 IPX/SPX。用户如果访问 Internet，则必须在网络协议中添加 TCP/IP。

3. 了解计算机网络系统的体系结构及 OSI 参考模型

我们将计算机网络的层次结构及各层协议的集合称为网络的体系结构。不同的计算机网络具有不同的体系结构，其层的数量、各层的名称、内容和功能，以及各相邻层之间的接口都不一样。然而，在任何网络中，每一层都是为了向它的邻接上层提供一定的服务而设置的，而每一层都对上层屏蔽如何实现协议的具体细节。这样网络体系结构就能做到与具体的物理实现无关，哪怕连接到网络中的主机和终端的型号和性能各不相同，只要它们共同遵守相同的协议，就可以实现互连和通信。

网络体系结构是一个抽象的概念，它精确定义了网络及其部件所应实现的功能，但这些功能究竟用何种硬件或软件方法来实现则是一个具体实施的问题。换言之，网络的体系结构相当于网络的类型，而具体的网络结构则相当于网络的一个实例。

目前典型的网络体系结构有国际标准化组织（ISO）制定的开放系统互连参考模型（ISO/OSI RM）和 Internet 互联网中使用的 TCP/IP 参考模型。

（1）OSI 参考模型

OSI（Open System Interconnect）开放式系统互连，它将局域网络通信按功能分为 7 层，并分别定义了各层的功能及层与层之间的关系、两个相同层如何通信等标准，如图 7-8 所示。

OSI 标准模式的七层协议如表 7-1 所示。

表 7-1　OSI 标准模式的七层协议

一层	物理层	定义硬件接口的各种特性，并保证原始数据在通信通道上的工确传输
二层	数据链路层	帧的传输和物理层上可能发生差错的检验
三层	网络层	（数据）包在多个网络上的网络连接、路由选择
四层	传输层	端到端的数据发送，负责错误的检验与修复，以确保传送的质量
五层	会话层	通信的建立和拆除，负责建立两个用户或两端应用程序之间的连接
六层	表示层	数据表示和字符编码转换，以解决各系统间因数据格式不同而不能通信的问题
七层	应用层	特定的功能，如文件传输、虚拟终端、电子邮件

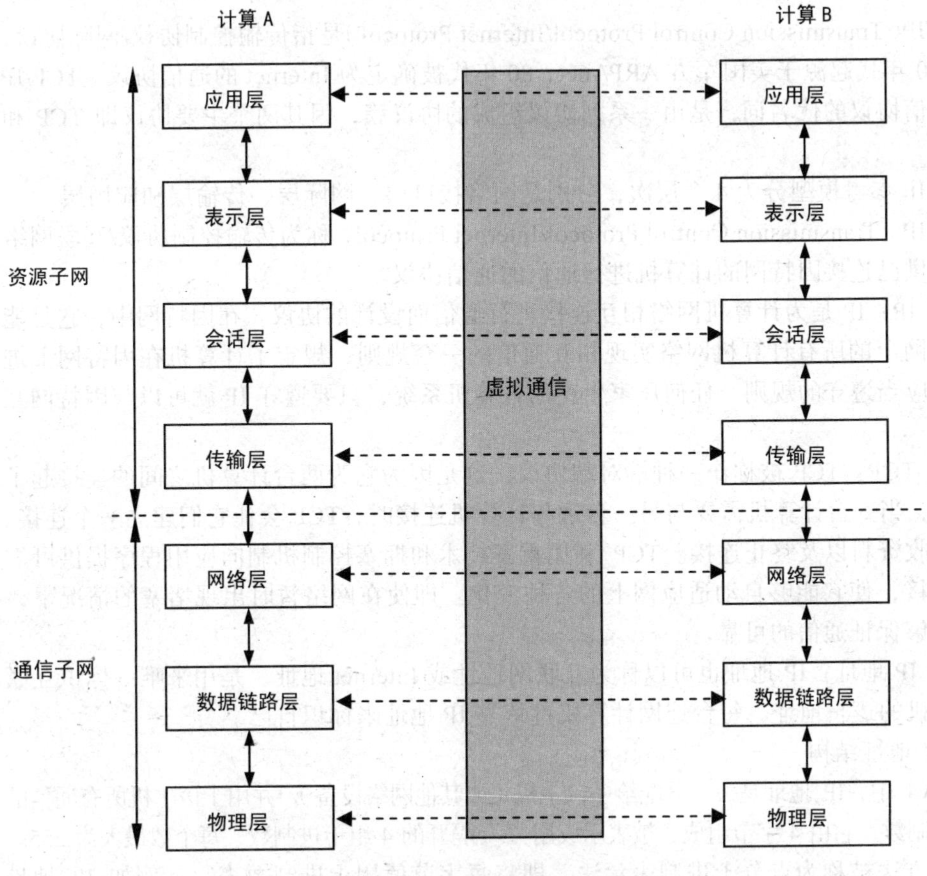

图 7-8　OSI 参考模型示意图

（2）IEEE802 工程模型

IEEE802 通信标准是针对局域网制定的，它只定义了 OSI 模型中的最低两层，即物理层和数据链路层，至于较高层的功能则由网络厂商决定，这加大了 IEEE802 通信标准的适应范围，将更多的网络厂商吸引进来（见表 7-2）。

表 7-2　IEEE802 通信标准

IEEE 802.X	标准结构组成
IEEE 802.3	CSMA/CD
IEEE 802.4	令牌总线
IEEE 802.5	令牌环
IEEE 802.6	Area Network
IEEE 802.7	宽带局域网
IEEE 802.8	光纤传输
IEEE 802.9	集成语音与 IEEE 802.X 标准结构 LAN 界面
IEEE 802.10	网络安全
IEEE 802.11	无线局域网

4. 了解计算机网络系统的 TCP/IP 模型及其主要协议

TCP/IP（Transmission Control Protocol/Internet Protocol）是指传输控制协议/网际协议，20 世纪 70 年代起源于美国军方 ARPAnet，80 年代被确定为 Internet 的通信协议。TCP/IP 是一组通信协议的代名词，是由一系列协议组成的协议簇，因其两个主要协议即 TCP 和 IP 而得名。

TCP/IP 参考模型分为 4 个层次，分别是网络接口层、网际层、传输层和应用层。

TCP/IP（Transmission Control Protocol/Internet Protocol，称为传输控制协议/互联网络协议）是供已连接因特网的计算机进行通信的通信协议。

（1）IP：IP 是为计算机网络相互连接进行通信而设计的协议。在因特网中，它是能使连接到网上的所有计算机网络实现相互通信的一套规则，规定了计算机在因特网上进行通信时应当遵守的规则。任何厂家生产的计算机系统，只要遵守 IP 就可以与因特网互连互通。

（2）TCP：TCP 被称作一种端对端协议。这是因为它为两台计算机之间的连接起了重要作用：当一台计算机需要与另一台远程计算机连接时，TCP 会让它们建立一个连接、发送和接收资料以及终止连接。TCP 利用重发技术和拥塞控制机制向应用程序提供可靠的通信连接，使它能够自动适应网上的各种变化。即使在网络暂时出现堵塞的情况下，TCP 也能够保证通信的可靠。

（3）IP 地址：IP 地址也可以称为互联网地址或 Internet 地址，是用来唯一标识互联网上计算机的逻辑地址，每台连网计算机都依靠 IP 地址来标识自己。

① IP 地址结构

在 IPv4 中，IP 地址是一个分配给一台主机（或其他网络设备），并用于该主机所有通信的 32 位二进制数，它由 4 字节组成，被表示成用“.”隔开的 4 组十进制数，每个数最大为 255。这种表示方法被称为点分十进制表示法，即将每字节值用十进制数表示。例如 IP 地址 11001000.01100100.00110010.00000001 的点分十进制表示为 200.100.50.1。IP 地址被分成两部分，按层次结构组成。第一部分是网络号，第二部分是主机号。这样表示的目的是为了便于寻址，即先找到网络号，再在该网络中找到计算机的地址。

A类	0	网络号（7 位）	主机号（24 位）
B类	10	网络号（14 位）	主机号（16 位）
C类	110	网络号（21 位）	主机号（8 位）
D类	1110	多目（组播）地址（28 位）	
E类	1111	保留地址（28 位）	

② IP 地址编码方案

对 IP 地址分类的目的是为了区分不同规模的网络，同时也定义了每类网络中包含的网络数目和每类网络中可能包含的主机的数目。A 类地址，由于可供分配的网络号少而主机号多，因此适用于网络数较少而网内配置大量主机的情况，A 类地址用于中等规模网络配置的情况，而 C 类地址用于主机数较少的地方。

A 类地址范围：1.0.0.1～126.255.255.254

B 类地址范围：128.0.0.1～191.255.255.254

C 类地址范围：192.0.0.1～223.255.255.254

D 类地址用于组播，E 类地址用于实验。

③ 几个特殊的 IP 地址

除了上面 5 种 IP 地址外，还有以下几种特殊类型的 IP 地址。

- 全 0 地址。IP 地址中的每个字节都为 0 的地址（0.0.0.0）对应于当前主机。
- 广播地址。TCP/IP 规定，主机号全为 1 的网络地址称为广播地址，广播地址用来同时为网络中的所有主机发送相同的数据。
- 有限广播地址。IP 地址中的每个字节都为 1 的 IP 地址（255.255.255.255）叫当前子网的广播地址。当不知道网络地址时，可以通过有限广播地址向本地子网的所有主机进行广播。
- 回送地址。A 类网络地址 127 是一个保留地址，以 127 开头的地址，如 127.0.0.1，通常用于网络软件测试和本地主机进程间的通信。

所有 IP 地址都由因特网的网络信息中心分配，但网络信息中心只分配因特网地址的网络号，而地址中的主机号则由申请单位自己负责规划。

（4）IP 地址与域名的关系

域名同 IP 地址一样，都是用来表示一个单位、机构或个人在网上的一个确定的名称或位置。两者不同之处主要体现在域名比 IP 地址更容易被人们记住和乐于使用，如 www.cnw.com.cn，由于国际域名资源有限，各个国家和地区在域名最后都加上了国家的标识段，由此形成了各个国家或地区自己的国内域名，也称一级域名。国别的最高层域名，如：

.cn:表示中国　　　　.au：表示澳大利亚　　　　.jp：表示日本

另外，不同的组织、机构，都有不同的域名标识（二级域名），如：

.com：表示商业公司　　　　.org：表示组织、协会等

.net：表示网络服务　　.edu：表示教育机构
.gov：表示政府部门　　.mil：表示军事领域
.arts：表示艺术机构　　.firm：表示商业机构
.info：提供信息的机构

域名系统即 DNS（Domain Name System）。算机在网络上进行通信时只能识别 IP 地址，而不能识别域名，因此，想要让好记忆的域名能被网络所认识，则需要在域名和网络之间有一个“翻译”，它能将域名翻译成网络能够识别的 IP 地址，DNS 起的就是这种作用。在互联网上域名与 IP 地址之间是一一对应的，域名虽然便于记忆，但机器之间只能识别 IP 地址，它们之间的工作便称为域名解析，域名解析需要由专门的域名解析服务器来完成，整个过程是自动进行的。

5. Internet 的用户接入方式

Internet 采用了目前最流行的客户机/服务器工作模式，凡是使用 TCP/IP，并能与 Internet 的任意主机进行通信的计算机，无论是何类型、采用何种操作系统，均可看成是 Internet 的一部分。

用户不是将自己的计算机直接连接到 Internet 上，而是连接到其中某个网络上，再由该网络通过网络干线与其他网络相连。网络干线之间通过路由器互联，使得各个网络上的计算机都能相互进行数据和信息传输。

（1）拨号入网

个人在家里或单位使用一台计算机，利用电话线连接 Internet，通常采用的方法是 PPP（Point-to-Point，点对点协议）拨号上网。采用这种连接方式的好处是终端有独立的 IP 地址，因而发给你的电子邮件和文件可以直接传送到你的计算机上。

拨号方式是直接利用电信局提供的电话线路上网，所需硬件条件包括一台计算机、一台调制解调器和一条电话线。软件方面只要求安装支持上网的操作系统，如 Windows XP，安装并设置访问 Internet 的软件，如 Micorsoft Internet Explorer（IE）等。然后选择一个 ISP 交费注册，ISP 将提供一个用户名和口令。安装软硬件系统之后，即可利用此用户名和口令上网。

（2）综合业务数字网（ISDN）

ISDN(Integrated Service Digital Network)接入技术俗称“一线通”，是数字技术和电信业务结合的产物，它采用数字传输和数字交换技术，将电话、传真、数据、图像等多种业务综合在一个统一的数字网络中进行传输和处理。用户利用一条 ISDN 用户线路，可以在上网的同时拨打电话、收发传真，就像两条电话线一样。ISDN 基本速率接口有两条 64kbit/s 的信息通路和一条 16kbit/s 的信令通路，简称 2B+D。当有电话拨入时，它会自动释放一个 B 信道来进行电话接听。从窄带 ISDN（N-ISDN）发展而来的宽带 ISDN（B-ISDN），还能支持不同类型、不同速率的业务。

（3）宽带接入（ADSL）

ADSL（Asymmetrical Digital Subscriber Line）又称非对称数字用户环路，是一种能够通过普通电话线提供宽带数据业务的技术，也是目前极具发展前景的一种接入技术。ADSL 素有“网络快车”之美誉，因其下行速率高、频带宽、性能优、安装方便等特点而深受广大用户喜爱，成为继 Modem、ISDN 之后的又一种全新的高效接入方式。ADSL 支持上行速率 640kbit/s ~ 1Mbit/s，下行速率 1Mbit/s ~ 8Mbit/s，其有效的传输距离在 3 ~ 5 公里范围以内。在 ADSL 接入方案中，每个用户都有单独的一条线路与 ADSL 局端相连，它的结构可以看作是星形结构，数据传输带宽是由每一个用户独享的。可进行视频会议和影视节目传输，非常适合中、小企业。

（4）DDN 专线

这是随着数据通信业务发展而迅速发展起来的一种新型网络。DDN 的主干网传输媒介有光纤、数字微波、卫星信道等，用户端多使用普通电缆和双绞线。DDN 将数字通信技术、计算机技术、光纤通信技术以及数字交叉连接技术有机地结合在一起，提供了高速度、高质量的通信环境，可以向用户提供点对点、点对多点透明传输的数据专线出租电路，为用户传输数据、图像、声音等信息。DDN 的通信速率可根据用户需要在 $N \times 64$kbit/s（N=1 ~ 32）之间进行选择，当然速度越快，租用费用也越高。

这种线路优点很多：有固定的 IP 地址，可靠的线路运行，永久的连接等。但是性能价格比太低，除非用户资金充足，否则不推荐使用这种方法。

（5）卫星接入

目前，国内一些 Internet 服务提供商开展了卫星接入 Internet 的业务。适合偏远地方又需要较高带宽的用户。卫星用户一般需要安装一个甚小口径终端（VSAT），包括天线和其他接收设备，下行数据的传输速率一般为 1Mbit / s 左右，上行通过 PSTN 或者 ISDN 接入 ISP。终端设备和通信费用都比较低。

（6）光纤接入

在一些城市开始兴建高速城域网，主干网速率可达几十 Gbit / s，并且推广宽带接入。光纤可以铺设到用户的路边或者大楼，可以以 100Mbit / s 以上的速率接入。

（7）无线接入

在该接入方式中，一个基站可以覆盖直径 20 公里的区域，每个基站可以负载 2.4 万用户，每个终端用户的带宽可达到 25Mbit/s。但是，它的带宽总容量为 600Mbit/s，每基站下的用户共享带宽，因此一个基站如果负载用户较多，那么每个用户所分到带宽就很小了。故这种技术对于社区用户的接入是不合适的，但它的用户端设备可以捆绑在一起，可用于宽带运营商的城域网互联。其具体做法是：在会聚点机房建一个基站，而会聚机房周边的社区机房可作为基站的用户端，社区机房如果捆绑 4 个用户端，会聚机房与社区机房的带宽就可以达到 100Mbit/s。

采用这种方案的好处是可以使已建好的宽带社区迅速开通运营，缩短建设周期。但是受地形和距离的限制，适合城市里距离 ISP 不远的用户，且性能价格比很高，目前采用这种技术的产品在中国还没有形成商品市场。

（8）Cable Modem 接入

目前，我国有线电视网遍布全国，很多的城市提供 Cable Modem 接入 Internet 方式，它利用现成的有线电视（CATV）网进行数据传输，已是比较成熟的一种技术。随着有线电视网的发展壮大和人们生活质量的不断提高，通过 Cable Modem 利用有线电视网访问 Internet 已成为越来越受业界关注的一种高速接入方式。

6. 了解局域网

局域网（Local Area Network,LAN），是一种将较小地理区域内的各种数据通信设备互连在一起的通信网络。LAN 具有网络覆盖地理范围有限、传输速率高、时延小、误码率低、网络的管理权归属一个单一组织所有的重要特性。

（1）专用网和对等网

从广义上讲，局域网可以分为专用网和对等网（Peer-to-Peer）两大类，其中专用网络又叫基于服务器的网络。

① 基于服务器的网络

网络的目的就是为了向用户提供服务。在专用网络中有一些计算机专门用于向用户提供服务，这些计算机就称为服务器（Server），而利用这些计算机为之服务的计算机就称为客户机（Client）。实际上，服务器/客户机模式是指一个网络中计算机之间的相互关系。我们判断一台计算机究竟是客户机还是服务器，必须根据它在网络中充当的具体角色而定。

服务器根据其提供的服务不同，可分为不同的类型，例如：

文件服务器：提供数据文件和共享程序服务。

打印服务器：提供网络打印功能的服务器。

邮件服务器：提供内部 E-mail 通信功能服务。

对于一个小型局域网，有时一台服务器就可以提供所有的服务功能，其实服务器就是一台在网络上将其资源充分共享的计算机。

服务器/客户机模式最大的特点就是使用客户机和服务器两方的智能、资源和计算能力来执行一个特定的任务。

② 对等网络

与服务器/客户机模式不同，对等网络中没有一台专用的服务器。在一个对等网络上，每台计算机充当的角色都相同，既可以看作非专业服务器，也可以看作客户机。在对等网络中共享数据很方便，只需将相应的文件属性设置为共享即可,用户还可以根据自身需要设置不同的共享属性。

对等网的组建方便，投资成本低，容易组建，非常适合于家庭、小型企业选择使用。

（2）建构 Windows 对等网

对等网一般适用于家庭或小型办公室中的几台或十几台计算机的互联，不需要太多的公共资源，只需简单地实现几台计算机之间的资源共享即可。

在 Windows 系统中，只要正确安装了网络适配器（网卡或 Modem），默认就会自动安装 TCP/IP，并可设置 IP 地址信息。

在“控制面板”中打开“网络和 Internet 连接”，打开要设置的“本地连接属性”对话框，设置 Windows XP 的网络协议。

Windows 的默认设置为“自动获得 IP 地址”，自动从网络中可以分配 IP 地址的设置中获得 IP 地址，如 DHCP 服务器等。也可以手动设置 IP 地址信息，在“本地连接属性”对话框中，双击“Internet 协议（TCP/IP）”，打开“Internet 协议（TCP/IP）属性”对话框，选中“使用下面的 IP 地址”单选按钮，然后设置 IP 地址、子网掩码、默认网关及 DNS 服务器等信息，如图 7-9 和图 7-10 所示。

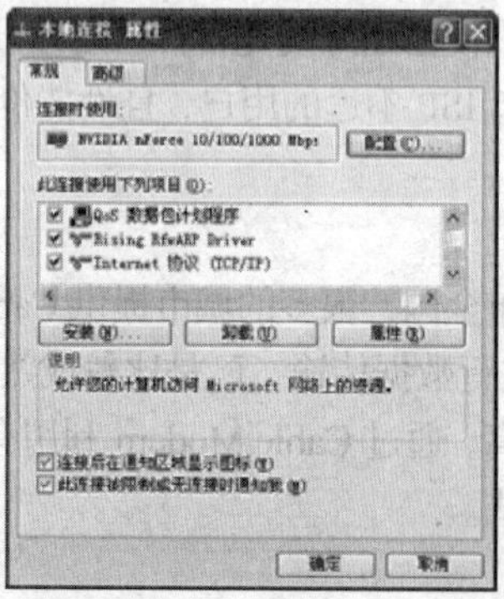

图 7-9 “本地连接属性”对话框

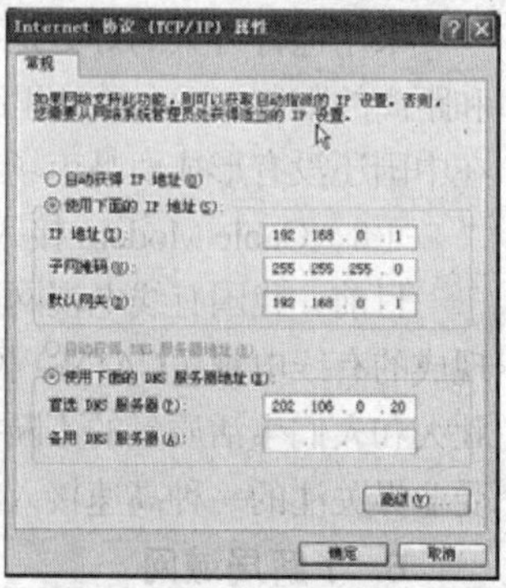

图 7-10 设置 IP 地址信息

Windows 支持在一块网卡上绑定多个 IP 地址，也就是说，可以为一块网卡指定两个以上的 IP 地址，从而使一台计算机可以与多个网段中的计算机分别进行通信。单击“高级”按钮，弹出“高级 TCP/IP”对话框，可添加多个 IP 地址。

如果计算机安装有多块网卡，会依次显示“本地连接”、“本地连接 2”等，需要逐一进行设置。

（3）资源共享

① 设置共享文件夹

在 Windows 中设置文件夹的网络共享前，必须先运行网络安装向导。打开“控制面板”，双击“网络连接”图标，单击“设置或更改您的家庭或小型办公网络”连接，即可运行“网络安装向导”设置网络，如图 7-11 所示。

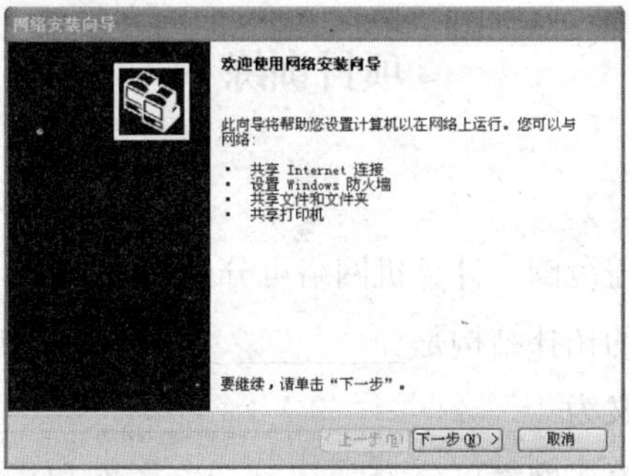

图 7-11 “网络安装向导”对话框

设置共享文件夹的步骤如下。

- 双击“我的计算机”图标，打开“我的计算机”对话框。
- 选择要设置共享的文件，在左边的“文件和文件夹任务”窗格中单击“共享此文件夹”超链接，或右键单击要设置共享的文件夹，在弹出的快捷菜单中选择“共享和安全(H)…”命令。
- 打开“文件夹 属性”对话框，并选择“共享”选项卡,如图 7-12 所示。
- 在“网络共享和安全”选项组中选中“在网络上共享这个文件夹”复选项，这时“共享名”文本框和“允许网络用户更改我的文件”复选项均变为可用状态。
- 在“共享名”文本框中输入该共享文件夹在网络上显示的共享名称，用户也可以使用其原来的文件夹名称。
- 若选中“允许网络用户更改我的文件”复选项，则设置该共享文件夹为完全控制属性，任何访问该文件夹的用户都可以对该文件夹进行编辑修改；若清除选中该复选项，则设置该共享文件夹为只读属性，用户只可访问该共享文件夹，而无法对其进行编辑修改。

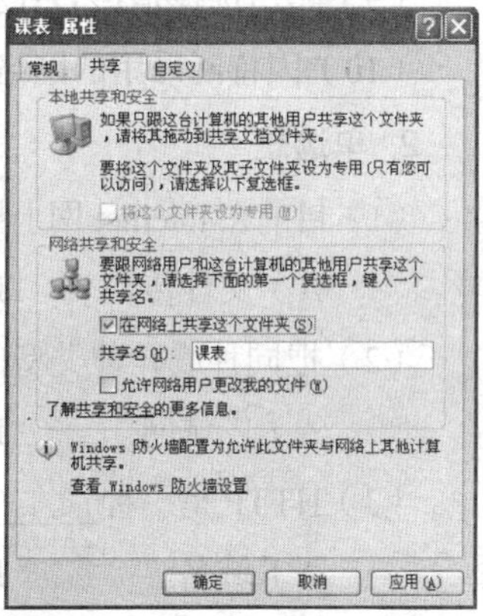

图 7-12 “文件夹属性”对话框

- 设置共享文件夹后，在该文件夹的图标中将出现一个托起的小手，表示该文件夹为共享文件夹。

② 设置共享打印机

在网络中，用户不仅可以共享各种软件资源，还可以设置共享硬件资源，如设置共享打印机。要设置网络共享打印机，用户需要先将该打印机设置为共享，并在网络中其他计算机上安装该打印机的驱动程序。将打印机设置为共享，可执行下列操作。

- 单击“开始”按钮，选择“控制面板”命令，打开“控制面板”对话框。
- 在“控制面板”对话框的左侧单击“切换到经典视图”按钮，然后在右侧窗口中双击“打印机和传真”图标，打开“打印机和传真”对话框。
- 在该对话框中选中要设置共享的打印机图标，在窗口左侧的“打印机任务”栏中单击“共享此打印机”超链接，或用右键单击该打印机图标，在弹出的快捷菜单中选择“共享”命令。
- 打开“打印机 属性”对话框中的“共享”选项卡，在该选项卡中选中“共享这台打印机”选项，在“共享名”文本框中输入该打印机在网络上的共享名。
- 若网络中的用户使用的是不同版本的 Windows 操作系统，可单击“其他驱动程序”按钮，打开“其他驱动程序”对话框，安装其他驱动程序。

- 在该对话框中选择需要的驱动程序，单击“确定”按钮即可。

项目训练

1. 填空题

（1）按网络的地理覆盖范围，计算机网络可分为________、________和________3 种。

（2）局域网通常采用的拓扑结构是________、________和________3 种。

（3）计算机网络的定义为____。

（4）从逻辑上看，计算机网络可分为__________子网和__________子网组成的。

（5）IP 地址由______二进制数组成，在 Internet 范围内是唯一的。

（6）按照传输介质分类，计算机网络可以分为________和________两种。

（7）计算机网络中常用的 3 种有线通信介质是________、________、________。

（8）计算机网络是现代__________技术与__________技术密切组合的产物。

（9）路由选择是在 OSI 模型中的__________层实现的。

（10）因特网采用的网络协议是____________协议。

2. 单选题

（1）目前在 Internet 网上提供的主要应用功能有电子邮件、WWW 浏览、远程登录和____。

A）文件传　　B）数字图书馆　　C）互动数学　　D）视频演播

（2）把同种或异种类型的网络相互连接起来，叫作______。

A）广域网　　B）互联网　　C）局域网　　D）万维网（WWW）

（3）HTTP 是一种______。

A）域名　　B）协议

C）网址　　D）高级程序设计语言

（4）网中任意一个节点发生故障，不会影响其他节点工作的的网络是______。

A）环形网　　B）星形网　　C）混合型网　　D）总线型网

（5）下列属于广域网的是______。

A）令牌环网　　B）综合业务数字网　　C）以太网　　D）校园网

（6）负责管理整个网络各种资源、协调各种操作的软件叫作______。

A）网络应用软件　　B）通信协议软件

C）OSI　　D）网络操作系统

（7）OSI 七层模型中，负责不同类型网络之间通信的是______。

A）应用层　　B）传输层　　C）网络层　　D）接口层

（8）对于大型的课题，可以分为许许多多的小题目，由网络上不同的计算机分别完成，再通过网络集中起来解决问题，这是网络的______功能。

A）资源共享　　B）集中管理　　C）分布式外理　　D）数据通信

（9）以下网络设备中能完成调制和解调任务的装置是______。

A）NIC　B）repeater　C）bridge　D）modem

（10）在同样的条件下，速率为______的MODEM传输信息最快。

A）14400 bit/s　B）28800 bit/s　C）33.6k bit/s　D）56 k bit/s

（11）计算机网络分为广域网、局域网的主要区分依据是______。

A）连接介质　B）覆盖的地理范围

C）计算机硬件　D）计算机软件

（12）网络中的核心设备是______。

A）服务器　B）网络操作系统　C）网卡　D）Modem

（13）衡量网络上数据传输速率的单位是每秒传送多少个二进制位，用______表示。

A）BPS　B）OSI　C）MIPS　D）MHZ

（14）一台主机的域名为www.csu.edu.cn，其中edu代表的是______。

A）商业机构　B）教育机构　C）政府部门　D）军事网点

（15）用于本地测试的IP地址是______。

A）0.0.0.1　B）10.0.0.1　C）127.0.0.1　D）255.255.255.0

（16）信息高速公路的基本特征是______、交互和广域。

A）高速　B）便宜　C）灵活　D）直观

（17）网络接入方式ISDN的中文名称是______。

A）综合业务数字网　B）专线入网

C）非对称数字用户环路技术　D）宽带网络

（18）在Internet中属于A类网络地址的是______。

A）128.5.100.1　B）193.102.0.1

C）198.5.100.200　D）125.10.20.30

（19）局域网的传输介质（媒体）主要是______、同轴电缆和光纤。

A）电话线　B）双绞线　C）公共数据网　D）通信卫星

（20）下列各项中，不能作为IP地址的是______。

A）10.2.8.111　B）202.278.16.55

C）192.168.16.17　D）193.253.3.5

（21）在Internet中，统一资源定位器的英文缩写是______。

A）URL　B）HTTP　C）WWW　D）HTML

（22）在微软的Windows操作系统中，不能直接设置共享的是______。

A）硬盘驱动器　B）光盘驱动器　C）文件　D）文件夹

（23）下列各项中，不能作为域名的是______。

A）news.baidu.ocm　B）www.hycgy.com

C）www,126.com　D）ftp.pku.edu.cn

（24）ADSL 是一种非对称数字用户环路，其中“非对称”是指________。

A）输入输出线路不对称　　　　B）上行和下行的传输速率不对称

C）客户机和服务器性能不对称　　　　D）以上都不对

（25）软件下载，是利用了 Internet 提供的________功能。

A）网上聊天　　B）文件传输　　C）电子邮件　　D）电子商务

（26）Internet　Explorer 是指________。

A）统一资源定位器　　　　B）超文本标记语言

C）IP 地址　　　　D）浏览器

（27）ISP 的含义是________。

A）传输控制协议　　B）网际协议　　C）Internet 服务商　　D）拨号器

（28）不属于 TCP/IP 参考模型中的层次是________。

A）应用层　　　　B）传输层

C）会话层　　　　D）互联层

（29）IP 地址的格式是由用点号分隔开的________个范围在 0 ~ 255 之间的数组成。

A）1　　B）2　　C）3　　D）4

（30）“网桥”属于 ISO/OSI 模型中________层的网络设备。

A）物理　　B）数据链路　　C）网络　　D）应用

汉字录入技术

输入汉字的方法很多，根据编码原理通常可归纳为四大类，即音码、形码、音形码，以及顺序码等。每类输入法又有许多具体的编码方法，日常生活中常用的有属于音码的拼音输入法和属于形码的五笔字型输入法等。

一、拼音输入法

常用的拼音输入法有智能 ABC、紫光拼音、搜狗拼音等，操作方法基本相同，智能 ABC 是 Windows 自带的汉字输入法，其他输入法一般需先安装后才能使用。

使用拼音输入法录入汉字时只要依次输入汉字的拼音字母（声母和韵母）即可，一般只要会汉字拼音就可以轻松掌握拼音输入法输入汉字。

由于汉字的同音字较多，输入汉字时往往需要进行选择。每次键入汉字的拼音，再敲空格键，会出现汉字提示栏，提示行中的每个汉字旁边有一个数字，若提示栏上出现你需要的汉字，则按下相应的数字键即可输入该汉字，若提示栏上未显示出所需的字时，可按“=”键向后翻页（或按“-”键向前翻页）查找，找到后按下相应的数字键即可。

二、五笔字型输入法

拼音输入法虽然简单，但因同音字太多而造成的重码现象非常严重，影响其输入速度，使用五笔字型输入法基本可以克服这一缺点。

五笔字形的基本思路是：汉字分为 3 个层次，即笔划、字根和单字，由若干笔画复合连接交叉形成相对不变结构的基本字根（见表 1），再将基本字根按一定位置关系拼合起来构成单字。五笔字型输入法得名于其使用的基本笔画为 5 种，分别是横（一）、竖（丨）、撇（丿）、捺（丶）和折（乙），并分别指定一个代号，分别是 1、2、3、4、5。

表 1　五笔字型字根表及其助记词

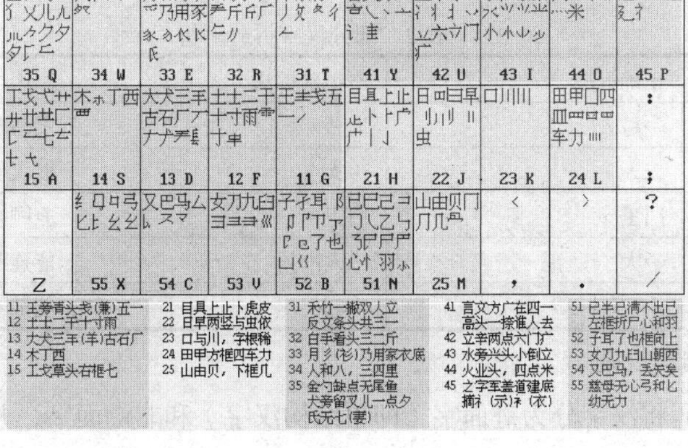

1. 五笔字型的字根表

五笔字型使用的基本字根有 130 余个，按照每个字根的起笔代号分为 5 个“区”，它们是 1 区（横区）、2 区（竖区）、3 区（撇区）、4 区（捺区）和 5 区（折区），每个区按次笔画代号分为 5 个“位”，区和位对应的编号就是“区位号”，25 个区位号的代码分别表示为 11、12、13、14、15；21、22、……51、52、53、54、55，这样基本字根规律地分布在 25 个区位号上，区位号分别对应到键盘的 25 个英文字母键（字母 Z 在五笔字型中用作学习键），称为字根表（见表 1），也称字根键盘。字根表中，每个区位上的第一个字根称为“键名字根”，字母称为该区位上所有字根的编码。

记住字根表是学习五笔字型输入法的基础，字根表有一定的规律：基本字根与键名字根形态相近；字根首笔代号与区一致，次笔代号与位号一致；首笔代号与区一致，笔画数目与位号一致；与主要字根形态相近或有渊源。

2. 汉字拆字原则

五笔字型汉字的拆分，就是把一个字拆成若干个基本字根。要正确掌握五笔字型拆分方法，必须了解以下几点要素。

（1）字根间的位置关系

五笔字型将组成汉字的字根间的位置关系分为 4 种类型，如下所述。

① 单：由一个基本字根单独构成一个汉字。这类字有近百个，如王、五、土、士等。

② 散：构成汉字不止一个字根，且字根间保持一定的距离，不相连也不相交。这是最常见的字根间的关系，大多数汉字均属于这种情况，如讲、肥、衡、阳、财等。

③ 连：由一个基本字根与一个基本笔画构成汉字，且单笔划与基本字根间距离不明显，也不相交。但若为带点结构，即单笔画为“丶”，则一律认定为连结构，如自、入、正、不、太、户、义等，但“旧、丈、来”等字不属于单结构汉字。

④ 交：多个字根交叉套迭构成汉字，如申、里、丈、击、我等汉字。

（2）拆字原则

书写顺序

取大优先（也称能大不小）

兼顾直观

能连不交

能散不连（交）

表 2　部分汉字拆分解析

汉字	正确拆法	不正确拆法	原因
夷	一弓人	大弓	书写顺序
夫	二人	一大	取大优先
国	囗王丶	冂王丶一	兼顾直观
天	一大	二人	能连不交
矢	𠂉大	𠂉二人	能散不连(交)

3. 汉字的编码规则

五笔字型编码将汉字分为键面字（即单结构汉字）和非键面字，并分别进行编码，前者又分键名汉字和成字字根，后者需进行正确拆分后才能进行编码。五笔字型编码基本规则如下所述。

五笔字型均直观，依照笔顺把码编；

键名汉字打四下，基本字根请照搬；

一二三末取四码，顺序拆分大优先；

不足四码请注意，交叉识别补后边。

（1）键名汉字输入

键名是指字根表中每个键位上的第一个字根，共 25 个键名字。键名汉字的编码方法：重复 4 次键名代码。如下所示。

王：GGGG　上：HHHH　月：EEEE　言：YYYY　女：VVVV

（2）成字字根汉字输入

在每个键位上，除了一个键名外，还有数量不等的几种其他字根，其本身也是一个汉字，称之为成字字根。成字字根的编码方法是：键名代码＋首笔代码＋次笔代码＋末笔代码，若该字根只有两笔划，则以空格键结束。如下所示。

由：MHNG　十：FGH　干：FGGH　虫：JHNY　八：WTY

特别地，五种单笔画的编码为：两次单笔画代码+LL。如：

一：GGLL　丨：HHLL　丿：TTLL　丶：YYLL　乙：NNLL

（3）单字输入

这里的单字是指除键名汉字和成字字根汉字之外的汉字，将汉字拆分成若干字根后，其编码方法是：前 3 个字根代码+最后一个字根代码。若不足 4 个字，则需添加识别码，仍然不足 4 个码，则以空格键结束。如下所示。

给：XWGK（纟人一口）　规：FWMQ（二人冂儿）

输：LWGJ（车人一月刂）　衡：TQDH（彳鱼大二丨）

（4）识别码

由上可知，当构成汉字的字根不足 4 个时，一般需添加识别码。识别码是由“末笔”代号加“字型”代号构成的一个附加码。五笔字型将汉字“字型”归纳为 3 种，即左右型、上下型、杂合型，其代号分别指定为 1、2、3，而由前可知汉字“末笔”的代号分别是 1、2、3、4、5，这样汉字的识别码形成如表 3 所示。

表 3　汉字识别码形成规则

识别码 末笔 / 字型	横（代码为 1）	竖（代码为 2）	撇（代码为 3）	捺（代码为 4）	折（代码为 5）
左右型	G（11）	H（21）	T（31）	Y（41）	N（51）
上下型	F（12）	J（22）	R（32）	U（42）	B（52）
杂合型	D（13）	K（23）	E（33）	I（43）	V（53）

需添加识别码的汉字编码如：

副：GKLJ（一口田 21）　香：TJF（禾日 12）

驭：CCY（马又 41）　仇：WVN（亻九 51）

> **注意**
>
> 五笔字型输入法对识别码的末笔有以下特殊规定：
>
> ①所有包围（含半包围）结构汉字中的末笔，规定取被包围里面的最后一个字根的末笔。如“国”字末笔为“、”，识别码为I（33），“远”字末笔为“乙”，识别码为V（53）；
>
> ②所有由“刀、九、力、七、匕”等字根形成识别码时，末笔规定为“乙”，如“仇”字识别码为N（51），“旯”字识别码为B（52），“切”字识别码是N（51），但“刀”作为汉字单独编码时的末笔是“丿”，而非“乙”。

4. 汉字的简码编码

五笔字型为常用汉字定义了简码，输入时只需取前边一个、两个或三个字根来编码。这样减少了输入汉字时击键次数，从而提高了输入效率。

（1）一级简码（也称高频字）

在键盘上被用作字根编码的25个健位上，为每个键安排一个使用频度最高的汉字，称为一级简码。输入时只需敲击一次高频字所在键位，再敲击一次空格键。25个高频字分别如下。

一区：一 11（G） 地 12（F） 在 13（D） 要 14（S） 工 15（A）

二区：上 21（H） 是 22（J） 中 23（K） 国 24（L） 同 25（M）

三区：和 31（T） 的 32（R） 有 33（E） 人 34（W） 我 35（Q）

四区：主 41（Y） 产 42（V） 不 43（I） 为 44（O） 这 45（P）

五区：民 51（N） 了 52（B） 发 53（V） 以 54（C） 经 55（X）

（2）二级简码

二级简码只需输入其正常编码的前两个编码加空格键即可，理论上二级简码共有625个（25×25），对应的都是常用的汉字，如：吧（KC）、给（XW）等。

（3）三级简码

三级简码只需输入其正常编码的前3个编码加空格键即可，通常大多数汉字都属于三级简码编码对象。如：华（WXF）、碧（GRD）、简（TUJ）等。

实际上，常用汉字中，只有极少数必须要全部输入4个编码后才能输入汉字的，大部分汉字都对应有简码输入法。

5. 词组编码

词组输入是五笔字型输入法的一大特色，五笔字型输入法中单字或词组输入时不需要切换，可以自由输入字或词。输入词组可以大大提高汉字输入速度。

（1）双字词组编码

分别取两个字的全码中前两个字根代码，如下所示。

机器：SMKK　汉字：ICPB

运动：FCFC　优秀：WDTE

（2）三字词组编码

前两个字各取其第一码，最后一个字取其前二码，组成3字词组编码，如下所示。

计算机：YTSM　运动员：FFKM

公务员：WTKM　适应性：TYNT

（3）四字及四字以上词组

前 3 个字和最后一个字各取其第一码，组成多字词组编码，如下所示。

汉字编码：IPXD　　光明日报：IJJR

中华人民共和国：KWWL　　百闻不如一见：DUGM

现在许多公司在招聘员工时，都要求应聘者具备五笔字型输入能力，对于立志从事文秘及相关工作的人员来说，掌握五笔字型输入法更是不二的选择。为方便读者学习，本书配套网站（http://jpkc.hycgy.com/jsjyy）提供有更详尽的五笔字型输入法学习资料，感兴趣的读者可以上网查阅学习。

附录Ⅱ

全国计算机等级考试（NCRE）简介

全国计算机等级考试（National Computer Rank Examination， NCRE）是经原国家教育委员会（现教育部）批准，由教育部考试中心主办，面向社会，用于考察应试人员计算机应用知识与技能的全国性计算机水平考试体系。

1. NCRE 考试情况简介

NCRE 考试采用全国统一命题、统一考试的形式。所有科目每年开考两次。一般为 3 月倒数第一个周六和 9 月倒数第二个周六，考试持续 5 天。

每次考试报名的具体时间由各省（自治区、直辖市）级承办机构规定。

考生不受年龄、职业、学历等背景的限制，任何人均可根据自己的学习情况和实际能力选考相应的级别和科目。考生可携带有效身份证件到就近考点报名。

NCRE 考试实行百分制计分，但以等第分数通知考生成绩。等第分数分为“不及格”、“及格”、“良好”、“优秀”4 等。考试成绩在“及格”以上者，由教育部考试中心发合格证书。考试成绩为“优秀”的，合格证书上会注明“优秀”字样。

NCRE 考试合格证书式样按国际通行证书式样设计，用中、英两种文字书写，证书编号全国统一，证书上印有持有人身份证号码。该证书全国通用，是持有人计算机应用能力的证明。

2. NCRE 考试级别（科目）设置（2013 年版）

自 1994 年开考以来，NCRE 适应了市场经济发展的需要，考试持续发展，考生人数逐年递增。为进一步适应新时期计算机应用技术的发展和人才市场需求的变化，教育部考试中心对 NCRE 考试体系进行调整，改革考试科目、考核内容和考试形式。从 2013 年下半年考试开始，将实施 2013 年版考试大纲，并按新体系开考各个考试级别，全部采用上机考试。调整后的级别（科目）设置如下表所示。

NCRE 级别（科目）设置表（2013 年版）

级别	科目名称	科目代码	考试时间	考试方式
一级	计算机基础及 WPS Office 应用	14	90 分钟	无纸化
	计算机基础及 MS Office 应用	15	90 分钟	无纸化
	计算机基础及 Photoshop 应用	16	90 分钟	无纸化
二级	C 语言程序设计	24	120 分钟	无纸化
	VB 语言程序设计	26	120 分钟	无纸化
	VFP 数据库程序设计	27	120 分钟	无纸化
	Java 语言程序设计	28	120 分钟	无纸化

续表

级别	科目名称	科目代码	考试时间	考试方式
二级	Access 数据库程序设计	29	120 分钟	无纸化
	C++语言程序设计	61	120 分钟	无纸化
	MySQL 数据库程序设计	63	120 分钟	无纸化
	Web 程序设计	64	120 分钟	无纸化
	MS Office 高级应用	65	120 分钟	无纸化
三级	网络技术	35	120 分钟	无纸化
	数据库技术	36	120 分钟	无纸化
	软件测试技术	37	120 分钟	无纸化
	信息安全技术	38	120 分钟	无纸化
	嵌入式系统开发技术	39	120 分钟	无纸化
四级	网络工程师	41	90 分钟	无纸化
	数据库工程师	42	90 分钟	无纸化
	软件测试工程师	43	90 分钟	无纸化
	信息安全工程师	44	90 分钟	无纸化
	嵌入式系统开发工程师	45	90 分钟	无纸化

（1）一级定位和描述：操作技能级

考核计算机基础知识及计算机基本操作能力，包括 Office 办公软件、图形图像软件。一级证书表明持有人具有计算机的基础知识和初步应用能力，掌握 Office 办公自动化软件的使用及因特网应用，或掌握基本图形图像工具软件（Photoshop）的基本技能，可以从事政府机关、企事业单位文秘和办公信息化工作。

获证条件：通过相应一级科目考试。

系统环境：操作系统为 Windows 7，MS-Office 版本为 MS-Office 2010，WPS-Office 版本为 WPS-Office 2012，Photoshop 软件为 Adobe Photoshop CS5。

2013 年调整说明：一级 B 科目与一级 MS-Office 科目合并，更名为“计算机基础及 MS-Office 应用”，2013 年上半年进行最后一次一级 B 考试；一级 WPS-Office 科目更名为“计算机基础及 WPS-Office 应用”；新增“计算机基础及 Photoshop 应用”科目。

（2）二级定位和描述：程序设计/办公软件高级应用级

考核内容包括计算机语言与基础程序设计能力，要求参试者掌握一门计算机语言，可选类别有高级语言程序设计类、数据库程序设计类、Web 程序设计类等；二级还包括办公软件高级应用能力，要求参试者具有计算机应用知识及 MS-Office 办公软件的高级应用能力，能够在实际办公环境中开展具体应用。二级证书表明持有人具有计算机基础知识和基本应用能力，能够使用计算机高级语言编写程序，可以从事计算机程序的编制、初级计算机教学培训以及企业中与信息化有关的业务和营销服务工作。

二级所有科目均需考核二级公共基础知识，考试大纲详见 NCRE 官方网站链接 http:// www.neea.edu.cn/info/uploadfiles/20130609100833545.pdf。

获证条件：通过相应二级科目考试。

系统环境：Windows 7、Visual C++6.0、Visual Basic 6.0、Visual FoxPro6.0、Access 2010、NetBeans、My SQL (Community 5.5.16)、Visual Studio 2010 (C#)、MS-Office 2010。

2013 年调整说明：新增“MySQL 数据库程序设计”、“Web 程序设计”、“MS-Office 高级应用”科目，取消“Delphi 语言程序设计”科目，2013 年上半年只接受补考考生报名。

（3）三级定位和描述：工程师预备级

三级证书面向已持有二级相关证书的考生，考核面向应用、面向职业的岗位专业技能。三级证书表明持有人初步掌握与信息技术有关岗位的基本技能，能够参与软硬件系统的开发、运维、管理和服务工作。

获证条件：通过三级科目的考试，并已经（或同时）获得二级相关证书。三级数据库技术证书要求已经（或同时）获得二级数据库程序设计类证书；网络技术、软件测试技术、信息安全技术、嵌入式系统开发技术 4 个证书要求已经（或同时）获得二级语言程序设计类证书。考生早期获得的证书（如 Pascal、FoxBase 等），不严格区分语言程序设计和数据库程序设计，可以直接报考三级。

系统环境：Windows 7。

2013 年调整说明：三级设网络技术、数据库技术、软件测试技术、信息安全技术、嵌入式系统开发技术共 5 个科目。取消三级 PC 技术科目及信息管理技术科目，2013 年上半年举行这两个科目最后一次考试，2013 年下半年只接受补考考生报名。

（4）四级定位和描述：工程师级

四级证书面向已持有三级相关证书的考生，考核计算机专业课程，是面向应用、面向职业的工程师岗位证书。四级证书表明持有人掌握从事信息技术工作的专业技能，并有系统的计算机理论知识和综合应用能力。

获证条件：通过四级科目的考试，并已经（或同时）获得三级相关证书。

系统环境：Windows 7。

2013 年调整说明：四级科目名称与三级科目名称一一对应，三级为“技术”，四级为“工程师”。四级科目由 5 门专业基础课程中指定的两门课程组成（总分 100 分，两门课程各占 50 分），专业基础课程是计算机专业核心课程，包括：操作系统原理、计算机组成与接口、计算机网络、数据库原理、软件工程。只有两门课程分别达到 30 分，该科目才算合格。

3. NCRE 考试证书颁发说明

NCRE 所有级别证书均无时效限制，三四两个级别的成绩可保留一次。考生一次考试可以同时报考多个科目。如考生同时报考了二级 C、三级网络技术、四级网络工程师 3 个科目，结果通过了三级网络技术、四级网络工程师考试，但没有通过二级 C 考试，将不颁发任何证书，三级网络技术、四级网络工程师两个科目成绩保留一次。下一次考试考生报考二级 C 并通过，将一次获得 3 个级别的证书；若没有通过二级 C，将不能获得任何证书。同时，三级网络技术、四级网络工程师两个科目成绩自动失效。

★需了解更多关于全国计算机等级考试（NCRE）的信息请打开网站链接：http://sk.neea.edu.cn/jsjdj/index.jsp，从该网站中可以获取 NCRE 考试最新动态，下载各个考试科目的考试大纲，了解各考试科目最新的参考教材目录。

附录Ⅲ

一级 MS Office 考试大纲

（2013 年版）

● 基本要求

（1）具有微型计算机的基础知识（包括计算机病毒的防治常识）。

（2）了解微型计算机系统的组成和各组成部分的功能。

（3）了解操作系统的基本功能和作用，掌握 Windows 的基本操作和应用。

（4）了解文字处理的基本知识，熟练掌握文字处理软件 MS Word 的基本操作和应用，熟练掌握一种汉字（键盘）输入方法。

（5）了解电子表格软件基本知识，掌握电子表格软件 Excel 的基本操作和应用。

（6）了解多媒体演示软件基本知识，掌握演示文稿制作软件 PowerPoint 的基本操作和应用。

（7）了解计算机网络的基本概念和因特网（Internet）的初步知识，掌握 IE 浏览器软件和 Outlook Express 软件的基本操作和使用。

● 考试内容

一、计算机基础知识

（1）计算机的发展、类型及其应用领域。

（2）计算机中数据的表示、存储与处理。

（3）多媒体技术的概念与应用。

（4）计算机病毒的概念、特征、分类与防治。

（5）计算机网络的概念、组成和分类；计算机与网络信息安全的概念和防控。

（6）因特网网络服务的概念、原理和应用。

二、操作系统的功能和使用

（1）计算机软、硬件系统的组成及主要技术指标。

（2）操作系统的基本概念、功能、组成和分类。

（3）Windows 操作系统的基本概念和常用术语，如文件、文件夹、库等。

（4）Windows 操作系统的基本操作和应用，如下所述。

① 桌面外观的设置、基本的网络配置。

② 熟练掌握资源管理器的操作与应用。

③ 掌握文件、磁盘、显示属性的查看和设置等操作。

④ 中文输入法的安装、删除和选用。

⑤ 掌握检索文件、查询程序的方法。

⑥ 了解软、硬件的基本系统工具。

三、文字表处理软件的功能和使用

（1）Word 的基本概念，Word 的基本功能和运行环境，Word 的启动和退出。

（2）文档的创建、打开、输入、保存等基本操作。

（3）文本的选定、插入与删除、复制与移动、查找与替换等基本编辑操作,多窗口和多文档的编辑。

（4）字体格式设置、段落格式设置、文档页面设置、文档背景设置与文档分栏设置基本排版技术。

（5）表格的创建、修改；表格的修饰；表格中数据的输入与编辑；数据的排序与计算。

（6）图形和图片的插入；图形的建立和编辑；文本框、艺术字的使用和编辑。

（7）文档的保护和打印。

四、电子表格软件的功能和使用

（1）电子表格的基本概念和基本功能，Excel 的基本功能、运行环境、启动和退出。

（2）工作簿和工作表的基本概念和基本操作，工作簿和工作表的建立、保存和退出；数据输入和编辑；工作表和单元格的选定、插入、删除、复制、移动；工作表的重命名和工作表窗口的拆分和冻结。

（3）工作表的格式化，包括设置单元格式、设置列宽和行高、设置条件格式、使用样式、自动套用模式和使用模板等。

（4）单元格的绝对地址和相对地址的概念，工作表中公式的输入与复制，常用函数的使用。

（5）图表的建立、编辑和修改以及修饰。

（6）数据清单的概念，数据清单的建立，数据清单内容的排序、筛选、分类汇总，数据合并，数据透视表的建立。

（7）工作表的页面设置、打印预览和打印，工作表中链接的建立。

（8）保护和隐藏工作簿和工作表。

五、PowerPoint 的功能和使用

（1）中文 PowerPoint 的功能、运行环境、启动和退出。

（2）演示文稿的创建、打开、关闭和保存。

（3）演示文稿视图的使用，幻灯片基本操作（版式、插入、移动、复制和删除）。

（4）幻灯片基本制作（文本、图片、艺术字、形状、表格等插入及其格式化）。

（5）演示文稿主题选用与幻灯片背景设置。

（6）演示文稿放映设计（动画设计、放映方式、切换效果）。

（7）演示文稿的打包和打印。

六、因特网（Internet）的初步知识和使用

（1）了解计算机网络的基本概念和因特网的基础知识，主要包括网络硬件和软件，TCP/IP 和工作原理，以及网络应用中常见的概念，如域名、IP 地址、DNS 服务等。

（2）能够熟练掌握浏览器、电子邮件的使用和操作。

考试方式

一、采用无纸化考试，上机操作。考试时间：90 分钟。

二、软件环境：Windows 7 操作系统，Microsoft Office 2010 办公软件。

三、指定时间内，完成下列各项操作。

（1）选择题（计算机基础知识和网络的基本知识）。（20 分）

（2）Windows 操作系统的使用。（10 分）

（3）汉字录入能力测试（录入 150 个汉字，限时 10 分钟）。（10 分）

（4）Word 操作。（25 分）

（5）Excel 操作。（15 分）

（6）PowerPoint 操作。（10 分）

（7）浏览器（IE）的简单使用和电子邮件收发。（10 分）

★需了解更多关于全国计算机等级考试的信息请打开网站链接：http:// sk.neea.edu.cn /jsjdj/index.jsp。

附录Ⅳ

一级 MS Office 考试样题

一、选择题 （20 分）

1. 下列 4 项中不属于微型计算机主要性能指标的是______。

A）字长　　B）内存容量　　C）重量　　D）时钟脉冲

2. 在一个非零无符号二进制整数之后去掉一个 0，则此数的值为原数的______倍。

A）4　　B）2　　C）1/2　　D）1/4

3. 下列 4 种设备中，属于计算机输入设备的是______。

A）UPS　　B）服务器　　C）绘图仪　　D）鼠标器

4. 在各类计算机操作系统中，分时系统是一种______。

A）单用户批处理操作系统　　B）多用户批处理操作系统

C）单用户交互式操作系统　　D）多用户交互式操作系统

5. 目前各部门广泛使用的人事档案管理、财务管理等软件，按计算机应用分类，应属于______。

A）实时控制　　B）科学计算　　C）计算机辅助工程　　D）数据处理

6. 在微型机中，普遍采用的字符编码是______。

A）BCD 码　　B）ASCII 码　　C）EBCD 码　　D）补码

7. WPS、Word 等文字处理软件属于______。

A）管理软件　　B）网络软件　　C）应用软件　　D）系统软件

8. 与十进制数 291 等值的十六进制数为______。

A）123　　B）213　　C）231　　D）132

9. 二进制数 1001001 转换成十进制数是______。

A）72　　B）71　　C）75　　D）73

10. 计算机软件系统是由哪两部分组成______。

A）网络软件、应用软件　　B）操作系统、网络系统

C）系统软件、应用软件　　D）服务器端系统软件、客户端应用软件

11. 计算机的操作系统是______。

A）计算机中最重要的应用软件　　B）最核心的计算机系统软件

C）微机的专用软件　　D）微机的通用软件

12. Internet 实现了分布在世界各地的各类网络的互联，其最基础和核心的协议是______。

A）HTTP　　B）TCP/IP　　C）HTML　　D）FTP

13. 某人的电子邮件到达时，若他的计算机没有开机，则邮件______。

A）退回给发件人　　B）开机时对方重发

C）该邮件丢失　　D）存放在服务商的 E-mail 服务器

14. 在计算机领域中通常用 MIPS 来描述______。

A）计算机的运算速度　　B）计算机的可靠性

C）计算机的可运行性　　D）计算机的可扩充性

15. 下列关于计算机病毒的 4 条叙述中，有错误的一条是______。

A）计算机病毒是一个标记或一个命令

B）计算机病毒是人为制造的一种程序

C）计算机病毒是一种通过磁盘、网络等媒介传播、扩散，并能传染其他程序的程序

D）计算机病毒是能够实现自身复制，并借助一定的媒体存在的具有潜伏性、传染性和破坏性的程序

16. 区位码输入法的最大优点是______。

A）一字一码，无重码　　B）易记易用

C）只用数码输入，简单易用　　D）编码有规律，不易忘记

17. 配置高速缓冲存储器（Cache）是为了解决______。

A）内存与辅助存储器之间速度不匹配问题

B）CPU 与辅助存储器之间速度不匹配问题

C）CPU 与内存储器之间速度不匹配问题

D）主机与外设之间速度不匹配问题

18. 将高级语言编写的程序翻译成机器语言程序，采用的两种翻译方式是______。

A）编译和解释　　B）编译和汇编　　C）编译和连接　　D）解释和汇编

19. Pentium4/1.7G 中的 1.7G 表示______。

A）CPU 的运算速度为 1.7GMIPS　　B）CPU 为 Pentium4 的 1.7GB 系列

C）CPU 的时钟主频为 1.7GHz　　D）CPU 与内存间的数据交换速率是 1.7GB/S

20. 下面是与地址有关的 4 条论述，其中有错的一条是______。

A）地址寄存器是用来存储地址的寄存器

B）地址码是指令中给出源操作数地址或运算结果的目的地址的有关信息部分

C）地址总线上既可传送地址信息，也可传送控制信息和其他信息

D）地址总线上除传送地址信息外，不可以用于传输控制信息和其他信息

二、录入题（10 分）

用户使用密钥激活软件，开始使用。使用这种方式，软件厂商可以向用户提供试用版软件，用户在试用后如果认为合适，可以购买许可证来取消时间或功能的限制。当用户数量增加时，只要增加许可证的数量就可以了。在这种方式下，SentinelLM 可以使用软件的方式实

现软件保护。

三、基本操作题（10 分）

（1）将考生文件夹下 PENCIL 文件夹的 PEN 文件夹移动到考生文件夹下 BAG 文件夹中，并改名为 PENCIL。

（2）在考生文件夹下创建文件夹 GUN，并设置属性为只读。

（3）将考生文件夹下 ANSWER 文件夹中的 BASKET.ANS 文件复制到考生文件夹下 WHAT 文件夹中。

（4）将考生文件夹下 PLAY 文件夹中的 WATERYLY 文件删除。

（5）为考生文件夹中 WEEKDAY 文件夹中的 HARD.EXE 文件建立名为 HARD 的快捷方式，并存放在考生文件夹中。

四、Word 操作题（25 分）

（1）在考生文件夹下打开文档 WDT41.DOCX，按要求完成以下操作并原名保存。

① 将标题段文字（"2006 中国软件工程大会暨系统分析员年会召开"）设置为小三号、宋体、红色、加单下画线、居中并添加文字蓝色底纹，段后间距设置为 1 行。将正文各段中（"2006 中国软件工程大会暨系统分析员年会于 9 月 23 日在湖南长沙……我国软件工程实践领域的应用发展水平"）所有英文文字设置为 BookmanOldStyle 字体，中文字体设置为仿宋 GB2312，所有文字及符号设置为小四号，常规字形。

② 各段落左右各缩进 2 字符，首行缩进 1.5 字符，行距为 2 倍行距。将正文第二段（"本次大会由中国系统分析员顾问团主……，最高的 3500 余人次。"）与第三段（"此次大会会期 2 天，……实践领域的应用发展水平。"）合并，将合并后的段落分为等宽的两栏，其栏宽设置成 18 字符。

（2）在考生文件夹下打开文档 WDT42.DOCX，按要求完成以下操作并按要求保存。

① 将文档中最后 6 行文字转换成一个 6 行 3 列的表格，再将表格设置文字对齐方式为垂直居中，水平对齐方式为右对齐。

② 将表格第一行的单元格设置成绿色底纹，再将表格内容按"商品单价"的递减次序进行排序。以原文件名保存文档。

五、Excel 操作题（15 分）

在考生文件夹下打开文件 EX1.XLSX，要求如下所述。

① 将 Al：Fl 区域中的字体设置为粗体，字号设置为小二号；

② 设置工作表文字、数据水平对齐方式为填充，垂直对齐方式为靠上：

③ 以"科室"为关键字升序排序；

④ 按"科室"为分类字段进行分类汇总；

⑤ 分别将每个科室"应发工资"的汇总求和，汇总数据显示在数据下方。

完成以上操作后原名保存。

六、PowerPoint 操作题（10 分）

打开考生文件夹下的演示文稿 yswg3.pptx，按要求完成此操作并保存。

（1）在第一张幻灯片的标题区中输入"中国的 DXFIOo 地效飞机"，字体设置为红色(注意：请用自定义标签中的红色 255、绿色 0、蓝色 0)，黑体，加粗，54 磅。插入一版式为“项目清单”的新幻灯片，作为第二张幻灯片。

输入第二张幻灯片的标题内容：“DXF100 主要技术参数”

输入第二张幻灯片的文本内容：“可载乘客多人，装有两台 300 马力航空发动机”。

（2）第二张幻灯片的背景预设颜色为“宝石蓝”，底纹样式为“横向”；全文幻灯片换效果设置为“从上抽出”；第一张幻灯片中的飞机图片动画设置为“右侧飞入”。

七、互联网操作题（10 分）

（1）某模拟网站的主页地址是：HTTP://localhost/index.htm，打开此主页，浏览“等级考试”页面，查找“等级考试介绍”的页面内容，并将它以文本文件的格式保存到考生文件夹下，命名为“DJKSJS.txt”　。

（2）接收并阅读由 xuexq@mail.neea.edu.cn 发来的 E-mail，并立即回复，回复内容是“您所要索取的资料已用快递寄出。”

【注意】“格式”菜单中的“编码”命令中用“简体中文（GB2312）”项。